Rudolf Wohlgenannt

Was ist Wissenschaft?

Wissenschaftstheorie
Wissenschaft und Philosophie

Herausgegeben von
Prof. Dr. Simon Moser, Karlsruhe
und
Priv.-Doz. Dr. Siegfried J. Schmidt, Karlsruhe

Verlagsredaktion:
Dr. Frank Lube, Braunschweig

Band 2

Band 1
Hans Reichenbach, Der Aufstieg der wissenschaftlichen Philosophie

Band 2
Rudolf Wohlgenannt, Was ist Wissenschaft?

Band 3
Siegfried J. Schmidt, Bedeutung und Begriff

In Vorbereitung:

A.-J. Greimas, Strukturale Semantik
B. d'Espagnat, Grundprobleme der gegenwärtigen Physik
K.-D. Opp / H. J. Hummell, Zum Problem der Reduktion von Soziologie auf Psychologie

Rudolf Wohlgenannt

Was ist Wissenschaft?

Springer Fachmedien Wiesbaden GmbH

Friedr. Vieweg & Sohn GmbH, Burgplatz 1, Braunschweig
Pergamon Press Ltd., Headington Hill Hall, Oxford
Pergamon Press S.A.R.L., 24 rue des Ecoles, Paris 5e
Pergamon Press Inc., Maxwell House, Fairview Park, Elmsford, New York 10 523

Vieweg books and journals are distributed
in the Western Hemisphere by Pergamon Press Inc.,
Maxwell House, Fairview Park, Elmsford, New York 10 523

ISBN 978-3-322-98413-5 ISBN 978-3-322-99161-4 (eBook)
DOI 10.1007/978-3-322-99161-4

1969

Library of Congress Catalog Card No. 74-86 232

Umschlaggestaltung: Werner Schell, Frankfurt/M.

Bestell-Nr.:
Gebunden 7302
Paperback 7313

. . . ist doch der „Begriff“ im strengen Sinne der auf seine definitorischen Grundmomente reduzierte Bestand eines systematischen Problems, also gleichsam dessen Abbreviatur.

Nicolai Hartmann

Wissenschaft arbeitet mit dem Zweifel, und der Zweifel macht human.

Max Frisch

Vorwort des Herausgebers

Nachdem die Reihe „Wissenschaftstheorie. Wissenschaft und Philosophie" mit einer Arbeit aus dem Umkreis der Berliner Konzeption des logischen Positivismus, mit H. Reichenbachs „Aufstieg der wissenschaftlichen Philosophie" eröffnet wurde, folgt mit R. Wohlgenannts „Was ist Wissenschaft?" eine meta-theoretisch orientierte Studie über Begriff und Erscheinungsformen von „Wissenschaft", die sich auf keine dogmatische erkenntnistheoretische Position kapriziert.

Aus einer umfangreichen Sichtung der historischen Diskussion des Wissenschaftsbegriffes und der wissenschaftstheoretischen Forschungen verschiedenster Schulen und Richtungen (logisch positivistische, analytische, kritizistische, logistische usw.) entwickelt Wohlgenannt in behutsamer und sorgfältig abwägender Art seine Konzeption der Wissenschaftstheorie als philosophische *Metawissenschaft* über alle Einzelwissenschaften und die Philosophie, deren Methode primär in der logischen Analyse der Voraussetzungen, Grundbegriffe und Methoden der empirischen und theoretischen Forschungen besteht.

Ihren spezifischen Aufschlußwert gewinnt Wohlgenannts Arbeit dadurch, daß er den Wissenschaftsanspruch der Wissenschaftstheorie(n) selbst wieder einer kritischen Reflexion unterzieht, ihn philosophisch hinterfragt, um durch eine solche Selbstkritik den Charakter der Wissenschaftstheorie als notwendig offener, selbstkritischer philosophischer Meta-Disziplin bewußt zu etablieren. Gerade weil jeder Wissenschaftsbegriff zwangsläufig einen Erkenntnisanspruch (in Form einer Bewertung von Erkenntnismöglichkeiten, -verfahren und -resultaten) enthält, muß die Aufklärung des Gebrauchs des Begriffes „Wissenschaft" historisch und systematisch sorgfältig durchgeführt werden, um seine Implikate und Konsequenzen feststellen und abschätzen zu können.

Dieser Aufgabe unterzieht sich Wohlgenannt mit einer detaillierten historischen Typologie des Wissenschaftsbegriffes und einer eingehenden Analyse der Kriterien der Wissenschaftlichkeit, der Erfahrungs-, Bestätigungs- und Bewertungsbegriffe und -verfahren, wie sie in der wissenschaftstheoretischen Literatur der letzten fünfzig Jahre vor allem diskutiert worden sind, um auf diesem Wege zu einem systematischen Zusammenhang von Forderungen zu gelangen, die an jede systematische und methodische Erkennenspraxis gestellt werden müssen, um ihr den Charakter der Wissenschaftlichkeit zusprechen zu können. Wohlgenannt kommt dabei zu einem Katalog von sieben Forderungen, den er so zusammenfaßt: „Unter ‚Wissenschaft' verstehen wir einen widerspruchsfreien Zusammenhang von Satzfunktionen (Aussageformen) oder geschlossenen Satzformeln (Aussagen), die einer bestimmten Reihe von Satzbildungsregeln entsprechen und den Satztransformationsregeln (logischen Ableitungsregeln) genügen oder aber wir verstehen darunter einen widerspruchsfreien Beschreibungs- oder Klassifikations- und/oder Begründungs- oder Ableitungszusammenhang von teils generellen, teils singulären, zumindest indirekt intersubjektiv prüfbaren, faktischen Aussagen, die einer bestimmten Reihe von Satzbildungsregeln entsprechen und den Satztransformationsregeln (logischen Ableitungsregeln) genügen." (S. 197)

Wohlgenannt vermeidet in seiner Studie eine Verengung des Wissenschaftsbegriffs auf Mathematik und die experimentellen Naturwissenschaften und konzentriert sich auf solche Wissenschaftskriterien, die eine rationale und effiziente, in ihren Ergebnissen intersubjektiv überprüfbare Forschung und Argumentation unter Berücksichtigung aller fachspezifischen Bedingungen gewährleisten.

Mit diesem Ansatz trägt Wohlgenannt der Eigenart moderner philosophischer Wissenschaftstheorie Rechnung, die sich als selbstkritische Instanz jenseits von Erkenntnistheorie, Methodologie und Wissenschaftslogik installiert und als Ort der Bewußtmachung von Voraussetzungen, Verfahren und Beurteilungen wissenschaftlicher Arbeit ausgeprägt hat.

Karlsruhe, im Januar 1969 *Siegfried J. Schmidt*

Vorwort des Autors

Wer auch nur wenige Seiten dieses Buches kennengelernt hat, wird die Titelfrage richtig lesen. Sie fragt nicht nach einem „Wesen" oder der „Idee" der Wissenschaft, sondern nach der Bedeutung von „Wissenschaft", nach der Verwendungsweise dieses Wortes, kurz: nach einem Sprachgebrauch, und sie fragt durch die Verwendungsweisen hindurch nach den Eigenschaften dessen, was wir „Wissenschaft" nennen. Da es jedoch nicht nur eine, sondern mehrere Verwendungsarten und Bedeutungen von „Wissenschaft" oder „wissenschaftlich" gibt und da sich auch die Objekte voneinander unterscheiden, die wir als „Wissenschaft" bezeichnen, muß in dieser Arbeit nach dem Ausweg aus einer solchen Lage gesucht werden.

Ich finde ihn in dem, was dieses Verschiedenartige miteinander verbindet, also in den Gemeinsamkeiten der unterschiedlichen Wissenschaftsauffassungen. Ich stelle mir aber auch die Aufgabe, die Grenzen dieser Gemeinsamkeit zu finden.

In dem vorliegenden Buch werden daher die möglichen Kriterien der Wissenschaftlichkeit untersucht. Aus einigen von ihnen wird ein Minimalforderungsprogramm gebildet, ein Katalog der immer wiederkehrenden oder auch der unerläßlichen Eigenschaften der Wissenschaft.

Die Entscheidung für oder wider bestimmte Kriterien oder Forderungen ist von bloßer Willkür ebenso weit entfernt wie vom Rückgriff auf eine Wesensintuition von „Wissenschaft". Denn es sollen Argumente sein, die hier entscheiden, Argumente, die für einen bestimmten Wissenschaftsbegriff sprechen – dieser aber soll revidierbar sein. Das Ergebnis dieser Arbeit ist selbst auch nur dann als „wissenschaftlich" zu bezeichnen, wenn es widerleg*bar* ist. Dem widerspricht es nicht, wenn ich, wie wohl jeder Autor, darauf hoffe, daß es tatsächlich *nicht* widerlegt wird.

Dem Institut für Höhere Studien und wissenschaftliche Forschung und dem Theodor-Körner-Stiftungsfonds, beide in Wien, danke ich dafür, daß sie mich unterstützt haben; das gilt im besonderen auch für den Verlag Vieweg und hier vor allem für Herrn Dr. F. Lube.

Außerdem möchte ich sagen, wie vielen ich und wie sehr ich ihnen zu Dank verpflichtet bin, sei es für wertvolle Ratschläge und freundschaftliche, tatkräftige Hilfe, sei es für ihr Wohlwollen, ihre Großherzigkeit und Freundlichkeit.

Innsbruck, im Januar 1969 *R. Wohlgenannt*

Inhaltsverzeichnis

1. Einleitung

Das Wissen, nach dem die Menschen streben, ist oft nur jenes Mindestmaß, dessen sie bedürfen, um ihr Leben zu fristen. Aber nicht alle Menschen begnügen sich damit. Es gab und es gibt einige, die auch in einem stärkeren und höheren Sinn neugierig sind. Sie empfinden das Bedürfnis, über eine einmal erreichte Stufe ihrer Kenntnisse und Einsichten hinauszukommen. Daher denken sie über Mittel und Methoden nach, die sie bis dahin verwendet haben, und sie trachten danach, jene zu verbessern. Auch verschaffen sie sich Klarheit darüber, was ihnen bis jetzt Erfolg brachte, und sie erkennen, daß es am besten ist, in der bewährten Weise fortzufahren. Es wird ihnen aber auch klar, was sie daran gehindert hatte, noch erfolgreicher zu sein.

Daß sie immer bewußter und immer kritischer werden, ist daher unvermeidlich. Manches, was früher als „Wissen" galt, wird jetzt verworfen. Aber nicht immer besteht Einigkeit darüber, was bewahrt und ausgebaut und was aufgegeben werden muß; denn was Erfolg und was Mißerfolg ist, wird nicht von sämtlichen Beobachtern in gleicher Weise beurteilt. Oft gilt dem einen als Wissen, was der andere für ein Hirngespinst hält; häufig ist gerade das, was der eine am höchsten schätzt und als „absolute" oder „ewige" Wahrheit verehrt, dem anderen fragwürdig oder lächerlich.

Damit beschreibe ich nicht nur vergangene, sondern auch gegenwärtige Zustände. Wir alle wissen, daß gerade in unserer Zeit die krassesten Gegensätze herrschen. Sollten wir es nun aber nicht dabei auch belassen, da diese alt und da sie immer wieder analysiert und diskutiert worden sind? Können wir noch hoffen, durch eine neuerliche Untersuchung etwas zu erreichen? Soll nicht jeder in seinem eigenen Felde arbeiten, ohne sich viel darum zu kümmern, ob andere ihr eigenes Forschungsgebiet für wichtiger halten, oder ob sie gar der Meinung sind, daß wir nur Chimären verfolgen? Lassen sich denn die anderen hindern, nur weil *wir* glauben, daß das, was sie untersuchen, nicht existiert und daß sie folglich hier niemals etwas werden wissen können?

Man wird mir entgegenhalten, Zeit und Mühe seien verschwendet, wenn ich darzulegen versuche, was dieser oder jener unter „Wissenschaft" verstanden hat oder was heute alles darunter verstanden wird; niemand werde dadurch veranlaßt, seinen eigenen Wissenschaftsbegriff aufzugeben; nützlich und wichtig sei ohnehin nur die Lösung von Problemen, die innerhalb eines bestimmten Untersuchungsgebietes aufgeworfen werden. Ob nun diese Probleme und die unternommenen Lösungsversuche als „wissenschaftlich" gelten können, sei völlig bedeutungslos; ein bloßer Streit um Worte solle uns nicht von echter Arbeit abhalten.

Es ist wahr, daß Begriffserklärung und Definition nur Vorstufen zur Lösung von Problemen sind, da nur sie die *Voraussetzungen* dafür schaffen, den eigentlichen Zweck jeder wissenschaftlichen Tätigkeit, ob philosophischer oder einzelwissenschaftlicher Natur, zu erreichen, das Ziel, das freilich in der Lösung von *Problemen* besteht. Daher ist denn auch die Definition nur Mittel zum Zweck. Sie kann sich nicht selbst genügen, sondern sie findet ihren Sinn erst in der Totalität der Erkenntnisbemühung. Aber im vorliegenden Falle ist gerade die Klärung, Analyse und Bestimmung eines Begriffes oder die Deskription und Charakterisierung eines begrifflich gefaßten Phänomens, nämlich der Wissenschaft, das Problem selbst, und die Definition des Begriffes „Begriff" oder die Beschreibung und Kennzeichnung der „Sache" Begriff ist dafür Voraussetzung. Der Versuch, eine solche Arbeit zu rechtfertigen, ist bereits in dem Motto zu dieser Arbeit ausgedrückt.

Es ist eine Folge der Mehrdeutigkeit des Wortes „Wissenschaft", wenn auch der Terminus „Wissenschaftstheorie" mehrere Bedeutungen aufweist. Wer zum Beispiel der Geschichte den Wissenschaftscharakter abspricht, so wie es auch tatsächlich geschehen ist, oder wer bestreitet, daß die Theologie eine Wissenschaft sei, wird folgerichtig nicht bereit sein, diese beiden Disziplinen zum Gegenstand wissenschaftstheoretischer Untersuchungen zu machen. Das trifft vor allem auf die Philosophie zu. Es sind sogar Philosophen selbst, die mit der Philosophie den Anspruch auf Wissenschaftlichkeit nicht verbinden wollen, entweder weil sie darin eine Unterbewertung philosophischer Erkenntnis sehen, oder aber eine Fehlbewertung, die verkenne, daß die Philosophie als Trösterin oder als Führerin durch das Leben sich in ihrer sinngebenden Zielsetzung nicht um theoretische Erkenntnis zu bemühen habe. In anderen Fällen sind es Nicht-Philosophen, die der Philosophie den Titel einer „Wissenschaft" vorenthalten und ihr bestenfalls das recht zweifelhafte Verdienst zuerkennen, die „Gemütsbedürfnisse" des Menschen zu befriedigen.

Auch der Ausdruck „Theorie" ist mehrdeutig und die Mehrdeutigkeit von „Wissenschaftstheorie" ist dadurch mitverursacht. Mit „Theorie" kann z. B. gemeint sein „kontemplierte Wahrheit" (*Platon*), das geistige Schauen gegenüber der sinnlichen Wahrnehmung, oder aber reine Erkenntnis und das systematisch geordnete Wissen gegenüber der praktischen Verwendbarkeit (*Aristoteles*); ferner eine systematisch aufgebaute Erkenntnis von relativ hoher Allgemeinheit; oder schließlich die Erklärung von Erscheinungen aus einem Prinzip und vor allem die Subsumierung von Einzelerkenntnissen unter allgemeine Gesetze. In dieser Weise kann jedes System von Erkenntnissen, von Erfahrungssätzen und von Hypothesen, durch die ein Teil der Wirklichkeit zusammenfassend beschrieben wird (z. B. Quantentheorie, Relativitätstheorie, Grenznutzentheorie, Abstammungstheorie), aber auch formaler oder abstrakter Beziehungen (z. B. Zahlentheorie, Funktionentheorie), als „Theorie" bezeichnet werden.

Da der Ausdruck „Wissenschaft" mehr Bedeutungen hat als das Wort „Theorie", fallen die Schwierigkeiten, die sich ergeben, wenn man den Gegenstandsbereich der Wissenschaftstheorie abgrenzen will, vor allem mit der Aufgabe zusammen, den Wissenschaftsbegriff zu bestimmen. Hier ist jedoch nicht nur an die Vielfalt der Bedeutungen von „Wissenschaft" in der älteren und neueren philosophischen Literatur zu denken, sondern auch daran, daß der Wissenschaftsbegriff selbst in den Einzelwissenschaften unterschiedlich bestimmt wird.

Für diese einleitenden Bemerkungen soll nun ein möglichst umfassender Begriff von Wissenschaft zugrundegelegt werden, der drei Gruppen von Disziplinen einschließt: (1) die sog. Einzelwissenschaften, d. h. die (nichtphilosophischen) Fachwissenschaften; (2) die philosophischen Haupt- und Nebendisziplinen; und endlich (3) die Wissenschaftstheorie selbst.

Die Wissenschaftstheorie kann in *allgemeine* und in *spezielle* Wissenschaftstheorie gegliedert werden. Allgemeine Wissenschaftstheorie bezieht sich auf Begriffe, Methoden und Voraussetzungen, die in sämtlichen Wissenschaften, oder wenigstens in Gruppen von Wissenschaften verwendet werden, z. B. auf den Begriff der Wahrheit, Folgerung, Ableitung, Definition, Klassifikation, Erklärung, Prognose, induktiven Verallgemeinerung, Hypothese, Theorie, Widerspruchsfreiheit, empirische Bestätigungsfähigkeit, und was uns hier vor allem interessiert, auf den Wissenschaftsbegriff. – Spezielle Wissenschaftstheorie kann verstanden werden als Theorie der einzelnen Wissenschaften. So unterscheiden wir u. a.: Philosophie der Mathematik, der Physik, der Biologie, der Soziologie, der Psychologie, der Sprachwissenschaft, der Geschichtswissenschaft, der Kunstwissenschaft, der Theologie und auch der Philosophie, ja sogar der Wissenschaftstheorie selbst. Hier sind nur jene Begriffe, Voraussetzungen und Methoden Untersuchungsgegenstand, die für *diese* Gebiete kennzeichnend sind. – Der Ausdruck „Gruppe von Wissenschaften" macht allerdings die Schwierigkeit einer scharfen Abgrenzung von allgemeiner und spezieller Wissenschaftstheorie offenkundig.

Die *Methode*, mit der die Wissenschaftstheorie an die erwähnten Untersuchungsgegenstände, also an die „Wissenschaft" herangeht, ist die logische Analyse der Grundbegriffe, Voraussetzungen und Methoden, das ist im einzelnen die Untersuchung der rationalen, empirischen und pragmatischen Grundlagen der Begriffe, sodann die Diskussion der Methode(n) der Wissenschaft; und schließlich die Aufdeckung und kritische Erörterung der Voraussetzungen (Axiome, Quasi-Axiome, Postulate und „Prinzipien") der Wissenschaft, möglicherweise auch, und zwar im Sinne einer Synthese, die der logischen Analyse nachfolgt, die Systematisierung der so gewonnenen Erkenntnisse (System der Implikationen), jedoch nicht im Sinne einer „induktiven Metaphysik", sondern auf der Ebene der Analyse von Grundbegriffen, Voraussetzungen und Methoden.

Entsprechend der Bestimmung der Wissenschaftstheorie als logischer Analyse dieser Art kann eine Dreigliederung ihrer Aufgabenstellung wie folgt vorgenommen werden:

(A) Bedeutungsanalyse der Ausdrücke der Wissenschaftssprache (d. h. der philosophischen und der einzelwissenschaftlichen Sprache) und Explikation der Grundbegriffe der Wissenschaft, so z. B. des Begriffes „Wissenschaft" selbst;

(B) Grundlagenforschung als das Studium der Voraussetzungen oder der Basis der Wissenschaft; und

(C) Methodologie, d. h. die Beschreibung und Analyse der wissenschaftlichen Methoden.

Manche Autoren verwenden das Wort Methodologie auch in einem *weiteren* Sinn; es bedeutet dann den *ganzen* Aufgabenbereich der Wissenschaftstheorie. Für die folgenden Überlegungen wird hingegen der *engere* Begriff von Methodologie gebraucht, wie unter (3) dargelegt.

Die *Grundbegriffe* der Philosophie und der Einzelwissenschaften zu analysieren bedeutet zunächst nichts anderes, als den diesbezüglichen Sprachgebrauch der Wissenschaft zu untersuchen und die Bedeutungen bestimmter, ausgezeichneter Ausdrücke herauszufinden, also die Verwendungsregeln für die Ausdrücke zu formulieren, die hauptsächlichsten Verwendungsarten klarzulegen, sowie ihre Stellung in Begriffssystemen zu bezeichnen. Diese Arbeit der Analyse ist, soweit überhaupt reine Beschreibung möglich ist, deskriptiver Natur, folglich ohne Zugrundelegung irgendwelcher Wertgesichtspunkte.

Das Ziel der *Grundlagenforschung* liegt zunächst darin, den Zusammenhang zwischen Behauptungen oder Standpunkten, deren Ausdruck diese Behauptungen sind, durch andere, vorausliegende Behauptungen, Standpunkte usw. zu beschreiben und zu erklären.

Voraussetzungen können sich so als Anstöße im psychologischen Sinn oder sogar als Prämissen in Schlußprozessen erweisen. Wenige Einzelwissenschaftler werden die Existenz und Bedeutsamkeit von „Voraussetzungen" bestreiten, solange man sie im Sinne eines allgemeinen Hintergrundwissens versteht. Das ist der Fall, wenn sie die Aufstellung von Prämissen für Ableitungsvorgänge innerhalb der Einzelwissenschaften ermöglichen und anregen. Mit Prämissen dürfen sie jedoch nicht gleichgesetzt werden.

Wenn dem in der Philosophie so oft verwendeten Wort „tief" eine sofort einleuchtende Bedeutung zukommt, dann ist es diese, die sich auf die immer weitere Zurückführung der gedanklichen Prozesse, die sog. „Tieferlegung der Fundamente" bezieht. „Tief" in diesem Sinne nennt z. B. *Schopenhauer* den *Platon* zum Unterschied von *Aristoteles*, dem er lediglich immensen Scharfsinn zugestehen will. *Platon* gilt ihm daher als der eigentliche Philosoph, der, ohne sich jemals in durcheinanderlaufenden Erörterungen zu verlieren, sozusagen vertikal bewegt und zu den „wahren Axiomen oder Prinzipien" vordringt, die nicht mehr hinterfragt werden können. Bei konsequenter Verfolgung des Zieles der Grundlagenforschung ist es geradezu unvermeidlich, daß die jeweiligen, oft unvereinbaren Voraussetzungen im konkreten Forschungs- und Denkprozeß aufgedeckt werden.

Voraussetzungen lassen sich nun allerdings auffinden ohne daß man sie akzeptieren muß. Die Analyse einer bestimmten Situation, z. B. der Sachlage, daß es verschiedene Philosophie- und Wissenschaftsauffassungen gibt, kann zur Freilegung der gemachten, für selbstverständlich gehaltenen Voraussetzungen führen, damit aber die „Voraussetzung" für eine fruchtbarere Behandlung der daraus resultierenden unterschiedlichen Problemlösungsversuche schaffen.

Methoden lassen sich ebenso vorurteilslos, nämlich bloß registrierend, klassifizierend, verbindend und unterscheidend darstellen. Der Philosoph oder Geisteswissenschaftler, der zum Beispiel die Übertragung der sog. naturwissenschaftlichen Methode auf die Philosophie oder auf Geisteswissenschaften ablehnt, kann dennoch imstande sein, sie einwandfrei zu beschreiben und zu analysieren. Mehr noch: Wir betrachten gerade diese Fähigkeit zur objektiven Behandlung als Voraussetzung für eine fundierte und fruchtbare Auseinandersetzung, da sowohl die Ablehnung als auch die Annahme derartiger Ansprüche auf einer Fehlinterpretation der Methode selbst beruhen kann. Die gründliche Kenntnis der Methode selbst würde zahlreiche, scheinbar unschlichtbare methodologische Kontroversen über die Möglichkeiten und Grenzen ihrer Anwendbarkeit, beispielsweise ihrer Übertragbarkeit auf andere Wissenschaften, auflösen, denn das, was als „geisteswissenschaftliche Methode", vor allem, was als „Methode der Naturwissenschaft" bezeichnet wird, ist in vielen Fällen nur ihr Zerrbild.

(1) Theorie der Einzelwissenschaften:

Gemäß der üblichen Einteilung sollen diese Wissenschaften in Formalwissenschaften (Idealwissenschaften) und Realwissenschaften (Substanzwissenschaften, Faktische Wissenschaften) gegliedert werden. Abgrenzungsschwierigkeiten ergeben sich auch hier, da die formale Logik, vor allem in ihrer modernen Gestalt der Symbolischen Logik, vielfach nicht mehr der Philosophie, sondern den Einzelwissenschaften zugerechnet wird.

Nachdem von den Wissenschaftstheoretikern zunächst fast ausschließlich die Analyse und Methodologie der Mathematik und der exakten Naturwissenschaften, mit seltenem Einschluß z. B. auch der Biologie, betrieben wurde, zeichnet sich in der unmittelbaren Gegenwart eine veränderte Entwicklungstendenz ab. Denn immer stärker werden die sog. nicht-exakten Naturwissenschaften, die Sozialwissenschaften und die Geisteswissenschaften (im angelsächsischen Raum: „Social Sciences", „Humanities") einbezogen. Jedoch ist der Versuch, die Methoden, die sich in den exakten Naturwissenschaften bewährt haben, auf andere Disziplinen zu übertragen, daraus eine Art von Idealnorm für diese Untersuchungen zu bilden und normative Bestimmungen etwa für den Historiker oder Philologen abzuleiten, mit der Arbeit des Wissenschaftstheoretikers nicht notwendig verbunden. Aber es ist für ihn legitim, sich unter anderem als Vergleichenden Methodenwissenschaftler zu verstehen und Verhaltensweisen und Modelle, die sich in bestimmten Gebieten als fruchtbar erwiesen haben, vorsichtig, nämlich unter Berücksichtigung der Besonderheiten einer wissenschaftlichen Disziplin, dieser zu vermitteln. Zu dieser Aufgabe befähigen ihn keinerlei ungewöhnliche Eigenschaften, sondern lediglich der Umstand, daß er, zwischen und in gewisser Weise über den Einzelgebieten stehend, die Bedürfnisse, Möglichkeiten und Grenzen dieser Bereiche zu beurteilen vermag.

(2) Theorie der Philosophie:

Die Arbeit des Wissenschaftstheoretikers muß sich jedoch keineswegs auf die (nicht-philosophischen) Formal- und Realwissenschaften beschränken. Auch die Philosophie in ihren traditionellen wie in ihren modernen Formen ist möglicher Untersuchungsgegenstand der Wissenschaftstheorie. Denn auch der Philosoph will zu Erkenntnissen gelangen, und zwar zu systematisierter Erkenntnis, demnach zu einem Wissen, das sich in der Gestalt von Beschreibungs- und/oder Begründungszusammenhängen darstellen läßt.

Ob nun Philosophen ihre Disziplin als „Wissenschaft sui generis" oder in ähnlich distanzierender Weise bezeichnen, ist gleichgültig: die logische Analyse ihrer Grundbegriffe, Voraussetzungen und Methoden stellt uns keineswegs vor eine prinzipiell neue Situation. Es besteht kein Anlaß, das Unternehmen einer derartigen logischen Analyse oder rationalen Nachkonstruktion deswegen, weil es sich in diesem Fall auf die Philosophie, z. B. auf Metaphysik, Ontologie und Ethik bezieht, als einen Ausnahmefall zu betrachten und dem Zuständigkeitsbereich des Wissenschaftstheoretikers zu entziehen.

Während nun die Urteile der Nicht-Philosophen von affektloser Mißachtung zu bereitwilliger Zusammenarbeit zwischen Einzelwissenschaftlern und Methodologen schwanken, ist andererseits das Verhältnis von Methodologie und Sachforschung oder Sacherkenntnis zu einem Unterscheidungsmerkmal philosophischer Haltungen geworden – unnötigerweise, denn der Grund dafür liegt in Vorurteilen, die aus der unzulänglichen Bestimmung der Möglichkeiten und Grenzen der Methodologie resultieren.

Grob gesprochen kann jede Wissenschaft durch Gegenstand und Methode gekennzeichnet werden. Bereits daraus geht hervor, daß die Untersuchung des Gegenstandes niemals von der Untersuchung der Methode, die wir verwenden, um diesen Gegenstand zu erkennen, prinzipiell – wohl aber personell – getrennt werden darf. Der ewige Pendelschlag der Philosophie zwischen Gegenstandsfragen und Methodenproblemen, zwischen ontologischer und gnoseologischer Einstellung ist aufschlußreich genug.

Die Neigung zur Spezialisierung wird häufig beklagt und kritisiert. Klage und Kritik sind jedoch nur dann berechtigt, wenn vom Philosophen mehr als nur Beschäftigung mit der Methodologie, oder wenn vom Methodologen als Methodologen auch ein darüber hinausgehendes Interesse gefordert wird oder auch, wenn der Methodologe den Anschein erwecken möchte, als seien Philosophie und Methodologie umfangsgleich. Der *Husserl*sche Ruf „Zu den Sachen" erlaubt daher eine positive *und* eine negative Erklärung, insofern er einerseits als notwendige und nützliche Reaktion auf ein Überwuchern methodologischer Bemühungen, andererseits als Ausdruck der Ermüdung und Resignation gegenüber der Mühe und Subtilität derartiger Untersuchungen interpretiert werden kann. Überbetont, isoliert, verabsolutiert können *beide* Haltungen zum Übel werden und den Fortschritt im Wissen verzögern. Aus diesen Überlegungen kann gefolgert werden: Es gibt keine apriorische Entscheidung des Problems, wo eine gegenstandsgerichtete oder aber eine methodologische Untersuchung schädlich werden muß.

Wir reflektieren auch über die Reflexion auf die Methode; wir reflektieren ferner über den Gegenstand dieser Reflexion und sprechen, so wie jeder andere Wissenschaftler über seinen Gegenstand, auch über den Gegenstand der Wissenschaft „Wissenschaftstheorie". Die „*Meta*"-Einstellung, das ist die Einstellung, die sich zum Gegenstand macht, was sich anderes zum Gegenstand macht, die sich daher etwa Gedanken macht über die Voraussetzungen der (nicht-philosophischen) Einzelwissenschaften, ist kennzeichnend für den Philosophen. Allerdings: so unnötig manchem Einzelwissenschaftler die Reflexion über *seine* Wissenschaft erscheinen mag, so unnötig erscheint manchem Philosophen die Theorie der Philosophie, das heißt jene logische Analyse seiner Grundbegriffe, Voraussetzungen und Methoden. Es besteht aber gerade für den Philosophen, für den Denker mit der „Meta"-, d. h. mit der permanenten Reflexions- und Re-Reflexionshaltung, kein Anlaß, sich der Reflexion auf die philosophische Reflexion zu entziehen.

(3) Theorie der Wissenschaftstheorie:

Es gibt demnach, oder könnte geben, eine Meta-Wissenschaftstheorie, sozusagen eine Meta-Meta-Wissenschaft. Sie zeigt folgende Aspekte: Sie ist die logische Analyse der Grundbegriffe, Voraussetzungen und Methoden der Wissenschaftstheorie. Sie kann z. B. zur Einsicht in voranalytische Verhältnisse führen, etwa zur Erkenntnis der Notwendigkeit und Struktur von-analytischer intuitiver Begriffe, ferner könnten wir die Frage, die *A. Pap* stellt: „Does science have metaphysical presuppositions?" abwandeln in: „Hat die Meta-Wissenschaft (Wissenschaftstheorie) metaphysische Voraussetzungen?"; und endlich könnten wir die Methode der Wissenschaftstheorie selbst analysieren, sie also in unserer Eigenschaft als Meta-Methodologen kritisch untersuchen.

Es bleibt die Frage offen, ob Meta-Wissenschaftstheorie sich auf dieser Reflexionsstufe als Metaphysik der Erkenntnis darstellen wird, und zwar *könnte* das auf verschiedene Arten geschehen:

als Lehre von einem Grundbestand sog. „vorrationaler Urentscheidungen";

als Entdeckung einer Reihe „echter, wahrhafter Axiome", sog. evidenter Urteile; oder aber als

Theorie über einen Basisbereich synthetischer Urteile a priori, als „Metaphysik" im Sinne von *Kant:* „Wissenschaft von den Grenzen der menschlichen Vernunft".

Die Wissenschaftstheorie, deren Forschungs- oder Studienobjekt die (nichtphilosophischen) Formal- und Realwissenschaften, ebenso aber auch die Philosophie mit allen ihren traditionellen Haupt- und Nebendisziplinen sind, ist daher eine „Meta"-Wissenschaft zu den „Objekt"-Wissenschaften Philosophie, Theologie, Physik, Philologie, Jurisprudenz, Mathematik, Archäologie usw. Während die Einzelwissenschaften wie die Philosophie – wenigstens in einem bestimmten Verständnis – nicht über andere Wissenschaften Aussagen machen, sondern über die „Wirklichkeit" (das „Sein" usw.) im weiten Wortsinn, und zwar gleichgültig, ob es sich um echte oder vermeintliche Wirklichkeit handelt, ist der Untersuchungsgegenstand der Wissenschaftstheorie gewissermaßen ein Gegenstand zweiter Ordnung; denn Untersuchungsgegenstand der Wissenschaftstheorie ist die Gesamtheit aller Disziplinen, die ein systematisiertes, relevantes Wissen anstreben; ihre Methode insgesamt ist jene „logische Analyse . . ."; ihre Ergebnisse sind Sätze über die Philosophie und die nicht-philosophischen Formal- und Realwissenschaften. Darunter sind auf jeden Fall Sätze, die Beschreibungen darstellen, Sätze, die faktischen Gehalt haben, auch wenn sie Sätze über Tautologien oder analytische Sätze sind. Diese Sätze der Wissenschaftstheorie beziehen sich also auf zwei verschiedene Arten von Sätzen der Objektwissenschaften; auf synthetische Sätze, das sind Sätze mit faktischem Gehalt, und analytische Sätze, das sind Sätze ohne faktischen Gehalt.

Umstritten ist nun die Behauptung, daß die Wissenschaftstheorie auch Normen aufstellen müsse, daß es folglich dem Wissenschaftstheoretiker obliege, auch die Bedingungen anzugeben, die erfüllt sein müssen, damit ein Satz als „wissenschaftlich", oder eine Folge (Menge, System) von Sätzen als „Wissenschaft" bezeichnet werden kann. Dieses Problem ist leichter zu entscheiden, wenn damit folgendes gemeint ist: Der Wissenschaftstheoretiker erarbeitet den Wissenschaftsbegriff derjenigen Disziplinen, deren Grundbegriffe, Voraussetzungen und Methoden er analysiert, und er formt ihn um in ein System von Forderungen, die innerhalb dieser Disziplin allgemein anerkannt sind. In diesem Falle verzichtet der Wissenschaftstheoretiker auf die Aufstellung *allgemein*gültiger Forderungen, also von Forderungen, die nicht lediglich der Disziplin selbst entnommen sind, sondern eventuell aus anderen Wissenschaftsbereichen, wo sie sich bewährt haben, übernommen wurden.

Es ist dann zwar so, daß bei korrekter Analyse diese Forderungen trivial werden, da wir sie ja der fraglichen Wissenschaftsdisziplin selbst entnehmen; aber sie stellen Normen dar für *jeden einzelnen*, der innerhalb dieses Wissenschaftszweiges arbeitet. Der betreffenden Wissenschaft wird so lediglich vorgesetzt, was sie selbst zuerst festgesetzt hat; jedoch der einzelne Wissenschaftler muß darin eine Norm sehen, keine bloße Beschreibung eigener Setzungen.

Seine Sätze, so etwa über die Methode der Soziologie, beschreiben ausschließlich die wissenschaftslogische Struktur dieser Disziplin; das, was darin unternommen wird, um zu relevanten, verläßlichen Ergebnissen zu gelangen, wird als Forderung wiedergegeben. Der normative Charakter dieser Sätze ist daher unter dem Gesichtspunkt einer *Häufigkeitsnorm* zu betrachten, denn es wird das übliche Verfahren, das Soziologen anwenden, zum Maßstab für die zu leistende Arbeit im Untersuchungsbereich der Soziologie genommen. Davon zu unterscheiden ist der Begriff der *Idealnorm:* Eine nicht lediglich deskriptiv-abstraktiv gewonnene Vorstellung vom „idealen" Verhalten des Soziologen qua Soziologen dient zur Ableitung von Normen, die dann dem einzelnen Soziologen präsentiert werden. Diesen Standpunkt könnte man als „essentialistischen" (evtl. auch „platonistischen") bezeichnen, weil er Behauptungen über das „Wesen" oder die „Idee" der Soziologie einschließt. Als Grundlage dafür könnte auch das dienen, was sich außerhalb der Soziologie bewährt hat.

In Verallgemeinerung dieser Überlegungen ergeben sich Fragen zum Wissenschaftsbegriff überhaupt. Denn es wäre sowohl eine Häufigkeitsnorm als auch eine Idealnorm für Wissenschaft im ganzen denkbar, nämlich ein abstraktiv gewonnener, aus gemeinsamen oder aber aus „wesentlichen" Eigenschaften der mannigfaltigen Wissenschaftsbegriffe resultierender, sog. allgemeingültiger Wissenschaftsbegriff, die „Idee" oder das „Wesen" von Wissenschaft überhaupt.

In der bisherigen Darstellung wurde die Wissenschaftstheorie als eine selbständige Wissenschaft dargestellt, die zur Philosophie keine nähere Verbindung zu haben scheint als zu den Einzelwissenschaften, denn die Philosophie ist ja ihr Untersuchungsgegenstand nur unter anderen Studienobjekten. Ein engerer Bezug, jedoch mehr historischer und psychologischer als logischer und systematischer Art, besteht freilich in der Herkunft der meisten Wissenschaftstheoretiker aus der Philosophie und ihrer institutionellen Verbindung mit dieser. Darüber hinaus könnte zumindest ein verwandter Zug mit der Philosophie in der Reflexion auf sich selbst gesehen werden – eine Eigenschaft, die sich allerdings bei den meisten Wissenschaftstheoretikern nicht, aber auch nicht in jeder als „philosophisch" deklarierten Denkbemühung findet. Noch sind wenige Wissenschaftstheoretiker bereit, ihre eigene Disziplin zum Gegenstand einer wissenschaftstheoretischen Untersuchung zu machen und die Grundbegriffe, Voraussetzungen und Methoden der Wissenschaftstheorie selbst einer logischen Analyse zu unterziehen. Das zeigt sich beispielsweise darin, daß das Problem des logischen Charakters der Sätze der Wissenschaftstheorie selbst nicht behandelt wird.

Dennoch ist in einer allerdings etwas paradoxen Weise die Beziehung zwischen Wissenschaftstheorie und der Philosophie mit dem Verhältnis der Wissenschaftstheorie zu den Einzelwissenschaften nicht zu vergleichen. Zahlreiche Wissenschaftstheoretiker sind der Ansicht, daß moderne, heutige Philosophie mit Wissenschaftstheorie *identisch* sei. Die Verfechter dieses Standpunktes sehen die „Wirklichkeit" – als Forschungsobjekt – aufgeteilt unter die nicht-philosophischen Einzeldisziplinen, so daß von einer philosophischen Wirklichkeitserkenntnis nicht mehr gesprochen werden könne. Ausschließlich den Einzelwissenschaften sind nach ihrer Ansicht die Aussagen mit faktischem Gehalt vorbehalten. Die Existenz synthetisch-apriorischer Sätze wird bestritten; es bleiben nur mehr analytische Sätze, das sind die Sätze, die in den Formalwissenschaften vorkommen, und synthetische Sätze, die sog. Erfahrungssätze, die für die Realwissenschaften kennzeichnend sind.

Die positive Einstellung zur Wissenschaftstheorie kann zwei Formen annehmen: (1) Sie kann die Bereitschaft dokumentieren, logische Analyse *überhaupt* zu unternehmen und im eigenen Philosophieren Forderungen an Begriffe und Aussagen zu erfüllen, nämlich die Forderung nach *möglichster* Eindeutigkeit, Präzision und Konsistenz im Sprachgebrauch, sowie die Forderung nach Formulierung der Wahrheitskriterien für die aufgestellten Sätze, möglicherweise sogar einer näher bestimmten Methode der Entscheidung ihres Wahrheitswertes, oder (2) sie ist die *Identifizierung* der Wissenschaftstheorie oder der Wissenschaftslogik (d. h. eingeschlossen die formale Logik) mit der Philosophie insgesamt. Im zweiten Falle reduziert sich die Aufgabe der Wissenschaftstheorie auf die rationale Rekonstruktion der Einzelwissenschaften.

Die *ausschließliche* Beschäftigung mancher Wissenschaftstheoretiker mit den Grundbegriffen, Methoden und Voraussetzungen der Einzelwissenschaften ist eine Konsequenz der unter (2) erwähnten Einstellung. Aber auch für die zuerst erwähnte Auffassung der Stellung der Wissenschaftstheorie innerhalb der Philosophie ist ein untrügliches Kennzeichen die Selbstverständlichkeit, mit der die philosophischen Aussagen, gleichgültig welcher Richtung und ohne Rücksicht auf große Namen, der logischen Analyse unterworfen werden. Nur das, was dieser kritischen Prüfung standhält, wird anerkannt und beibehalten. Man könnte von einem großen Sieb sprechen, in dem das Gedankengut der traditionellen und der modernen Philosophie geschüttelt wird, ein Sieb, dessen Boden aus den Forderungen der Wissenschaftstheorie und der Logik besteht, die demnach bestimmen, was als eine von Philosophen präsentierte Erkenntnis gelten kann.

Jener radikalen Form der Wissenschaftstheorie, die sich mit der Philosophie gleichsetzt, steht eine Auffassung der Philosophie gegenüber, deren Vertreter nach wie vor überzeugt sind, auch in einem Zeitalter hochentwickelter Fachwissenschaften Aussagen mit faktischem Gehalt machen zu können, die nicht dem fatalen Dilemma ausgesetzt sind, entweder die einzelwissenschaftlichen Erkenntnisse lediglich verdoppeln oder aber ihnen widersprechen zu müssen. Gemeint sind die Aussagen, die Metaphysiken, Ontologien, Ethiken, aber auch Geschichtsphilosophie, Naturphilosophie, Rechtsphilosophie usw. bilden. Hierin sind auch die Voraussetzungen, und zwar die inhaltlichen Voraussetzungen der nicht-philosophischen Disziplinen, niedergelegt, ihre allgemeine Form, ihre Wesensnatur und ihr Sinn.

Das ist ein Wissen, oder ein Wissensanspruch zumindest, der zustandekommt entweder aus spezifisch philosophischen (z. B. metaphysischen) Erkenntnis„quellen", oder dank anderer Methoden, die etwa den Rückgang auf die „Bedingungen der Möglichkeit" sonstiger Wissenschaft aufdecken, oder durch ein Denken, das mehr „wagt" als die Einzelwissenschaften und an bestimmten Grenzen, wo sich der Einzelwissenschaftler bescheidet oder beschränkt, nicht haltmacht. Dieser Philosoph nimmt in seiner Spekulation ein größeres Irrtums-, ja sogar „Sinnlosigkeits"-Risiko auf sich. Während der „sichere Entwicklungsgang" der Einzelwissenschaften gerade in den Voraussetzungen gründet, die, unter philosophischem Gesichtswinkel betrachtet, unreflektiert hingenommen werden, ist das für den Philosophen sozusagen ein Luxus, den er sich nicht leisten kann, zugleich aber auch eine Chance, die Grenzen des einzelwissenschaftlichen Forschens zu überwinden.

Nun, diese Einstellung würde in der Theorie keine Mißachtung der Wissenschaftstheorie verlangen; in der Praxis des Philosophierens jedoch kommt sie in zahlreichen Fällen vor. Das ist auf die Unkenntnis der Wissenschaftstheorie und der Mittel, die sie dem kritischen Philosophieren geben kann, zurückzuführen, aber auch auf eine allzu dogmatische Wissenschaftstheorie, die sich ihre Prinzipien oft genug widerstandslos, weil kritiklos von der Mathematik und den exakten Naturwissenschaften vorgeben läßt, fasziniert von dem Erfolg, den sie in diesen Wissenschaftszweigen bewirkt haben. Um so notwendiger ist daher das gegenseitige Ernstnehmen der unterschiedlichen Auffassungen und die Befreiung der Wissenschaftstheorie aus jedweder Bevormundung.

Aber es gibt eine innere, möglicherweise sogar eine enge Verbindung zwischen den hier geschilderten Auffassungen: Diese Brücke ist eine Form der Wissenschaftstheorie, die sich selbst der Kritik offenhält, die selbstkritisch ist und bereit zur Selbstanwendung ihrer eigenen Forderungen. Sie nimmt ihre eigenen Ergebnisse „nur bis auf Widerruf" an; sie ist jederzeit bereit zu einer Reform im Lichte neuer Erkenntnisse, beispielsweise in bezug auf die Angemessenheit ihrer Methoden im konkreten Untersuchungsfall. Sie muß bereit sein, die Konsequenzen aus der Einsicht zu ziehen, daß sich mit den Maßstäben ihrer Kritik auch die bereits gewonnenen Ergebnisse verändern und umstürzen. Jede Kritik, z. B. an philosophischen Thesen oder Lehrmeinungen geübt, gilt nur „bis auf weiteres". Die Arbeit des Wissenschaftstheoretikers, die in kritischer Untersuchung philosophischer und einzelwissenschaftlicher Grundbegriffe, Voraussetzungen und Methoden besteht, bedarf also, um undogmatisch und fruchtbar zu bleiben, der Ergänzung durch die Selbstkritik. Die Reflexion auf sich selbst ist zugleich das im eigentlichen Sinne Philosophische in der Wissenschaftstheorie. Wo die Bereitschaft und Neigung dazu fehlen, wird der Wissenschaftstheoretiker, in reiner Objekt- und Ermangelung der Meta-Einstellung, zum nicht-philosophischen Einzelwissenschaftler, was nicht gegen diesen, wohl aber gegen ihn spricht.

2. Zur Problematik der Kriteriumsfrage

Für die Behandlung dieses Problems ist es gleichgültig, ob *Wissenschaftlichkeit* eine Eigenschaft von Urteilen, Aussagen oder Sätzen, von Satzsystemen oder von Methoden, ein Charakteristikum bestimmter Tätigkeiten oder ob sie deren Ergebnis ist, denn in jedem Fall bemühen wir uns, festzustellen, ob der betreffende „Gegenstand" dieses Kennzeichen besitzt. Um nun dieses Prohlem im konkreten Fall entscheiden zu können, scheint die Kenntnis irgendwelcher *Kriterien* der Wissenschaftlichkeit erforderlich zu sein. Diese mögen in jeweils unterschiedlicher Weise gewonnen werden, ihre Anerkennung mag umstritten, sogar Gegenstand heftiger Kontroversen sein; zweifellos aber sind sie vorhanden und werden angewendet. Nur dann aber, wenn sie erfüllt sind, glauben wir, unserem Objekt das Prädikat „wissenschaftlich" zuerkennen zu dürfen. Es scheint demnach klar zu sein: Wir müssen die Kriterien im Sprachgebrauch derjenigen aufsuchen, die die Wörter „Wissenschaft" und „wissenschaftlich oder die den Begriff der Wissenschaftlichkeit verwenden und immer schon gebraucht haben, und zwar in der Philosophie *und* in den Einzelwissenschaften.

Verraten nun aber Fragen nach den Kriterien den Empiristen, den Positivisten, den Rationalisten? Laut *Scheler* enthüllen sie sogar noch weit mehr, denn nach einem Kriterium, ob etwa dies Bild ein echtes Kunstwerk sei, ob und welche bestehende Religion „wahr" sei, pflege stets „derjenige zuerst zu fragen, der *draußen* stehe, der mit keinem Kunstwerke, keiner Religion, in der Wissenschaft mit keinem Tatsachengebiet einen *un*mittelbaren Kontakt unterhalte. Wer auf keinem Sachgebiet Arbeit geleistet habe, hätte zuerst nach Kriterien dieses Sachgebietes gefragt" [1]). Die Phänomenologie in ihrem radikalen Empirismus – ein Empirismus, der aber in starkem Gegensatz zu allem stehe, was bisher „Empirismus" hieß – weise es daher zurück, die Probleme des Kriteriums bei allen Fragen an die erste Stelle zu setzen. Einer solchen Philosophie gegenüber, die sich mit Recht als „Kritizismus" bezeichne, sei der Phänomenologe überzeugt, daß ein *tiefes Einleben* in den *Gehalt* und den Sinn der in Frage kommenden Tatsachen *vorauszugehen* habe. Kriteriumsfragen hinsichtlich eines Gebietes, so hinsichtlich echter und falscher Wissenschaft, wahrer und falscher Religion, echter und wertloser Kunst, auch Fragen wie: „Welches Kriterium besteht für die Wirklichkeit eines Gemeinten, die Wahrheit eines Urteils?" dürften jenem „tiefen Einleben" erst nachfolgen [2]). *Scheler* nennt die Kriteriumsfrage die „Frage des ewig ‚anderen' – dessen, der nicht im Erleben, im Erforschen der Tatsachen das wahr und falsch oder die Werte gut und böse, usw. finden will, sondern sich *über* das alles stellt – als ein Richter" [3]).

Als Richter aber mache er sich nicht klar, daß alle Kriterien aus der Berührung mit den Sachen selbst abgeleitet sind. Also seien auch die Gegensätze wirklich–unwirklich, wahr–falsch, sowie alle Wertgegensätze einer phänomenologischen Klärung ihres „Sinnes" bedürftig. Es gebe nun noch etwas, das auch über den Gegensatz wahr–falsch, der allein der Satzsphäre angehöre, erhaben sei, „die ‚*Selbstgegebenheit*' eines Gemeinten in unmittelbarer Anschauungsevidenz" [4]). *Scheler* sieht darin jene Wahrheit, von der *Spinoza*

[1]) *M. Scheler:* Ges. Werke. Bd. 10: Schriften aus dem Nachlaß. Bd. I. Zur Ethik und Erkenntnislehre. 2. Aufl. 1957. 381.

[2]) a. a. O. 381.

[3]) a. a. O. 382.

[4]) a. a. O. 382.

sagt: „Die Wahrheit ist Kriterium ihrer selbst *und* des Falschen" [5]), das heißt intuitive Erkenntnis. Die Gegensatzwahrheit, die für die Satz- und Urteilssphäre gilt, gründe in dieser „Wahrheit selbst": Selbstgegebenheit und Evidenz (Ein-sicht) sind demnach Erkenntnisideale, die der Wahrheit und Falschheit *vorhergehen* [6]).

Natürlich stelle der „Mensch des Kriteriumstypus" wiederum eine Frage: „Welches Kriterium besteht denn für Selbstgegebenheit?" Er suche dann psychologistisch nach einem „Evidenzgefühl" oder einem besonderen „Erlebnis", das wie ein „kleines Wunder oder Zeichen" immer dann wiederkehre, wenn etwas so evident ist. Aber so etwas existiere nicht. Schon die Idee eines „Kriteriums der Selbstgegebenheit" sei widersinnig, da alle Fragen nach Kriterien ihren Sinn erst da gewinnen, wo die Sache eben nicht „selbst", sondern, wie in der Wissenschaft, nur ein „Symbol" für sie gegeben sei [7]). Die *philosophische* Erkenntnis dagegen sei „ihrem Wesen nach *asymbolische* Erkenntnisnis" [8]). Sie suche ein Sein, so wie es *in* sich selbst ist, nicht wie es sich als bloßes „Erfüllungsmoment" für an es herangebrachte Symbole darstelle. So werde ihr denn auch die Zeichenfunktion selbst zum Problem: „Sie darf sachlich weder den Bestand der natürlichen Sprache und ihre Bedeutungsgliederung, noch gar den Bestand irgendeines künstlichen Zeichensystems für ihre Untersuchungen voraussetzen. Nicht die *beredbare* Welt, d. h. die Welt schon unterstellt der Verpflichtung, es müsse eine eindeutige Verständigung über sie möglich sein, es müsse eine eindeutige Bestimmung ihres Gehaltes in mehreren Akten eines Individuums und mehreren Individuen über sie geben, nicht der Weltinhalt schon ausgewählt und gegliedert nach und gemäß der Erreichung des Zieles einer ‚allgemeingültigen' Erkennbarkeit – sondern das *Gegebene* selbst mit Einschluß aller möglichen Zeichen für es, ist ihr Gegenstand." [9])

Sicherlich bediene sich auch die Philosophie der Sprache um dieses Ziel zu erreichen, aber nur zu dem Zwecke, um das durch alle möglichen Symbole wesenhaft Unbestimmbare, „weil schon in sich und durch sich selbst Bestimmte", zur Erschauung zu bringen. Sie bediene sich der Sprache, aber eben nur, um im Verlaufe ihrer Untersuchung alles wegzustreichen aus ihrem Gegenstand, was bloß als erfüllendes X eines Sprachsymbols fungiere und daher nicht selbst gegeben sei. Der Philosoph führe einen „resoluten Kampf" gegen die Tendenz, Gegebenes nur als solche „Erfüllung" sich geben zu lassen, und so finde er „das durch die Sprache gleichsam noch unberührte *vorsprachlich Gegebene*" [10]). Der Philosoph dürfe sich nicht der künstlichen Sprache der Wissenschaft im Sinne der Wissenschaft und der Voraussetzung der eindeutigen Bestimmbarkeit der Tatsachen durch ein künstliches Zeichensystem bedienen.

„Selbstgegeben" kann nach *Schelers* Ansicht nur das sein, was nicht mehr bloß durch irgendeine Art von Symbol gegeben ist, also so, daß es als bloße „Erfüllung" eines Zeichens „gemeint" ist, das vorher irgendwie definiert wird. In diesem Sinne ist die *phänomenologische* Philosophie eine „fortwährende Entmythologisierung der Welt" [11]). Phänomenologie habe dann erst ihr Ziel erreicht, wenn alle Symbole und Halbsymbole durch „Selbstgegebenes" voll erfüllt seien, worunter auch alles das falle, was in der natürlichen Weltanschauung und Wissenschaft als *Form* der Auffassung fungiere (alles „Kate-

---

5) a. a. O. 382.
6) a. a. O. 382.
7) a. a. O. 382.
8) a. a. O. 411.
9) a. a. O. 412.
10) a. a. O. 412.
11) a. a. O. 384.

goriale"), und wenn alles Transzendente und nur Gemeinte einem Er-leben und Anschauen „immanent" geworden sei. Dann gebe es keine Transzendenz und kein Symbol mehr. Alles dort noch Formale werde hier noch zu einer „*Materie der Anschauung*" [12]).

Nun ist es sicherlich wahr, daß unter Beobachtern und Beurteilern, die ganz *in* der Sache stehen und die mit einem Gebiet jenen von *Scheler* geforderten *un*mittelbaren Kontakt haben, wenig oder gar nicht von „Kriterien" gesprochen wird. Aber nicht deshalb ist es so, weil die Wissenden, also diejenigen, die sich in den Gehalt „tief eingelebt" haben, nun auf Kriterien überhaupt verzichten könnten, sondern nur deswegen, weil ihnen diese *Kriterien selbstverständlich* sind. Das gilt für Philosophen ebenso wie für Nicht-Philosophen. Gewiß, es trifft oft zu, daß zwei Kenner der Kunst übereinstimmen; aber es ist nicht wahr, daß allemal dann Übereinstimmung und „kriterienfernes" Verstehen herrscht, wenn es *Kenner* der Kunst sind, die miteinander in Kontakt treten. Vielmehr ist die künstlerische Situation unserer Zeit mehr als jede andere gerade durch die Nichtübereinstimmung der Kenner charakterisiert. *Sobald* aber dieser Zustand eintritt, stellt sich das Problem der Kriterien, nach denen entschieden werden soll, welche Ansicht richtig ist, und es stellt sich nun *ausdrücklich* [13]).

Daß es sich nicht überall ausdrücklich stellt, läßt nicht darauf schließen, auf Kriterien könne hier überhaupt verzichtet werden; verzichtet werden kann oft lediglich auf die *Bewußtmachung* der Kriterien. Jede Analyse der Urteile von Kennern wird dagegen die stetige Anwendung von Kriterien verraten. Sie sind wirksam auch im einfachsten Falle von Urteilen und Entscheidungen im Alltagsleben, und sie sind, hier wie dort, unvermeidlich. Kurzum, die Alternative lautet nicht: Notwendigkeit von Kriterien – Unnotwendigkeit von Kriterien, sondern: Ausgesprochenwerden der Kriterien – Nichtausgesprochenwerden der Kriterien, beziehungsweise: Formuliertheit oder aber Nichtformuliertheit der Kriterien [14]).

Wenn Kunstkenner urteilen, legen sie allemal bestimmte Maßstäbe an die Gegenstände ihrer Bewertung an, gleichgültig, ob es ihnen selbst auch klar und bewußt ist, daß sie es tun. Sie können zwar ein Kunstwerk erleben oder genießen, ohne darüber zu sprechen oder auch nur darüber nachzudenken und für sich selbst Urteile fällen, aber *insoweit* versuchen sie nicht zu erkennen, sondern verbleiben in der Sphäre des bloßen Erlebens. Wenn jemand zum Beispiel behauptet, er habe ein ästhetisches Erlebnis, so verwendet er damit Ausdrücke, für deren *korrekte* Anwendung es Regeln gibt. Wir sagen, er dürfe nur dann behaupten: „Ich habe ein ästhetisches Erlebnis", wenn ganz bestimmte Bedingungen erfüllt sind. (Dies ist eine Aussage über die Notwendigkeit von Kriterien des korrekten Sprachgebrauches.) Wir könnten ebenso feststellen, jemand dürfe nur dann behaupten: „Meine Aussage ‚Ich habe ein ästhetisches Erlebnis' ist wahr", wenn die Kri-

---

12) a. a. O. 386.

13) Von dieser Notwendigkeit sind nicht nur die Kenner, sondern auch die schöpferischen Künstler selbst nicht ausgenommen. Obgleich sie weder der Vorwurf treffen kann, den unmittelbaren Kontakt zum Tatsachengebiet nicht zu haben, noch, daß sie im Sachgebiet keine Arbeit geleistet haben, fehlt oft genug die übereinstimmende Beurteilung einer Leistung. In diesem Augenblick aber drängt sich die Frage nach den Bewertungskriterien auf.

14) Unsere Geläufigkeit im Fällen von Werturteilen, sowie das häufige Fehlen des Wortes „Kriterium" oder verwandter und gleichbedeutender Ausdrücke, ergibt ein falsches Bild. Vor allem aber muß folgender Sachverhalt klar erkannt werden: Wir fällen, ob wir wollen oder nicht, in Schrift und Rede, aber auch im „lautlosen Sprechen der Seele mit sich selbst" immer und unvermeidlich Urteile. *Scheler* beweist dies nun selbst durch sein Verhalten, gerade indem er über den „Umgang mit Kriterien" urteilt. Denn wir wollen wahre Urteile fällen, und das verlangt von uns, daß wir uns Rechenschaft darüber geben, wann ein Urteil wahr ist.

terien der Wahrheit (eines Satzes, einer Aussage, einer Proposition, eines Urteils) erfüllt sind.

Sollte *Scheler* jedoch nicht die Wahrheit von Sätzen bzw. Aussagen, sondern des Denkens über die Dinge gemeint haben, so gilt grundsätzlich das gleiche. Denn sogar dann, wenn wir einer Verwendung des Wortes „wahr" auch in diesem Sinne zustimmten, bliebe immer noch die Frage zu beantworten: „Nach welchen Kriterien können wir feststellen, daß (unsere) Religion ‚wahr' (d. h. eigentlich: ‚echt', also ‚wirkliche Religion') ist?" Auch derjenige, der *in* einer Religion steht, der sich, *Schelers* Forderung gemäß, „tief in sie eingelebt hat", befindet sich noch nicht in der Sphäre des *Erkennens*, solange er die Gehalte seiner Religion vorerst nur erlebt, das heißt ihre „Selbstgegebenheit" in unmittelbarer Anschauungsevidenz erfährt [15]).

Hier nähern wir uns dem entscheidenden Punkt in *Schelers* Überlegungen. Wie wir oben gesehen haben, hält er es zwar für legitim, im Falle der Satz- und Urteilswahrheit nach „Kriterien" zu fragen, aber eben diesen Feststellungen „Wahrheit" oder „Falschheit" gehen nach seiner Ansicht „Selbstgegebenheit" und „Evidenz" (Einsicht) als Erkenntnisideale *voraus*. An anderer Stelle stellt er Erkenntnismaßstäbe auf, die er in einer Reihe anordnet: 1. Selbstgegebenheit, 2. Adäquation der Erkenntnis, 3. Relativitätsstufe des Daseins der Gegenstände, 4. schlichte Wahrheit–Wahrsein, 5. materiale Wahrheit–Falschheit, 6. Richtigkeit–Unrichtigkeit [16]). Da die so einander folgenden Maßstäbe eine Reihe bilden, die nach seiner Ansicht die Eigenschaft haben muß, daß der jeweilige Sinn des folgenden Maßstabes den Sinn der vorhergehenden voraussetzt [17]), kann er nun auch behaupten, der Begriff der Adäquation gewinne erst Sinn durch ihre Annäherung einer Erkenntnis an die Selbstgegebenheit [18]). Demnach ist „Erleben" und „Erkennen" unmittelbar und notwendig miteinander verknüpft.

Doch, gleichgültig wie dem auch sein mag, die Frage nach dem „Kriterium" ist damit nicht unnötig geworden. Denn der „Mensch des Kriteriumstypus", stellt *Scheler* selbst fest, frage nunmehr: „Welches Kriterium besteht denn für Selbstgegebenheit?" *Wir* können hinzufügen: „also für die *Tatsächlichkeit* des behaupteten Erlebens?" Damit aber ist das Erkenntnisproblem in den Erlebnisbereich hineingetragen. Wir haben gesehen, daß *Scheler* schon die bloße Idee eines „Kriteriums der Selbstgegebenheit" als widersinnig erklärt – darauf soll noch ausführlich eingegangen werden. Zuvor jedoch sind einige grundsätzliche Überlegungen notwendig.

Wir dürfen annehmen, daß die Menschen nicht zuerst eine Fülle von sprachlichen Ausdrücken, oder allgemeiner, von Symbolen, vorrätig haben, die sie, bei Auftreten bestimmter psychischer Erlebnisse oder auch nicht-psychischer Objekte, diesen gewissermaßen anhängen und sie damit etikettieren. Plausibler ist es, anzunehmen, die Menschen seien dazu befähigt, unter bestimmten Bedingungen solche Bezeichnungen zu schaffen und zu verwenden, zu „aktualisieren". Zuerst war ein Etwas, sei es ein psychisches Erlebnis oder der außer-psychische „Gegenstand", gegeben, für das eine bestimmte Bezeichnung nun entwickelt (erzeugt) wurde. Sobald eine solche Zuordnung vorgenommen ist, können wir von einem „Gemeinten" sprechen, wie es *Scheler* tut. Es wäre nun sinnvoll zu fragen, welches die Kriterien dafür sind, daß ein bestimmtes dieser Erlebnisse vorliegt – aber darum geht es hier nicht; aber es wäre unsinnig, danach zu fragen, welches die Kriterien für die *„richtige"* Namengebung oder bereits für die Namenerfindung seien.

---

[15]) a. a. O. 382.
[16]) a. a. O. 413.
[17]) a. a. O. 413.
[18]) a. a. O. 413.

Denn entweder wir stehen auf dem Standpunkt durchgängiger Bestimmtheit unserer Entschlüsse und Handlungen, dann sind wir auch in diesem Fall dazu genötigt worden, gerade diesen und keinen anderen Ausdruck zur Bezeichnung des „Gemeinten" einzuführen; die Namengebung wäre dann sozusagen „notwendig und immer richtig". Oder aber, wir akzeptieren die gegenteilige Lehre, dann halten wir den Akt der Namengebung für einen solchen der *freien* Entscheidung im Sinne der Beliebigkeit der Zeichenwahl [19]).

Wird der einmal gewählte Name von demjenigen, der ihn selbst hervorgebracht oder aber von einem anderen Sprachbenützer übernommen hat, neuerdings angewendet, so ist es offensichtlich sinnvoll, danach zu fragen, ob er übereinstimmend mit vorausgegangenen Fällen verwendet worden sei. Wenn unter „richtiger" Verwendung die mit der ursprünglichen Namengebung usw. übereinstimmende Verwendungsweise des Ausdrucks verstanden wird, wäre damit bereits das Kriterium der richtigen Anwendung selbst gegeben [20]).

Das gilt auch für das Wort „Wahrheit" und für den von *Scheler* angeführten Ausspruch *Spinozas:* „Die Wahrheit ist Kriterium ihrer selbst *und* des Falschen"; es gilt ferner für alle Ausdrücke in dieser Feststellung und für sämtliche Ausdrücke überhaupt. Die Ausdrücke „Wahrheit" und „Kriterium" werden in bestimmter Weise verwendet, oder, mit anderen Worten, sie haben bestimmte Bedeutungen, die ihnen – so dürfen wir wohl annehmen – irgendwann einmal von Menschen gegeben wurden. Der Sprachgebrauch, der in bezug auf sie besteht, sollte nicht ohne Not mißachtet werden [21]).

Das Wort „Wahrheit" z. B. wird entweder als Eigenschaft oder als Prädikat von Sätzen, Aussagen oder Urteilen, oder als Eigenschaft von beliebigen Dingen verwendet. In beiden Fällen ist „Wahrheit" etwas, was nicht sich selbst, sondern etwas anderem zukommt, etwas, das nicht „sigillum" der Wahrheit selbst ist, sondern einem Etwas, das wohl „wahr", aber nicht selbst eine Wahrheit ist [22]). Sie ist ein „Mittel der Scheidung", der Beurteilung, das „entscheidende Kennzeichen", Unterscheidungsgrund der Wahrheit oder Unwahrheit, eben: Kriterium. Wenn die Ausdrücke „Wahrheit" und „Kriterium" in einer Weise verwendet werden sollen, die dem allgemeinen philosophischen und auch außerphilosophischen Sprachgebrauch entspricht, so ist der erwähnte Satz *Spinozas* unhaltbar.

Daß er unhaltbar ist, beweist schlagender als jedes andere Verfahren die Methode der *Selbstanwendung* [23]). Wer immer und mit welchen Argumenten auch immer gegen die Behauptung vorgeht, Kriterien seien unerläßlich, der bedient sich ihrer selbst. Untersuchen wir zu diesem Zweck die eingangs zitierte Feststellung *Schelers,* derzufolge nach Kriterien stets von jenen gefragt wird, die „draußen" stehen und mit dem jeweiligen Sachgebiet keinen unmittelbaren Kontakt haben. *Offenbar* ist diese Behauptung *Schelers* nur deswegen möglich, weil er selbst Kriterien anwendet. Das Fragen nach Kriterien gilt ihm gerade als dasjenige Kriterium, dessen Erfülltsein den so Fragenden als unzuständig

[19]) Vgl. dazu weiter unten angestellte Überlegungen.

[20]) a. a. O. 413.

[21]) Wir müssen auch nach den Kriterien der korrekten Anwendung des Wortes „Kriterium" selbst fragen, z. B. könnten die von *Scheler* selbst bei der Anwendung des Wortes „Kriterium" beachteten Anwendungskriterien jederzeit explizit gemacht werden.

[22]) Der diesbezügliche Sprachgebrauch ist völlig klar, denn wir nennen etwas „wahr" oder „falsch" immer nur unter bestimmten Bedingungen.

[23]) In bestimmten Fällen der „Selbstanwendung" sind Antinomien ableitbar; als Beispiel dafür diene die klassische Antinomie des „Lügners". Hier dagegen handelt es sich lediglich um den naheliegenden Versuch, zu zeigen, daß derjenige, der den Gebrauch der Methode M tadelt, sie ständig selbst anwendet und das obendrein unmöglich verhindern kann.

und mit der Materie unvertraut erweist [24]). Nach seiner Ansicht hat derjenige in einem bestimmten Sachgebiet keine Arbeit geleistet, der zuerst nach den Kriterien dieses Sachgebietes gefragt hat: Gerade damit aber „erfüllt" er jene Bedingungen, die *Scheler* als Kriterien der erfolglosen oder noch nicht einmal versuchten Arbeit innerhalb eines bestimmten Sachgebietes wertet.

Unser Tageslauf ist von solchen Akten der Feststellung des Erfülltseins oder Nichterfülltseins von Kriterien durchsetzt. Daß die dabei jeweils maßstäblichen Bedingungen häufig nicht ins Bewußtsein treten, daß wir sie mechanisch anwenden, ohne uns über ihr Vorhandensein Rechenschaft zu geben, täuscht uns nur zu häufig über ihr Vorhandensein hinweg. Jedoch läßt sich nicht nur die Tatsächlichkeit der Kriterien in zahllosen Fällen des Alltags und in Philosophie und Wissenschaft erweisen, sondern sogar ihre Unvermeidlichkeit. Ihre Anwendung ist unvermeidlich, sofern wir überhaupt behaupten und werten; ohne aber zu werten und zu behaupten, ist uns *auch philosophisches* Leben und Erkennen unmöglich. Die Feststellung selbst, daß das Problem des Kriteriums besteht oder nicht besteht, zurecht oder nicht zurecht besteht, schließt den Gebrauch bestimmter Kriterien bereits ein.

Ebenso ist für die Beurteilung dieser eben angestellten Überlegungen die Anwendung von Kriterien unerläßlich. Wer etwa die Schlußfolgerungen ablehnt, die mittels der Methode der Selbstanwendung (etwa im Falle *Schelers*) vorbereitet wurden, kann dies auch wieder nur auf Grund von Bedingungen bzw. Kriterien für die Anwendung des Terminus' „gültige Schlußfolgerung" tun, vorausgesetzt natürlich, er hält die Anwendung eines bestimmten Begriffes dann und nur dann für korrekt, wenn die Kriterien seiner Anwendung als erfüllt betrachtet werden können [25]). Die eben angestellten Überlegungen machen es in hohem Grade wahrscheinlich, daß *auch in der Untersuchung des Problems der Wissenschaftlichkeit die Frage nach den Kriterien unvermeidlich ist.*

Untersuchen wir nun noch die Feststellungen *Schelers* über die Funktion der Selbstgegebenheit: „‚Selbstgegebenheit' eines Gemeinten in unmittelbarer Anschauungsevidenz", und: „Der Begriff der Adäquation gewinnt erst Sinn durch die Annäherung einer Erkenntnis an die Selbstgegebenheit". – Daß etwas „gegeben" ist, ein Sinneseindruck, ein Gefühl, eine abstrakte Vorstellung, erleben wir ständig, wir gebrauchen daher diesen Ausdruck ohne Bedenken. Auch daß etwas „uns" gegeben sei, und nicht einem anderen Menschen, sagen wir immer wieder. Sollte „Selbstgegebenheit" meinen, etwas sei einem selbst und nicht einem anderen gegeben, so ergeben sich keine grundsätzlichen Fragen. In bestimmten Situationen könnte es auch als zweckmäßig betrachtet werden, das „Selbst-" zu betonen, um damit auf das Gegebensein eines *bestimmten* Erkenntnisobjektes usw. hinzuweisen: *„Es* selbst". Aber in allen diesen Fällen ist es nicht unsinnig, an der Tatsächlichkeit des so Gegebenen zu zweifeln, oder, korrekter gesagt, das Gegebensein zu bezweifeln.

Wird nun in einem konkreten Fall festgestellt, daß eine Adäquation von Denken und Wirklichkeit, Aussage und Ausgesagtem, usw. vorliegt, so ist wohl einzusehen, daß man ein Etwas für irgendwie gegeben halten muß, um es mit einem anderen

---

[24]) Es wäre aber nur konsequent, von *Scheler* zu fordern, daß er auf jegliche Verwendung von Kriterien zur Feststellung derjenigen Fälle, an denen unberechtigt nach Kriterien gefragt wird, auch selbst verzichten möge. Wie könnte er dann aber noch länger argumentieren und Werturteile fällen?

[25]) Sofern jemand sprachliche Ausdrücke verwendet, und das trifft natürlich auch auf denjenigen zu, der aus irgendwelchen Gründen die Verwendung bestimmter Sprachausdrücke für unnötig hält, *muß* er sich um die Richtigkeit ihrer Anwendung bemühen. Das kann er aber nur, wenn . . . , usw.

in Relation setzen und um es dann als „Relat" bezeichnen zu können. Würde nun in diesem Falle wiederum die Adäquation gefordert werden, so wäre ein unendlicher Regreß nicht zu vermeiden [26]).

Es liege nun folgende Aussage vor: „Dieses (oder jenes) biologische System ist eine Wissenschaft". Was unter „biologischem System" und unter „Wissenschaft" verstanden werden soll, wurde vom Namengeber oder von den Namenübernehmern bereits früher bestimmt. Z. B. wurde festgelegt: „Wenn Erfahrungen von folgender Art ... gemacht werden, soll von ‚biologischem System' gesprochen werden"; in analoger Weise wird im Falle des Ausdruckes „Wissenschaft" vorgegangen. Ebenso werden für die übrigen Wörter *Verwendungsregeln* angegeben. Im konkreten Fall haben wir nun zu *entscheiden*, ob die geforderten Erfahrungen tatsächlich vorliegen; wenn ja, so sehen wir uns veranlaßt, den entsprechenden Ausdruck zu verwenden. Müßte nun aber nicht ebenso gefordert werden, daß eine Behauptung über das Vorliegen jeder einzelnen Erfahrung aufgestellt werden sollte? In diesem Falle aber könnten wir nur dann sagen, daß die Behauptung „wahr" sei, wenn eine Übereinstimmung zwischen ihr und dem behaupteten Sachverhalt besteht, und so ad infinitum.

Wir stellten fest, daß ein beliebiges X, hier Wissenschaft bzw. „Wissenschaft", immer dann vorliegt, wenn bestimmte Kriterien erfüllt oder Regeln (zu) seiner Verwendung richtig angewendet wurden. Nehmen wir nun an, es handle sich um einen mathematischen oder logischen Beweis. Der Ausdruck „Beweis" oder auch „mathematischer Beweis" hat mindestens *eine* Bedeutung; es gibt mindestens *einen* Satz von Verwendungsregeln für diesen Ausdruck. Nennen wir diese Regeln a, b, c, so werden wir feststellen, das Wort „Beweis" („mathematischer Beweis") werde dann und nur dann richtig angewendet, wenn a, b, c erfüllt sind. Nun wird in einem konkreten Fall tatsächlich behauptet, ein Beweis liege vor. Mit anderen Worten heißt das, das Wort „Beweis" sei hier anwendbar. So entsteht das Problem: Sind die Regeln a, b, c tatsächlich richtig angewendet, beziehungsweise ist die Forderung, daß a, b, c erfüllt sein müssen, selbst erfüllt?

Wenn man über das Erfülltsein oder Nichterfülltsein von Forderungen (Kriterien) – beliebige Fälle angenommen – Behauptungen aufstellt, so sind das aber Sätze mit *faktischem* Gehalt. Da deren Wahrheitswert jedoch nicht bereits auf Grund logischer Analyse festgestellt werden kann, sondern nur durch Beobachtung, so können sie sich als „wahr" *oder* als „falsch" erweisen, denn Beobachtungsfehler können nicht ausgeschlossen werden. So kann sich die Behauptung, daß B (z. B. ein Beweis, eine Erkenntnis, Wissenschaft) vorliege, weil die Forderungen (Kriterien, Regeln) a, b, c; m, n; p, q, r, usw. erfüllt seien, auch als falsch erweisen. Wir wissen nun zwar, daß es – zugleich und in gleicher Hinsicht – betrachtet, nicht möglich ist, daß a, b, c erfüllt und nicht erfüllt sein können, symbolisch: $\sim (X \cdot \sim X)$ [27]); natürlich gilt: entweder X oder $\sim X$ [28]). Dennoch können wir nicht mit Sicherheit daraus entnehmen, ob B, und ebensowenig den entgegengesetzten

---

[26]) Vgl. dazu: *F. Brentano:* Wahrheit und Evidenz. Hrsg. *O. Kraus.* Leipzig 1930. 28, 126, 133, 140, 176.

[27]) Vgl. *Aristoteles:* Metaphysik, üb. v. *Rolfes.* 3. Aufl. Leipzig 1928. 4. Bd. 66; ferner zit. bei *I. M. Bochenski:* Formale Logik, Orbis Academicus. Freiburg/München 1956: „Dasselbe kann demselben unter demselben Gesichtspunkt nicht zugleich zukommen und nicht zukommen" (12.19); sowie 12.21: „Es ist unmöglich, daß sich widersprechende (Aussagen) zugleich wahr sind."

[28]) Symbolisch: $(X \vee \sim X) \cdot \sim (X \cdot \sim X)$.
Wir haben es hier genau genommen mit der Konjunktion des Prinzips vom ausgeschlossenen Dritten „$(X \vee \sim X)$" und des Prinzips vom ausgeschlossenen Widerspruch „$\sim (X \cdot \sim X)$" zu tun.

Fall, nämlich ob non-B zutrifft. Unsere Behauptung über das Vorliegen eines Beweises oder über die Korrektheit des Sprachgebrauches im konkreten Fall, also hier über die Angebrachtheit des Wortes „Beweis", können wahr oder falsch sein. Ein Beweis liegt vor, wo a, b, c erfüllt sind – das gilt laut Definition; *ob* sie aber im konkreten Fall tatsächlich erfüllt sind, wissen wir nicht sicher. Es ist möglich, daß unsere Aussage, derzufolge im fraglichen Fall ein Beweis vorliegt, falsch ist.

Es wird festgestellt: „Es ist mir evident" oder „Es ist evident (wahr), daß folgendes ... ein Beweis, wissenschaftlich, wahr, usw. ist"; mit anderen Worten wird damit ausgedrückt: „Es ist evident, daß die folgenden Bedingungen ... hier erfüllt sind." Daher wird gefolgert, daß z. B. auch der Mathematiker oder der Logiker „zur Evidenz Zuflucht nehmen muß", um behaupten zu können, daß dies oder jenes ein Beweis, Wissenschaft, eine Erfahrung, oder anderes sei. Das ist jedoch *nicht* notwendig, denn jemand darf ohne weiteres zugeben, seine Überzeugung, im konkreten Fall seien die Bedingungen a, b, c erfüllt und es liege daher (z. B.) ein Beweis vor, könne falsch sein. Es handelt sich folglich um einen Beweis immer nur unter der Voraussetzung, daß a, b, c erfüllt sind. Die Aussage, a, b, c seien (tatsächlich) erfüllt, ist eine *Tatsachenbehauptung*. Ihr Wahrheitswert ist, wie früher gesagt, nur durch Beobachtung, nicht durch logische Analyse entscheidbar. Es besteht daher nicht nur die Möglichkeit der Wahrheit, sondern auch der Falschheit dieser Aussage [29]).

Wir können nunmehr feststellen: Etwas ist *selbstgegeben* dann und nur dann, wenn bestimmte Bedingungen erfüllt sind, z. B. wenn m und n erfüllt sind. Stellt nun jemand die Behauptung auf, hier und dort seien m und n erfüllt, und nun könne, ja müsse das Wort „selbstgegeben" angewendet werden, so ist jener Behauptungssatz möglicherweise falsch. Er ist genau dann falsch, wenn m oder n oder beide nicht erfüllt sind. Frage ich nun jemand, ob es ihm evident sei, z. B. daß m erfüllt oder n nicht erfüllt ist, so kann er diese Frage verneinen, ohne daß es ihm deswegen verboten wäre, zu behaupten, daß X selbstgegeben sei, nämlich deswegen, weil m und n trotzdem erfüllt seien. Kann er nun auch mit dem gleichen Recht behaupten, daß X selbstgegeben sei, oder unmittelbar erfahren werde, wie er behaupten kann, daß vor ihm jetzt ein Blatt Papier liege oder daß nur ein einziger Mensch im Raum sei? Wäre es vernünftig, zu sagen, daß beide Behauptungen nur bis auf Widerruf gelten? Kann er sich belehren lassen, daß X nicht selbstgegeben sei? Hat er nicht – um in juristischen Begriffen zu sprechen – den Instanzenzug bereits bis zur *letzten* Instanz durchlaufen? Diese letzte Instanz wäre aber die Evidenz. Wir sagen von demjenigen, der etwas als unmittelbar gewiß, als auch sich selbst einleuchtend, als Selbstgegebenheit erfahren hat, er habe es in „unmittelbarer Anschauungsevidenz" erfaßt. Urteile, die ich über das von mir derart evident Erlebte fälle, erhalten das Prädikat „eines Beweises nicht bedürftig" [30]).

Setzen wir den Fall, jemand halte nur eine einzige Gruppe von Urteilen für evident, nämlich Urteile der inneren Wahrnehmung, also Urteile über „Selbstgegebenes", in „unmittelbarer Anschauung Erlebtes", und er schlage nun vor, von „Wissen" oder „Wissenschaft" nur im Falle des Vorliegens solcher evidenter Urteile zu sprechen [31]). Die Frage, was als „gegeben" bezeichnet werden kann, beantwortet er nunmehr wie folgt: Im *strengen* Sinn gegeben, nämlich „selbstgegeben", ist ausschließlich das, worauf sich die Urteile der inneren Wahrnehmung beziehen können; im nicht-strengen Sinn ist ferner

---

[29]) Vgl. Anm. 27.

[30]) Vgl. die Ausführungen besonders zum Begriff der Prüfungsbedürftigkeit.

[31]) a. a. O.: Bemerkungen zum Problem der „intersubjektiven Prüfbarkeit".

alles das „gegeben", was gemäß der zugrundegelegten Definition von „Wissen" als „gewußt" und als grundsätzlich „wißbar" beurteilt werden darf [32]).

Wir können nun folgendes vorläufiges *Fazit* ziehen:

1. Um feststellen zu können, daß etwas ist oder nicht ist, so ist oder nicht so ist, müssen Kriterien oder Bedingungen angegeben werden, deren Erfülltsein oder Nichterfülltsein im konkreten Fall zu ermitteln ist. Das gilt offensichtlich auch für die Frage der Wissenschaftlichkeit irgendwelcher Untersuchungsobjekte, von Aussagen oder Sätzen, Satzsystemen, Methoden, Einstellungen usw. Daher ist die Frage nach den Kriterien der Wissenschaftlichkeit oder nach den Forderungen, die ein beliebiges X, um als „wissenschaftlich" bezeichnet werden zu dürfen, erfüllen muß, unvermeidlich, ja sogar selbstverständlich.

2. Stellen m, n und o die Kriterien der *Wissenschaftlichkeit* (von Sätzen usw.) dar, und ist im konkreten Fall zu entscheiden, *ob* sie erfüllt (oder bis zu welchem Grade sie erfüllt) sind, so sind dazu offensichtlich weitere Kriterien erforderlich. Konkret gesprochen: Um feststellen zu können, daß (z. B.) *m* gegeben, das Kriterium m erfüllt sei, sind die Bedingungen v und w zu erfüllen, und so ad infinitum. Werden etwa intersubjektive Verständlichkeit und intersubjektive Prüfbarkeit als Kriterien wissenschaftlicher Aussagen bezeichnet, so ergibt sich als *weitere* Frage diejenige nach den Kriterien der Prüfbarkeit. Der unendliche Regreß ergibt sich aber nur beim Versuch der „Letzt"begründung, falls nicht bei irgendwelchen „Evidenzen" abgebrochen wird. Wer „Letzt"begründung nicht anstrebt, kann sich mit widerrufbaren, nur bis auf weiteres gültigen Aussagen über das Erfülltsein der Kriterien oder Anwendungsbedingungen für den fraglichen Ausdruck begnügen.

Wir ersehen aus dem tatsächlichen Verhalten von Wissenschaftlern, daß sie dieses Problem *praktisch* lösen und daß sie trotz der eben dargelegten theoretischen Probleme beispielsweise das Wort „hinlänglich ausgebildet" zielsicher verwenden. Untersuchen wir ihr diesbezügliches Verhalten, so finden wir, daß sie bei Vorliegen bestimmter Erfahrungen und bei Auftreten bestimmter psychischer Erlebnisse oder Vorgänge das Urteil „hinlänglich ausgebildet" über sich selbst oder jemand anderen fällen. *Daß* sie diese Erfahrungen oder Erlebnisse haben, bezweifeln sie nicht. Allerdings wäre der Fall denkbar, daß die Kriterien für den Gebrauch der Ausdrücke, mit denen die so interpretierten Erfahrungen bezeichnet werden, im gegebenen Fall nicht korrekt angewendet werden und daß daher den betreffenden psychischen Erlebnissen ein falscher sprachlicher Ausdruck zugeordnet wird. Gewisse Voraussetzungen, etwa diejenige der Kontinuität des Sprachverständnisses, müssen also offensichtlich stets gemacht werden [33]).

Nur *aus* dem weiteren verbalen und nicht-verbalen *Verhalten*, dessen, der etwas z. B. als „Beweis" bezeichnet, kann mit mehr oder größerer Wahrscheinlichkeit *geschlossen* werden, daß er die betreffende Bezeichnung richtig verwendet hat. Das Erkenntnissubjekt ist zweifellos die letzte Instanz, wenn entschieden werden soll, ob es dieses ganz bestimmte Erlebnis gehabt hat, das es dazu berechtigt, von X, von „rund" oder „hart" oder „gelb" oder „Beweis" zu sprechen. Wenn es sich um das Erkenntnissubjekt in jener besonderen Situation des Namenerfinders und Namen*gebers* handelt, so wäre es sinnlos, von „wahrer" oder „falscher Erfahrung" oder richtiger oder unrichtiger Verwendung von „rund", „gelb", usw. zu reden; natürlich ebenso im Falle von „Wissen-

---

[32]) Vgl. *R. Strohal:* Grundfragen der Psychologie. Innsbruck 1950; ferner *R. Wohlgenannt:* Metaphysik und Positivismus, in: Salzburger Jahrbuch für Philosophie. VIII/1964. 14 f.

[33]) Vgl. auch hierzu Abschn. III, Kap. über Intersubjektive Prüfbarkeit; außerdem *Stegmüller:* Metaphysik – Wissenschaft – Skepsis. Wien 1954. 266 f., 271.

schaft". Dagegen haben wir es bei der neuerlichen, mindestens zweiten Verwendung der Bezeichnungen mit einer geänderten Situation zu tun. Jetzt erst ist es möglich, zu sagen, daß sich der Sprachbenützer geirrt hat, als er das Wort „hart" zur Bezeichnung bestimmter psychischer Erlebnisse oder nicht-psychischer Objekte verwendete.

Nach Kriterien muß – wie oben dargelegt – gefragt werden. Das ist unerläßlich. Wie wir aber nunmehr erkannt haben, bedeutet der Rückgang auf immer tieferliegende Schichten von Kriterien keineswegs die reductio ad absurdum jeglicher kriteriologischen Tendenz. Letzte Instanz ist zwar unser eigenes Erleben, unmittelbar gegeben sind uns lediglich unsere eigenen psychischen Erlebnisse, und diese sind nur uns selbst *unmittelbar* zugänglich. Die Frage nach Kriterien, nun diejenige nach dem Vorliegen eines bestimmten psychischen Erlebnisses, sieht uns in einer vor anderen ausgezeichneten Lage, denn niemand anderer kann unmittelbar erkennen, was *ich* psychisch erlebe [34]). Aber da ich meine psychischen Erlebnisse *sprachlich* bezeichne und mein jeweiliges Verhalten im Zusammenhang mit meinem sonstigen Verhalten und dem Verhalten anderer Menschen erfahren werden kann, wird es möglich, daß andere dazu beitragen, daß ich meinen Sprachgebrauch *korrigiere*. Sobald wir unsere Erlebnisse mit bereits eingeführten Namen zu bezeichnen beginnen, laufen wir Gefahr, uns zu irren. Die Rede von der „unmittelbaren Anschauungsevidenz" und der „Selbstgegebenheit eines Gemeinten" muß daher im dargelegten Sinne beurteilt werden.

Ich verweise zum Schluß nochmals auf die am Anfang dieses Abschnittes zitierte Stellungnahme *Schelers* zur Frage nach den Kriterien. Es besteht kein Zweifel, daß ich mit keinem Tatsachengebiet unmittelbareren Kontakt habe als mit meinen eigenen psychischen Erlebnissen, mit dem „Selbstgegebenen". Auch ist nicht zweifelhaft, daß ich nicht danach fragen werde, was denn die Kriterien für meine Verwendung der Ausdrücke „gelb", „hart", „rund", usw. sind. Aber das tue ich nur so lange nicht, als mein Sprachverhalten mit dem allgemeinen Sprachverhalten übereinstimmt. Würde ich dagegen feststellen müssen, daß ich, obgleich unter gleichen (d. h. genauer, gleichartigen) Bedingungen stehend wie andere Sprachbenützer, jene Ausdrücke stets oder häufig völlig abweichend von ihnen verwende, und das, obzwar ich gar nicht beabsichtige, neue Verwendungsregeln für jene Ausdrücke in die Sprache einzuführen, dann würde ich zwangsläufig beginnen, auch hier nach den Kriterien für ihre Verwendung zu fragen. Wir dürfen daher einerseits den Schluß ziehen, daß es keinen Fall, keine Situation gibt, in der die Frage nach den Kriterien von vorneherein und notwendig sinnlos wäre, während wir andererseits voraussagen können, daß es stets Situationen geben wird, in denen die Ermittlung der Kriterien wichtig werden wird, und daß wir auf zahlreiche Fälle verweisen können, in denen sie bereits sehr wichtig geworden ist.

[34]) Wiederum Verweis auf das Kap. „Feststellbarkeit des Wahrheitswertes".

3. Über Begriffsuntersuchungen

3.1. Begriffsbildung

Im Alltag, in der Philosophie und in den Einzelwissenschaften werden Zeichen verwendet, mit denen bestimmte Bedeutungen verknüpft sind. Die Art und Weise des Gebrauchs der Zeichen wird durch ihre Anwendungsregeln bestimmt. In den eigens für wissenschaftliche Zwecke aufgebauten Sprachen werden die Regeln manchmal explizit und in präziser Form angegeben. Die Ausdrücke der Umgangssprache verwenden wir zumeist ohne uns immer der Regeln bewußt zu sein, denen gemäß wir sie gebrauchen. Sie lassen sich aber zweifellos auch hier herausarbeiten.

Die Gebrauchsregeln für die Sprachzeichen stehen nicht von vorneherein fest. Wenigstens erweist es sich nicht als vernünftig, anzunehmen, der Mensch sei von Geburt aus auf bestimmte Verwendungsregeln für diese Zeichen festgelegt. Dagegen würde schon das Vorhandensein verschiedener Sprachen sprechen. Sogar innerhalb eines und desselben Sprachbereiches werden gleiche Gegenstände bekanntlich nicht immer mit den gleichen sprachlichen Bezeichnungen benannt.

Um die Benennungen bestimmter Gegenstände als „richtig" oder als „zutreffend", als „irrtümlich" oder als „falsch" bezeichnen zu können, müßten wir über einen Bewertungsmaßstab verfügen. Wir müßten bereits wissen, daß ein Objekt ganz bestimmter Beschaffenheit nur mit einem ganz bestimmten Namen benannt, mit einem ganz bestimmten Zeichen, mit einer ganz bestimmten Folge von Buchstaben oder Schallwellen verbunden werden darf. Es müßte also bereits in der Phase der Namenerfindung und der ursprünglichen Namengebung „richtige" und „falsche" Namen oder Bezeichnungen für die Gegenstände geben. So wäre *dann* etwa das deutsche Wort „Holz" als der *richtige* Name für jenen von uns so genannten Gegenstand, dagegen das englische Wort „wood" als eine seiner falschen Benennungen zu bezeichnen.

Demgegenüber setzen wir voraus, daß die ursprünglichen Sprachbenützer, die Namenerfinder und Namengeber, in der Wahl der Zeichen für das Bezeichnete frei waren, oder mit anderen Worten, daß sie dafür auch andere Zeichen hätten wählen können. Eine Theorie der Richtigkeit oder Falschheit der Namenerfindung und der Namengebung aufzustellen, ist aus den aufgezählten Gründen unzweckmäßig. Vielmehr halten wir es für vernünftig, anzunehmen, daß die Namenerfindung frei ist und daß die Namengebung einen Akt der *Konvention* darstellt, so daß derjenige, der zur Bezeichnung bestimmter Gegenstände einen bestimmten Namen einführt, von sich weder sagen kann, er habe etwas als richtig, noch, er habe es als nicht richtig erkannt. Es handelt sich also um eine *Festsetzung*, die man unter bestimmten, vorstellbaren Bedingungen eventuell als *unzweckmäßig* bezeichnen könnte, etwa dann, wenn das gewählte Zeichen zu lang oder allzuschwer auszusprechen ist. Die Festsetzung ist daher ein Vorschlag, eine *sprachliche Übereinkunft* zu treffen, derzufolge das vorgeschlagene Zeichen von allen Sprachbenützern, die dieser Übereinkunft beitreten, von da ab in bestimmter Weise verwendet werden muß [1]).

---

[1]) Es könnte indessen auch völlige Determiniertheit der Namenerfinder und Namengeber angenommen werden: Unter den gegebenen Bedingungen subjektiver und objektiver Natur, den jeweiligen physiologischen, psychologischen, klimatischen, geographischen und anderen Voraussetzungen, wäre es den Namengebern gar nicht möglich gewesen, eine andere Bezeichnung zu wählen. Ebenso hätte jeder, der diese spezifische Benennung übernahm, unter den Bedingungen, die für ihn maßgebend waren, sie übernehmen *müssen*.

Einen derartigen Vorschlag anzunehmen, bedeutet, daß von nun ab ein Zeichen einem ganz bestimmten „Etwas" zugeordnet wird, daß also das Zeichen, z. B. die Buchstabenfolge, stets nur unter ganz bestimmten Bedingungen verwendet werden darf. Wir sagen dann, daß wir, die zum Zwecke seiner Verwendung ganz bestimmte Regeln festgesetzt oder auch übernommen haben, das Zeichen nur dann richtig verwenden, wenn wir es diesen Regeln gemäß gebrauchen. Erst jetzt erscheint es als vernünftig, von „richtig" oder „falsch" zu sprechen, denn der Maßstab für die Korrektheit der Verwendungsweise des Zeichens ist mit der ursprünglichen Festsetzung, mit dem Akt der Namengebung, tatsächlich für uns also in dem Augenblick gegeben, wo wir jenen Vorschlag für die zu treffende Übereinkunft über die Verwendungsweise des betreffenden Zeichens, und zwar auf Grund von Zweckmäßigkeitsüberlegungen, akzeptiert haben.

Wir können die Situation auch so verstehen: Jemand setzt fest, daß ein bestimmter Ausdruck, etwa das Zeichen X, dann und nur dann korrekt gebraucht ist, wenn die Bedingungen (oder Forderungen) a, b und c erfüllt sind. *Der Begriff stellt dann ein Bedingungs- oder Forderungssystem dar:* Die Begriffsmerkmale werden als die Kriterien für die korrekte Anwendung des betreffenden *Sprach*ausdruckes festgesetzt [2]). Das ist die Phase der *Stipulation,* das heißt der Festsetzung der Bedeutung eines sprachlichen Ausdrucks, etwa des Wortes „Wissenschaft", oder auch der *Definition,* falls ein bereits vorliegender Sprachgebrauch genauer bestimmt wird. Es ist wichtig, hierin keinen Sonderfall zu sehen, denn auch alle anderen Ausdrücke beliebiger Sprachen sind davon betroffen. In der sich daran anschließenden Phase der *„Tatbestandsfeststellung"* soll untersucht werden, ob die aufgestellten Forderungen, die ja die Anwendungsbedingungen (oder -kriterien) für die betreffende Bezeichnung X darstellen, vom Sprachbenützer erfüllt oder nicht erfüllt worden sind. Sind sie nicht-erfüllt, so muß der Beurteiler die Feststellung treffen: „X wurde im Untersuchungsfalle nicht richtig verwendet", oder: „Das Wort ‚Wissenschaft' – z. B. – hätte im vorliegenden Falle nicht angewendet werden dürfen".

Es wird häufig behauptet, das fragliche Zeichen X werde nicht dann korrekt verwendet, wenn die Bedingungen a, b und c erfüllt sind, sondern etwa, wenn a und b allein vorliegen, oder wenn a, b, c und d, oder auch, wenn die völlig andersartigen Bedingungen m, n und o, usw. gegeben sind. Angesichts dieser Sachlage werden wir uns zwar entscheiden müssen. Wir werden aber trotzdem nicht von einer „richtigen" oder „falschen" Namen*gebung* sprechen. Denn alle diese Einführungen oder Festsetzungen oder Vorschläge für zu treffende Übereinkünfte über die Verwendungsweise von X stellen offensichtlich *keine Erkenntnisse* dar; sie sind kognitiv völlig indifferent. Von richtiger oder falscher Verwendung des Ausdruckes X („Holz", „Wissenschaft", „wahr", usw.) zu reden, ist folglich nur dann annehmbar, wenn die jeweilige Verwendungsweise des betreffenden Sprachzeichens an den bereits vorher festgesetzten Regeln zu seiner Verwendung kontrolliert wird.

Unabhängig davon könnte nun jemand feststellen, daß ein bestimmter Sprachbenützer das Wort „Wissenschaft" deswegen unrichtig (unkorrekt) verwendet habe, weil er es nicht in Übereinstimmung mit den seinerzeit von ihm selbst festgesetzten

---

2) Zum Beispiel: Das Wort „Entwicklungshilfe" wäre dann und nur dann richtig verwendet, wenn folgende Bedingungen erfüllt sind:
a) Es handelt sich um Sachleistungen oder um Geld;
b) diese werden an ein Land gegeben, das sog. „Entwicklungsland", in dem das Pro-Kopf-Einkommen der Bevölkerung unter einem bestimmten Index liegt;
c) jene Leistungen sind für das Entwicklungsland günstiger, als sie auf dem Weltmarkt erhältlich wären (z. B. niedrigerer Zinsfuß; längere Kreditrückzahlungsfristen).

oder übernommenen, jedenfalls auch von ihm anerkannten Verwendungsregeln gebrauchte [3]). Wenn es sich dagegen nicht um einen solchen Fall handelt, so kann „unrichtig verwenden" nur bedeuten, daß die betreffende Verwendungsweise des Ausdruckes Regeln verletzt, die der Verwender ohnehin gar nicht akzeptiert. Aber dann unterscheidet sich die Verwendungsweise der Wörter „richtig" oder „unrichtig" offensichtlich vom obigen Fall, da dort die Namenerfindung und die Namengebung gemeint ist, hier jedoch nur die Übereinstimmung oder die Nichtübereinstimmung mit einer bereits früher festgesetzten oder vorgeschlagenen Verwendungsweise des betreffenden Sprachausdruckes.

Die von anderen als „falsch" bezeichnete Verwendungsweise kann dieser Kritik gegenüber zunächst mit dem Hinweis auf die *eigenen* Gebrauchsregeln für den betreffenden Ausdruck verteidigt werden: „Ich habe von allem Anfang an unter X folgendes verstanden (oder, verstanden wissen wollen), und ich habe den Ausdruck X nun in genau diesem Sinne verwendet. Folglich habe ich ihn *richtig* verwendet." Ob diese Rechtfertigung annehmbar ist, hängt indessen von der allgemeinen sprachlichen und damit sehr oft auch von der geschichtlich entstandenen Situation ab. Denn wenn der Verteidiger einer bestimmten Verwendungsweise des betreffenden Ausdrucks X vom *üblichen* [4]) Gebrauch des Ausdrucks gänzlich abweicht, kann zwar noch nicht „an sich" von einem „falschen Begriff" beziehungsweise einer „unrichtigen Verwendung von X" gesprochen werden – denn dazu wäre eine „Theorie der richtigen Namen" erforderlich –, aber immerhin aus guten praktischen Gründen davon, daß er X unzweckmäßig (z. B. Äquivokationen stiftend) verwendet habe [5]).

Wir erkennen die Problematik, die hier entsteht, wenn es einen derartigen, praktisch maßstäblichen „allgemeinen Sprachgebrauch" nicht gibt – wie übrigens im Falle der Buchstabenfolge „W-i-s-s-e-n-s-c-h-a-f-t". In dieser Situation empfehlen sich andere Methoden zur Lösung des Problems, beispielsweise die Indizierung des betreffenden Sprachausdruckes. Wir würden dann etwa von „W_1", „W_2", „W_3", usw. sprechen.

Selbst im Falle eines überwiegend einheitlichen Sprachgebrauchs bliebe noch immer die Möglichkeit, die neueingeführte ungewohnte Verwendungsweise beizubehalten. Denn es könnte darauf gehofft werden, daß zahlreiche Sprachbenützer den *neuen* Vorschlag für die zu treffende Übereinkunft über den Sprachgebrauch von X annehmen werden [6]). Das hätte allerdings die allmähliche Aufweichung des bis dahin (verhältnismäßig) einheitlichen Sprachgebrauches zur Folge. Man könnte auch wohl die geschichtliche Entwicklung der Verwendungsweise von X erforschen, ferner die gegenwärtige Verwendungsweise ermitteln, und nach einem gemeinsamen Kern suchen, also Verwendungsregeln ausfindig machen wollen, die von sämtlichen oder wenigstens von den meisten Benützern des Zeichens X angewendet werden, ohne daß dies ihnen auch selbst bewußt sein muß. Ein neuer Sokrates könnte auf diesem Gebiet „herumgehen" und feststellen wollen, was denn etwa das Wesen von „Wissenschaft" sei, also dasjenige an der Bedeutung von

---

[3]) Wir sprechen in diesem Fall von „Inkonsistenz im Sprachgebrauch".

[4]) Damit mißachtet er die Forderung nach materialer Adäquatheit von Definitionen. (Vgl. dazu *R. Wohlgenannt* und *R. Kamitz:* Materiale Adäquatheit und Kommunikation. In: „Wissenschaft und Weltbild", Zt. für Grundfragen der Forschung. 1964. Heft 4. 289–299.)

[5]) So lehnt beispielsweise *Scheler* es ab, unter „Wissenschaft" sowohl die „Episteme" Platons als auch die „Doxa" zu verstehen. Da im allgemeinen Sprachgebrauch unter „Wissenschaft" immer die Doxa gemeint und diese dem Wissenschaftsbegriff der sog. positiven Wissenschaften gleichzusetzen sei, so wäre eine „fürchterliche Äquivokation" unvermeidlich, wenn man sich nicht an den allgemeinen Sprachgebrauch hielte (Ges. Werke. Bd. 5. 4. Aufl. Bern 1954. 75).

[6]) Philosophie, Einzelwissenschaften und Umgangssprache weisen zahlreiche Beispiele des Bedeutungswandels auf.

„Wissenschaft", was zumindest die größere Zahl der Verwender von „Wissenschaft" damit meinen. Er könnte sich möglicherweise berechtigt sehen, am Ende seiner Analyse die Sprache um eine neue Bedeutung oder um einen neuen Satz von Verwendungsregeln von „Wissenschaft" zu bereichern. Er würde dann bestimmte Anwendungskriterien dafür zu entwickeln und zu formulieren, und er würde empirisch zu erforschen versuchen, ob und inwieweit diese Forderungen in den von ihm untersuchten Fällen auch tatsächlich erfüllt sind. Hier und nur hier würde dann auch er feststellen, daß der fragliche Ausdruck „richtig" verwendet worden sei.

Zu behaupten, daß X im untersuchten Falle „richtig" verwendet worden sei, bedeutet also zunächst nichts weiteres, als festzustellen, daß ganz bestimmte Regeln erfüllt worden sind, Regeln, die jedoch ebensogut für den Umgang mit einer anderen Folge von Buchstaben festgelegt werden hätten können. Es ist daher offensichtlich gleichgültig, ob das Zeichen, für das die Regeln gelten sollen, X oder Y oder Z oder ein beliebiges anderes ist. *Sobald* aber einmal festgesetzt ist, welche Regeln für einen bestimmten Ausdruck gelten sollen, haben wir es mit einer grundlegend geänderten Situation zu tun [7]).

3.2. Stipulation, Explikation, Definition

In der Entwicklung der Beziehung zwischen Zeichen und Bedeutung können wir mehrere Phasen unterscheiden:

(1) Es wird ein Name erfunden, und es wird zum erstenmal eine Zuordnung zwischen einem Gegenstand und einem solchen sprachlichen Ausdruck vorgenommen. Diese Verbindung einer Folge von Schrift- oder Lautzeichen mit einer Bedeutung oder einem Gegenstand wird als *„Stipulation"* bezeichnet, die Art der Definition dementsprechend als „stipulative Definition" [8]). Es wird z. B. festgesetzt, daß (irgendein Zeichen) Z vom Zeitpunkt der Festsetzung an A_1 bedeuten oder einen bestimmten Gegenstand G_1 bezeichnen soll, oder es wird vorgeschlagen, es in dieser Bedeutung (in einem bestimmten Kontext) bis auf weiteres zu verwenden. Das Ergebnis solcher Tätigkeit liegt dann z. B. in Form der *verschiedenen Wissenschaftsbegriffe* vor.

(2) Es wird eine Bedeutungs*be*schreibung vorgenommen, oder, mit anderen Worten, es wird über einen gegebenen, z. B. über den oben grundgelegten Sprachgebrauch berichtet. Diese Art der Definition wird als *„reportive" oder „lexikalische" Definition* bezeichnet. Da es sich hier jedoch um eine Fest*stellung*, um eine *Aussage* oder einen Komplex von Aussagen *über* einen bestimmten Sprachgebrauch handelt, ist es sinnvoll, diese vorgebliche „Definition" im konkreten Fall als „wahr" oder als „falsch" zu bezeichnen, ihr demnach einen Wahrheitswert zuzuordnen [9]).

(3) Es wird eine Bedeutungs*abänderung* vorgenommen. Die Voraussetzung dafür ist der Bericht über den betreffenden Sprachgebrauch. Auf Grund dieses Berichtes

---

[7]) Angenommen, unser Beispiel sei das Wort „Holz". Hier wäre entscheidend, daß der Namenerfinder und (ursprüngliche) Namengeber das Wort „Holz" nur dort verwendet, wo es den von ihm selbst festgesetzten Anwendungskriterien genügt. Gehört dazu etwa die Forderung, daß psychische Erlebnisse, Sinneswahrnehmungen ganz bestimmter Art, vorliegen müssen, damit die Anwendung des Wortes „Holz" gerechtfertigt ist, so wäre es nicht richtig, dieses Wort auch dort zu gebrauchen, wo solche Wahrnehmungen nicht auftreten.

[8]) *I. Copi:* Introduction to Logic. 2nd ed. New York 1961. 100.

[9]) Noch sinnvoller aber scheint es zu sein, hier überhaupt nicht von einer „Definition" zu sprechen, sondern diese Bezeichnung nur dort zu verwenden, wo zumindest eine konventionelle Komponente mitgegeben ist und wo ein Akt der Bedeutungsfest*setzung* vollzogen wird.

(reportive ,Definition'), der korrekt oder nicht korrekt sein kann und der jedenfalls nachprüfbar sein soll, wird – unter teilweiser Beibehaltung der beschriebenen Bedeutung – eine *neue, präzisere Bedeutung* wiederum durch Festsetzung eingeführt. Es wird dann z. B. dazu aufgefordert, das Zeichen Z, das bisher in der Bedeutung A_1 verwendet wurde, nunmehr in der Bedeutung A_2, oder konkret, das Wort „Wissenschaft" neuen und genaueren Verwendungsregeln entsprechend zu gebrauchen.

(4) Anstelle einer teilweisen Bedeutungsveränderung kann auch eine *vollständige* Änderung vorgenommen werden. In diesem Falle wird die Bedeutung, die beschrieben wird, negiert und dem Zeichen eine *neue* Bedeutung zugeordnet. Das Zeichen Z wird jetzt nicht mehr in der Bedeutung A_1 bzw. A_2, sondern in der Bedeutung B_1 oder B_2 oder C_1 usw. verwendet.

(5) Der Bericht kann aber auch zeigen, daß das Zeichen Z von den Sprachbenützern *bereits* in *unterschiedlichen* Bedeutungen verwendet wird, so wie dies tatsächlich mit dem Wort „Wissenschaft" geschieht. Auf Grund ursprünglicher Stipulationen kann Z nämlich A_1, A_2 und B_1 und C_1 und C_2, usf. bedeuten. Nun wird aber der Begriff zergliedert; die Bedeutungen, die wiedergegeben wurden, werden in ihre Bestandteile (z. B. Teilvorstellungen) zerlegt; sodann werden die *Gemeinsamkeiten* der verschiedenen, festgestellten Bedeutungen von Z herausgehoben, und zwar abstraktiv in Gestalt ihrer *wesentlichen* Merkmale; oder aber man versucht, das „Wesen" oder die „Idee" zu erkennen, die sich in diesen unterschiedlichen Bedeutungen ausdrückt, z. B. in Form eines intuitiven Erkennens des Gemeinsamen an den verschiedenen Bedeutungen des Wortes „Wissenschaft". Schließlich wird die so gewonnene neue Bedeutung dem Zeichen Z zugeordnet und behauptet, daß sich Z so am *zweckmäßigsten* verwenden lasse. Es wird festgesetzt: „Z soll auf Grund folgender Festsetzung ab jetzt (im Kontext K_1 usw.) die – mit den bisherigen Bedeutungen ... in folgendem ... übereinstimmende – Bedeutung ABC haben."

Punkte (3), (4), (5) und (6) stellen die wichtigsten Möglichkeiten der Lösung des vorliegenden Problems dar, wenn sich die Untersuchung nicht überhaupt auf jenen unter (2) angeführten *Bericht* über die in der Literatur vorhandenen Wissenschaftsbegriffe beschränken sollte [10]).

In der *Symbolsprache* benützen wir das Zeichen „$=_{df}$" für „ist definitionsgleich mit" oder „gleich durch Definition" oder „bedeutungs- (oder verwendungs-) gleich durch Definition". So werden wir schreiben:

Wissenschaft $=_{df}$ ...

In Übereinstimmung mit der Nomenklatur der Logik nennen wir den Ausdruck links vom Gleichheitszeichen „Definiendum", den Ausdruck auf der rechten Seite „Definiens". Es wird mittels des Definiens, das nur aus bekannten Zeichen zusammengesetzt ist, ein neues Zeichen oder ein neuer Ausdruck eingeführt, das oder der im Definiendum enthalten ist. Auf diese Weise regeln Definitionen den Gebrauch sprachlicher Zeichen und halten deren Bedeutungen fest. Hier besteht kein Bezug auf Dinge, sondern nur auf sprachliche Zeichen [11]). Daher ist es nicht möglich, das dadurch beschriebene *Ding* zu definieren. Die Beschreibung geht zurück auf die Erfahrung von Beschaffenheiten. Eine Beschreibung liegt auch dort vor, wo eine echte „Wesenserfahrung" für möglich gehalten wird, die uns erkennen läßt,

---

[10]) Aber offenbar handelt es sich dann nicht mehr um eine Definition, sondern um eine Aussage, für die es nun allerdings sinnvoll ist, ihren Wahrheitswert feststellen zu wollen. Vgl. vor allem Anm. 12.

[11]) Vgl. für die folgenden Bemerkungen *W. Leinfellner:* Einführung in die Erkenntnis- und Wissenschaftstheorie. H. TB. 41/41 a. Mannheim 1965. 86–93.

was ein Ding ist, d. h. was ihm „wesentlich zukommt". Denn so wenig wie das durch Sinneswahrnehmung erfaßte „Ding" definiert wird, sondern nur ein sprachlicher Ausdruck, der sich auf dieses Ding bezieht, so wenig würde das in seinem „Wesen" erfahrene Ding definiert, sondern der sprachliche Ausdruck einer solchen – echten oder vermeintlichen – Erkenntnis [12]).

Während bei den Definitionen das Definiens (d. h. der Ausdruck rechts vom definitorischen Gleichheitszeichen „$=_{df}$") durch einen *Ausdruck* links vom Gleichheitszeichen, nämlich durch das Definiendum, einem neuen Ausdruck kraft Festsetzung oder Festlegung ersetzt wird [13]), können wir auch versuchen, einen Ausdruck durch einen anderen zu präzisieren. Wir sprechen dann nicht mehr von einer „Definition", sondern von einer „Explikation" [14]), wenn ein Ausdruck links vom explikatorischen Gleichheitszeichen („$=_{ex}$"), das Explikandum, etwa ein Ausdruck der Umgangssprache, mittels des Explikans (Explikats) als präziser Begriff in „formaler" Sprache gebildet wird. Das „$=_{ex}$" deutet darauf hin, daß Explikandum und Explikat in derselben Sprache vorliegen, was meist nicht der Fall ist.

Da die Kriterien für eine korrekte Explikation als *Adäquatheitsbedingungen* bezeichnet werden, sollte das explikatorische Gleichheitszeichen „$=_{ex}$" hier besser als „Adäquatheitszeichen" bezeichnet werden. Folgende Kriterien werden aufgestellt:

1. Das Explikat (oder auch: Präzisat) muß dem Explikandum (oder auch: Präzisandum) *ähnlich* sein. Es muß zum gleichen Typ (z. B. Begriffstyp) gehören, so daß es in den meisten Fällen anstelle des Explikandums (Präzisandums) verwendet werden kann. Eine vollständige Ähnlichkeit ist natürlich ausgeschlossen, weil ja ein Begriff von *höherer* Präzisionsstufe angestrebt wird und das Explikandum also vager sein *muß* als das Explikat [15]).

2. Die Regeln für den Gebrauch des Explikats müssen in *exakter* Weise gegeben sein, damit es in ein System wissenschaftlicher Begriffe eingebaut werden kann.

3. Das Explikat soll *fruchtbar* sein, z. B. soll es die Formulierung möglichst vieler genereller Aussagen enthalten [16]).

4. Das Explikat soll so *einfach* wie möglich sein, d. h. so einfach, wie es die wichtigeren Forderungen 1. bis 3. erlauben [17]), und zwar einfach in einem doppelten Sinn: Einfachheit in der Definition des Begriffs sowie Einfachheit der mit diesem Begriff gebildeten Gesetze.

---

[12]) *H. Reichenbach:* Elements of Symbolic Logic. New York 1948. 23.

[13]) She. *C. G. Hempel:* Fundamentals of Concept Formation in Empirical Science. 3. Aufl. Chicago 1956. 4 ff.

[14]) *R. Carnap:* Einführung in die symbolische Logik. 2. Aufl. 1960. 2. Dazu die Ausführungen bei *W. Stegmüller:* a. a. O. 368 ff., sowie: *R. Carnap / W. Stegmüller:* Induktive Logik und Wahrscheinlichkeit. Wien 1959. 12; ferner 12 ff., bes. 15 f.

[15]) *W. Stegmüller:* a. a. O. 375, *W. Leinfellner:* a. a. O. 88. Dazu weiters: *A. Pap:* Elements of Analytic Philosophy. New York 1944. 472 ff.

[16]) a. a. O. 375.

[17]) *W. Leinfellner:* a. a. O. 88 f., *W. Stegmüller:* a. a. O. 375.

4. „Was ist Wissenschaft?"

Auch die Wörter „Wissenschaft", „scientia", „science" sind irgendwann einmal *erstmals* verwendet worden. Da wir aber annehmen dürfen, daß sie nicht die ersten Ausdrücke innerhalb ihrer Sprachen waren, können wir behaupten, sie seien irgendwann einmal von irgend jemand in eine *bereits bestehende* Sprache eingeführt worden. Sie wurden jedoch nicht als sinnleere Zeichen oder als bloße Buchstabenfolgen eingeführt, sondern als mit Bedeutung versehene Zeichen. Mit anderen Worten, es wurde mehr oder weniger klar angegeben, in welcher Weise dieser Ausdruck verwendet werden sollte. So wie wir uns aber die Sprachentwicklung vorstellen dürfen, ist anzunehmen, daß in vielen Fällen die Verwendungsregeln nicht ausdrücklich angegeben wurden oder daß die mit dem Ausdruck jeweils verbundene Bedeutung nicht immer völlig klar und deutlich gemacht wurde. Diese Bedingung wird weit eher von Ausdrücken sogenannter wissenschaftlicher Sprachen erfüllt, die mit expliziten Bedeutungsregeln für ihre Ausdrücke arbeiten und die Eigenheiten der nicht eigens für den wissenschaftlichen Gebrauch geschaffenen Sprachen, z. B. Vagheit und Mehrdeutigkeit, zu vermeiden suchen [1]).

Der Übergang von den vor-wissenschaftlichen, sogenannten natürlichen Sprachen zu den wissenschaftlichen, im höheren Grade künstlichen Sprachsystemen, hat sich in vielen Fällen kontinuierlich vollzogen. Eine scharfe Trennungslinie zwischen natürlichen und künstlichen Sprachen kann vor allem dort nicht gezogen werden, wo eine neue Sprache, zum Beispiel die „Sprache der Philosophie", aus der Umgangssprache dadurch entstanden ist, daß diese mit neuen Wörtern angereichert wurde, die ähnliche Bedeutungen aufweisen wie die Ausdrücke der Ausgangssprache. Daß es neue Buchstabenfolgen sind, die diesen mehr oder weniger stark veränderten Bedeutungen zugeordnet werden, widerspricht dem nicht. Denn in diesem weiten Sinne verstanden wäre mit jeder Veränderung bereits eine scharfe Trennungslinie gezogen. Der Ausdruck „natürliche Sprache" ist nun ebenso nicht radikal zu verstehen, es sei denn, wir glaubten, es gebe eine für den Menschen oder wenigstens für eine Gruppe von Menschen „natürliche" Sprache, von der wir uns, wie von einem sagenhaften „Goldenen Zeitalter", durch die Einführung eines neuen sprachlichen Zeichens notwendig entfernt haben, oder aber es bestünde eine Sprache, die das Ideal darstellt, dem man mit der Hinzufügung neuer Wörter immer näher zu kommen hofft.

Es ist zumindest vorläufig noch nicht erforderlich, die Vertretbarkeit dieses Standpunktes zu untersuchen. Denn zunächst soll lediglich daran erinnert werden, daß ein Wort wie „Wissenschaft" zu irgendeinem Zeitpunkt in die deutsche Sprache eingeführt wurde. Darauf zu verweisen ist nicht überflüssig, denn manchen Beurteilern stellt sich die Situation so dar, als ob dieses Wort (und ebenso auch andere Ausdrücke) *immer* schon Bestandteil der deutschen Sprache gewesen seien, und daß es sich somit für denjenigen, der seine Bedeutung oder Verwendungsweise ermittelt, nicht einfach darum handeln könne, den Sinn dieses Wortes am entsprechenden Ort aufzusuchen und zu untersuchen.

Der so eingeführte Ausdruck „Wissenschaft", dem sogar mehrere, voneinander zum Teil sehr stark abweichende Bedeutungen zugeordnet sind, für den also bestimmte, oft untereinander nicht übereinstimmende „Sätze" von Verwendungsregeln gegeben werden, wird vom Forscher (natürlich auch von demjenigen, der nicht eigens danach forscht) in mannigfaltigen Zusammenhängen vorgefunden, etwa als Teil eines Buchtitels, als Zeichenfolge in einem Text, als Bestandteil einer Amtsbezeichnung. Schon lange bevor

---

[1]) Vgl. dazu *W. Stegmüller:* Hauptströmungen der Gegenwartsphilosophie. 3. Aufl. Stuttgart 1965. 361, 365 f., ferner: *F. v. Kutschera:* Elementare Logik. Wien 1967. 7.

sich der einzelne Mensch mit einer Untersuchung über den Wissenschaftsbegriff beschäftigt, lernt er Wörter wie „Wissenschaft" oder „wissenschaftlich" kennen, ihre Bedeutung verstehen und sie richtig verwenden. Zum Beispiel stellt er fest, daß bestimmte *Tätigkeiten* von Sprachbenützern als „wissenschaftlich" bezeichnet werden, und er erfährt, daß man auch die *Ergebnisse* solcher Tätigkeiten „Wissenschaft" nennt [2]). Er liest und hört von Bedingungen, die erfüllt sein müßten, damit etwas als „Wissenschaft" benannt werden dürfe. Er bemerkt sogar, daß sich die zahlreichen Benützer dieses Wortes durchaus nicht immer darüber einig sind, wo das Wort „Wissenschaft" berechtigterweise anzuwenden ist. Wenn er daher dazu übergeht, die damit verbundenen Probleme systematisch zu erforschen und zu diskutieren, so kann er sich zwar einerseits auf Kenntnisse über die tatsächliche Verwendungsweise von „Wissenschaft" stützen, aber er erkennt zugleich, daß er eine Auswahl aus den bereits vorliegenden Wissenschaftsbegriffen treffen muß [3]).

Würden wir eine derartige Vorentscheidung nicht treffen, so wären wir sogar genötigt, in unseren Untersuchungsbereich überhaupt alles einzubeziehen, was jemals als „Wissenschaft" *bezeichnet* wurde. Es wäre aber noch immer denkbar, daß irgendwann einmal ein Sprachbenützer aufträte, der das Wort „Wissenschaft" noch umfassender verwendete. Daß nun verschiedene Faktoren, z. B. der Umfang des Wissens, oder der Einfluß von Erziehung und Gewöhnung, unsere Auswahl bestimmen, muß nicht eigens betont werden. Sogar Charakter und Temperament müssen berücksichtigt und auch von veränderlichen, vorübergehenden Verfassungen der Psyche des Beurteilers kann nicht abgesehen werden.

Diese Feststellung bezieht sich zunächst einmal auf das tatsächliche, nachprüfbare Verhalten von Menschen, die sich mit dem Problem der Wissenschaftlichkeit von Tätigkeiten und von Begriffen, Sätzen und Aussagen befaßt haben. Je eingehender die Analyse ihres Verhaltens ist, je folgerichtiger und intensiver sie die Voraussetzungen und Methoden ihrer Arbeit untersucht haben, um so deutlicher treten jene bestimmenden Faktoren zutage. Es ist zwar möglich, ihre Wirksamkeit einzuschränken oder zu verstärken, denn Vorurteile können abgebaut, unsere Informationen über die Mannigfaltigkeit der Bedeutung von „Wissenschaft" können vermehrt, die Erziehung kann weitergeführt werden; aber im Prinzip ändert sich nichts. Keiner, der diese Untersuchung beginnt und sich dafür entscheidet, bestimmte Objekte zu erforschen, andere dagegen aus dem Umkreis seiner Forschungen über den Wissenschaftsbegriff auszuschließen, kann sich von Voraussetzungen überhaupt freimachen, und jeder, der ein Problem bearbeitet, hat eine individuelle Vorgeschichte. Aber er kann immerhin versuchen, eine möglichst *zweckmäßige* Auswahl zu treffen, wobei auch dafür bestimmte Voraussetzungen gemacht werden müssen.

Niemand könnte ihm zwar *beweisen*, daß es „falsch" wäre, auch so etwas wie „Christian Science" [4]) einzubeziehen. Aber er glaubt, *Gründe* dafür zu haben, wenn er den mit diesem Ausdruck verbundenen Anspruch auf Wissenschaftlichkeit zurückweist.

---

[2]) *A. Diemer:* Was ist Wissenschaft? 13.

[3]) Denn gleichgültig, wie ich in meinen Untersuchungen vorgehen möchte, und gleichgültig, zu welchen Ergebnissen ich kommen sollte: *eine* Vorentscheidung ist gefallen, nämlich mein Entschluß, wissenschaftliche Arbeit zu leisten. Eine „wissenschaftliche" Arbeit – das bedeutet aber eine Arbeit, die gerade jene Kennzeichen hat, die erst im Verlaufe der Untersuchung selbst herausgearbeitet werden sollen. Das setzt einen bestimmten Wissenschaftsbegriff bereits voraus. Denn das Wort „Wissenschaft" oder „Wissenschaftlichkeit", gleichgültig nach welchen Regeln es verwendet wird, welchen „Gegenständen" es zugeordnet werden mag, ist eine Anweisung auf Forderungen, die erfüllt werden sollen. Wie immer die Kriterien seiner Anwendung festgelegt werden mögen, irgendwelche müssen es sein.

[4]) Eine 1866 von *Mary Baker-Eddy* auf Grund persönlicher Erfahrungen gegründete Religion.

Falls er vom „richtigen Sprachgebrauch" in bezug auf „Wissenschaft" sprechen sollte, so wird er klarstellen, daß er damit nicht beansprucht, erkannt zu haben, was „wahre", „echte" Wissenschaft ist, sondern er wird lediglich denjenigen Sprachgebrauch meinen, der ihm aus bestimmten Gründen anderen Verwendungsarten des Wortes „Wissenschaft" gegenüber ausgezeichnet erscheint [5]).

Die meisten Benützer des Wortes „Wissenschaft" verwenden es eher mit ausschließender als einschließender Tendenz; sie legen den ihnen gewohnten Wissenschaftsbegriff oft unreflektiert zugrunde und verweigern, z. B. als Naturwissenschaftler, den Aussagen des Metaphysikers das Prädikat „wissenschaftlich"; sie sprechen, als Metaphysiker, den nicht-philosophischen Erfahrungswissenschaften die Fähigkeiten zu „wahrem" oder zu „relevantem" Wissen ab; sie bestreiten, als Vertreter einer nomothetischen Disziplin, den Wissenschaftscharakter der Historie mit dem Hinweis darauf, daß es diese nur zu einer Ansammlung von Einzelwissen, aber nicht zur Erkenntnis von Gesetzmäßigkeiten bringen könne.

Wir sollten es jedoch vorziehen, dieser Neigung entgegenzuarbeiten und eine *möglichst große Auswahl* zu treffen. Das ist um so empfehlenswerter, als die meisten Benützer des Wortes „Wissenschaft" ihren eigenen Begriff von Wissenschaft für selbstverständlich oder für den einzig möglichen halten und eventuell sogar nicht einmal wissen, daß es andere Sprachbenützer gibt, die das Wort „Wissenschaft" für eine ganz anders geartete Tätigkeit und deren Ergebnisse ebenfalls beanspruchen. Sobald jedoch das naive Staunen darüber geschwunden ist, daß der Ausdruck „Wissenschaft" mehrdeutig ist, und obzwar etwa der Naturwissenschaftler einsieht, daß auch Metaphysiker und Theologen glauben, Wissenschaftler zu sein, so wird doch die Überzeugung der anderen unter Hinweis auf die *eigene* Theorie und Praxis als „Irrglaube" abgetan oder es wird das Problem mit dem Hinweis auf die Fruchtbarkeit, Einheitlichkeit und „Konkretheit" bestimmter Disziplinen zu erledigen versucht.

Wenn wir nun aber nicht alles, was jemals als „Wissenschaft" bezeichnet wurde, in unser Untersuchungsfeld einbeziehen, sondern eine Auswahl treffen, dann tun wir es nicht nur aus praktischen und arbeitstechnischen Gründen, sondern offensichtlich zufolge einiger Leitvorstellungen. Wir sondern aus, was bestimmte Bedingungen nicht zu erfüllen vermag. Diese *„Vor-Bedingungen"* stellen einen vorläufigen Wissenschaftsbegriff dar, ausgedrückt als eine Folge von Forderungen. Es ist die Forderung (1), daß *Erkenntnis*, und nicht etwa nur ein Ausdruck von Gefühlen oder die Befriedigung von Gemütsbedürfnissen, usw., angestrebt wird, (2) daß dieses Wissen kein vereinzeltes Wissen sein darf, sondern *systematischen Charakter* haben, das heißt einen Beschreibungs- und/oder Begründungszusammenhang darstellen muß, und (3) oft auch, daß wir in *methodischer* Weise zu unseren Erkenntnisansprüchen kommen müssen [6]). Diese Forderungen stellen

---

[5]) Zum Beispiel kann er diese Auszeichnung in der besonderen Fruchtbarkeit oder Nützlichkeit von Tätigkeiten oder deren Ergebnissen erblicken, die als „Wissenschaft" bezeichnet werden, etwa der Naturwissenschaften, oder auch in der Überzeugung von der absoluten Gewißheit, die nach seiner Ansicht mit Überlegungen über bestimmte Gegenstände verbunden ist, z. B. der Metaphysik.

[6]) Die unter (3) genannte Forderung wird jedoch häufig zurückgewiesen: a) im Hinblick auf die Unterscheidung zwischen Entstehungs- oder Entdeckungszusammenhang und Begründungszusammenhang (erkenntnispsychologischer und erkenntniskritischer Aspekt), denn die Art des Zustandekommens unserer Erkenntnisansprüche wird von diesem Standpunkt aus als irrelevant abgetan; b) in Anbetracht der Schwierigkeiten, die sich für den Versuch ergeben, methodisches Vorgehen außerhalb der Wissenschaft (in der Alltagsarbeit, im Spiel usw.) von methodischem Vorgehen innerhalb der Wissenschaft zu trennen.

einfach den gemeinsamen Nenner dar, auf den gebracht wurde, was *am häufigsten* als „Wissenschaft" bezeichnet wird. Daß unter „Wissenschaft" in der Regel ein systematisiertes Wissen (und oft darüber hinaus ein methodisch gewonnenes Wissen) verstanden wird, ist eine Behauptung, deren Richtigkeit nun aber jederzeit nachgeprüft werden kann.

Dagegen wird jedoch eingewendet: „Was in der Regel geschieht, muß noch nicht deswegen akzeptiert werden". Dieser Einwand ist berechtigt, sofern nicht gute Gründe, die die Zweckmäßigkeit oder Berechtigung dieser Forderungen erhärten, angegeben werden können. Auch hier gilt nämlich, daß jemand den umstrittenen Ausdruck, das Wort „Wissen", in die Sprache eingeführt hat. Er hat diese Folge von Buchstaben als Zeichen für bestimmte „Gegenstände" [7]) gewählt. Andere wiederum haben sich diesem Sprachgebrauch angeschlossen oder aber haben eine davon abweichende Zuordnung zwischen Zeichen und Bezeichnetem vorgenommen, so daß mehrere Bedeutungen des Wortes „Wissen", mehrere voneinander abweichende Folgen von Verwendungsregeln für diesen Ausdruck der deutschen Sprache vorliegen [8]).

Wissenschaft betreiben viele, oder es glauben wenigstens viele, es zu tun. Daß es Wissenschaft ist, setzen sie voraus. Ob es Wissenschaft ist, das wiederum wollen *wir* entschieden wissen, denn darüber gibt es verschiedene Ansichten. Aus diesen unterschiedlichen Meinungen ergeben sich nun aber schwerwiegende Konsequenzen. Nicht das Wort „Wissenschaft" ist ja umstritten; nicht diese bestimmte Folge von Buchstaben oder Gruppe von Schallwellen wird gefordert, sondern eine bestimmte Bedeutung oder eine bestimmte Verwendungsweise eines bestimmten Ausdruckes, sei es der deutschen, der französischen, der lateinischen oder irgendeiner anderen Sprache. Denn anstelle von „Wissenschaft" (oder „scientia", usw.) könnte eine andere Verbindung von Buchstaben oder Lauten in die betreffende Sprache eingeführt werden, ohne daß sich das *Problem* dadurch lösen oder gar auflösen würde.

Man wird die Frage mit Recht für belanglos halten, ob derjenige, der das Wort „Wissenschaft" zur Bezeichnung eines bestimmten Etwas, etwa einer Tätigkeit oder des Ergebnisses bestimmter Handlungen, in die deutsche Sprache eingeführt hat, nicht statt seiner besser eine andere lautsprachliche oder sprachschriftliche Bezeichnung gewählt haben sollte. Nun, *hätte* er das getan, dann würden wir zwar heute möglicherweise anstelle dieses Ausdruckes das Wort „Wasser" oder „Tugend" verwenden. Die Probleme, die im Wissenschaftsbegriff gelegen sind, wären aber dadurch nicht kleiner geworden.

Dagegen ist entscheidend, daß der Namenerfinder und ursprüngliche Namengeber mit „Wissenschaft" etwas ganz Bestimmtes meinte, zum Beispiel eine Folge, einen Komplex von Tätigkeiten oder auch von Behauptungen. Fordert er etwa, daß es sich im Falle der Wissenschaft um Gedanken, um Sinneswahrnehmungen, um Vorstellungen handeln müsse, und behauptet er, daß das Wort „Wissenschaft" nur dort richtig angewendet werde, wo etwas von dieser Art (und vielleicht unter bestimmten Gesichtspunkten geordnet, usw.) vorliegt, so hat das Nichtvorliegen für ihn eine ganz bestimmte Bedeutung.

Würde eine der Anwendungsvorschriften für „Wissenschaft" besagen, dieses Wort dürfe nur dort gebraucht werden, wo der Anspruch auf Wissen über die Wirklich-

---

[7]) Dieser Ausdruck ist hier in *weitem* Sinn zu verstehen; auf die semantische Unterscheidung zwischen „Bedeutungsstufen" und „Bezeichnungsstufen" kann daher für diesen Zweck verzichtet werden.

[8]) Das gilt auch für die Nachsilbe „. . . schaft", denn sie erfüllt ebenfalls eine bestimmte Funktion in der deutschen Sprache, und zwar auf Grund getroffener Festsetzungen. Vgl. *Friedrich Kluge:* Etymologisches Wörterbuch der deutschen Sprache. 17. Aufl. Berlin 1957. 866 f.

keit an der Erfahrung, etwa an der Sinneserfahrung, kontrolliert werden könne, und solche sinnlich wahrnehm*baren* Ereignisse müßten wenigstens *denkbar* sein, deren Eintreten die aufgestellte Wirklichkeitsbehauptung einwandfrei widerlegen oder bestätigen würde, so würde jede davon abweichende Anwendung des Wortes „Wissenschaft" die Feststellung nach sich ziehen, daß gar nicht über Wirkliches gesprochen wird. Das aber wäre nun genau der Vorwurf, den keiner auf sich nehmen will, gleichgültig, wie er sich sonst zum Problem der Wissenschaftlichkeit stellt. Denn es ist ja der Vorwurf, nur von Hirngespinsten zu reden. Die im konkreten Fall vertretene *Wissenschaftsauffassung* ist offensichtlich keine bloße Etikette, die beliebig durch eine andere ersetzt werden könnte, sondern eine *komprimierte Formel für einen Bestand von Forschungsgegenständen und* für mehr oder weniger angemessene *Methoden* zu ihrer Bearbeitung [9]). Daher ist die bagatellisierende Feststellung falsch, es handle sich lediglich um eine terminologische Frage. Denn wer eine Aussage oder einen Begriff, oder eine Folge, eine Gesamtheit von Aussagen oder Begriffen als „wissenschaftlich" bezeichnet, erhebt damit einen *Erkenntnisanspruch.* Erkenntnisansprüche aber können uns nicht gleichgültig lassen, sofern wir uns bestimmte Ziele oder vielleicht sogar, solange wir uns *überhaupt* Ziele stecken [10]).

Dieser sehr allgemeine Begriff von Wissenschaft, der darin besteht, daß das Wort „Wissenschaft" vor allem in der Bedeutung: „Zusammenhängendes Wissen" („systematisiertes Wissen", „System von Erkenntnissen") verwendet wird, liegt in den eben angestellten Überlegungen als vorläufiger Begriff von Wissenschaft zugrunde. Von ihm ausgehend zu einer präziseren Bedeutung des Wortes „Wissenschaft", letztlich zu einer *logisch einwandfreien und inhaltlich adäquaten Definition von „Wissenschaft"* zu gelangen, ist das Ziel der folgenden historisch-kritischen und systematischen Untersuchung [11]). Grund und Anlaß dafür ergeben sich aus einer Beschreibung derjenigen Situation, die die Anwendung der Methode der Definition erfordert. Dieses Bedürfnis entsteht nämlich dann,

(1) wenn wir nicht genau wissen, was ein gegebener sprachlicher Ausdruck resp. ein Symbol bedeutet, das heißt, wenn er (es) vage ist, so daß sich in bezug auf bestimmte Objekte nicht entscheiden läßt, ob sie unter den fraglichen Begriff fallen;

(2) wenn er (es) mehrdeutig ist, so daß er (es) in verschiedenen sprachlichen Kontexten in verschiedener Bedeutung verwendet wird;

(3) wenn er (es) inkonsistent gebraucht wird, wenn also jemand einen Sprachausdruck bald in dieser, bald in jener Weise verwendet;

---

[9]) Ziehen wir zum Vergleich das Wort „Philosophie" heran. Auch hier kann jede Bedeutung oder Verwendungsweise, also jeder einzelne Philosophiebegriff, als eine komprimierte Formel für Methoden und Untersuchungsgegenstände aufgefaßt werden, mit denen sich die Philosophie gemäß der Überzeugung der einzelnen Benützer des Wortes Philosophie befassen muß. Dazu *R. Wohlgenannt:* Untersuchungen zum Begriff der Philosophie. Innsbrucker Diss. 1960.

[10]) Daß dies für die Frage nach der berechtigten Anwendung des Wortes „wissenschaftlich" gilt, beweisen übrigens die heftigen Auseinandersetzungen über die „Wissenschaftlichkeit" zahlreicher geistiger Unternehmungen, z. B. der Philosophie und der Theologie. Wenn manche Philosophen auf das Prädikat „wissenschaftlich" keinen Wert legen, so wird eine nähere Betrachtung zeigen, daß sie lediglich darauf verzichten, mit einem *bestimmten* Wissenschaftsbegriff in Verbindung gebracht zu werden. Denn der Philosoph nicht weniger als der Nicht-Philosoph bemüht sich um Wissen, und zwar nicht um ein vereinzeltes, sondern um einen Zusammenhang von Wissen. Das heißt aber, er betreibt im Sinne des obenerwähnten vorläufigen Begriffes Wissenschaft.

[11]) Das eigentliche Problem besteht im Falle von Begriffsuntersuchungen und Begriffsbestimmungen in der Aufstellung einer exakten Definition.

(4) wenn der Ausdruck oder das Symbol zwar diese logischen Mängel nicht aufweist, aber auf Grund seiner Verwendung in einem größeren sprachlichen Zusammenhang eine differenziertere Bedeutung erhalten soll; und

(5) wenn eine bestimmte Problemsituation die Prägung eines neuen Terms als eines abkürzenden Ausdruckes für einen bereits in der Sprache verwendeten komplexeren Ausdruck verlangt [12]).

Nun besitzt aber der Wissenschaftsbegriff, so wie er in der Regel, als „der" Begriff von Wissenschaft verwendet wird, die unter (1) bis (3) erwähnten logischen Mängel: Er ist derart vage, daß eine genaue Abgrenzung des Wissenschaftlichen gegenüber dem Bereich, der noch nicht „Wissenschaft" genannt werden sollte, schwierig ist; er wird nicht nur innerhalb der Philosophie, sondern auch von den Vertretern der verschiedenen Einzelwissenschaften unterschiedlich bestimmt [13]), und er verändert seinen Inhalt in manchen Fällen sogar bei ein und demselben Sprachbenützer. Mehrdeutigkeit, Vagheit und Inkonsistenz im Sprachgebrauch werden indessen vom Standpunkt der Wissenschaftslogik aus zumeist als *Mängel* betrachtet [14]). Die Inkonsistenz muß daher behoben, der Vagheitsspielraum der Begriffe möglichst eingeschränkt, die Begriffe müssen präzisiert und die Mehrdeutigkeit muß beseitigt werden.

Wenn nun nicht die Absicht besteht, einen völlig neuen Begriff zu schaffen oder gänzlich neue Verwendungsregeln für diesen Term festzulegen, so wird der fragliche Begriff entweder von innerhalb, oder aber von außerhalb der Bereiche genommen, in denen er verwendet werden soll.

1. *Von innerhalb:* Es gibt mehrere, miteinander nicht übereinstimmende Verwendungsweisen des Wortes „Wissenschaft": z. B. W_1, W_2 und W_3. Uns stehen nun drei Vorgangsweisen zur Verfügung:

a) W_1, W_2 und W_3 werden miteinander verglichen. Sollte der Vergleich gemeinsame Merkmale zeigen, so können wir versuchen, zu einem – sozusagen – „durchschnittlichen" Wissenschaftsbegriff zu gelangen.

b) Es wird die „Vereinigungsmenge" von W_1, W_2 und W_3 gebildet. Hier muß vorausgesetzt werden, daß jene einzelnen Wissenschaftsauffassungen einander nicht widersprechen. Nur dann kann der erstrebte Wissenschaftsbegriff hinsichtlich seines Umfangs dem Umfang des Wissenschaftsbegriffes im Sinn von W_1, W_2 und W_3 gleichgesetzt werden.

c) Es wird eine *Auswahl* getroffen und irgendeiner der bereits bestehenden Wissenschaftsbegriffe den übrigen Wissenschaftsbegriffen vorgezogen. Da es sich dabei gemäß den früher angestellten Überlegungen nicht um einen Erkenntnisanspruch handeln kann, so kann das Auswahlkriterium nicht kognitiver, sondern muß z. B. *praktisch-pragmatischer* Natur sein. Wir würden beispielsweise W_1 den übrigen Wissenschaftsbegriffen dann vorziehen, wenn wir der Ansicht wären, daß W_1 zweckmäßiger ist, daß also mit ihm erfolgreicher gearbeitet werden kann.

2. *Von außerhalb:* Um den Wissenschaftsbegriff für eine bestimmte Disziplin zu gewinnen, wird von den Wissenschaftsbegriffen von Disziplinen, deren Wissenschaftscharakter bisher *unbestritten* ist, ausgegangen, oder nach einem sonstigen Auswahlkrite-

---

12) *A. Feigl:* Operationism and Scientific Method. In: Readings in Philosophical Analysis. (*H. Feigl/W. Sellars*, Eds.) New York 1949. 499.

13) Vgl. hierzu das letzte Kapitel der historischen Darstellung.

14) Dagegen *Fr. G. Jünger:* Sprache und Kalkül. In: Die Künste im technischen Zeitalter. Darmstadt 1956. 86 ff. Vgl. *J. Grimms* Vorrede zu seiner Deutschen Grammatik. Zum Problem der Vagheit vgl. das Kap. „Genauigkeit – Intersubjektive Verständlichkeit".

rium entschieden. Der so gewonnene Wissenschaftsbegriff wird dann auch für die umstrittenen Disziplinen vorgeschlagen.

Wenn die hier gestellte Aufgabe darin besteht, den Wissenschaftsbegriff zu erarbeiten, so kann sie im Hinblick auf die bisherige Untersuchung wie folgt genauer formuliert werden: Es werde auf Grund uns bereits vorliegender ursprünglicher Bedeutungsfestsetzungen des Wortes „Wissenschaft" oder auf Grund der im Sprachgebrauch vorgegebenen Verwendungsregeln für diesen Ausdruck derjenige Begriff oder diejenige Definition von „Wissenschaft" erarbeitet, der oder die bestimmten Forderungen am besten entspricht, wobei diese Forderungen mit den obenerwähnten Adäquatheitsbedingungen für Explikationen identisch sind.

Als „wissenschaftlich" oder als „Wissenschaft" kann nun je nachdem eine Einstellung oder Haltung, eine Tätigkeit oder aber das Ergebnis einer Tätigkeit bezeichnet werden. Das sind drei Grundmöglichkeiten der Wissenschaftsbestimmung [15]).

Neutrale Distanz, intellektuelle Redlichkeit, Öffentlichkeit und Objektivität werden als Kennzeichen einer wissenschaftlichen Einstellung aufgezählt. Daß sich jemand dazu bekennt, ist zweifellos die Voraussetzung für wissenschaftliche Leistungen. Aber das Bekenntnis genügt nicht: Die Gesinnung der Wissenschaftlichkeit muß sich wie jede andere Gesinnung durch Taten ausweisen; sie muß sich in Tätigkeiten auswirken und in Ergebnissen manifestieren.

Aber auch die Tätigkeit oder Arbeit macht noch keine Wissenschaft. Sie mag zwar als „wissenschaftlich" bezeichnet werden, aber sie ist nicht selbst Wissenschaft. Denn dazu bedarf es der Ergebnisse, die ganz bestimmten Anforderungen entsprechen. Auf die *Resultate* ist die ganze Arbeit ausgerichtet, obgleich die Frage, ob diese Ergebnisse anwendbar und nützlich seien, dem Forscher und Denker unwichtig erscheinen mag. Von einer „Wissenschaft" können wir erst dort sprechen, wo Sätze bzw. Aussagen vorliegen. Von den Sätzen schließen wir nun zurück auf vorausgegangene Tätigkeiten, und diese lassen uns bestimmte Einstellungen oder Haltungen vermuten.

Es ist daher besser, von den Ergebnissen auszugehen, denn bestimmte Einstellungen oder Haltungen, ferner auch Tätigkeiten, werden nur in bezug auf die Ergebnisse „wissenschaftlich" genannt, die durch sie erreicht werden. Die Wissenschaftlichkeit einer Haltung oder Tätigkeit wird jeweils an der Wissenschaftlichkeit ihrer Resultate gemessen.

---

[15]) Zwei Auffassungen stehen einander gegenüber oder ergänzen einander: 1. „Moderne Wissenschaft begründet ihren Wissenschaftscharakter nicht durch ihre Resultate, sondern einzig und allein durch die wissenschaftliche Arbeit" (*A. Diemer:* Was heißt Wissenschaft? Meisenheim/Glan 1964. 31) und 2. „Wissenschaft ist ein Gesamt von Sätzen über einen thematischen Bereich, die mit diesem in einem Begründungszusammenhang stehen" (a. a. O. 67). "First we shall consider science as a process of inquiry; that is, as a procedure for (a) answering questions, (b) solving problems, and (c) developing more effective procedures for answering questions and solving problems... Science is also frequently taken to be a body of knowledge." (*R. Ackoff, S. K. Gupta, J. S. Minas:* Scientific Method optimizing applied research decisions. New York 1960. 1.) Vgl. dazu auch *R. S. Rudner:* Philosophy of Social Science. Englewood Cliffs, N. J. 1966. 7 ff. *Rudner* gebraucht den Ausdruck „process-product ambiguity" zur Bezeichnung der Probleme, die sich daraus ergeben, daß unter „Wissenschaft" sowohl eine Tätigkeit, eine bestimmte Art des Vorgehens, als auch das Ergebnis der Anwendung bestimmter Methoden und Techniken verstanden werden kann. "...it is important to distinguish between science-as-product and science-as-process. In particular, it must be noted that 'science' (as product) refers to linguistic entities only, 'science' (as process) refers to extralinguistic phenomena" (a. a. O. 8).

5. Entwicklungsgeschichte des Wissenschaftsbegriffes

5.1. Wissenschaftsbegriffe in Philosophie und Einzelwissenschaften

Es sind immer Philosophen gewesen, die auf die Frage antworteten, worin der Wissenschaftscharakter der Einzelwissenschaften liege. Sie waren es naturgemäß auch, die das Problem der Wissenschaftlichkeit der Philosophie selbst zu lösen versuchten. Ihre Antworten und Lösungsversuche sind oft sehr gegensätzlich ausgefallen, vor allem in der Philosophie. Es ist nun die Aufgabe einer Entwicklungsgeschichte der Wissenschaftsauffassungen in Philosophie und Einzelwissenschaften, die zahlreichen Wissenschaftsbegriffe darzustellen und zu erörtern, die von den Philosophen des Altertums bis zur Gegenwart gebildet wurden [1]). Hier, auf sehr beschränktem Raum, können nur einige der wichtigsten Wissenschaftsauffassungen wiedergegeben werden, und auch diese nur in Umrissen.

Hier wird nicht „Geschichte um der Geschichte willen" dargestellt, sondern als Fundstelle von Argumenten zugunsten eines bestimmten Wissenschaftsbegriffes. Die Diskussion der Wissenschaftskriterien soll sich unmittelbar anschließen an die Darlegung des Sprachgebrauches von „Wissenschaft" in Vergangenheit und Gegenwart.

5.1.1. Wissenschaftsbegriffe in der Philosophie

5.1.1.1. Philosophiebegriff — Wissenschaftsbegriff

Wie schon in der „Einleitung" bemerkt wurde, unterscheiden sich die Philosophen der Gegenwart bereits durch ihre Ansichten über den *Untersuchungsgegenstand* der Philosophie: Für die einen sind die Einzelwissenschaften das alleinige Objekt des Philosophierens, für die anderen dagegen ist es die „Wirklichkeit" zumindest auch. Jene betrachten die Philosophie als Meta-Disziplin zu den (nicht-philosophischen) Formal-(Ideal-) und Realwissenschaften, die ihrerseits sich mit der vom Menschen entweder geschaffenen oder aber von ihm vorgefundenen Realität befassen, und daher als „Objekt-Disziplinen" bezeichnet werden können. Als Metawissenschaft verstandene Philosophie soll im folgenden kurz „Wissenschaftsphilosophie" genannt werden.

(1) Während die Einzelwissenschaften entweder als Zusammenhänge von Aussagen über irgendeine Wirklichkeit oder aber als formale, auf keinerlei Wirklichkeit bezogene Systeme verstanden werden müssen, besteht die Philosophie nach Ansicht dieser Wissenschaftsphilosophen aus Beschreibungs- und/oder Begründungs- bzw. Ableitungszusammenhängen von Sätzen oder Aussagen *über* diese nicht-philosophischen Sätze oder Systeme von Aussagen, und ist insofern Wissenschaft. Eine Philosophie, die einen anderen Gegenstand haben könnte als die Formal- oder die Realwissenschaften, kann es nach dieser Ansicht nicht geben. So können keine *philosophischen* Aussagen über Kausalität, Raum, Zeit, Materie, Leben, Entwicklung, Psyche, Geist, Geschichte, Sprache usw. als selbständige Erkenntnisse *neben* den Naturwissenschaften und den Geisteswissenschaften auftreten. Daß sie früher, bevor die Einzelwissenschaften sich entwickelt hatten, berechtigt und sogar notwendig waren, wird freilich nicht bestritten. Philosophie ist folglich nach Meinung der Wissenschaftsphilosophen immer Philosophie einer (Einzel-)

[1]) Eine solche umfassende historisch-deskriptive Arbeit steht kurz vor ihrem Abschluß.

Wissenschaft, möglicherweise auch Philosophie der *früheren* Philosophie. Es erscheint als unmöglich, daß ihr Wissenschaftsbegriff mit dem Wissenschaftsbegriff jener Wissenschaften identisch sein könnte. Also wird diese Metadisziplin zwar auch als Wissenschaft behauptet, aber eben dadurch, daß sie Wissenschaft ist, kann sie es nicht im gleichen Sinn sein wie jene Wissenschaften, auf die sie sich bezieht.

Man unterscheidet zwischen *empirischer* und *logischer* Analyse. Wo eine Frage Tatsachen betrifft, wird sie zum Gegenstand der Realwissenschaften und als solche der empirischen Analyse unterworfen. Hingegen können die Fragen der Philosophie gemäß der Überzeugung jener Wissenschaftsphilosophen nur solche nach der logischen Struktur der wissenschaftlichen Erkenntnis sein. Die wissenschaftliche Erkenntnis auf ihre logische Struktur hin untersuchen, stellt z. B. *Viktor Kraft* fest, heißt untersuchen, wie ihre Begriffe und Aussagen untereinander logisch zusammenhängen, wie Begriffe in anderen enthalten sind, oder wie Aussagen sich auseinander ableiten lassen. In solchen Untersuchungen, in der logischen Analyse der Begriffe, Sätze, Beweise, Hypothesen und Theorien der Wissenschaft bestehe die Arbeit der Wissenschaftsphilosophie, damit aber der Philosophie überhaupt. Darin allein habe sie ihr eigenes Feld, dadurch sei sie ihrem Gegenstand, ihrer Aufgabe und ihrer Methode nach bestimmt [2]). Da sich die Erkenntnis jedoch stets nur in sprachlichen Ausdrücken darstelle, müsse sich die logische Analyse der wissenschaftlichen Erkenntnis an ihrer sprachlichen Formulierung vollziehen. Die logische Analyse richte sich darauf, *wie* die Tatsachen durch Begriffe und Aussagen in der Sprache dargestellt werden. Im Gegensatz zu zahlreichen anderen Wissenschaftsphilosophen bezieht sich jedoch nach *Krafts* Überzeugung die logische Analyse nicht nur auf die Wissenschaftssprache oder auf die übliche Erkenntnistheorie. Denn die Wissenschaft setze ja in ihrer Erfahrungsgrundlage auch die gewöhnliche, also die Alltagserkenntnis voraus; die logische Analyse muß daher nach seiner Überzeugung Analyse der Erkenntnis überhaupt sein.

A. Pap betrachtet den Umstand, daß die Philosophie nicht wie eine Spezialwissenschaft im Hinblick auf ihren spezifischen Untersuchungsgegenstand bestimmt werden kann, als verantwortlich für die Schwierigkeit, sofort eine Definition von „Philosophie" zu geben. Eine Wissenschaft sei immer eine Wissenschaft *von* etwas. Die Philosophie habe nun tatsächlich dann keinen spezifischen Gegenstand, wenn unter „Gegenstand" eine Klasse von Phänomenen verstanden wird. Werde jedoch damit etwas „Gegenständliches" im *weiteren* Sinn gemeint, beispielsweise „Gegenstand des Denkens" oder „das, was jemand über etwas denkt", dann habe auch die Philosophie – wie übrigens *jede* geistige Disziplin – einen Gegenstand, nämlich die Begriffe, Methoden und Voraussetzungen *jeder* Wissenschaft [3]). Während die Einzelwissenschaften z. B. nach der Entdeckung von Gesetzen durch Beobachtung, Experiment und Deduktion und nach dem Gebrauch von Gesetzen zum Zweck der Voraussage und Erklärung von beobachteten oder beobachtbaren Tatsachen streben, habe die Philosophie keine derartigen Ziele, sondern nur das der logischen Analyse. Da die Wissenschaftsphilosophie sich als Wissenschaft versteht, ist es notwendig, daß sie die logische Analyse, die ihr Spezifikum ist, für eine wissenschaftliche Tätigkeit hält; diese ist

1. logische Analyse der Begriffe der Wissenschaft;
2. logische Analyse der wissenschaftlichen Methoden; und
3. logische Analyse der Wissenschaftsvoraussetzungen.

---

[2]) *V. Kraft:* Der Wiener Kreis. 2. Aufl. Wien 1968.
[3]) Elements of Analytic Philosophy. New York 1949. 1 ff.

Auch innerhalb des Bereichs der logischen Analyse kann eine Aufgliederung vorgenommen werden. *B. Juhos* z. B. unterscheidet zwischen der *formalen* und der *inhaltlichen* Analyse, die beide in der Untersuchung der Grundlagen der Einzelwissenschaften und der Philosophie, ihrer Grundbegriffe, Grundsätze, Methoden usw. zur Anwendung kommen [4]).

Die „formale" Analyse kennzeichnet er wie folgt: Es werden die in den Einzelwissenschaften, in der Philosophie *und* im Alltag vorkommenden sprachlichen Ausdrücke (Sätze wie Bestandteile von Sätzen) *unabhängig* von ihrer Bedeutung untersucht, d. h. unabhängig von Objekten, die durch sie bezeichnet werden. Grundlage der formalen Analyse ist die Frage: „Durch welche sprach-logischen Bestimmungen sind die Ausdrücke (d. h. Sätze und Begriffe) einer Wissenschaft gekennzeichnet? Welchem Sprachsystem gehören sie an?" In Verfolg dieser Frage wird untersucht, nach welchen *Regeln* die betreffenden Ausdrücke aus Sprachzeichen gebildet sind; welchem Sprachsystem sie angehören; nach welchen Regeln aus ihnen weitere Ausdrücke gebildet werden. Ferner wird ermittelt, wie weit sich Satzsysteme axiomatisieren lassen, und welches die Bedingungen eines logisch einwandfrei gebauten Axiomensystems im konkreten Fall sind.

Die formale Analyse wird präziser als *syntaktische* Analyse gekennzeichnet; als „syntaktisch" deswegen, weil hier von der Bedeutung der verwendeten Ausdrücke abstrahiert wird. Dagegen untersucht die *„semantische"* oder „inhaltliche" Analyse die Beziehungen der sprachlichen Ausdrücke der Einzelwissenschaften, der Philosophie und des praktischen Alltags zu den von diesen Ausdrücken bezeichneten Objekten. Die Grundfrage lautet: „Über welche *Gegenstände* sprechen die Ausdrücke, vor allem die Sätze einer Wissenschaft?" Es ist die Frage, durch welche Zuordnungsregeln die Bedeutung der Sprachzeichen und Zeichenkomplexe festgelegt wird. Wenn die „inhaltliche" als „semantische" Analyse bezeichnet wird, ist allerdings damit mehr gemeint als die Untersuchung formalisierter Sprachen, d. h. bestimmter Regelsysteme, die genau definierte sprachliche Zeichensysteme zu einem ebenso genau bestimmten System von Gegenständen in Beziehung setzen.

Formale und inhaltliche Analyse werden laut *Juhos* angewendet, wenn der eindeutige *Sinn* der sprachlichen Ausdrücke ermittelt werden soll. Hierzu gehört auch die Untersuchung und Bestimmung der Methoden, *durch* die wir einzelwissenschaftliche Sätze gewinnen. Zweierlei ist dadurch erreicht: (1) Aufzeigung der logischen Struktur der sprachlichen Ausdrücke einerseits; (2) Aufzeigung, an welchen Elementen des zu beschreibenden Gegenstandsgebietes die Struktur der Ausdrücke abzubilden versucht wird, andererseits. Systeme von Aussagen, wie ein philosophisches Buch, die Bibel, eine biologische, politische, wirtschaftliche, kunsttheoretische Abhandlung u. dgl. stellen solche semantischen Systeme dar.

Den größten Teil der Wissenschaftsphilosophie bilden somit logische Untersuchungen. Es müssen Analysen durchgeführt, Begründungen und Beweise vorgelegt und Schlußfolgerungen gezogen werden. Das alles muß jedoch in einem widerspruchslosen systematischen Zusammenhang stehen [5]). In diesem Sinne ist die analytische Methode nach Ansicht *Krafts* das hauptsächliche Verfahren der Erkenntnislehre. Er hält es indessen für wichtig, darauf hinzuweisen, daß unter „analytisch" nicht „analysierend" verstanden werden soll, sondern daß der Gegenbegriff zu „synthetisch" gemeint ist. Denn die Beziehungen, um die es sich hier handelt, seien rein logische Beziehungen, und in diesem

---

[4]) Die erkenntnisanalytische Methode. In: Zeitschrift für philosophische Forschung. Bd. VI. 1951. Heft 1.

[5]) *V. Kraft:* Erkenntnislehre. Wien 1960. 13 ff.

Sinne daher analytische. Sie nähmen in der Wissenschaftsphilosophie weit größeren Raum ein als die Festsetzungen, die als Grundlage oder Entscheidung für die weiteren Darlegungen dienen. Die Erkenntnislehre bzw. Wissenschaftsphilosophie könne jedoch auch als ein hypothetisch-deduktives System, als eine Theorie entwickelt werden. Es sei darin nur von logischen Beziehungen zwischen Begriffen und zwischen Aussagen die Rede, nicht von Tatsachen. Auch wenn auf empirische Phänomene wie Wahrnehmung Bezug genommen wird, handle es sich bloß um deren Begriffe. In einem solchen System finde die Wissenschaftsphilosophie ihre ideale Form. Sie setze dann nur die Logik als Grundlage der Wahrheit voraus. Die Wissenschaftsphilosophie habe insofern wissenschaftlichen Charakter, als sie durch logische Analyse und Deduktion die Voraussetzungen und Konsequenzen der Festsetzung eines Erkenntnisbegriffes entwickle [6]).

Für *V. Kraft* besteht der Wissenschaftscharakter der Wissenschaftsphilosophie aber im Grunde in der *Normierung* des Erkenntnis- oder auch des Wissenschaftsbegriffes. Die Wissenschaftsphilosophie zeige einen Wissenschaftscharakter, den man sich bisher wohl nicht zum Bewußtsein gebracht hatte. Sie habe nicht die tatsächlich vorliegende „Erkenntnis" zu erforschen und zu erkennen, sondern einen Erkenntnisbegriff definitorisch aufzustellen, durch den *normiert* wird, was als Erkenntnis zu gelten hat [7]). Es müßten Verfahren präzisiert werden, die als Normen für die tatsächliche Erkenntnisbildung zu dienen haben. Es handle sich um Zweck-Mittel-Verknüpfungen, denn in jenen Verfahren würden die Mittel für die Erreichung des aufgestellten Zieles angegeben. Das sei „teleologisch-konstruktive Arbeit". Die Wissenschaftsphilosophie gleiche der Ethik als normativer Disziplin [8]), da sie nicht ein Sein erkenne, sondern ein Ziel und Normen für geistiges Handeln setze. Dennoch bestünden Erkenntnislehre bzw. Wissenschaftsphilosophie nicht lediglich aus Festsetzungen. Denn sobald die Beschaffenheit definiert sei, die etwas haben muß, um als Erkenntnis anerkannt zu werden, müßten in *logischen Analysen* die Voraussetzungen dafür und die Konsequenzen für den Bereich des Erkennbaren entwickelt werden. Das Ergebnis dieser Analysen seien Sätze über logische Beziehungen zwischen Begriffen und Sätzen, folglich sprachliche Ausdrücke, die wahr oder falsch sind. Auf Grund der definierten Beschaffenheit von Erkenntnis müßten die Verfahren zur Realisierung dieser Beschaffenheit angegeben werden. Dazu seien die Verfahren heranzuziehen, die bereits tatsächlich für die Erkenntnisgewinnung ausgebildet worden sind. Diese müßten analysiert und daraufhin kritisch untersucht werden, inwieweit sie die Erfüllung der aufgestellten Anforderungen an Erkenntnis gewährleisten. Dazu müßten auch die empirischen Bedingungen für diese Erfüllung (so Beobachtung, Intuition) untersucht werden; es seien also auch empirische Feststellungen enthalten [9]).

Die Wissenschaftsphilosophen setzen die Wissenschaftlichkeit der eigenen Untersuchungen im Bereich der Methodologie der Realwissenschaften, sowie der Operationen innerhalb der reinen formalen Logik zumeist stillschweigend voraus, oder sie sind wenigstens nicht dazu bereit, ausdrücklich darüber zu reflektieren. Die von vorneherein bestehende Richtung auf kritische Untersuchungen sowie die Art der dabei zu leistenden Arbeit scheint die Frage nach der Wissenschaftlichkeit der eigenen Bestrebungen gar nicht mehr eigens aufkommen zu lassen, denn ihre positive Beantwortung gilt dem Wissenschaftsphilosophen als *selbstverständlich*. Ungleich ausführlicher und eindringlicher hingegen haben sich die Wissenschaftsphilosophen mit dem Wissenschaftsbegriff der Einzel-

---

[6]) Ebd.; ferner: Der Wiener Kreis. 2. Aufl. Wien 1967.

[7]) Erkenntnislehre. 23 ff.

[8]) Ebd.

[9]) a. a. O. 34.

wissenschaften befaßt. Im Grunde genommen kreist jede Wissenschaftsphilosophie um das Problem der Wissenschaftskriterien: Alle Erläuterungen, Argumentationen und Beispiele könnten auch nur unter diesem Gesichtspunkt betrachtet werden. Jeder Abriß der Wissenschaftsphilosophie kann als eine implizite Definition von „Wissenschaft" betrachtet werden.

(2) Unter den Philosophen, die Philosophie *nicht* mit Wissenschaftsphilosophie gleichsetzten, gibt es unterschiedliche Auffassungen:

(a) Einige dieser Philosophen anerkennen zwar die „Philosophie der Einzelwissenschaften" als einen legitimen, vielleicht sogar höchst bedeutsamen Zweig der Gesamtphilosophie; aber sie halten philosophische Arbeiten der *hergebrachten* Form zumindest derzeit noch für erforderlich.

(b) Andere weisen darauf hin, daß sich die Einzelwissenschaftler jeweils nur mit einem bestimmten *Aspekt* der Natur- oder auch der Kulturwirklichkeit befassen, und daß es demnach immerwährende Aufgabe der Philosophen sei, die allgemeinen oder zumindest die gemeinsamen Eigenschaften der Gegenstände der unterschiedlichen Einzelwissenschaften zu erforschen oder von den spezifischen Eigenschaften der Natur- und Kulturprodukte abzusehen und über sie *„als solche"* Aussagen zu machen.

(c) Wieder andere wollen die Untersuchung bis zu den spezifisch philosophischen *Voraussetzungen* der Einzelwissenschaften vorantreiben, und die Philosophie, wenigstens unter anderem, als *Grund*wissenschaft konstituieren.

In allen diesen Fällen ist die Philosophie keine (bloße) Meta-Disziplin, ihr Gegenstand ist nicht die Einzelwissenschaft, also nicht „nur" ein Gegenstand zweiter Ordnung, sondern sie ist wie eh und je selbst auch eine „Objekt"-Disziplin. Mit dieser Philosophieauffassung kann erstens die Ansicht verbunden sein, der Untersuchungsgegenstand der Philosophie sei mit dem Objekt der einzelwissenschaftlichen Forschungstätigkeit identisch, obgleich angenommen werden kann, daß ihn der Philosoph mit anderen Mittel erforsche und erkenne als der Einzelwissenschaftler, und kann, zweitens, die Überzeugung ausgedrückt sein, einzelwissenschaftlicher und philosophischer Gegenstand würden sich voneinander unterscheiden, und der Philosoph müsse den Zugang zu seinem eigenen Untersuchungsgegenstand unabhängig von Methoden des Einzelwissenschaftlers finden, usw.

5.1.1.2. Typologie der philosophischen Wissenschaftsbegriffe

5.1.1.2.1. Einteilung gemäß dem Sicherheitsgrad (Gewißheitsgrad)

„Eigentliche Wissenschaft", schreibt *Kant* in den „Metaphysischen Anfangsgründen der Naturwissenschaft", „kann nur diejenige genannt werden, deren Gewißheit apodiktisch ist; Erkenntnis, die bloß empirische Gewißheit enthalten kann, ist ein nur uneigentlich so genanntes *Wissen.* Wenn ... die Gesetze, aus denen die gegebenen Fakta durch die Vernunft erklärt werden, bloß Erfahrungsgesetze sind, so führen sie kein Bewußtsein ihrer *Notwendigkeit* bei sich (sind nicht apodiktisch-gewiß) und alsdann verdient das Ganze in strengem Sinne nicht den Namen einer Wissenschaft ..." [10]). Eine rationale Naturlehre, folgert er, verdiene also den Namen einer Naturwissenschaft nur alsdann, wenn die Naturgesetze, die ihr zum Grunde liegen, *a priori* erkannt würden, und nicht bloße Erfahrungsgesetze seien [11]). Apriorische Erkenntnis oder Wissenschaft, die

---

[10]) Metaphysische Anfangsgründe der Naturwissenschaft. Bd. IV der Akademie-Ausgabe. Berlin 1903. 467.

[11]) a. a. O. 468.

„ein nach Prinzipien geordnetes Ganze der Erkenntnis sein soll", wie *Kant* an anderer Stelle bemerkt [12]), sei dem Irrtum nicht ausgesetzt, vom Zufall *weiter*geführter Untersuchungen unabhängig, und allgemeingültig.

Der Sicherheitsgrad dieser Erkenntnis ist nicht mehr steigerungsfähig, der Bereich ihrer Gültigkeit nicht beschränkt. Betrachten wir die Wirkungsweise dieser apriorischen Erkenntnisse im Gesamtzusammenhang der mit ihnen nach den Regeln der (deduktiven) Logik verknüpften Erkenntnisansprüche, oder mit anderen Worten, beurteilen wir sie entsprechend ihrer formalen Stellung im System der Behauptungssätze, so werden wir sie als „Axiome" im klassisch-philosophischen Sinne bezeichnen. Als solche tragen sie den Charakter unwiderrufbarer und nicht austauschbarer Fundamentalsätze. Das zeigt sich mit besonderer Deutlichkeit und Nachdruck in der Wissenschaftsauffassung des *Aristoteles.* Denn nach dessen Ansicht entsprechen nur jene Aussagen streng wissenschaftlichen Anforderungen, die auf Grund von unzweifelhaft wahren Prämissen erschlossen wurden. Evidente Sätze müßten folglich am Beginn jeder Wissenschaft stehen. Da die Kette der Begründungen nicht unbegrenzt nach rückwärts laufen könne, müsse es „erste Erkenntnisse", Prinzipien, also in sich selbst gewisse Erkenntnisse geben [13]). Sie wurzelten in der sogenannten „Ersten Wissenschaft", der Wissenschaft vom Seienden als Seienden (Ontologie). Als echte Fundamentalsätze, als sprachlicher Ausdruck *fundamentaler* Erkenntnisse, könnten sie also weder logisch bewiesen, noch auf empirisch-induktivem Weg gesichert werden. In letzterem Fall gälten sie „nur bis auf Widerruf", im ersteren würde der Begriff der Begründung kontradiktorisch. Denn unter „Begründung" verstünden wir ja gerade die logische Zurückführung auf „frühere" Behauptungssätze bzw. Erkenntnisse, während im Falle der Prinzipien a priori eine nicht mehr „hinterfragbare" Position erreicht ist. Es würde also unter „Begründung", wollte man sie auch im Falle der Aprioritäten fordern, die Zurückführung eines nicht mehr weiter Zurückführbaren auf bestimmte Sätze verstanden werden müssen. Der Begriff der Begründung würde in diesem Falle jedoch gerade seines entscheidenden Merkmals beraubt werden, an dessen Stelle dann *notwendig* jene Eigenschaft träte, die nur den nicht-fundamentalen Erkenntnissen zukommt.

Aus diesen „Grundwahrheiten" werden nunmehr die „Folgewahrheiten" („Lehrsätze", „Theoreme") abgeleitet. Da die Ableitungsschritte nach den Regeln der formalen Logik erfolgen müssen, bewahren sie den gleichen Grad der Sicherheit wie jene Axiome und so können sie auch nichts von ihrer Allgemeingültigkeit verlieren. Die eben geschilderte Wissenschaftsauffassung läßt sich kurz zusammenfassend wie folgt kennzeichnen: Wissenschaft ist ein nach Prinzipien geordnetes Ganzes von Erkenntnissen, wobei die Prinzipien im Gesamtsystem der Erkenntnisse (bzw. deren sprachlicher Ausdrucksformen) die formale Stellung von Axiomen oder „Grundwahrheiten" haben [14]), aus denen sich durch Anwendung der Regeln der Logik die „Folgewahrheiten" oder „Theoreme" erzeugen lassen. Abgeleitete und nicht-abgeleitete Sätze, die die zwei Teilklassen der Klasse der Sätze einer so verstandenen Wissenschaft sind, haben beide apodiktische Gewißheit, die ersteren mittelbare, die letzteren unmittelbare. Sind jene Prinzipien tatsächlich Erkenntnisse a priori und wurden die Theoreme oder Folgewahrheiten tatsächlich nach den Regeln der Logik gewonnen, so ist eine Überprüfung der aus

---

[12]) a. a. O. 467.

[13]) Top. A 1, 100 b. 18 ff. Anal. Post. A 2, 71 b 20 ff. A 3, 72 b, 18 ff. A 10, 76 a 31 f. A 19, 82 a 8, A 22, 84a. Vgl. auch Met. 4, 1006 a.

[14]) *W. Dubislaw:* Über den sogenannten Gegenstand der Mathematik. In: „Erkenntnis". Bd. I. Heft 1, 27.

den Axiomen gefolgerten Behauptungen an der Erfahrung *unnötig*. Sie kann lediglich eine praktisch-psychologische Berechtigung haben. Das Scheitern an der Erfahrung würde uns darauf hinweisen können, daß es sich bei den Axiomen nicht um echte Axiome handelt, oder aber, daß die Folgesätze nicht logisch korrekt erschlossen wurden.

Evidenzen werden auch von den Stoikern behauptet. Ihre Theorie des menschlichen Erkennens stellt zwar eine sensualistische Antwort auf die Ursprungsfrage der Erkenntnis dar. Aber im Gegensatz zu anderen, die sich ebenso auf Sinneswahrnehmung stützen, nehmen sie auch sog. „Vorbegriffe" an, die der Vernunft schon ursprünglich angehören, Voraussetzungen jedes Erkennens, die „proleptischen Begriffe", sprechen von „gemeinsamen Begriffen des Menschen", ferner von sog. kataleptischen Vorstellungen, die Evidenzcharakter tragen. Die begriffliche Ausstattung des Menschen ist es dann auch, welche eine *evidente* Sinneswahrnehmung ermöglicht und so die Evidenz der Welterfassung garantiert [15]).

Nun spricht *Kant*, ebenso wie es schon *Aristoteles* ungeachtet seines „strengen" Wissenschaftsbegriffes getan hatte, auch von Erkenntnissen, die bloß *empirische* Gewißheit enthalten, oder von Naturgesetzen, die bloße Erfahrungsgesetze sind [16]). Die Axiome *Kants*, seine a priori gewonnenen Prinzipien, haben jedoch in bezug auf die Folgesätze „lediglich" die Aufgabe, jedwede erscheinungsweltliche Erkenntnis allererst zu ermöglichen und die (aposteriorischen) Beobachtungs- oder Erfahrungsdaten zu *erklären*.

Wir müssen dementsprechend eine *zweite* Wissenschaftsauffassung vom obigen System unmittelbar gewisser Erkenntnisse unterscheiden. Die eben dargelegte Konzeption der Wissenschaft ist dadurch bestimmt, daß auch Grundsätze mit lediglich empirischer Gewißheit angenommen werden.

Die Tatsächlichkeit der apriorischen Erkenntnisse mit apodiktischem Gewißheitsgrad ist bekanntlich – vor allem vom empiristischen und positivistischen Standpunkt her – stets bestritten worden. Jene Sätze, die ihrer formalen Stellung im System entsprechend als „Axiome" bezeichnet werden, fungieren nun selbst als Erfahrungssätze, als empirische Gesetzesaussagen, die weder notwendig noch allgemeingültig sind. Sie gelten nun als ebenso abänderbar oder widerrufbar wie die Aussagen, die nach den Regeln der Logik aus ihnen gewonnen werden; im Falle korrekter Ableitung ergibt sich sogar die Notwendigkeit, die Folgesätze zu revidieren, wenn einmal die „Grund-Sätze" (Axiome) sich als korrekturbedürftig erwiesen haben. „Wissenschaft", eine Bezeichnung, die *Kant* diesem mehr oder weniger engen Zusammenhang von Behauptungssätzen vorenthalten würde, besteht nach dieser Auffassung aus einem System von empirischen Sätzen, wobei sich die Axiome bezüglich der Art und möglicherweise auch des Grades ihrer Gewißheit von den Theoremen überhaupt nicht unterscheiden [17]).

Nun unterscheiden wir also klar zwischen zwei Formen des Wissens: einem apriorischen und einem aposteriorischen, oder zwischen Erkenntnissen von apodiktischer und Sätzen von (lediglich) empirischer Gewißheit.

5.1.1.2.2. Einteilung nach der Art des Aussagenzusammenhanges

Ein weiterer Einteilungsgrund liegt in der Art des Zusammenhanges zwischen den so oder anders beschaffenen, so oder anders zustandegekommenen Sätzen. Die straffste Form der Verknüpfung hat *Fichte* vor Augen, wenn er die „Ableitung wie aus einem

---

[15]) Stoa und Stoiker I; eingeleitet und übertragen von *Max Pohlenz*, Zürich 1950, 38. *Max Pohlenz:* Die Stoa. 2. Aufl. Göttingen 1959. 56 f.

[16]) a. a. O. 469.

[17]) Vgl. *E. May:* Kleiner Grundriß der Naturphilosophie. Meisenheim 1949. 15 f. u. 36 f.

Guß" für die Wissenschaft fordert [18]). Sie wurde von uns auch in der aristotelischen „strengen" Wissenschaftsauffassung vorgefunden.

Am anderen Ende steht eine als Wissenschaft bezeichnete Gesamtheit von Sätzen, wo keine eigentlich logische Verbindung mehr zwischen „Voraussetzungen" und Folgen oder Folgesätzen besteht – das Fehlen *jedes* Zusammenhanges würde ja die Wissenschaftlichkeit überhaupt aufheben. Die Verbindung zwischen Sätzen und ihren „Voraussetzungen" wird hier nur mehr als eine *psychologisch-historische* verstanden. Eine Analyse des Begriffes der „Voraussetzung" zeigt uns nämlich, daß unter diesem Ausdruck sowohl eine Prämisse oder ein Prämissengefüge als auch lediglich ein „Hintergrundwissen" oder ein Inbegriff von Rahmenvorstellungen, Forschungsantrieben und Leitgedanken gemeint sein kann. Das zweite trifft nun auf die Art des Zusammenhanges zwischen „Folgewahrheiten" und „Grundwahrheiten" im *vorliegenden* Fall zu [19]).

5.1.1.2.3. *Einteilung nach Erfahrungs- oder Einsichtsart*

Die Anfänge der Philosophie bei den griechischen Philosophen waren auch zugleich der Beginn der später so genannten Einzelwissenschaften. Trotz der starken Verflechtung beider Unternehmungen macht sich schon der Unterschied, ja sogar Gegensatz zwischen dem philosophischen und dem einzelwissenschaftlichen Wissenschaftsbegriff bemerkbar. Er besteht ungeachtet der gemeinsamen empirisch-rationalen Einstellung, die an die Stelle der stärker mythisch und mystisch empfindenden Vorgängerzeit getreten war [20]).

Da ist sogleich der Gegensatz zwischen der Vielfalt der sinnlich wahrnehmbaren Dinge und ihrem „Grund" oder „wahren Wesen", der Arché, dem „Prinzip aller Dinge" gegeben. Dieses suchten die Griechen als den *eigentlichen* Gegenstand ihres Erkenntnisstrebens zu erreichen [21]). Zugrunde lag der Gegensatz *zweier Welten,* auf die sich diese unterschiedlichen Wissensformen bezogen: der „uneigentlichen", „scheinbaren", sinnlich erkennbaren Welt des – heutigen – Einzelwissenschaftlers und des Alltagsmenschen einerseits, und demgegenüber der „dahinter" oder „darunter" liegenden „eigentlichen", „wahren" Welt des Philosophen, der das „innere Wesen der Dinge" erkennt [22]). Dies war die Wissenschaft vom „Bestehenden" gegenüber dem „Vorübergehenden", im „eigentlichen" Sinn gar nicht Seienden, des „Wiß"baren gegenüber dem bloßen „Meinbaren". Zugleich wird dieses philosophische Wissen als das *Urbild,* als die

---

[18]) Vgl. z. B. „Über den Begriff der Wissenschaftslehre". In: *Fichtes* Werke, hrsg. von *Fritz Medicus,* I. Bd. (= Philosoph. Bibl. Bd. 127), Leipzig o. J., 166 ff. (in der Gesamtausgabe hrsg. von *I. H. Fichte:* I 38 ff.).

[19]) Dazu *A. Pap:* Elements of Analytic Philosophy. 407 f., vgl. auch die untenstehenden Ausführungen über synthetische Urteile a priori.

[20]) *Aristoteles* Met. A 3, 983 a–984 b. Vgl. *Überweg:* Grundriß der Geschichte der Philosophie I, 12. Aufl., Berlin 1926, 31, 39 f.; *Wilhelm Capelle:* Die Vorsokratiker (Kröners Taschenausgabe Bd. 119), 4. Aufl., Stuttgart 1953, 5 ff.; *Gerhard Krüger:* Grundlagen der Philosophie, Frankfurt a. M. 1958, 96 ff. *Wilhelm Nestle:* Vom Mythos zum Logos, 2. Aufl., Stuttgart 1942, Neudruck Aalen 1966, 263. *Rudolf Schottländer:* Früheste Grundsätze der Wissenschaft bei den Griechen. Berlin 1964, 15 f., 21.

[21]) *Adolf Lumpe:* Der Terminus APXE von den Vorsokratikern bis auf Aristoteles. In: Archiv für Begriffsgeschichte. Bd. I. Bonn 1955, 104–116.

[22]) *Hermann Diels:* Die Fragmente der Vorsokratiker, Hamburg 1957. 40–43. *August Messer:* Geschichte der Philosophie im Altertum und Mittelalter. 8. Aufl., Leipzig 1930, 19.

„Idee" des Wissens und von „Wissenschaft" überhaupt dargestellt, als zugänglich nur dem „begrifflichen", d. h. *„reinen"* Denken [23]).

Es ist eine Einstellung, wie sie aus den folgenden Worten eines heute lebenden Philosophen spricht: „Wissenschaft setzt voraus, daß die Wahrheit des Sinnlichen, die unmittelbar gegebene, sich uns aufdrängende Faßbarkeit der Dinge als trügerisch erkannt ist" [24]). Dieser *philosophische* Wissens- und/oder Wissenschaftsbegriff wird gegenübergestellt der „Doxa", dem bloßen Meinen, dem uneigentlichen Erkennen durch die Sinnlichkeit. Das reine Denken gilt ihm als die Aufgabe dessen, der nach Weisheit, das heißt, nach *tieferer* Einsicht strebt, und der nicht vielerlei wissen will, sondern das Ganze, Eine, den Grund aller Dinge [25]).

Den „bloßen" Tatsachen-, oder Erfahrungswissenschaften wird so ein ihnen angeblich überlegenes Wesenswissen entgegengesetzt: „Das Sichtbare erschließt den Blick in das Unsichtbare" (Fr. 21 a) oder: „Das Erscheinende ist die sichtbare Gestalt des Nichtoffenbaren" [26]): Es drückt zugleich die eleatische Schätzung des *Denkens* als des wesentlichen Erkenntnismittels aus, als auch seine Einschätzung der Sinneswahrnehmung, die Nichtübereinstimmung mit dem parmenideischen Zweifel an der Gestaltung der Sinneszeugnisse [27]). Das sinnlich wahrnehmbare Phänomen gewährt uns einen ersten Aspekt und Anhalt. Die Sinnenwelt tritt so als ein Sprungbrett zu den Ursachen auf, die der Verstand erfaßt. Weil die Theorie sich an die Erfahrung bindet, wird sie davor bewahrt, *rein* spekulativ zu werden. Es ist also eine *Spekulation, die in der Erfahrung ansetzt* und von hier ausgehend mit Annahmen und Analogien weiterarbeitet [28]).

Die wahre „objektive" Wirklichkeit muß so gedacht werden, daß dabei die uns zunächst gegebenen Erscheinungen (Phaenómena) „gewahrt" bleiben und nicht, wie bei den Eleaten, als leerer Trug beiseite geschoben werden, sondern ihre Erklärung finden [29]). Die „echte" Erkenntnis ist so nur die Fortführung der sinnlichen. *Demokrit* unterscheidet eine echte und eine dunkle Erkenntnis. Er fordert, daß überall dort, wo die sinnliche Wahrnehmung nicht mehr zureicht, als das „feinere Werkzeug der Erkenntnis", gewissermaßen als „geistiges Auge", das Denken hinzukommen müsse [30]). Als Wissen im strengen Sinne wertete er nur ein solches, das zum Zwecke letzter Erklärung mittels der denkerischen Hilfsmittel den Bereich der Sinneserfahrung transzendiert.

Wir können daher vom eleatischen und vom demokriteischen Modell sprechen. Jenes ist dadurch gekennzeichnet, daß allein das philosophische Wissen als „echtes" oder „eigentliches" Wissen anerkannt und folglich die Philosophie als die „wahre Wissenschaft" bezeichnet wird; dieses behauptet den Zusammenhang des einzelwissen-

---

[23]) *Wilhelm Luther:* Wahrheit, Licht und Erkenntnis in der griechischen Philosophie bis Demokrit. In: Archiv für Begriffsgeschichte 10, Bonn 1966, vgl. bes. 95 ff. Vgl. *Wilhelm Nestle,* a. a. O.; Stuttgart 1942, Neudruck Aalen 1966, 1–21. *W. Windelband:* a. a. O. 49 ff., bes. 52. Siehe auch Aristoteles: Met. I, 6 XIII, 4. *Xenophon,* Memor. I, 1, 16. IV, 5, 12; 6, 1. *Richard Hönigswald:* Geschichte der Erkenntnistheorie (= Geschichte der Philosophie in Längsschnitten, Heft 9). Berlin 1933. 9.

[24]) *G. Krüger:* a. a. O. 150.

[25]) *W. Windelband–H. Heimsoeth:* Lehrbuch der Geschichte der Philosophie. 15. Aufl. Tübingen 1957. 49 ff.; *R. Schottländer:* a. a. O. 18.

[26]) (*R. Schottländer:* 81, Fußnote 1 f.). *Diels* I. 322. *Schottländer* 81.

[27]) *Th. Gomperz:* Griechische Denker I. Leipzig 1896. 170.

[28]) *R. Schottländer:* a. a. O. 81.

[29]) *August Messer:* a. a. O. 30 (vom Verf. unterstrichen). *Jürgen Mittelstrass:* Die Rettung der Phänomene. Berlin 1962. 160 f.

[30]) *W. Nestle:* a. a. O. 198.

schaftlichen (und auch des außerwissenschaftlichen) Wissens mit der philosophischen Wissensart. Die Philosophie gilt hier nicht als die einzige Form der Wissenschaft, wenn sie auch vielleicht als eine höhere Art und möglicherweise sogar als das anzustrebende Ideal der Wissenschaft vorgestellt wird. Ein drittes Modell wird sodann durch die Idee der „Gleichwertigkeit, nur eben Andersartigkeit" der Wissenschaftsformen bestimmt. Philosophie als Wissenschaft oder auch Wissenschaftliche Philosophie und Wissenschaft in der Form von Einzelwissenschaften werden also sowohl unabhängig voneinander als auch gleichberechtigt anerkannt.

Einige wenige Bemerkungen sollen nun diese drei Hauptstandpunkte erläutern. Es muß jedoch die Einschränkung vorausgeschickt werden, daß der eleatische Standpunkt nur selten in reiner Form verfochten wurde. Auch dann, wenn eine philosophische von einer nicht-philosophischen Erfahrungsart oder Erkenntnismethode unterschieden wurde, galt die übliche, also die äußere oder sinnliche Erfahrungsart, als die ursprüngliche Erkenntnis„quelle", aus der die Ausgangssätze gewonnen werden, eben als ein „Sprungbrett" zu weiteren, hier also zu den „eigentlichen" Erkenntnissen.

Die Philosophen haben entweder eine von der Sinneserfassung völlig unterschiedene, also qualitativ ganz andersgeartete oder eine weit leistungsfähigere Art der *Erfahrung* angenommen, oder aber sie haben der Erfahrung, vor allem natürlich der Sinneserfahrung, die Methode des (reinen) *Denkens* gegenübergestellt. Unter den ersten Punkt gehört auch die Unterscheidung von „gewöhnlicher" und „reiner" Erfahrung oder Anschauung.

Das „wahre" Wissen wurde zumeist als Erkenntnis des „wahren Seins" oder der „eigentlichen Wirklichkeit" (ontos on) verstanden. So waren für *Platon* die *Ideen* das wahre Sein, die „Welt der Ideen" (kosmos noetos) der Bereich der „eigentlichen Gegenstände des Wissens" [31]). Diesem „wahren Sein" entsprach ein „eigentliches Wissen", die „wahre" Methode der Erkenntnis, nämlich die *Schau der Ideen* [32]). Die Abbilder dieser Ideen, die Gegenstände unserer Sinneserkenntnis sind es dann freilich, die zum Suchen nach den Ideen geradezu zwingen [33]). Dennoch ist die Wissenschaft von den Ideen als Bereich der „Episteme", als Bereich des „Wissens", so völlig unvergleichbar mit den Gegenständen unseres „Meinens", dem Bezirk der „Doxa", daß von einem echten Dualismus gesprochen werden kann. Diese Zweiteilung tritt im Verlaufe der Geschichte des Wissenschaftsbegriffes immer wieder auf, so auch bei *Aristoteles.*

Dieser unterscheidet zwischen einer Wissenschaft, die auf ein Seiendes gerichtet ist, das demonstrierbar ist, und einer Wissenschaft von den Prinzipien, den obersten Aussagen oder Sätzen, die nicht demonstrierbar sind. Es gibt demnach eine Wissenschaft, die am Anfang jeder anderen Wissenschaft steht, und deren Aufgabe als „leitende Wissenschaft" es ist, die Prinzipien der übrigen, nicht-leitenden Wissenschaft zu beweisen. Das Wissen dieser Wissenschaft ist für *Aristoteles* ein Wissen höherer Art, weil immer derjenige in höherem Grade wisse, der aus den höheren Ursachen weiß: „Wenn er demnach in höherem und höchstem Grade weiß, so wird auch wohl diese seine Wissenschaft es in

---

[31]) Symp. 210 b. 211 b ff. Phaedr. 247 e; Phaid. 75 b, 100 b ff.; Parmenides 132 d; Politeia 523 f.; Theait. 185 f.; Tim. 27 c–29 d; vgl. dazu: *Gerhard Krüger:* Einsicht und Leidenschaft. 2. Aufl., Frankfurt a. M. 1948. 215, 216. *R. Hönigswald:* a. a. O. 19. Vgl. dazu: *Roman Ingarden:* Der Streit um die Existenz der Welt I. Tübingen 1964. 1. *W. Windelband:* a. a. O. 100. *F. Brentano:* Geschichte der griechischen Philosophie. Bern – München 185 ff. 205, 197.

[32]) Politeia 509 c ff.; 553 c. Vgl. auch *F. Copleston:* A History of Philosophy I. London 1956. 152 f.

[33]) Vgl. *G. Krüger:* Einsicht und Leidenschaft. 212.

höherem und höchstem Grade sein." [34]) Ja, im Grunde genommen liege nur in diesem Falle eigentliches Wissen vor. Die philosophische Weisheit als Verbindung von intuitivem Verstand und diskursiver Erkenntnis habe folglich den Rang einer Wissenschaft von den erhabensten Seinsformen; sie sei sozusagen „Wissenschaft in Vollendung" [35]).

Gemäß der aristotelischen Lehre nehmen wir an, daß das, was wir „wissenschaftlich" nennen, die Möglichkeit eines Andersseins ausschließt. Von dem, was anders sein kann, wüßten wir ja nicht, ob es überhaupt existiert, wenn wir es nicht mehr unmittelbar beobachten können. Daher habe der Gegenstand der Wissenschaft den Charakter der Notwendigkeit und sei ewig, wie alles ewig sei, was mit uneingeschränkter Notwendigkeit existiere. Diese Ausgangspunkte des syllogistischen Verfahrens, das Allgemeine und Notwendige, sind uns nach seiner Überzeugung besser bekannt als der abgeleitete Schluß.

So unterscheidet *Aristoteles* zwischen philosophischer Wissenschaft und nicht-philosophischer Wissenschaft. Jene versteht er als Wissenschaft im „eigentlichen" Sinn, die das „Seiende als Seiendes" zum Gegenstand habe und deren Aussagen durch Allgemeingültigkeit und Notwendigkeit ausgezeichnet seien. Die nicht-philosophische Wissenschaft dagegen beschränke sich auf einen bestimmten Ausschnitt der Wirklichkeit [36]).

Bei *Plotin* denken wir an seine Rede von der „Teilhabe" an der transzendenten Sphäre, an seinen „Aufschwung zum Wissen", oder „Aufstieg zum Intelligiblen", der in der „unio mystica" sich vollende und uns damit die Begründung einer philosophischen Wissenschaft ermögliche, die jede andere Form menschlichen Wissens zur Bedeutungslosigkeit zusammenschrumpfen lasse [37]). Bei *Augustinus* erinnern wir uns seiner Unterscheidung zwischen dem (einzel)wissenschaftlichen Wissen von den im zeitlichen Wandel befindlichen Dingen der empirischen Welt, das auf Sinneserfahrung gründet, der sog. „scientia", und der „sapientia", der Wissenschaft von der intelligiblen Welt der Ideen oder ewigen Urgründe (rationes aeternae, ideae formae) [38]), im Geiste Gottes allumfassend, die wir nun in uns vorfinden. Wir erkennen sie nach seiner Überzeugung dank der unmittelbaren *Einstrahlung,* die der menschliche Geist von Gott her erfährt. Die Erleuchtung von oben stellt offensichtlich eine Art der Erfahrung dar, die sich mit der Sinneserfahrung überhaupt nicht mehr vergleichen läßt [39]). *Bonaventura* [40]) anerkennt zwar ebenfalls eine auf Sinneserfahrung beruhende, daraus abstrahierte Wissenschaft, setzt ihr aber sogleich die „wahre" Wissenschaft entgegen, die die apriorisch-intuitive Erkenntnis der „reinen, ewigen Wahrheiten" enthalte. Nach der Überzeugung *Thomas v. Aquins* gibt es außer der durch Sinneswahrnehmung begründeten Wissenschaft auch einen Zusammenhang von Aussagen, die als *„geistige* Erkenntnisse" verstanden werden müssen [41]). Die geistige Erkenntnis besitze die Fähigkeit, die Sinneserfahrung zu transzendieren. *Thomas* lehrt, das Wissen hebe mit den Sinnen an, vollende

---

[34]) Anal. Post. A 9, 76 a. Vgl. Nik. Ethik (= *Aristoteles.* Werke in dt. Üb. hrsg. v. *E. Grumach,* Bd. 6). Darmstadt 1960. 128. Met. I 2, 982 b, ferner I 3, 983 a.

[35]) Nik. Ethik, 129.

[36]) Top. A 2, 101 a und 101 b; vgl. auch Magna Moralia (= Werke in dt. Üb. hrsg. v. *E. Grumach,* Bd. 8). Darmstadt 1958. 44.

[37]) Enn. VI, 8, 9, 18.

[38]) De Trin. XII n. 17, 21, 25; De ord. II n; c. Acad. III n. 26.

[39]) De mus. VI, 1. 1.

[40]) In sent. II d. 39 a. I$_L$, 2. 903 a. III 308 a. 4. De scient. Chr. Z. 4, V 17. Z 4m. 2, V 23 a. Z. 4m 3, V. 23 b. Itin. ment. in Deum c. 3 n. 3, V 304 a b, II Sent. d. 39 a. I Z 2 II 904.

[41]) S. th. I. 84, 5, 6, 7.

sich aber erst in dem tätigen, schöpferischen Verstand, in der Spontaneität unseres Geistes [42]).

Der Sinneserfahrung überlegene Erfahrungsarten oder Erkenntnismethoden werden auch von zahlreichen weiteren Philosophen angenommen. Auch die Rationalisten gehören dazu, insofern sie von ursprünglichen Intuitionen oder Wesenseinsichten ausgehen, wie etwa *Spinoza* und *Leibniz* [43]), oder auch von angeborenen Begriffen oder Ideen [44]), und das ganze System der Aussagen aus solchen „Prinzipien" „more geometrico" daraus herleiten, oder wenn sie glauben, durch *gedankliche* Operationen die Erfahrungswelt transzendieren zu können. Als „Apriorismus" setzt sich der Rationalismus in völligen Gegensatz zu jeder Wissenschaftsauffassung, die in bezug auf die Außenwirklichkeit (des Menschen) die Sinneserfahrung als einzige „Quelle" der Erkenntnis (wie früher) oder als Überprüfungsinstanz (wie heute) zuläßt.

Pascal unterscheidet sich sowohl von Rationalisten als auch Empiristen durch seine Ansicht, daß die Erkenntnis der Prinzipien weder Sache der Sinneserfahrung noch des Verstandes, sondern Aufgabe des *„Herzens"* sei [45]). Auch das Herz habe seine Gründe, die der Verstand (übrigens) nicht kenne; die Prinzipien würden vielmehr „gefühlt" [46]). Instinkt, Gefühl, Glaube, das „Herz" erschließe uns eine andere Welt, die der Vernunft und der Sinneserfahrung nicht zugänglich ist. – In ähnlicher Weise unterscheidet *Jacobi* eine Wissenschaft aus Begriffen, deren Methoden Begreifen und Beweisen ist, also ein Zusammenhang von Aussagen, die ein vermitteltes Wissen darstellen, von der „wahren" Wissenschaft, die sich auf unmittelbare Erkenntnis des *„Gefühls"* gründe [47]).

Der deutsche Idealismus durch sein Erkenntnisvermögen der sog. „intellektuellen Anschauung" [48]), *Bergson* unter Berufung auf die philosophische Intuition, die er der diskursiven und im gewöhnlichen Sinne empirischen Methode der Einzelwissenschaften gegenübergestellt [49]), *Dilthey* mit bezug auf „Verstehen" und „Einfühlung" [50]), sowie *Husserl* und *Scheler* im Hinblick auf die phänomenologische „Wesensschau" [51]), vertreten eine Wissenschaftsauffassung, die mit dem Standpunkt des Sensualismus unvereinbar ist. Sie alle behaupten die Existenz nicht-sensueller Erfahrungsarten und halten diese, jedenfalls in gewissen Bereichen, für leistungsfähiger als die Sinneserfahrung. Was hierdurch nach ihrer Überzeugung begründet werden kann, ist nicht bloße Doxa, sondern Episteme – ein echtes Wissen, absolut, endgültig, durch sich selbst legitimiert. Nicht zufällig bezeichnen sowohl *Fichte* als auch *Bergson*, *Husserl* und *Scheler* sich als die „echten Empiristen" oder als die „originären Positivisten". Sie wollen damit sagen, wenn Wissenschaft, die sich auf Wirklichkeit bezieht, als Erfahrungswissenschaft verstanden werden müsse, so könnte

---

[42]) S. th. 85, 1.

[43]) *Descartes:* Regel II u. III; *Spinoza:* Ethik, Lehrsatz 40, Erl. 2, n. Ls. 41 u. 42.

[44]) *Descartes:* Medit. III, 13; Prinzip d. Phil. I, 13 f. *Leibniz:* Nouv. Ess. (durchgehend.).

[45]) Pensées 282 (Pens. IV. 282).

[46]) Pens. 277, 281, 282.

[47]) Über die Lehre d. *Spinoza* in Briefen an den Herrn *Moses Mendelsohn*. Breslau 1785. 162 ff. Ders. *David Hume* üb. d. Glauben od. Dualismus u. Realismus. Breslau 1787.

[48]) Vgl. die Ausführungen zum Begriff der „Intellektuellen Anschauung".

[49]) Denken und schöpferisches Werden. Dt. Meisenheim 1948. 143, 147 f. 180 ff. 190, 212–218.

[50]) Ges. Schriften VII. 4. Aufl. Stuttgart – Göttingen 1959. 191, 205.

[51]) *E. Husserl:* Ideen zu einer reinen Phänomenologie und phänomenologischen Philosophie I (= Husserliana III). Haag 1950. 6, 8, 49. Ders.: Philosophie als strenge Wissenschaft. In: Logos. Bd. I. 1910/11. 316. *M. Scheler:* Die Wissensformen und die Gesellschaft. (= Ges. Werke. Bd. 8). 2. Aufl. Bern und München 1960. 232. Ders.: Vom Ewigen im Menschen. (= Ges. Werke. Bd. 5). 4. Aufl. Bern 1954. 98 und 442.

nur die nicht-sensuelle Art der Erfahrung gemeint sein, die sie selbst anzuwenden versuchen.

Wiederum ist also die philosophische Wissenschaftsauffassung der einzelwissenschaftlichen als die „wahre Wissenschaft" gegenübergestellt [52]). Diese Gegenüberstellung besagt in einigen Fällen einen unvereinbaren Gegensatz, in andern dagegen Abhängigkeit, und zwar entweder Abhängigkeit der neuen, überlegenen Art der Erfahrung von der sensuellen Erfahrung, die als jenes „Sprungbrett" dienen muß, oder aber Abhängigkeit der auf Sinneserfahrung gegründeten Wissenschaft von jener sog. „echten Erfahrungswissenschaft, insofern diese als „*Grund*"wissenschaft erscheint. Bei *Dilthey* z. B. findet sich ebenso das Bild einer friedlichen Koexistenz von unterschiedlich geprägten Wissenschaften, von Wissenschaften nämlich, die sich mit je eigenen Methoden auf je eigene Gegenstandsbereiche beziehen [53]). So ergibt sich für ihn denn die Naturwissenschaft, die ihre Erkenntnisse aus der Sinneserfahrung schöpft oder die Erkenntnisansprüche an der Sinneserfahrung prüft, während gleichberechtigt daneben Geisteswissenschaften bestehen, die einem „elementaren *Verstehen*" [54]) (Deutung einzelner Lebensäußerungen) oder einem „höheren Verstehen" (Sichhineinversetzen in einen Menschen oder in ein Werk [55]) entspringen und deren ausgearbeitete Methode der „*Hermeneutik*" als die „wissenschaftlich-methodische Form der Auslegung und damit des Verstehens ist" [56]).

Die bisher umrissenen Wissenschaftsauffassungen haben ihren Gegensatz in den Formen des Empirismus und Positivismus, genauer: des sensualistischen Empirismus oder Positivismus [57]). Die Sinneserfahrung galt hier früher vor allem als Erkenntnis-„quelle", gilt heute dagegen vor allem als Geltungsinstanz, als Mittel zur Bestätigung oder zur Widerlegung von Wissensansprüchen, wobei letztlich unwichtig ist, wie diese Ansprüche überhaupt zustandegekommen sind. Die empiristische oder positivistische Wissenschaftsauffassung entspricht dem Wissenschaftsbegriff der Naturwissenschaften, teilweise auch anderer Wissenschaftsdisziplinen.

Bei anderen Philosophen, vor allem bei *Kant*, treffen wir eine Scheidung in eine Idealvorstellung der Wissenschaft und in deren mehr oder weniger unvollkommene Realisierungen an. Er hält nur apodiktische, nicht-empirische Wissenschaft für eigentliche Wissenschaft. Dennoch anerkennt er in Übereinstimmung mit dem Sprachgebrauch der Mehrheit auch jene Aussagensysteme als Wissenschaft, deren Elemente nur empirische Gewißheit, also einen bestimmten Grad der Wahrscheinlichkeit, aufweisen. Auch *Hegel* erstellt eine Rangordnung der Wissenschaften nach dem Grad ihrer Annäherung an das Ideal. Wissenschaft im eigentlichen Sinn ist für ihn die Philosophie, das System des absoluten Wissens, das erreicht wird, wenn vom sinnlichen Bewußtsein ausgegangen wird [58]). Im Grunde genommen hätten wir es auf der Stufe des sinnlichen Bewußtseins, dem eigentlich „Geistlosen", gar nicht mit Wissenschaft zu tun, und ebenso nicht in der Mathematik,

---

52) Vgl. E. *Husserl:* Philosophie als strenge Wissenschaft.

53) Ges. Schr. Bd. I. 4 f., Bd. V. 242 ff., 248, 260 f.

54) Bd. III. 207. Vgl. dazu O. F. *Bollnow: Dilthey.* Eine Einführung in seine Philosophie. Leipzig und Berlin 1936. Kap. 23 und 24, bes. S. 170.

55) Bd. VII. 208, 214, 216.

56) a. a. O. 217, Bd. V. 332, *Bollnow:* a. a. O. 187.

57) Vgl. R. *Wohlgenannt:* Metaphysik und Positivismus. In: Salzburger Jahrbuch für Philosophie Bd. VIII/1964. 11 ff., insbes. 13.

58) Phänomenologie des Geistes (= Sämtl. Werke. Bd. II). Leipzig 1937. Einl. d. Herausgebers. XV, XXIX, Vorrede, 26.

deren Methoden oder Mittel der „Erklärung", „Einteilung", „Axiome", „Reihen von Theoremen", der „Beweise", des „Folgerns" oder „Schließens", er einigermaßen verächtlich als „wissenschaftlichen Staat" bezeichnet [59]). Die Wissenschaft im Sinne des philosophischen Wissens, die dem Stoff nicht wie die mathematische Methode nur äußerlich sei, gehöre von jenem mathematischen Wissenschaftsbegriff abgesetzt.

Von den sog. Formalwissenschaften war bis jetzt nicht die Rede, sondern von der Wissenschaft nur insoweit als sie beansprucht, sich auf irgendeine nicht von uns erst konstruierte Realität zu beziehen. Auch die Formalwissenschaften, also vor allem „reine" Mathematik und „reine" Logik, werfen unterschiedliche Wissenschaftsbegriffe ab. Der hauptsächliche Unterschied wird in der Frage ausgesprochen, ob der Formalwissenschaftler, um Wissenschaftler sein zu können, ein „Entdecker" oder ein „Erfinder" sein müsse. Ein „Entdecker" ist er z. B. dann, wenn sich die logischen und mathematischen Aussagen auf eine Realität beziehen, die nicht vom Logiker oder Mathematiker selbst erzeugt oder entworfen ist, sondern die er vorfindet. Der sozusagen reinste Fall einer entsprechenden Wissenschaftsauffassung liegt im Platonismus vor. Der Mathematiker als Platonist glaubt nämlich, die Mathematik stelle ein System von Aussagen über ein Idealreich dar, genauer, über eine Gesamtheit von (mathematischen) Ideen [60]). Der „Erfinder" dagegen sieht keinen Bezug der Formalwissenschaften zu irgendeiner vorgefundenen Realität. Er selbst ist es ja, der den „Gegenstand" der Mathematik erzeugt, nämlich „konstruiert". „Konstruierbarkeit" aber ist die Voraussetzung für die Haltbarkeit eines mathematischen Ausdrucks. Dazu kommt eine weitere Grundauffassung, die einen von den bisher geschilderten Positionen stark abweichenden Wissenschaftsbegriff ergibt. Auf diesem Standpunkt steht z. B. der philosophische Formalwissenschaftler, der die Frage nach dem „Gegenstand" für unberechtigt oder sinnlos hält. Er glaubt, Wissenschaft könne auch nur darin bestehen, daß irgendwelche frei gewählte Zeichen mit Regeln versehen werden, die ihre Funktionen bestimmen. „Regelgerechtigkeit" ist dann das entscheidende Kriterium [61]).

5.1.1.3. Kriterien der Wissenschaftlichkeit

Trotz aller Unterschiede und Gegensätze sind sich die Philosophen (und die Einzelwissenschaftler) in der folgenden Hinsicht einig: Sie wollen unter „Wissenschaft" weder einzelne Begriffe oder Aussagen, noch auch Anhäufungen von solchen, sondern immer ein geordnetes Ganzes, einen *systematischen* Zusammenhang, letztlich ein *System*, verstanden wissen. Sie stimmen ferner in der Forderung überein, dies müsse ein System von Erkenntnissen oder wenigstens von potentiellen Erkenntnissen sein, also ein System von Erkenntnisansprüchen.

Keine Einhelligkeit besteht hingegen in der Beantwortung der Frage, ob Wissenschaft einen *methodischen* Charakter haben muß. So hat schon *Kant* zwischen der Art des Zustandekommens von Erkenntnissen und ihrer Geltung, und dementsprechend zwischen dem erkenntnispsychologischen und dem erkenntniskritischen oder erkenntnistheoretischen Gesichtspunkt unterschieden. Die sog. Wissenschaftliche Philosophie unseres Jahrhunderts trennt in ähnlicher Weise zwischen „Entstehungszusammenhang" (context of discovery) und „Begründungszusammenhang" (context of justification). Angesichts dieser Unterscheidung wird der methodische Charakter nicht mehr allgemein als Merkmal der Wissenschaftlichkeit angesehen.

---

[59]) a. a. O. 40.

[60]) Vgl. *Platon:* Politeia 510 d.

[61]) Vgl. dazu die folgenden Ausführungen zum Wissenschaftsbegriff der Mathematik.

Damit ist aber die Reihe der von Philosophen vorgelegten und erörterten Wissenschaftskriterien noch nicht erschöpft. Denn auch wenn nicht immer ausdrücklich gefordert, sondern oft nur stillschweigend vorausgesetzt, so werden doch *logische* Kriterien anerkannt. Fast alle Philosophen halten es für ein Merkmal der Wissenschaftlichkeit, daß ihre eigenen Aussagen oder diejenigen anderer Philosophen einen *widerspruchsfreien* Zusammenhang darstellen. Sie anerkennen ferner die Forderung nach strikter Befolgung der logischen Regeln. Es gibt keine Philosophen, die Folgerungsmängel (Schlußfehler) zu dulden bereit wären oder die inkorrektes Schließen geradezu als eine Methode der Philosophie empfehlen würden.

Im allgemeinen streben die Philosophen auch nach einem möglichst hohen Grad von Präzision in ihren Ausdrücken, nach einem Grad der *Sprachgenauigkeit*, der ihr Verstandenwerden durch andere, also *intersubjektive Verständlichkeit* ermöglicht.

Zahlreiche Philosophen fordern *Überprüfbarkeit* der Aussagen, wobei aber zunächst offenbleibt, welche Mittel und Methoden angewendet werden sollen. Andere lehnen diese Forderung im Hinblick auf jene Aussagen ab, die „eines Beweises weder fähig noch bedürftig" sind. Damit sind die im klassischen Sinn verstandenen Axiome gemeint, deren Wahrheit „aus sich selbst heraus einleuchtet" (die „ihre Wahrheit in sich tragen", deren Wahrheit „aus den in ihnen verwendeten Begriffen hervorgeht", usw.). Wiederum andere weisen die Forderung nach intersubjektiver Prüfbarkeit mit bezug auf „Intersubjektivität" zurück und huldigen einem gewissermaßen „aristokratischen" Erkenntnisideal [62]).

5.1.2. Wissenschaftsbegriffe in den Einzelwissenschaften

5.1.2.1. Mathematik

Platon lehrte, die Grundbegriffe der Mathematik seien „in sich selbst bekannt". Auch in unserem Jahrhundert überzeugte er selbst Mathematiker, daß ihre Wissenschaft ein ungeheures *Idealreich*, das Reich der „Dinge selbst", erforsche, dessen Weite und Tiefe noch niemand ermessen habe [63]). Die „Dinge selbst" sind nun aber nach *Platon* nicht die Figuren, die wir auf die Tafel zeichnen, sondern die „Ideen" dieser Figuren, deren „Schattenbilder" der gemalte Kreis, das gezeichnete Viereck, sind. Von diesen „Schattenbildern" sollten wir zu ihren Gedankenurbildern aufsteigen, mit den „Augen des Geistes" sehen lernen [64]). So ist denn auch selbstverständlich, warum den mathematischen Erkenntnissen ein ewiger oder zeitloser Geltungscharakter zugeschrieben wird.

Für *Kant* hingegen stellt sich die Mathematik als ein System von wahren, sog. synthetischen Urteilen a priori dar [65]). Mögen sie auch mit der Erfahrung anheben,

---

[62]) Eine ausführliche Erörterung dieser Ansichten findet sich im Hauptabschnitt dieses Buches, der sich mit den Problemen der Prüfbarkeit beschäftigt, im Abschnitt über den Erfahrungsbegriff, sowie in den obenstehenden Darlegungen über einige markante historische Positionen in der Frage der anzuwendenden Erkenntnismethode.

[63]) Vgl. *H. Meschkowski:* Einführung in die moderne Mathematik. Mannheim 1964. 10 ff.

[64]) *Platon:* Politeia. 510 d.

[65]) Kritik der reinen Vernunft B. 34 ff., 55 ff. Vgl. dazu auch: De mundi sensibilis atque intelligibilis forma et principiis. Akademieausgabe Bd. II. 390 f., 405 f. Siehe dazu vom heutigen Standpunkt aus: *J. Hintikka: Kant* vindicated. In: Deskription, Analytizität und Existenz. Hrsg. v. *P. Weingartner*, Salzburg – München 1966. 234–354. "We can ... vindicate *Kant* ... it was just seen that many quantificational modes of reasoning are inevitably synthetic in a natural sense of the word" (a. a. O. 241).

so stammen sie nach seiner Ansicht doch *nicht aus* der Erfahrung. Daher seien sie auch erfahrungsmäßiger Bestätigung nicht bedürftig und erfahrungsmäßiger Widerlegung nicht ausgesetzt.

Mit *Kant* stimmt trotz der durch die Bezeichnung *„Neo-Intuitionismus"* angezeigten Distanzierung vom Kantischen Intuitionismus die Auffassung überein, die von *L. E. J. Brouwer, H. Weyl, A. Heyting,* u. a. vertreten wurde [66]). Denn gemeinsam ist dem Alt- wie dem Neu-Intuitionismus die *„Urintuition"* (*Brouwer*), die uns nach seiner Überzeugung befähigt, die Fundamente der Mathematik mit unmittelbarer Gewißheit zu erfassen. Ferner ist ihnen gemeinsam der *konstruktivistische* Standpunkt, so wenn man etwa an die Kantische Definition denkt: „Die philosophische Erkenntnis ist die Vernunfterkenntnis aus Begriffen, die mathematische aus der Konstruktion der Begriffe." [67]) Mathematische Erkenntnis ist nach *Brouwer* ausschließlich Konstruierbarkeit. Was in der Mathematik nicht konstruiert werden kann, fällt weg. Nur solche Begründungen und Begriffsbildungen werden also zugelassen, die eine Kette vollziehbarer Konstruktionen wiedergeben [68]).

Allgemein können wir den Unterschied durch die Ablehnung der „platonischen" Deutung auf dem Boden des Intuitionismus und ihre Ersetzung durch eine konstruktive „Prozeßvorstellung" kennzeichnen. Die Art der Fundierung dieser „Prozeßvorstellungen" weist den Intuitionismus in der Reihe der erkenntnistheoretischen Einstellungsmöglichkeiten unter dem Stichwort „Idealismus" aus. Gegenüber dem naiven Realismus und im Gegensatz zum Formalismus ist der Idealismus der *Brouwer*schen Art bestrebt, alle Wahrheit auf das anschaulich Gegebene, auf einen Grundbestand einsichtiger Wahrheiten (*H. Weyl*) zurückzuführen, oder mit *Brouwers* eigenen Worten ausgedrückt: „Op de vraag, waar de wiskundige exactheid dan wel bestaat, antwoorden beide partijen verschillend; de intuitonist zegt: in het menschelijk intellect, de formalist: op het papier" [69]).

Der „idealistischen" Ansicht steht die „realistische" gegenüber, derzufolge die mathematischen Sätze dann wahr sind, wenn sie mit der physischen Wirklichkeit übereinstimmen. Diese Ansicht vertritt *A. Mostowski;* die Vorstellungen der Mathematik sind nach seiner Ansicht durch Generalisation oder Abstraktion aus der gewöhnlichen *Beobachtung* entstanden. Also ist nach *Mostowski* der Schluß erlaubt, daß man durch sie die allgemeinsten Eigenschaften der wirklichen Objekte selbst zu erfassen vermag. Die Axiome der Mathematik, soweit sie nicht lediglich Definitionen sind, verkörpern daher „experimentelle Wahrheiten", oder „Verallgemeinerungen aus der Beobachtung" oder „Hypothesen" [70]).

---

[66]) Dazu M. *Black:* The Nature of Mathematics. London 1958. 187 ff.

[67]) In der Kr. d. r. V., II. Teil, Transzendentale Methodenlehre, worin er – seine Darlegung des konstruktiven Verfahrens ist jedoch heute nicht mehr akzeptabel – doch ein Wesentliches herausstellt, nämlich die Notwendigkeit, bei den meisten Beweisen über den unmittelbaren Inhalt des zu beweisenden mathematischen Satzes hinauszugehen.

[68]) Auf die Parallele zum „Operationismus" (*P. W. Bridgman:* The Logic of Modern Physics, 1927) und zur ersten Fassung des Sinnkriteriums im „Wiener Kreis": „Der Sinn eines Satzes ist die Methode seiner Verifikation", sei nur kurz hingewiesen. Dort macht sich ein ähnlicher Zug bemerkbar wie an *Brouwer,* dem mathematischen Aktivisten. („Die Mathematik ist mehr ein Tun als eine Lehre.")

[69]) *L. E. J. Brouwer:* Intuitionisme en formalisme: Amsterdam 1912. 7.

[70]) *W. Dubislaw:* Über den sogenannten Gegenstand der Mathematik. In: „Erkenntnis". Bd. I, Heft 1.

Der *„Konventionalismus"* [71]) stimmt nicht nur mit der empirischen Ansicht in bezug auf die Axiome darin überein, daß Definitionen in ihnen enthalten sind, sondern er geht bis zur äußersten Konsequenz und stellt fest, die Axiome der Mathematik stellten *Definitionen* dar. Den Axiomen wird der Wahrheitscharakter abgesprochen; sie werden lediglich als Systeme von Forderungen aufgefaßt, die allerdings ursprünglich aus praktisch-ökonomischen Gründen aufgestellt wurden. Man hat es nach dieser Ansicht in der Mathematik nicht mit einem System von Wahrheiten zu tun, sondern mit einem System, das aus logisch *„willkürlichen"*, *„freien" Forderungen* besteht und als ein System von Aussageformen [72]) aufgefaßt werden kann, deren Variable die Stelle der in ihm auftretenden Zeichen für die Objekte einnehmen, die die in den Axiomen niedergelegten Beschaffenheiten besitzen. Die tatsächliche Existenz der Objekte bleibt dann unter diesem Aspekt betrachtet irrelevant. Denn nach *Poincarés* Überzeugung sind die geometrischen Axiome weder synthetische Urteile a priori noch experimentelle Tatsachen, sondern auf Übereinkommen beruhende Festsetzungen. Unter allen möglichen Festsetzungen wird unsere Wahl von experimentellen Tatsachen geleitet. Aber sie bleibt frei und ist nur durch die Notwendigkeit begrenzt, jeden Widerspruch zu vermeiden. Eine Geometrie kann daher nicht richtiger sein als eine andere; sie kann nur *bequemer* sein.

Angesichts der Einwände, die seitens des Intuitionismus erhoben wurden, setzte *Hilbert* mit der *„formalistischen"* Grundlegung der Mathematik ein. Für den Wissenschaftsbegriff der Mathematik gilt dem „Formalisten" als wesentlich, daß die mathematischen Sätze ihren Charakter als Wirklichkeitsaussagen verlieren. Die Verbindung zu einem inhaltlich gegebenen Gebiet wird bewußt ausgeschaltet.

Es werden nicht nur die spezifischen Begriffe eines bestimmten Systems, so zum Beispiel geometrische Begriffe eines Axiomensystems der Geometrie, sondern alle übrigen, etwa „und", „es gibt", „alle", ihres Inhalts entkleidet und durch logistische Symbole ersetzt [73]). Die Axiome, als bestimmte Formeln oder Zeichenfolgen, werden zu Ausgangspunkten, und formale Ableitungsregeln legen fest, wie daraus andere Formeln, die sog. Lehrsätze (oder Theoreme), erzeugt werden können. Wir nennen solche formalen Systeme „Kalküle" [74]). Ein Kalkül besteht aus dem Begriffsnetz bzw. der Kalkülsprache, und zwar aus den Grundbegriffen oder Grundzeichen, sowie den Bildungsregeln, ferner aus dem Deduktionsgerüst, das durch Angaben über die Axiome und durch Festlegung der Deduktionsregeln aufgebaut wird. Die Ausdrücke des Kalküls sind weder wahr noch falsch: die Wahl der Grundformeln (Axiome) erfolgt willkürlich [75]). Mittels einer

---

[71]) *Henri Poincaré:* Wissenschaft und Hypothese, 2. Aufl. Leipzig 1906. XV: „Hat die Geometrie ihren Ursprung in der Erfahrung? Eine gründlichere Erörterung zeigt uns, daß dies nicht der Fall ist. Wir schlußfolgern also, daß die Grundlagen nur Übereinkommen sind; aber diese Übereinkommen sind nicht willkürlich ..." Vgl. dazu vor allem a. a. O. 73 f., 212 und 238 f.

[72]) a. a. O. 112: „Es kümmert uns wenig, ob der Äther wirklich existiert, wesentlich für uns ist nur, daß alles sich abspielt, als wenn er existierte, und daß diese Hypothese für die Erklärung der Erscheinungen bequem ist ..."

[73]) Vgl. dazu *D. Hilbert* und *P. Bernays:* Grundlagen der Mathematik I. Berlin 1934. 1 f. *Hilbert-Ackermann:* Grundzüge der theoretischen Logik, 3. Aufl. Berlin – Göttingen – Heidelberg 1949. 23: „Wir unterscheiden zwischen logischen Grundformeln (Axiomen) und Grundregeln zur Ableitung richtiger Formeln." Siehe auch „Grundlagen der Geometrie", Anhang VI: Über den Zahlenbegriff.

[74]) Vgl. dazu *H. B. Curry:* Outline of a Formalist Philosophy of Mathematics. Amsterdam 1951. 10 ff. *R. Carnap:* Logische Syntax der Sprache. Wien 1934. 28.

[75]) Diese Freiheit darf jedoch nicht mit Willkür verwechselt werden. (*Poincaré:* a. a. O. XIII/XIV.) Anstatt von „reiner" im Unterschied zu „angewandter" Mathematik zu sprechen, ist es daher angemessener, den Ausdruck *„freie"* Mathematik zu verwenden.

Deutungsvorschrift kann der Mathematikkalkül ganz oder teilweise interpretiert werden. Die Deutungsvorschriften sind natürlich passend zu wählen, damit das Verhalten gewisser Objekte durch den Kalkül zutreffend interpretiert, die Beschaffenheit der den Formeln zugeordneten Objekte also erfaßt werden kann [76]). Das zusammen mit der entsprechenden Logik in einem einzigen formalen System vereinigte formalisierte System kann unabhängig von jeder Deutung behandelt und wie ein reines „Zeichen*spiel*" gebraucht werden.

In *Hilberts* Theorie und Sprachgebrauch ist an die Stelle der metaphysisch verstandenen Wahrheit die logisch verstandene Wahrheit getreten. Sie wird nun durch „Sicherheit" ersetzt, durch die Gewißheit nämlich, daß bei konkreter Anwendung der mathematischen Verfahren in einem geeigneten Axiomensystem niemals ein Widerspruch auftreten kann. Auf diese Weise wird die Mathematik zur „Wissenschaft von den formalen Systemen", denn ein formales Kriterium, die *Widerspruchsfreiheit*, übernimmt nunmehr die entscheidende Rolle. Die Erfüllung der Widerspruchsfreiheitsforderung *allein* sichert die Wahrheit jener „grundlegenden Aussagen", der Axiome, und gewährleistet mithin auch die „Existenz" im mathematischen Sinne [77]). Die Grundlegung der Mathematik besteht nunmehr im Beweis der Konsistenz, folglich im Nachweis, daß keine Formel F zugleich mit non-F aus dem System beweisbar ist.

Die Frage nach den Mitteln, die zur Führung der Widerspruchsfreiheitsbeweises benötigt werden, oder nach den zulässigen Schlußweisen, sowie das Problem der Konsistenz im allgemeinen, wird in einer eigenen Disziplin behandelt. *Hilbert* nannte sie „Beweistheorie" oder „Metamathematik". Für einige Axiomensysteme oder Bereiche der Mathematik konnte zwar ein Widerspruchsfreiheitsbeweis geführt werden, *Gödels* Unvollständigkeitstheorem [78]) besagt indessen: Kein formales System, das wenigstens über die Ausdrucksmittel zur Formulierung der elementaren Arithmetik verfügt, ist vollständig, wenn es konsistent ist. Denn für jedes Axiomensystem der elementaren Arithmetik gilt, daß es mindestens eine Relation zwischen oder einen wahren Satz über natürliche Zahlen gibt, die oder der in diesem System nicht herleitbar ist. Aus „Wenn das System konsistent ist, dann ist (mindestens eine) unentscheidbare Formel F im System enthalten (weder F noch non-F beweisbar)" folgt, daß ein Widerspruchsfreiheitsbeweis für formale Systeme,

---

[76]) Dazu *W. Dubislaw:* Über den sogenannten Gegenstand der Mathematik. In: „Erkenntnis". Bd. I, Heft 1. 47.

[77]) Um Mißverständnisse zu vermeiden, müßte hierzu bemerkt werden, daß *Hilbert* hier eine Definition des mathematischen Existenzbegriffes gibt, die sich vom realwissenschaftlichen (faktisch-wissenschaftlichen) grundsätzlich unterscheidet, während *Frege* wohl eher diesen im Sinn hat. Es wäre besser, den Existenzbegriff nur innerhalb der Realwissenschaft zu definieren und zu verwenden, und in der Mathematik ganz davon abzusehen. Die Existenzfrage ist dann mathematisch gar nicht vorhanden, sondern nur die Frage nach der Widerspruchsfreiheit, Vollständigkeit und Unabhängigkeit des Axiomensystems. Außerdem ist dies der heute herrschende Standpunkt (Sprachgebrauch). Vgl. *H. Meschkowski:* a. a. O. 17 f., sowie *G. Frey:* Gesetz und Entwicklung in der Natur. Hamburg 1958. 19. Außer den drei üblichen Forderungen der Widerspruchsfreiheit, Vollständigkeit und Unabhängigkeit erwähnt *Frey* auch die *„Verknüpftheit":* „Es darf nicht eintreten, daß das A. S. in zwei einzelne A. S. zerfällt. Das bedeutet, daß es sich auf einen einheitlichen Individuenbereich bezieht. Letztere Forderung ist in der bisherigen Forderung der axiomatischen Methode nicht erwähnt worden. Sie spielt in der reinen Logik und Mathematik keine große Rolle, ist aber wesentlich für die Anwendung auf die Naturwissenschaft."

[78]) „Über formal unentscheidbare Sätze der ‚Principia Mathematica' und verwandter Systeme." In: Monatshefte für Mathematik und Physik, vol. XXXVIII, 1931.

die ihre eigene Metatheorie in arithmetisierter Form enthalten, mit den Mitteln des Systems selbst prinzipiell nicht geführt werden kann. Das System muß allerdings widerspruchsfrei sein, widrigenfalls ja auch jener Ausdruck des Systems ableitbar wäre, der die Widerspruchsfreiheit (Wid.) besagt. Sei „Wid" die Formel, die die Konsistenz des Systems ausdrückt (z. B. als Nichtbeweisbarkeit der Negation eines Axioms), „F" die *Gödel*sche Formel, die ihre eigene Unentscheidbarkeit, und damit auch Unbeweisbarkeit ausdrückt, dann lautet das obige Theorem: $\vdash$ Wid$\rightarrow$F. Wäre nun „Wid" beweisbar, dann auch, nach Modus Ponens, „F"; da „F" aber unbeweisbar ist, folgt, daß auch „Wid" unbeweisbar ist. Somit erwächst dem *Hilbert*schen Programm auch aus der Entdeckung *Gödels* eine *grundsätzliche* Schwierigkeit: Widerspruchsfreiheitsbeweise können demnach nur dann geführt werden, wenn man Hilfsmittel aus *reicheren* Systemen heranzieht (*G. Gentzen*, 1936; sowie für die sog. verzweigte Typentheorie *P. Lorenzen*, 1951) [79]).

Neben dem Intuitionismus und dem Formalismus ist der *Logizismus* die dritte bedeutsame Position im Grundlagenstreit der Mathematik. Der Standpunkt des Logizismus ist durch die Zielsetzung gekennzeichnet, die gesamte Mathematik durch ein vollständiges System von Definitionen und Beweisen aus den Gesetzen und Grundbegriffen der Logik aufzubauen. Da es dann jedoch keine spezifisch mathematischen Begriffe mehr gibt, wird die Mathematik zu einem Teil der Logik. Das Programm des Logizismus, die Mathematik auf die Logik zu reduzieren (*Frege*, *Russell*), besteht einmal in dem Versuch, die mathematischen Begriffe als definierbar mittels logischer Begriffe, zum anderen darin, die mathematischen Theoreme als ableitbar aus logischen Sätzen zu erweisen. Zum Beispiel will der Logizist zeigen, wie der Mengenbegriff auf den Begriff der Aussagefunktion zurückgeführt wird, und wie „Kardinalzahl" und „Ordinalzahl" relationenlogisch formulierbar sind (Ableitung der klassischen Analysis in den „Principia Mathematica"). Ist das Ziel des Logizismus erreicht, so ist die Grundlagenproblematik der Mathematik entschärft, nämlich in die – ja „sichere" – Logik verlegt.

Aber um die Mathematik aus der Logik zu deduzieren, braucht man nach *Russell* das Unendlichkeitsaxiom, das Auswahlaxiom und das Reduzibilitätsaxiom. Die Notwendigkeit des letzteren fällt nach *Ramsey* beim Übergang von der verzweigten zu einer einfachen Typentheorie weg. Nun sind aber die unerläßlichen Axiome, das Unendlichkeitsaxiom und das Auswahlaxiom, eindeutig *außerlogischer* Natur: Beim logizistischen Aufbau der natürlichen Zahlen muß die Existenz unendlicher Mengen ja vorausgesetzt werden, damit eine vollständige deduktive Zurückführung möglich werden soll. Die Gültigkeit des Auswahlaxioms hinwiederum ist relativ zu oder hängt ab von den Satzfunktionen, die im zugrundegelegten Individuenbereich gelten, ist also ebenfalls außerlogischer Art. Daraus wird geschlossen, das Programm des Logizismus könne nicht durchgeführt werden, weil eine Deduktion der Mathematik nur aus der Logik *und etwas außer* der Logik möglich sei [80]).

Nur zum Vergleich werde erwähnt: Der Intuitionismus wird seinem Programm durchaus gerecht. Er stützt sich zwar auf eine sehr schwache Logik; er muß auch

---

[79]) Vgl. bezüglich des damit verbundenen sog. *Entscheidungsproblems Hilbert-Ackermann:* Grundzüge der theoretischen Logik. 4. Aufl. Berlin – Göttingen – Heidelberg 1959, 119–131; sowie *A. Church:* Introduction to Mathematical Logic. Princeton, N. J. 1956. 246 ff.

[80]) In *W. V. Quines* „Mathematical Logic" (Cambridge, Mass. 1947) findet sich die konsequenteste Durchführung des Russell-Programms. Für eine ausführliche Darstellung der Gesamtsituation *M. Black:* The Nature of Mathematics. 1933 (4. Abdr. London 1958), vor allem *R. L. Wilder:* Introduction to the Foundations of Mathematics (= Studies in Logic and the Foundations of Mathematics). 2. Aufl. Amsterdam 1965.

auf wichtige Teile der Analysis verzichten. Jedoch von dem etwas unklaren philosophischen Hintergrund abgesehen, ist er weniger massiven Einwänden ausgesetzt als die anderen Grundlagenstandpunkte. Er vermag zwar „weniger" Mathematik zu begründen als dies der Formalismus und der Logizismus getan hätten, *wenn* ihr Programm durchführbar gewesen wäre, aber was er begründet, begründet er sicher.

Dem „Formalisten" erscheint der Streit zwischen „Entdeckern" und „Erfindern" [81]) des mathematischen *Gegenstandes* als für den Mathematiker qua Mathematiker uninteressant. Er wird solche Überlegungen in das Feld metaphysischer Spekulationen verweisen. Denn die reine oder freie Mathematik stellt sich ihm als ein Komplex formaler Systeme dar [82]). Diese Kalküle werden entsprechend der formalistischen Theorie erst durch die Befolgung spezieller *Deutungsvorschriften* zu Gebilden, für die es sinnvoll wird, von einem „Gegenstand" oder einem „Wirklichkeitsbezug" zu sprechen. Wenn sie aber einmal gedeutet sind, müssen sie als realwissenschaftliche Theorien aufgefaßt werden, und nicht mehr länger als Teile der Formalwissenschaft Mathematik.

Während vom Standpunkt des „Formalismus" die reine Mathematik ebenso wie die reine Logik strenggenommen gar nicht als Wissenschaft betrachtet werden kann, vielmehr als „Spiel", jedoch als ein höchst bedeutsames und aufschlußreiches „(Zeichen-) Spiel", spricht z. B. *H. B. Curry* von „sinnerfüllten Wahrheiten". Denn er faßt die Mathematik als eine Wissenschaft auf, die wie jede andere Wissenschaft einen Gegenstand habe, wenn auch dieser Gegenstand anderer Art als der Gegenstand der Realwissenschaften sei. Mathematik besteht nach seiner Überzeugung aus Aussagen, nicht bloß aus Formeln. Die Aussagen sind der sprachliche Ausdruck jener sinnerfüllten Wahrheiten. Der Mathematik komme jener „objektive Charakter" zu, den man von einer Wissenschaft verlange.

Was folgt nun aus dieser Untersuchung für den Wissenschaftsbegriff der Mathematik? Zunächst einmal können wir konstatieren, daß der *Systemcharakter* von sämtlichen dargelegten Positionen aus als wesentlich betrachtet wird. Daß die Mathematik nicht aus einer Reihe von isolierten Aussagen oder Aussageformen besteht, keine bloße Anhäufung von Ergebnissen ist, sondern aus Ausdrücken, die jeweils mit den ihnen zugrundegelegten Axiomen in einem logischen Zusammenhang stehen, worin die abgeleiteten aus den nichtabgeleiteten Ausdrücken zumindest der Intention des Mathematikers nach ausschließlich unter Anwendung der Regeln der (formalen) Logik erzeugt werden – das wird von allen Mathematikern anerkannt. *Hempel* beschreibt diesen Sachverhalt in allgemeinster Form wie folgt: Der Beweis einer mathematischen Aussage zeigt, daß die Aussage von den Postulaten der betreffenden Theorie logisch impliziert wird. Daher kann jede mathematische Ableitung auf die Form $(P_1 \cdot P_2 \cdot P_3, \ldots, P_N) \rightarrow T$ gebracht werden. Der Ausdruck auf der linken Seite stellt dann die Konjunktion aller Postulate dar, das Symbol auf der rechten Seite das Theorem in seiner üblichen Formulierung und der Pfeil

---

[81]) „Der Mathematiker ist ein Erfinder, kein Entdecker" (*L. Wittgenstein:* Bemerkungen über die Grundlagen der Mathematik. Oxford 1956. 47).

[82]) Die formalen Systeme können entweder Systeme von axiomatischen oder aber von konstruktiven Theorien sein (*P. Lorenzen:* Metamathematik. Mannheim 1962. 6, 9 f., 11). Die mathematischen Axiome haben nach der Ansicht *V. Krafts* „überhaupt keine Geltung". Sie beanspruchen weder, Erkenntnisse der Wirklichkeit zu sein, noch auch „ideale Wahrheiten", sondern „sie stellen einfach Beziehungen auf, welche die notwendigen Voraussetzungen für die Deduktion fruchtbarer speziellerer Beziehungen sind. Was die Mathematik uns lehrt, ist nur: Wenn wir von den und den Beziehungen ausgehen, ergeben sich logisch daraus die und die weiteren Beziehungen". (Zit. bei *A. Diemer:* Grundriß der Philosophie, II. Meisenheim am Glan 1964. 658.)

drückt die Relation der logischen Implikation aus [83]). In der Bereitschaft, die Forderungen der Logik resp. gewisse Regeln der Deduktion zu befolgen und das System der mathematischen Ausdrücke einer (axiomatischen) Theorie aus den Axiomen und den daraus mittels logischer Methoden deduzierten Theoremen allein zu errichten, kann die *Voraussetzung* für das Zustandekommen der Wissenschaft Mathematik erblickt werden. Eine weitere Voraussetzung liegt in dem Wunsch und Bestreben, Widersprüche zu vermeiden und festgestellte Widersprüche zu eliminieren. Das besagt indessen nicht, daß ein Axiomensystem allein noch nicht wissenschaftlich sei.

Hier wird aber von „Wissenschaftlichkeit" nicht mehr allein im Hinblick auf die *Ergebnisse* von Tätigkeiten, sondern auch mit Bezug auf eine bestimmte *Einstellung* oder *Haltung* gesprochen. Wenn es nun allein auf die richtige Gesinnung ankäme, aus der heraus Wissenschaft betrieben wird, so müßte die Mathematik als Wissenschaft auch dann anerkannt werden können, wenn ihre sämtlichen Ergebnisse unhaltbar wären. Dasselbe würde offensichtlich auch für alle übrigen, als „Wissenschaft" bezeichneten Disziplinen gelten. Genügt demnach für die Zuerkennung des Prädikats „wissenschaftlich" der Wille und das Bemühen des Mathematikers, jene Forderungen nach Widerspruchsfreiheit des Systems und nach Korrektheit der Ableitungen oder nach der Richtigkeit der Beweise zu erfüllen? Oder muß diese Bemühung nicht auch erfolgreich sein? Soll der Erfolg nun aber in der Vorlage von Beweisen oder Ableitungen bestehen oder aber in der Formulierung beweis*barer* oder ableit*barer* Ausdrücke?

Für die Aussagen, Hypothesen, Theorien und Gesetze der Erfahrungswissenschaften genügt die Nachprüf*bar*keit. Es kommt hier für die Verleihung des Prädikats *„wissenschaftlich"* nicht darauf an, daß diese Ausdrücke mit positivem Ergebnis kontrolliert, daß der damit verbundene Erkenntnisanspruch als berechtigt erwiesen, daß sie als „wahr" oder „wahrscheinlich" bezeichnet werden können. Von der Nachge*prüft*heit oder vom Grad der Bestätigung der kontrollierten Aussagen kann in den Erfahrungswissenschaften abgesehen werden, sofern nur die Wissenschaftlichkeit der zu prüfenden Aussage ermittelt werden soll.

Besteht für die Mathematik eine analoge Situation? Kann hier auf den Beweis der Abgeleitetheit oder auf die Feststellung, ob die erhobenen Beweisansprüche berechtigt sind, verzichtet und die Erfüllung des Kriteriums der Ableit*bar*keit oder der Beweis*bar*keit bereits als hinreichende Bedingung für die Verleihung des Prädikates „wissenschaftlich" anerkannt werden? Nein, denn ableitbar ist *jeder* Ausdruck, sobald ein *Widerspruch* in das System eingebaut ist. Es muß also gefordert werden, daß die Prämissen niemals kontradiktorisch sein dürfen. Daraus ergibt sich, mathematische Ausdrücke können auf keinen Fall als „wissenschaftlich" gelten, wenn sie aus kontradiktorischen Prämissen abgeleitet werden. Ein inkonsistentes System wird daher im Sprachgebrauch der Mathematik auch dann nicht als „Wissenschaft" bezeichnet, wenn sämtliche Operationen, die in ihm durchgeführt wurden, ausschließlich den Regeln der Logik gemäß erfolgt sind. Nicht einmal die Abge*leitet*heit, die ja hier für diese Ausdrücke tatsächlich gegeben ist, kann daher als allgemeine hinreichende Bedingung für die Wissenschaftlichkeit der Mathematik gehalten werden, es wäre denn, sie würde im Sinne der „Ableitungsrichtigkeit bei nicht-kontradiktorischen Prämissen" verstanden.

Der Wissenschaftsbegriff der Mathematik läßt sich demnach in Form von folgenden Kriterien formulieren, besser wäre zu sagen, auf die folgenden Forderungen bringen:

---

[83]) *C. G. Hempel:* Geometry and Empirical Science. In: Readings in Philosophical Analysis. 20. Vgl. dazu *A. N. Whitehead:* Philosophie und Mathematik. Wien 1949, 137.

(1) Sämtliche mathematischen Aussagen müssen *präzise formuliert* sein, worunter verstanden wird: Jedem Logiker oder Mathematiker muß es ohne prinzipielle Schwierigkeiten möglich sein, die betreffenden mathematischen Theoreme im Rahmen einer bestimmten Sprache, z. B. mittels der Ausdrucksmöglichkeiten der klassischen Logik, zu formalisieren.

(2) Es muß eine *Entscheidungs*möglichkeit darüber bestehen, ob ein vorgelegter Beweis(versuch) ein Beweis ist oder nicht; mit anderen Worten: Mathematik ist als Wissenschaft dadurch gekennzeichnet, daß immer *entscheidbar* sein muß, ob ein für ein bestimmtes mathematisches Theorem vorgelegter Beweis (tatsächlich) ein Beweis ist oder nicht.

(3) Das Aussagensystem muß *widerspruchsfrei* sein. Das gilt auch für seine Voraussetzungen, obgleich man nicht immer auch zugleich in der Lage sein muß, deren Widerspruchsfreiheit zu beweisen. Es darf jedoch nicht mit absichtlich eingeführten Widersprüchen, z. B. bei der Führung von indirekten Beweisen, verwechselt werden.

Diese drei Kriterien oder Forderungen stellen ein *Minimalprogramm* dar. Durch die erste Forderung soll sichergestellt werden, welche Sätze mathematische Sätze oder Aussagen sind, durch die zweite, welche davon bewiesen sind, also „Behauptungen" darstellen. Sätze der mathematischen Theorie, ausgenommen die Axiome, sind folglich bewiesene Sätze. Als „wissenschaftlicher Satz" kann jeder Satz gelten, der präzise formuliert ist und dessen Begriffe (Prädikate, Subjekte) schließlich mit Hilfe von Definitionen auf die im Axiomensystem eingeführten Grundbegriffe zurückgeführt werden können.

5.1.2.2. Erfahrungswissenschaften (Faktische Wissenschaften)

5.1.2.2.1. Selbstverständnis

In der modernen Realwissenschaft, also in den Natur-, Sozial- und Geisteswissenschaften, bezeichnet das Wort „Wissenschaft" vorerst das methodische Studium empirisch nachweisbarer Phänomene. „Empirisch nachweisbar" wurde früher als gleichbedeutend mit „auf Erfahrung zurückführbar" und wird heute im Sinne von „an der Erfahrung überprüfbar" verstanden.

(1) Das Ziel der *Naturwissenschaft* ist die Erkenntnis der äußeren Wirklichkeit der Natur, wobei das, was als Natur gilt, auch von unserer Einstellung oder unserer Auffassung abhängt [84]). Dementsprechend ist Natur für die einen die Gesamtheit aller körperlichen Dinge und der mit ihnen verknüpften Phänomene, einschließlich der ihnen tatsächlich oder vermeintlich zugrunde liegenden Kräfte, Faktoren oder Vorgänge, von denen „Objektivisten" annehmen, daß ihr Dasein und Sosein von unserem Willen und Zutun unabhängig ist; für andere ist sie der Zusammenhang der Erscheinungen in Raum und Zeit nach Gesetzen; für wiederum andere das durch die Tätigkeit des Menschen nicht Veränderte, Geformte oder Normierte, das aus sich selbst Entstandene, Urwüchsige, Ursprüngliche [85]).

(2) Die Aufgabe, die die *Sozialwissenschaft* sich stellt, besteht darin, Wissen, und zwar ein systematisiertes Wissen über den Menschen und die Gesellschaft zu erlangen, indem die Elemente, Prozesse, die Voraussetzungen und Konsequenzen des

[84]) *Gerhard Frey:* Gesetz und Entwicklung in der Natur. 1. Die Konsequenzen aus der Vielzahl der in Vergangenheit und Gegenwart verfochtenen Naturbegriffe können nicht einmal angedeutet werden. Auch hier wäre eine systematische und gründliche Untersuchung historischer und kritischer Art dringend notwendig.

[85]) *E. May:* Kleiner Grundriß der Naturphilosophie. Meisenheim 1949. 11.

sozialen Lebens untersucht werden. Als Wissenschaftler ist der Sozialwissenschaftler ausschließlich mit der Erlangung von Wissen oder Erkenntnis über den Menschen und die Gesellschaft befaßt. Dieses Wissen gipfelt in allgemeinen Aussagen oder generellen Sätzen, die er aus seinen empirischen Untersuchungen entwickelt hat. Es findet seine deutlichste Bestätigung in der Fähigkeit, menschliches Verhalten und soziale Phänomene vorauszusagen.

Es gibt jedoch erhebliche Unterschiede im Selbstverständnis der Sozialwissenschaften, und zwar zunächst hinsichtlich der Frage, ob es ihr einziger oder wenigstens ihr wichtigster Zweck sei, der Praxis zu dienen. So fassen zahlreiche Nationalökonomen, Soziologen und Politologen ihre Disziplin als eine Kunstlehre oder Technik auf, bestehend aus einer mehr oder weniger geordneten Menge von Regeln für das Verhalten der unterschiedlichen Teile von Wirtschaft und Gesellschaft oder gar für den sog. „homo oeconomicus" oder das aristotelische „zoon politikon". Wenn diese Auffassung akzeptiert wird, ergibt sich eine entsprechende Änderung der Wissenschaftsauffassung der Sozialwissenschaft gegenüber dem Standpunkt, demzufolge es sich auch in der Sozialwissenschaft um eine „reine" Wissenschaft handle [86]).

Wir müssen aber zwischen Sozial*wissenschaft* und Sozial*lehre* unterscheiden. Der Sozialwissenschaftler formt aus der Wirklichkeit sein Erkenntnisobjekt, indem er das für ihn Wesentliche klar herausarbeitet. Wenn er so das Dauernde vom Vorübergehenden, vom Sein den Schein unterscheidet, verhilft er dem Praktiker zu seinen Erfolgen und zur Sicherung seiner positiven Ergebnisse. In diesem Sinne geht jeder guten Praxis eine gute *Theorie*, mithin *wissenschaftliche* Erkenntnis, voraus. Die Sozialwissenschaft stellt nämlich den Sachverhalt klar. Sie ermittelt den Zusammenhang, in dem die sozialen Gegebenheiten stehen. Ebenso ist es Aufgabe der Sozial*wissenschaft*, den Sinn der – außerhalb von ihr, in der Wirtschaft, im Gemeinschaftsleben, in der Politik – gegebenen und empfohlenen Ziele zu erfassen und die Zweck-Mittel-Relation zu ihrem Studienobjekt zu machen, folglich zu fragen, *ob* diese Ziele und *wie* sie gegebenenfalls am zweckmäßigsten erreicht werden können.

Die meisten Vertreter der Sozialwissenschaften sind der Ansicht, daß ihre Wissenschaft aus dem vielfältigen Material der *Erfahrungswelt* das herausziehen müsse, was für *ihren* Aspekt entscheidend sei. Erst auf Grund einer derartigen Auslese komme sie zu ihrem eigentlichen Erkenntnisobjekt. Hauptsächliche Mittel seien bei dieser Arbeit, ob es nun die des Historikers oder des Systematikers ist, Isolierung und Abstraktion auf dem Boden der Erfahrung. Wertungen solcher Art seien unvermeidlich, ja geradezu Forschungsvoraussetzungen. Aber es müsse klar unterschieden werden zwischen dem Seinsaspekt und dem normativen Aspekt, also zwischen der Erkenntnis des Seienden und des Sein-Sollenden. Beschreibung, Analyse, Erklärung und Prognose(nbildung) kennzeichnen daher die Sozialwissenschaften im Selbstverständnis als Wissenschaft.

(3) Die *Geisteswissenschaften* sind bestrebt, zu einem Zusammenhang von Erkenntnissen oder wahren Aussagen über den menschlichen Geist und seine Schöpfungen, über die Elemente und Aspekte des geistigen Lebens und dessen Objektivierungen zu kommen.

---

[86]) Siehe z. B. *Adolf Weber:* Kurzgefaßte Volkswirtschaftslehre. 4. Aufl. 1948. 2, 10; *Max Weber:* Ges. Aufsätze zur Wissenschaftslehre. 2. Aufl. 1951. 148, 170 f.; *P. A. Samuelson:* Foundations of Economics as a Science. Chicago 1958; *O. K. Flechtheim:* Grundlegung der Politikwissenschaft. Meisenheim am Glan 1958. 15 f., 25.

Mit „Geist" kann jedoch zweierlei gemeint sein:

a) der „objektivierte Geist", das heißt die Erzeugnisse des Geistes oder der geistigen Tätigkeit;

b) auch dieser Geist selbst, und zwar auch dann, wenn er nicht tätig ist [87]).

In *sämtlichen* Erfahrungswissenschaften werden Aussagen gemacht, die nicht für unabänderlich wahr oder für evident wahr gehalten werden. Es sind die Behauptungssätze, die falsifizierbar sind und nur „bis auf Widerruf" gelten [88]).

Die Physiker, Astronomen, Biologen, Meteorologen, Geologen, Soziologen, Nationalökonomen, Politologen, Juristen, Philologen, Historiker usw. ebenso die Theologen und auch die meisten Philosophen stimmen wenigstens in dem Glauben an die Wissenschaftlichkeit der eigenen Disziplin überein. Sobald es sich aber als notwendig erweist, eine so weit gefaßte Definition von „Wissenschaft" wie die oben aufgestellte, und zwar „methodisches Studium empirisch nachweisbarer bzw. überprüfbarer Phänomene und/oder daraus resultierender und damit verbundener, systematisierter Erkenntnis-

---

[87]) Vgl. *Ernst Bernheim:* Lehrbuch der Historischen Methode und der Geschichtsphilosophie I, 5. und 6. Aufl. New York 1960. 5: „Nur der Mensch ist Objekt der Geschichtwissenschaft ... Nur der Mensch, insoweit er sich zu bestimmter Zeit und an bestimmtem Ort als vernünftiges, bewußtes Wesen empfindend, denkend, wollend betätigt, ist unser Objekt." („Doch auch diese Bestimmung ist noch zu weit"); *Theodor Schieder:* Geschichte als Wissenschaft Eine Einführung. München – Wien 1965. 14 ff. 25. *Ernst Zinn:* Wahrheit in Philosophie und Dichtung. In: Die Wissenschaften und die Wahrheit. 134. *Joseph Vogt:* Wahrheit in der Geschichtswissenschaft. In: Die Wissenschaften und die Wahrheit. Stuttgart – Berlin – Köln – Mainz 1966. 91.

[88]) *Hans Friedrich Freska:* Irrtum und Erkenntnis in der Biologie. Die Wissenschaften und die Wahrheit. Hrsg. von *Karl Ulmer,* Stuttgart – Berlin – Köln – Mainz 1966. 48: „... Bedrohung jeder empirischen Wissenschaft, daß nämlich neue Erfahrungen ihre Gültigkeit in Frage stellen oder einschränken können", sowie a. a. O. 50. *V. Uexküll:* „Eine wissenschaftliche Wahrheit von heute ist nichts anderes als die Summe der Irrtümer von morgen." (Zitiert bei *B. Bavink:* Ergebnisse und Probleme der Naturwissenschaften. Eine Einführung in die heutige Naturphilosophie. 10. Aufl. Zürich 1954. 36.) Gegenauffassung dazu vertritt *B. Bavink* selbst a. a. O. 36. *Emil Ungerer:* Die Wissenschaft vom Leben III (= Orbis academicus II" 14). Freiburg – München 1966. 64: „... relative Wahrheiten, die durch neue Erfahrungen verbessert werden können ..." *Josef Kolb:* Erfahrung in Experiment und in der Theorie der Physik. In: Experiment und Erfahrung in Wissenschaft und Kunst. Hrsg. v. *W. Strolz.* Freiburg – München 1963. 36: „Unbeständigkeit der Theorien"; *Herbert Feigl:* Das hypothetisch-konstruktive Denken. Zur Methodologie der Naturwissenschaften. In: Die Philosophie und die Wissenschaften – *Simon Moser* zum 65. Geburtstag. Meisenheim am Glan 1967. 44: „Jede Theorie darf sozusagen nur ‚bis auf Kündigung' als gültig angesehen werden"; *Ernst Topitsch:* Sprachlogische Probleme der sozialwissenschaftlichen Theorienbildung. In: Logik der Sozialwissenschaften, hrsg. von *Ernst Topitsch.* Köln – Berlin 1965. 22 ff. *Gottfried Salomon-Delatour:* Sozialgeschichte und Geschichtssoziologie. In: Handbuch der empirischen Sozialforschung, hrsg. von *René König,* I. Bd. Stuttgart 1962. 619: „... hypothetische Thesen, die erst des Beweises durch wiederholte Versuche bedürfen." *Gerald Eberlein:* Experiment und Erfahrung in der Soziologie. In: Experiment und Erfahrung. 104: „Der Wahrheitsanspruch der Soziologie wie aller Erfahrungswissenschaften zielt auf relative, revidierbare Wahrheiten ..." *Norbert Kloten:* Möglichkeiten und Grenzen wirtschaftswissenschaftlicher Erkenntnisse. In: Die Wissenschaft und die Wahrheit. 107: „Die Möglichkeit eines künftigen Versagens einer Theorie ist nie ausgeschlossen." *Hans Albert:* Modell-Platonismus. In: Logik der Sozialwissenschaften. 408, 409. *Albert Mirgeler:* Erfahrung in der Geschichte und Geschichtswissenschaft. In: Experiment und Erfahrung in Wissenschaft und Kunst, hrsg. von *Walter Strolz.* 230.

oder Wissensansprüche" hinsichtlich der entscheidenden Ausdrücke „methodisch", „nachweisbar", „überprüfbar", „systematisch" und „empirisch" zu präzisieren, entstehen erhebliche Unterschiede.

5.1.2.2.2. *Kriterien der Wissenschaftlichkeit*

5.1.2.2.2.1. „methodisch"

Oft wird auch die Art der *Gewinnung* der Hypothesen, Gesetze und Theorien als ein Kriterium der Wissenschaftlichkeit aufgezählt. Frühere Naturforscher waren überzeugt, daß die Grundbegriffe und Grundgesetze der Wissenschaft Erfahrungen und Beobachtungen sind oder daß sie aus den Experimenten durch „Abstraktionen" gewonnen werden könnten [89]). Während aber die einen „methodisches Vorgehen", „systematisches Gewinnen" von Hypothesen und Theorien, von Behauptungen überhaupt, als notwendige Bedingungen für die korrekte Anwendung des Wortes „Wissenschaft" betrachten, lehnen andere auf Grund der Unterscheidung zwischen sog. „Entdeckungszusammenhang" (context of discovery) und „Begründungs- oder Bestätigungszusammenhang" (context of justification) oder zwischen Erkenntnispsychologie und Erkenntniskritik, eine Berücksichtigung des *Zustandekommens* der Erkenntnis- oder Wissensansprüche ab; es geht ihnen einzig und allein um den *Geltungscharakter* dieser Behauptungen. „Wissenschaftlichkeit" wird dann nicht von einer bestimmten Art der Erkenntnisgewinnung abhängig gemacht, sondern nur von der Frage der Überprüfung oder der Überprüfbarkeit der *irgendwie* gewonnenen Erkenntnisansprüche. Es besteht jedoch eine enge Beziehung zwischen den Methoden der Hypothesengewinnung und den Methoden der Erkenntnis- oder Wissensgewinnung. Die scharfe Abgrenzung beider Bereiche voneinander ist selbst dort schwierig, wo ein tatsächlicher „Sprung" von der Reihe der Erfahrungstatsachen zur Hyopthese oder Theorie erforderlich ist. Ein solcher Sprung ist natürlich in den Realwissenschaften immer notwendig, nachdem kein streng logischer Weg von den Beobachtungstatsachen zur Theorie führt und da auch die Induktion keinen logischen Übergang ermöglicht.

Wenn beispielsweise von einer spezifisch geisteswissenschaftlichen oder auch nur geschichtswissenschaftlichen Methode gesprochen wird, muß nach dem Wirkungs*bereich* dieser Methode gefragt werden. Es muß festgestellt werden, ob eine derartige Methode, sofern sie überhaupt als existent betrachtet wird, „nur" das Mittel ist, mit dem man zu bestimmten Behauptungen, Annahmen, Hypothesen, Theorien und Gesetzesaussagen erst gelangt, oder ob sie die Bestätigung jener Behauptungen und Annahmen liefern soll.

Im ersten Fall würden wir von einer „Hypothesen"quelle sprechen und unter „Hypothese" eine Behauptung verstehen, die als „wissenschafts*fähig*" (oder „erkenntnisfähig") betrachtet werden kann, aber, gleichgültig wie gewonnen, einer sinneserfahrungsmäßigen Bestätigung bedarf, um als „wissenschaftlich" oder um als „Erkenntnis" akzeptiert werden zu können. Im zweiten Falle müßten wir bereits von einer „Erkenntnis"quelle

---

[89]) „Newton, der erste Schöpfer eines umfassenden, leistungsfähigen Systems der theoretischen Physik, glaubte noch daran, daß die Grundbegriffe und Grundgesetze seines Systems aus der Erfahrung abzuleiten seien. Sein Wort ‚hypotheses non fingo' ist wohl in diesem Sinne zu interpretieren." (*J. Kolb:* a. a. O. 31.) *P. Henry van Laer:* Philosophy of Science, Part Two (= Duquesne Studies, Philosophical Series 14). Pittsburgh-Louvain 1962. 216 f.; *Ilse Rosenthal-Schneider:* Voraussetzungen und Erwartungen in *Einsteins* Physik. In: *Albert Einstein* als Philosoph und Naturforscher. 60. *Victor F. Lenzen:* Einsteins Erkenntnistheorie: ebd. 247 f. *F. S. C. Northrop:* Einsteins Begriff der Wissenschaft, ebd. 274 f., 276, 279. *Albert Einstein:* Weltbild. 151 ff.

reden. Die Ergebnisse jener spezifisch geisteswissenschaftlichen Methode wären einer nachträglichen Bestätigung an der Sinneserfahrung gar nicht mehr bedürftig, denn sie wären z. B. als sog. evidente Urteile durch sich selbst bereits als Erkenntnis legitimiert, und möglicherweise einer Fremdlegitimierung, also einer solchen Bestätigung, gar nicht fähig, da sie ja selbst die Voraussetzung jeder Überprüfung darstellten.

Diese Auffassung der Rolle der schöpferischen Phantasie, der *Intuition*, als Hypothesenquelle ist jedoch für keine Erfahrungswissenschaft spezifisch. Denn die Mathematik glaubt ebensowenig auf sie verzichten zu können wie die exakten Naturwissenschaften, die Theologie oder die Rechtswissenschaft [90]). Ohne Zweifel steht aber in sämtlichen Gebieten die Intuition, der schöpferische Einfall, nicht am Beginn der Arbeit. Sogar *Bergson*, der die Aufgabe der Intuition sonst in neuem Lichte sieht und ihre Bedeutung aufs eindringlichste betont, betrachtet „gesättigte Materialkenntnis" als ihre unbedingte Voraussetzung. Das völlige Eingearbeitetsein in die Problemsituation ist erforderlich. Jedoch ist z. B. die Erkenntnisweise des „Verstehens" in den Naturwissenschaften nicht anzutreffen. Die Naturwissenschaft hat es nicht mit dem Sinn sprachlicher Ouellen zu tun, ebenso nicht mit Handlungen, darum auch nicht mit Absichten und Motivationen und mit dem Charakter historischer Personen, ferner nicht mit dem Sinn der Darstellung und dem Gefühlsausdruck in Kunstwerken [91]). Der Naturwissenschaftler muß sich nicht in fremdes Seelenleben einzufühlen versuchen, er muß sich nicht mittels seiner Phantasie in eine fremde Situation hineinversetzen wollen [92]). Wenn er es dennoch tut, etwa als Galileiforscher, dann tut er es nicht mehr in der Eigenschaft als Natur-, sondern als Geschichtsforscher: „Da es sich (aber) um eine *historische* Situation handelt, die zumeist von der eigenen Gegenwart mehr oder weniger verschieden ist, muß das Nacherleben aus dieser Situation heraus ein *schöpferisches* sein ... man muß den historischen Menschen in sich produzieren ... Daß man dafür nicht mit logischen Ableitungen zurechtkommt, daß es ein intuitiver Vorgang ist, das ist klar" [93]).

In dieser Eigenschaft ist das *„Verstehen"* tatsächlich eine Erkenntnisweise, die nicht sämtlichen Wissenschaften eigen ist. Aber es ist eine *Erkenntnis*weise auch nur insofern, als sie sich ihrerseits wieder auf Erkenntnisse stützen muß, die durch Sinneserfahrung erworben wurden. Wenn sich ein Historiker (oder auch nur der Verfasser eines fundierten historischen Romans) etwa in das Seelenleben einer historischen Persönlichkeit hineinzuversetzen versucht, kann er Erkenntnisse nur dann gewinnen, wenn er die gewohnte Arbeit des Geschichtswissenschaftlers leistet, wenn er also das tut, was *R. C. Collingwood* in anderem Zusammenhang verachtungsvoll die „Schere- und Kleister-

[90]) *Mario Bunge:* Intuition and Science. Englewood Cliffs, N. J. 1962. Siehe z. B. 68: *V. Kraft:* Geschichtsforschung als strenge Wissenschaft. In: Logik der Sozialwissenschaften, hrsg. von *Ernst Topitsch*. Köln – Berlin 1965. 75. *Carl G. Hempel:* Typologische Methoden in den Sozialwissenschaften, ebd. 93 ff. *V. Kraft:* Einführung in die Philosophie. Wien 1950. 64. Ders.: Die Grundformen der wissenschaftlichen Methoden. Wien – Leipzig 1925. 282 ff. *Max Hartmann:* Allgemeine Biologie. 4. Aufl. Stuttgart 1953. 13. *A. Einstein:* On the Method of Theoretical Physics. Oxford 1933. Ders.: Physik und Realität. In: Franklin Institute, Journal 221. Bd. 313 ff. Ders.: Remarks on *Bertrand Russell's* Theory of Knowledge. In: The Philosophy of *Bertrand Russell*. Ed. *Paul Arthur Schilpp*. New York 1944. 268. *A. Einstein:* Weltbild. 153. *J. Kolb:* Erfahrung im Experiment und in der Theorie der Physik. 9. *I. Rosenthal-Schneider:* Voraussetzungen und Erwartungen in *Einsteins* Physik. 60. *V. F. Lenzen:* Einsteins Erkenntnistheorie, ebd. 247 f. *F. S. C. Northrop: Einsteins* Begriff der Wissenschaft, ebd. 274, 276, 279.

[91]) *V. Kraft:* Geschichtsforschung als strenge Wissenschaft. 73.

[92]) Es sei auf die Bemerkungen zur *Dilthey*schen Wissenschaftsauffassung verwiesen.

[93]) *V. Kraft:* a. a. O. 74.

Methode" nennt [94]). Aber wenn ihm so auch eine „Neuauffindung von Sinn" [95]) gelingen sollte, so müssen die Behauptungen, die er nunmehr aufstellt und die diese Entdeckung widerspiegeln, doch stets wiederum an der Sinneserfahrung überprüfbar sein. Der Leser, der diese Behauptungen entgegennimmt, muß prinzipiell imstande sein, ihren Wahrheitswert an der Erfahrung zu entscheiden.

Der Historiker, der sich z. B. mit der Geschichte Alexanders beschäftigt, muß wie jeder andere Wissenschaftler sein Fach erlernen, Informationen zum konkreten Fall sammeln, als Leser oder Hörer Sinnesorgane betätigen und Überlegungen anstellen und er muß imstande sein, das Gelesene oder Gehörte zu verstehen. Aber insoweit unterscheidet er sich ja keineswegs vom Naturwissenschaftler oder vom Sozialwissenschaftler. Das ist eine notwendige, wenn auch noch keine hinreichende Bedingung für das Verstehen der historischen Persönlichkeit, ein Verstehen, das sich erst dann unmittelbar einstellen wird, wenn auch andere Bedingungen erfüllt sind. Zugleich sind jene Erfahrungen und allgemeinen „Verstehensakte" – gemeint ist die Tätigkeit des Forschers, dem der Sinn seiner Dokumente aufgeht oder eben ohne weiteres verständlich wird – bereits Phasen der Begründung seiner späteren Aussagen über Perikles, Alexander usw. Aber es muß natürlich gefragt werden, ob die Geschichtsquellen, die ihm zur Verfügung stehen, bereits hinreichende oder vielmehr nur notwendige Bedingungen für das Zustandekommen seiner Intuitionen oder das Eintreten in den Raum des *spezifisch* geisteswissenschaftlichen Verstehens sind. Sei das wie immer: Ein derartiges „Gesamt"verstehen der historischen Persönlichkeit (oder auch einer bestimmten historischen Situation, eines beliebigen Ereignisses usw.) verlangt zumindest als notwendige Bedingung jene „gesättigte Materialkenntnis". Wir kommen nicht sozusagen aus dem Nichts heraus zu solchen Einsichten.

5.1.2.2.2.2. „Nachweisbar" – „prüfbar"

Mit dem erreichten „Verstehen" seines Forschungsgegenstandes ist der Leser oder Zuhörer überzeugt, auch zugleich *Erkenntnis* erlangt zu haben. Er neigt nun dazu, nicht mehr nur von einer Hypothesenquelle, sondern von intuitiver *Erkenntnis*, u. dgl. zu sprechen. Dennoch gibt es gemäß der Überzeugung der meisten Einzelwissenschaftler keine Selbstlegitimierung dieser Intuition in dem Sinne, daß hier eine Überprüfung überhaupt nicht mehr erforderlich wäre. Sogar der Urheber dieser Aussagen mag dieses Bedürfnis nach bereits erlangtem Verstehen (immer wieder) empfinden. Der Leser oder Hörer vollzieht den Überprüfungsvorgang zugleich mit der Lektüre (usw.) selbst; aus der Kenntnis seines Faches vermag er die einzelnen Schritte, die den Autor zu seiner Einsicht (seinem „Verstehen", seiner Intuition) geführt haben, zu überprüfen. Werden diese Etappen nicht sichtbar, so muß er imstande sein, sie zu rekonstruieren.

Die bisherigen Darlegungen könnten insofern einen unrichtigen Eindruck von der tatsächlichen Situation erwecken, als stets nur von „der" Intuition oder „dem" Verstehen in einem bestimmten Fall gesprochen wurde. Tatsächlich muß immer mit einer

---

[94]) *F. Hampl:* a. a. O. 338.

[95]) *V. Kraft:* a. a. O. 73: „Was auf Intuition beruht, ist nicht das Verstehen einer *bekannten* Sprache. Denn dieses vollzieht sich automatisch auf Grund von Erlernen. Es ist vielmehr die *Neuauffindung* von *Sinn*, wie bei der Entzifferung einer unbekannten Sprache oder bei der Ergänzung einer fragmentarischen Inschrift oder bei der Konjektur einer verderbten Stelle in einer Handschrift." Eine ausgebreitete Kenntnis der einschlägigen – philosophischen und historischen – Verhältnisse ist laut *Kraft* dazu gewiß erforderlich; dennoch war diese Neuauffindung von Sinn „daraus nicht methodisch abzuleiten, sie war dadurch nur psychologisch vorbereitet. Erst nachdem der Sinn schon gefunden war, konnte daraus begründet werden". (a. a. O. 73.)

größeren Zahl von Intuitionen oder Akten des „Verstehens" gerechnet werden, die einander widersprechen und die gemäß den Verboten der Logik nicht „zu gleicher Zeit und in gleicher Hinsicht" wahr sein können. So gibt es verschiedene Schriftinterpretationen, unterschiedliches Verstehen von Handlungen und Kunstwerken usw.: „Die Psychologie der Intuition lehrt ... (sogar), daß sie gar nicht übereinstimmend ausfallen kann. Denn sie hängt von ihren Vorbedingungen in der einzelnen Person ab, von deren Kenntnis des historischen Materials und von deren individueller Eigenart, von der Weite ihres Gesichtskreises und ihrer Fähigkeit der Einfühlung" [96]). Stellen wir also fest, daß die Intuition, oder das Verstehen, in vielen Fällen weder tatsächlich eindeutig sind, noch überhaupt immer eindeutig sein können. Wenn wir uns dennoch berechtigt sehen, in konkreten Fällen von *gleichen* Intuitionen oder gleichen Verstehensleistungen zu sprechen, dann nur deswegen, weil wir es für gerechtfertigt halten, gewisse Unterschiede zu vernachlässigen. Sind sich z. B. zwei Historiker in ihrem „Verstehen" einer historischen Person einig, so ist anzunehmen, daß eine genauere Nachprüfung gegenseitige Abweichungen ergeben wird, die in den vorgelegten Beschreibungen ihrer Intuitionen möglicherweise nicht einmal angedeutet, aber in ihren unterschiedlichen subjektiven Voraussetzungen begründet sind. Es muß zwar angenommen werden, unterschiedliche individuelle Wesenszüge würden sich im Urteil ausgleichen oder neutralisieren, doch ist weit eher zu vermuten, daß das Verstehen einer historischen Person durch Geschichtswissenschaftler alle diese Unterschiede widerspiegeln würde, sofern die Analyse nur weit genug getrieben wird.

Jedoch kann andererseits nicht jede Abweichung der Urteile über Gegenstände der Geschichtswissenschaft auf derartige Unterschiede in der Eigenart des urteilenden Historikers zurückgeführt werden. Auch sachliche Fehler müssen in Betracht gezogen und durch Überprüfung der Verstehensleistungen usw. als solche erkannt werden. Die Kritik kann sich der Aufgabe nicht entziehen, scheinbares Verstehen von wirklichem Verstehen abzugrenzen, echtes Verstehen gegenüber angeblichem oder vorgeblichem Verstehen auszuzeichnen. Diese Aufgabe stellt sich auch dort, wo einander widersprechendes Verstehen gar nicht vorliegt, denn das bis dahin allein Beanspruchte könnte sich vor der Überprüfung als unhaltbarer Anspruch erweisen, dagegen ein künftiger oder noch nicht bekanntgewordener Anspruch sich rechtfertigen lassen.

Nicht alles historische Geschehen ist aber durch Verstehen zu erkennen. Vielfach handelt es um das Verhältnis von Ursache und Wirkung darin oder um bloße chronologische Ordnung [97]). In solchen Fällen kann natürlich nicht einmal die Rede von „spezifisch historischen" oder „spezifisch geisteswissenschaftlichen" Methoden sein. Oft handelt es sich in den Untersuchungen des Historikers um das Feststellen einer Kausalbeziehung: Was war die Ursache? oder: Was waren die Ursachen eines bestimmten historischen Ereignisses? Welche Wirkung haben bestimmte Ereignisse gehabt usw.? Da in vielen Fällen nicht sämtliche Glieder der Kausalkette gegeben sind, müssen Einzelheiten übersprungen und ganze Klassen von Ursachen und Wirkungen herausgegriffen werden. Das Herausgreifen von klassenbildenden Eigenschaften geschieht allerdings intuitiv [98]). Bei dieser Aufgabe der Synthese spielt die Intuition offensichtlich eine hervorragende Rolle. Sie stellt einen einheitlichen Zusammenhang der historischen Daten her, gestaltet ein Ganzes aus bloßen Materialien, stellt das Bild einer Persönlichkeit, einer Zeit hin, und versieht es oft mit künstlerischen Einschlägen.

---

[96]) *V. Kraft:* a. a. O. 76: Dazu *W. Stegmüller:* Einheit und Problematik der wissenschaftlichen Welterkenntnis (= Münchener Universitätsreden. Neue Folge. Heft 41). München 1967. 10 f.

[97]) a. a. O. 74.

[98]) a. a. O. 74.

Was wir tatsächlich feststellen können – das versucht bekanntlich die philosophische Kritik zu zeigen – ist allerdings kein propter hoc, sondern nur ein post hoc, ein Nacheinander, jedoch kein Auseinander. *Wir* sind es, die nach dieser Überzeugung die *Gesetz*mäßigkeiten konstatieren, die uns dann erlauben, von Gegenwärtigem auf Vergangenes zu schließen, oder die vorsichtige Schlüsse von Vergangenem und Gegenwärtigem auf Zukünftiges wagen.

Glück, Intuition und schöpferische Phantasie braucht *jeder* Wissenschaftler. Auch z. B. der Mathematiker und der Philosoph bedürfen ihrer [99]). Die Realwissenschaftler stimmen darüber hinaus auch in der Forderung überein, daß erfahrungswissenschaftliche Aussagen einen *Realbezug* haben müssen. Denn die Feststellung des Naturwissenschaftlers, Sozialwissenschaftlers und Geisteswissenschaftlers müssen sich auf Wirklichkeit beziehen. Jedoch genügt diese Intention nicht. Der Realwissenschaftler gibt sich nicht mit der bloßen Überzeugung zufrieden, diesen Bezug zur Realität hergestellt zu haben. Er soll vielmehr auch *nachweisbar* sein. Es soll demnach feststellbar sein, ob der Anspruch etwa des Sozialwissenschaftlers, des Historikers oder des Biologen, und gleichfalls der Theologen, mit einem bestimmten Satz etwas über Wirklichkeit ausgesagt zu haben, berechtigt ist, und ob er diese richtig beschrieben und die Ereignisse richtig erklärt hat. Zu dieser Feststellung genügt offensichtlich Widerspruchsfreiheit nicht. Die Realwissenschaftler stimmen ferner in der Überzeugung überein, auch die bestbegründeten Aussagen, gleichgültig, ob sie singuläre oder generelle Sätze darstellen, könnten sich bei weiterer Überprüfung als falsch erweisen. Sie sind daher nicht absolut gewiß, sondern nur bis auf weiteres gültig. Ihre Prüfung muß auch anderen Beobachtern, sofern sie bestimmte Bedingungen erfüllen, prinzipiell möglich sein [100]).

Wissenschaftslogiker unterscheiden im Blick auf die Situation in den Realwissenschaften zwischen verschiedenen Formen der Feststellbarkeit des Wahrheitswertes von Aussagen, der Nachprüfbarkeit der Richtigkeit oder Falschheit von Behauptungen, der Nicht-Feststellbarkeit oder Nicht-Nachprüfbarkeit. Sie gliedern die Unmöglichkeiten der Nachprüfung in *logische, empirische* und *technische* Unmöglichkeit der Entscheidung des jeweiligen Wahrheitswertes.

1. *Logische* Form der Nicht-Nachprüfbarkeit bedeutet eine Art der Nachprüfbarkeit, die einen Widerspruch impliziert, a) wenn gefordert wird, daß etwas, was als „unerkennbar" bezeichnet wurde, nachgeprüft werden soll, oder b) falls die Entscheidung über den Wahrheitswert einer unbeschränkt allgemeinen Aussage vom Durchlaufen einer unendlichen Zahl von Überprüfungsakten abhängig gemacht wird [101]), oder c) wenn ver-

---

[99]) Vgl. Anm. (90).

[100]) *Gerald Eberlein:* Experiment und Erfahrung in der Soziologie. In: Experiment und Erfahrung in Wissenschaft und Kunst. Hrsg. v. *Walter Strolz.* Freiburg – München 1963. 103. *Albert Mirgeler:* Erfahrung in der Geschichte und Geschichtswissenschaft. Ebd. 227. *W. Stegmüller:* Hauptströmungen. 348 f., 352 f. *Herbert Feigl:* The Scientific Outlook: Naturalism and Humanism. In: Readings in the Philosophy of Science. Ed. by *H. Feigl* and *May Brodbeck.* New York 1953. 11 f. *Erwin K. Scheuch:* Artikel „Methoden" im Fischer-Lexikon für Soziologie. Frankfurt a. M. 1958. 186. *René König:* Die Beobachtung. In: Handbuch der Empirischen Sozialforschung. I. Bd. Stuttgart 1962. 110. *P. W. Bridgman:* Einsteins Theorien vom methodologischen Standpunkt. In: *Albert Einstein* als Philosoph und Naturforscher. 232 f.

[101]) Die Behauptung, daß alles Kupfer Elektrizität leite, wird als „wahr" bezeichnet, während zugleich die Zuschreibung eines bestimmten Wahrheitswertes nur für den Fall des Nachweises anerkannt wird, daß sämtliches überhaupt vorhandenes, also nicht in einem abgegrenzten Raum befindliches Kupfer auf die ausgesagte Eigenschaft hin überprüft worden war.

langt wird, daß der Wahrheitswert einer negativen, nicht raum-zeitlich bestimmten Aussage endgültig festgestellt werden soll [102]).

2. *Empirische* Unmöglichkeit besagt eine wirklichkeitsgesetzlich gegebene Unmöglichkeit. Der Versuch, eine bestimmte Behauptung an Fakten nachzukontrollieren, würde an bestimmten Gesetzmäßigkeiten scheitern. Da diese jedoch als revidierbar gelten, folgt, daß die Richtigkeit der Feststellung über die Überprüfbarkeit von der Anerkennung der betreffenden Aussage als Wirklichkeitsgesetz abhängt. Wird sie nicht anerkannt, so geht die empirische Unmöglichkeit in eine „bloß" technische Unmöglichkeit der Überprüfung über [103]).

3. Die *technische* Unmöglichkeit der Überprüfung bezeichnet eine Schwierigkeit, die überwindbar ist. Überall dort, wo logische oder empirische Unmöglichkeit *nicht* besteht, ist nur technische Möglichkeit der Überprüfung gegeben.

Um diese Einteilung zu vereinfachen, empfiehlt es sich, lediglich zwischen *prinzipieller* und *nicht-prinzipieller* Prüfbarkeit (Feststellbarkeit des Wahrheitswertes) oder Nichtnachprüfbarkeit zu unterscheiden, wobei im Falle der Realwissenschaften von vorneherein nur an die faktischen Aussagen gedacht ist. Unter einer „*prinzipiell* nichtprüfbaren Aussage" soll nun eine Aussage verstanden werden, für die es überhaupt kein Verfahren zur Feststellung ihres Wahrheitswertes geben kann.

Wie müßte nun etwa eine Aussage über die geistige Leistungsfähigkeit des Neandertalers oder auch nur über seine Augenfarbe eingestuft werden? Nehmen wir an, es sei „ganz unwahrscheinlich", daß einmal Funde gemacht würden, die uns erlauben, den Wahrheitswert einer solchen Aussage zu entscheiden, ja, die Wahrscheinlichkeit, daß in irgendeinem beliebigen Fall solche Zeugnisse *nicht* auftauchen werden, „grenze an Sicherheit": Darf nun daraus gefolgert werden, eine Behauptung, die zu ihrer Wahrheitswertentscheidung solcher Informationen bedarf, sei „prinzipiell nicht-nachprüfbar"? Vom streng theoretischen Standpunkt der Wissenschaftslogik muß diese Frage verneint werden, denn so unwahrscheinlich auch im konkreten Fall das Auffinden entsprechender Belege sein mag, die Möglichkeit einschlägiger Funde kann nicht völlig ausgeschlossen werden. Es gibt offenbar keinen fließenden, kontinuierlichen Übergang von der prinzipiellen Prüfbarkeit einer Aussage zu ihrer prinzipiellen Nichtprüfbarkeit.

Ganz ohne Zweifel sind jedoch die nicht-prinzipiellen, *technischen* Schwierigkeiten der Überprüfung groß. Möglicherweise werden sie im konkreten Fall nie bewältigt werden. Da in anderen Fällen die Schwierigkeiten leichter oder ohne weiteres überwindbar erscheinen, können innerhalb des Bereiches der nicht-prinzipiellen Unmöglichkeit der Nachprüfung von Aussagen Unterscheidungen vorgenommen werden. So läge der prinzipiellen Unmöglichkeit der Überprüfung folgender Fall am nächsten:

1. Die Überprüfbarkeit wird nicht bereits durch die Formulierung der Behauptung ausgeschlossen. Es wird also nicht behauptet, der Grad der geistigen Leistungsfähigkeit des Neandertalers sei absolut unerkennbar, müsse jedoch wie folgt angesetzt werden, und es liegt auch keine Theorie vor, die durch *jeden* künftigen Fund, gleichgültig nach welcher Richtung er zu deuten scheint, bestätigt würde. Aber es ist noch kein Verfahren zur Nachprüfung der aufgestellten Behauptung erkennbar.

---

[102]) Die Wahrheit der Behauptung, nirgendwo und zu keiner Zeit gebe es „den Vogel Phönix" kann nie festgestellt werden, denn das Nichtfinden des Vogels Phönix an jeder beliebigen Raumzeitstelle macht es doch nicht unmöglich, daß er sich an irgendeiner noch nicht erforschten Raumzeitstelle befindet. Da keine raumzeitliche Beschränkung durchgeführt wurde, ist *immer* eine weitere noch unerforschte Raumzeitstelle in Betracht zu ziehen.

[103]) Es erhebt sich demnach die Frage, ob sich die empirische Möglichkeit der Überprüfung nicht lediglich graduell von der technischen unterscheidet.

2. Ein derartiges Verfahren liegt vor, aber nur in Umrissen, im Ansatz, möglicherweise noch keinem Beurteiler als solches erkennbar.

3. Das Verfahren ist bereits ausgearbeitet, aber es fehlen noch die Anwendungsbedingungen.

4. Es wurde angewendet und hat zu einer Bestätigung oder Widerlegung der Richtigkeit der aufgestellten Behauptung geführt. Die zu prüfende Behauptung kann daher, jedoch immer nur vorläufig, als „wahr" oder als „falsch" bezeichnet werden.

5.1.2.2.2.3. „Empirisch"

Die kritische Auseinandersetzung mit philosophischen und einzelwissenschaftlichen Texten hat zunächst die L-Sätze als solche zu erkennen und ihren Wahrheitswert zu bestimmen. Die nichtlogische, das heißt faktische oder empirische Analyse schließt sich an. Die Entscheidung der Wahrheit oder Falschheit der synthetischen, „faktischen", empirischen Sätze, durch die die Faktenwissenschaften charakterisiert sind, erfolgt stets durch Erfahrung oder Beobachtung (Forderung nach *„intersubjektiver Prüfbarkeit"*). Dabei muß jedoch beachtet werden, daß Beobachtungen und erst recht Sätze über Beobachtungen und über Versuchsergebnisse immer *Interpretationen* der beobachteten Tatsachen sind. *Beobachtung ist stets Beobachtung „im Licht von Theorien"* [104]). Diese enge, ja unauflösliche, weil notwendige Verbindung von Erfahrung oder Beobachtung mit Theorien oder theoretischen Annahmen wird erst vom „kritischen Empirismus" unserer Zeit hervorgehoben. Wenn z. B. der Naturforscher von der Notwendigkeit der Überprüfung seiner Aussagen an der Erfahrung spricht, so ist diese theoretische Komponente immer einbezogen. Sie wird nur nicht immer eigens erwähnt.

Wenn vor allem Vertreter der Geisteswissenschaften und der Sozialwissenschaften die Forderung nach *Erfahrungskontrolle* ablehnen, dann nur deshalb, weil sie unter „Erfahrung" zumeist allein die Sinneserfahrung verstehen oder weil sie argwöhnen, das allein verstünden eben die anderen unter „Erfahrung". Daraus entsteht dann zwangsläufig die Zurückweisung aller Versuche, z. B. die Geschichtswissenschaft als eine empirische Wissenschaft aufzufassen. Nimmt man jedoch keine Einengung des Erfahrungsbegriffes im Sinne des Sensualismus vor, so stimmen auch Geisteswissenschaftler und Sozialwissenschaftler mit den Naturwissenschaftlern in der Forderung überein, den Wahrheitswert der in ihrem Bereich aufgestellten Aussagen an der Erfahrung zu entscheiden, anstatt sich auf ungeprüfte oder sogar unprüfbare Feststellungen zu beschränken.

5.1.2.2.2.4. „Systematisch"

Umstritten ist die Anwort auf die Frage, ob „systematisch" notwendigerweise dasselbe bedeute wie „generalisierend". Manche Theoretiker behaupten bekanntlich, daß Wissenschaft immer nomothetisch sein müsse in dem Sinne, daß sie Systeme generalisierender Aussagen aufzubauen versucht [105]). Andere unterscheiden dagegen in folgender Weise: „Die Erfahrungswissenschaften suchen in der Erkenntnis des Wirklichen entweder das Allgemeine in der Form des Naturgesetzes oder das Einzelne in der geschichtlich be-

---

[104]) Dazu hauptsächlich *K. R. Popper:* Logik der Forschung. 2. erw. Aufl. Tübingen 1966. 32, 72 und passim; ders.: Conjectures and Refutations. London 1963.

[105]) *W. Windelband:* Geschichte und Naturwissenschaft. Rektoratsrede. Straßburg 1894. In: Präludien. Aufsätze und Reden zur Philosophie und ihrer Geschichte. 2. Bd. 9. Aufl. Tübingen 1924. 145. In ähnlicher Weise *H. Rickert:* Kulturwissenschaft und Naturwissenschaft. 6. und 7. Aufl. Tübingen 1926. 23, insbes. 45 f. Vgl. dazu *F. Hampl:* Grundsätzliches zur Methode der Geschichtswissenschaft: a. a. O. 330 f., 344 f.

stimmten Gestalt ... Die einen sind Gesetzeswissenschaften, die anderen Ereigniswissenschaften; jene lehren was immer ist, diese was einmal war. Das wissenschaftliche Denken ist – wenn man neue Kunstausdrücke bilden darf –, in dem einen Falle nomothetisch, in dem anderen idiographisch" [106]). Dabei bleibe zu bedenken, daß dieser methodische Gegensatz nur die Behandlung, nicht den Inhalt des Wissens selbst klassifiziere. Die Zielsetzung ist in jenem Fall die Formulierung und (fruchtbare) Anwendung abstrakter, allgemeiner Gesetze, die für unendlich viele wiederholbare Ereignisse und Vorgänge gelten; in diesem Fall dagegen die Einsicht in die Einzigartigkeit und Unwiederholbarkeit von Vorgängen [107]).

Man kann nun, nachdem eine jahrzehntelange gründliche Auseinandersetzung stattgefunden hat, bestenfalls noch von unterschiedlicher Akzentsetzung, jedoch nicht mehr von scharfen Trennungslinien sprechen. In der Beschreibung und Analyse des tatsächlichen Verhaltens nicht nur der sog. exakten Naturwissenschaften, sondern auch der übrigen real- und erfahrungswissenschaftlichen Disziplinen hat sich gezeigt, daß weder auf singuläre noch auf generelle Aussagen verzichtet werden kann. Hypothesen, Theorien und Gesetze oder die sog beschränkten und unbeschränkten Gesetzesaussagen werden offensichtlich in sämtlichen faktischen Wissenschaften verwendet [108]). Es ist auch gar nicht anders möglich, da überall sowohl Beschreibungen, als auch Erklärungen von Sachverhalten, (psychisch-geistigen *und* physischen) Vorgängen und Zuständen angestrebt werden.

Denn um ein Ereignis erklären zu können, bedarf es ebensosehr einer generellen Aussage, wie um etwas vorauszusagen. Wissenschaft macht den Versuch, ein Ereignis, eine Ereignisfolge, einen Zustand dadurch zu erklären, daß Aussagen darüber aus Prämissen abgeleitet werden, die außer der Beschreibung der Anfangs- bzw. Randbedingungen *mindestens eine* Gesetzesaussage enthalten. Ferner ist zu beachten, daß Prognosen auch dort vorliegen können, wo nicht nur über Ereignisse ausgesagt wird, die, wie z. B. eine Sonnenfinsternis, noch nicht eingetreten sind. So erstellt der Archäologe Prognosen, wobei das Ergebnis, dessen Eintreten erhofft wird, beispielsweise ein Fund bei Ausgrabungsarbeiten sein kann. Ist *dieses* Ereignis eingetreten, so wird aber auf frühere, zum Zeitpunkt der Prognosenerstellung bereits eingetretene Ereignisse oder Zustände *zurückgeschlossen.*

---

[106]) Freilich seien Napoleon und der Dichter Plautus quasi einmalige Gegebenheiten, aber um diese als solche voll erfassen zu können, müßten wir eben induktiv-generalisierend vorgehen, davon abgesehen, daß uns die großen historischen Zusammenhänge, in welche die Genannten zu stellen sind, immer auch am Herzen liegen. Die Linguistik gehe ebenfalls generalisierend vor. Sie sei bestrebt, von den konkreten Beobachtungen her zu allgemeinen Aussagen über den Charakter einer Sprache, über Sprachfamilien, Lautgesetze, Lautverschiebungen usw. zu kommen (*Hampl* a. a. O. 331 f.).

[107]) Dieses Prinzip läßt sich in verschiedener Weise formulieren, z. B. durch die Feststellung, die Zukunft sei der Vergangenheit ähnlich, oder: Unter gleichen Bedingungen geschieht immer dasselbe und wenn in einem bestimmten Fall gleiche oder hinreichend ähnliche Bedingungen vorliegen wie in einem früheren Fall, so können wir schließen, daß wiederum dasselbe eintreten müsse wie früher. Ohne eine derartige Hypothese, die ja über mehr als einen einzigen Fall spricht, kann aber auch der Sozialwissenschaftler oder der Historiker nicht erfolgreich arbeiten. Vgl. dazu die Diskussion bei *A. Pap:* Analytische Erkenntnistheorie. 94 ff.

[108]) Hierzu auch *R. Carnap:* Philosophical Foundations of Physics. New York 1966. 3, 7 f., 15 ff., 19.

5.1.2.2.2.5. „Widerspruchsfreiheit" und „intersubjektive Verständlichkeit"

Für die Erfahrungswissenschaftler unterschiedlichster Herkunft ist eine weitere Forderung geradezu selbstverständlich: Realwissenschaftliche Aussagen sollen miteinander logisch vereinbar und nicht selbstwidersprüchlich (kontradiktorisch) sein. Diese Forderung könnte jedoch offenbar auch eine beliebige phantasievolle Erzählung, etwa ein Märchen, erfüllen. *Widerspruchsfreiheit* wird daher vom Naturwissenschaftler, Sozialwissenschaftler und vom Geisteswissenschaftler gleichermaßen als notwendige, keineswegs aber als hinreichende Bedingung für die Wissenschaftlichkeit einer Aussage oder eines Aussagenkomplexes anerkannt [109]).

Die Forderung nach Widerspruchsfreiheit von Aussagen beziehungsweise von Aussagengesamtheiten muß jedoch richtig verstanden werden, nämlich als Idealvorstellung. So waren zum Beispiel Teile von *Cantors* Mengenlehre widersprüchlich, und dennoch konnte der Mathematiker sie verwenden und nützlich finden. Sie wird als informativ bewertet, weil niemand daran interessiert war, jeden einzelnen Satz unter Zugrundelegung widerspruchsfreier Prämissen abzuleiten. Vielmehr wird das Verfahren, das zu den Widersprüchen führt, ad hoc beschränkt und eventuelle weitere Widersprüche werden einfach abgewartet. Die ruinösen Folgen, die man zu vermeiden trachtet, ergäben sich nur dort, wo mit den Widersprüchen gearbeitet würde. Man wird daher nicht die Forderung an den Autor richten, das Auftreten von Widersprüchen sozusagen unter Garantie auszuschließen, widrigenfalls das ganze von ihm vorgelegte System verworfen werden würde. Es geht auch nicht einmal darum, nur mit Systemen zu arbeiten, die als widerspruchsfrei bewiesen wurden; tatsächlich liegen ja solche Beweise in den wenigsten Fällen vor. Die Forderung nach Widerspruchsfreiheit bedeutet vielmehr: Auftretende Widersprüche müssen eliminiert werden; vor allem aber darf nicht versucht werden, mit ihnen zu arbeiten und sie sich zunutze zu machen.

Vage und mehrdeutige Ausdrücke sind in den Geisteswissenschaften und in den Sozialwissenschaften zumeist ebensowenig erwünscht wie in den Naturwissenschaften [110]). Denn damit eine Aussage über die Wirklichkeit an der Erfahrung geprüft werden kann, damit man überhaupt versuchen kann, sie an irgendeiner Art von Erfahrung „zum Scheitern zu bringen" oder Bestätigungen für sie zu erlangen, muß sie *intersubjektiv verständlich,* also nicht nur für denjenigen allein, der sie aufstellt, oder allenfalls noch für eine kleine Gruppe privilegierter Überprüfer, sondern für alle verständlich sein, die „hinlänglich intelligent, ausgebildet und ausgerüstet" sind [111]). Nun kann man eine Aussage nicht bereits dann im eigentlichen, strengen Sinn „verständlich" nennen, wenn ihre Ausdrücke und mithin ihr ganzer Sinn irgendwie gedeutet werden kann, sondern nur dann werden wir sie in der Regel für verständlich halten, wenn derjenige Sinn erfaßt wird, den ihr Aufsteller vor Augen hatte. Das erfordert nun *möglichste Eindeutigkeit und Präzision* der verwendeten Ausdrücke und der Regeln, denen gemäß sie verwendet werden. Tatsächlich stimmen z. B. die Historiker und Sprachwissenschaftler mit Physikern und Biolo-

---

[109]) *J. Kolb:* a. a. O. 9; *Theodor Geiger:* a. a. O. 78.

[110]) Vgl. jedoch *A. Kaplan:* The Conduct of Inquiry. 46 ff.; 64 ff.

[111]) *Arthur March:* Das neue Denken in der modernen Physik. Hamburg 1957. 17. Vgl. dazu auch *Werner Heisenberg:* Physik und Philosophie. Stuttgart 1959. 161 f.; *Melvin H. Marx* und *William A. Hillix:* Systems and Theories in Psychology. 15.

gen in der Forderung nach einer möglichst genauen Sprache überein [112]. Sie sind sich zwar nicht auch darin einig, zu verlangen, der Grad der Bestimmtheit der verwendeten Termini müßte jeweils so hoch sein wie etwa in der Mathematik oder in den sog. exakten Naturwissenschaften, aber sie erheben gemeinsam die Forderung nach größtmöglicher Präzision und Eindeutigkeit der Begriffe [113].

5.1.2.3. Theologie

Von „übernatürlichen Wissenschaften", ober besser, von „Wissenschaften des Übernatürlichen" [114], können wir in Anbetracht ihres übernatürlichen Ursprungs sprechen, denn Gott selbst hat nach Überzeugung der christlichen Theologen zum Menschen gesprochen, zuerst durch den Mund der Propheten des Alten Testaments, dann, in Erfüllung der messianischen Erwartung, durch seinen Sohn Jesus Christus im Neuen Testament: „Vielmals und mannigfach hat einst Gott zu den Vätern durch die Propheten gesprochen; jetzt hat er am Ende der Tage zu uns durch seinen Sohn geredet . . ." [115].

Hier ist zunächst zu unterscheiden zwischen der nichtphilosophischen Disziplin „Gotteswissenschaft" oder „Wissenschaft von den göttlichen Dingen" und einer philosophischen Interpretation, vor allem der Bedeutung des Wortes „Theologie" bei *Aristoteles*, für den die „philosophía theologiké" oder „prôte philosophía" die Lehre von den „ersten Prinzipien" darstellt.

Von „theologischer" oder „geistlicher" zum Unterschied von „weltlicher" Wissenschaft sprechen wir dagegen im Hinblick auf ihr Objekt, Gott, und was sich mehr oder weniger unmittelbar auf Gott bezieht [116]. Damit unterscheidet sich die Wissenschaft vom Übernatürlichen von jeder anderen Wissenschaft im Selbstverständnis des Theologen auf jeden Fall durch eine *neue, übernatürliche Erkenntnisquelle, die Offenbarung,* die ihm die Gewinnung von Erkenntnissen ermöglichen soll, die er weder durch Sinneserfahrung noch durch Betätigung seines Intellekts allein gewinnen kann. Aber nicht nur die Erkenntnis„quelle" ist grundsätzlich anderer Natur als diejenige sämtlicher anderer Wissenschaften, die Aussagen mit faktischem Gehalt vorlegen; sie unterscheiden sich von

---

[112]) *W. Heisenberg:* Physik und Philosophie. Stuttgart 1959. 165. *Melvin H. Marx* and *William A. Hillix:* a. a. O. 5, 15; *James Jeans:* Physik und Philosophie. Zürich 1951. 118. *J. Kolb:* a. a. O. 25. *Ulrich Klug:* Juristische Logik. 3. Aufl. Berlin – Heidelberg – New York 1966. 174. – *Theodor Schieder:* Geschichte als Wissenschaft. München – Wien 1965. 117, 122 f.; *P. Lorenzen:* Die Entstehung der exakten Wissenschaften. 10.

[113]) Vgl. dazu die Auseinandersetzung im Kap. „Genauigkeitsforderung"; dazu weiter: *H. Dingler:* Philosophie der Logik und Arithmetik. 30 ff. (§ 2. Das Prinzip der Eindeutigkeit).

[114]) "Provisionally, ..., we will mean by supernatural or theological sciences systematically arranged and coherent systems of statements concerning God and things pertaining to God insofar as these objects are known to us through divine revelation." (*Van Laer, P. Henry:* Philosophy of Science. Part Two: A Study of the Division and Nature of Various Groups of Sciences. In: Duquesne Studies. Philosophical Series. Pittsburgh, Pa. 1962. 79.)

[115]) Hebr. 1, 1 f.

[116]) *K. Haendler:* Artikel „Wort Gottes". In: Lexikon für Theologie und Kirche, hrsg. von *Josef Höfer* und *Karl Rahner.* 10. Bd. Freiburg 1965, Spalte 1232 ff., bes. 1234 f.; Wörterbuch zur biblischen Botschaft, hrsg. von *Xavier Léon-Dufour.* Freiburg – Basel – Wien 1964. 770 ff.: Stichwort „Gottes Wort"; Mysterium Salutis, hrsg. von *Johannes Fliner* und *Magnus Löhrer:* Die Grundlagen heilsgeschichtlicher Dogmatik, Bd. I. Einsiedeln – Zürich – Köln 1965, 166, 293, 301, 336. *Schmaus:* Kathol. Dogmatik I. 4, 614 f.; *A. Barucq* und *H. Cazelles:* Die inspirierten Bücher. In: Einleitung in die Heilige Schrift, Bd. I., hrsg. von *A. Robert* und *A. Feuillet.* Wien – Freiburg – Basel 1963. 4.

den prinzipiell widerrufbaren Sätzen der faktischen oder Real-Wissenschaften auch durch den Bezug auf Aussagen, mit denen ein Anspruch auf *absolute, unfehlbare Sicherheit* verbunden ist [117]).

Die Grundlage des theologischen Wissens oder der theologischen Erkenntnis sind gemäß der Überzeugung der Theologen übernatürliche Akte des Glaubens, durch keinen bloßen endlichen Verstand, sondern nur einem von der Gnade gestärkten und erleuchteten Verstand erfaßbare Einsichten [118]). Das wären aber nicht Einsichten in das Wesen oder die Eigenschaften eines offen und überblickbar vorliegenden Objekts, sondern in ein „göttliches Geheimnis".

Der Begriff der „analogia entis" bezeichnet die eine Position, wodurch zugleich die Möglichkeit der Erkenntnis des Übernatürlichen und die Unmöglichkeit, es voll und ganz zu erklären, zu begründen versucht wird. Der Gedanke der „negativen Theologie" kennzeichnet den anderen Standpunkt, nämlich die Überzeugung, daß der Mensch von Gott eher wissen kann, was er nicht ist als was er ist, und vielleicht sogar nicht einmal das, sondern daß er nur zur Erkenntnis geführt wird, Gott sei „der ganz andere" und müsse letztlich uns völlig unbegreifbar bleiben. Denn Schöpfung und Offenbarung hätten ja die gleiche Wurzel: Gott. Obgleich die menschliche Erkenntniskraft nach seiner Überzeugung durch Sünde entstellt ist, hält der Theologe sie doch nicht für ganz unfähig, Gottes Herrlichkeit zu erfassen. Gott verwende Bilder und Gleichnisse. Das Irdische sei daher eine Entsprechung zur Wirklichkeit der übernatürlichen Offenbarung. Die Welt der Erscheinung sei der geoffenbarten Wirklichkeit allerdings mehr unähnlich als ähnlich [119]).

Das „göttliche Geheimnis" repräsentiere gewissermaßen eine Koexistenz der übernatürlichen Aspekte des Glaubens und der Rationalität des Erkennens. Das natürliche Licht der Vernunft und das übernatürliche der Glaubensgnade verbündeten sich dabei zu einem organischen Ganzen. Die Erkenntniskraft der Theologie sei weder die Vernunft allein, noch der Glaube allein, sondern die lebendige Einheit beider. So werde denn die Theologie bei ihren Erklärungsversuchen die Erkenntnisse und die Erfahrungen verwenden und verarbeiten müssen, welche der Mensch innerhalb und an der Welt mache, z. B. die Einsicht in die Wahrheit des Wortes: „Gott ist die Liebe". Die Quelle des theologischen Wissens nennt *M. Schmaus* daher „übernatürlich", wenngleich „formal natürlich". Übernatürliche Wissenszustände sind nach seiner Überzeugung im Theologen insofern, als ihm theologische Kenntnisse auf Grund der Gabe des Hl. Geistes zuströmen. Jedoch hänge auch für die gläubige Vernunft während der Zeit der Pilgerschaft immer ein Schleier vor der Wirklichkeit Gottes [120]).

---

117) *Walther von Loewenich:* Aufgaben und Grenzen wissenschaftlicher Theologie (= Erlanger Universitätsreden, Neue Folge – Sonderreihe der „Erlanger Forschungen" 3). Erlangen 1957. 8. *Paul Wyser:* Theologie als Wissenschaft. Ein Beitrag zur theologischen Erkenntnislehre (= Bücherei „Christliches Denken" Bd. II), Salzburg – Leipzig 1938. 78, 202 ff., 208 f.

118) Vatikanisches Konzil, Sitzung 3, Kap. 4: „Wenn die von Glauben erleuchtete Vernunft eifrig, treu und maßvoll forscht, erlangt sie mit Gottes Gnade einige Einsicht in die Geheimnisse und zwar eine überaus fruchtbare, sowohl aus der Entsprechung zu dem, was sie auf natürliche Weise erkennt, als auch aus dem Zusammenhang der Geheimnisse untereinander und mit den letzten Zielen des Menschen."

119) Vgl. *Jean Daniélou:* Der Gott der Heiden, der Juden und der Christen. Mainz 1957. 50 und 50 ff.; *H. Vorgrimler:* Artikel „Negative Theologie". In: Lexikon für Theologie und Kirche. 7. Bd. Spalte 864 f.; dazu auch z. B. *B. Poschmann:* Der Wissenschaftscharakter der katholischen Theologie (= Breslauer Universitätsreden. Heft 8). Breslau 1932. 8 ff.

120) *M. Schmaus:* a. a. O. 27 f.

Wo glauben soviel bedeutet wie die Annahme einer Wahrheit auf Grund fremder Autorität, überträgt sich nunmehr das Problem der Wahrheitsvergewisserung auf jene Autorität. Wir müßten also davon überzeugt sein, daß letzten Endes die Autorität die notwendige Einsicht besitzt. Aber dieses Wissen auf Grund des Glaubens an ein Wissen der Autoritäten oder der obersten Autorität unterscheidet sich von jedem anderen, sonst ähnlich gearteten Wissen innerhalb nicht-theologischer Wissenschaft, denn der individuelle Glaubensakt ist Ausdruck einer ständigen Disposition zu glauben. Diese ist nach theologischer Ansicht wiederum nur möglich durch *göttliche Inspiration und Gnade*. Es ist demnach ein Wissen, das dem Objekt, Gott, mehr verdankt, als dem Subjekt, dem Menschen, als dessen Leistung Wissen doch sonst betrachtet wird [121]).

Aber auch durch Gottes Mithilfe sei es noch nicht möglich, Gott und die göttlichen Dinge vollends zu erkennen. Das wäre nicht mehr der wahre Gegenstand der Theologie; denn „Endliches vermag nur Endliches zu erkennen" [122]). Das ist gemeint mit dem Terminus „Unauflöslichkeit des Mysteriums". So sind denn die Grenzen für dieses Wissen abgesteckt. Aber in keinem konkreten Fall wird gewußt, ob die Grenze sich nicht noch weiter hinausschieben läßt. Gewiß ist nur das eine, nämlich, daß nie eine nicht mehr weiter hinausschiebbare Grenze erreicht werden kann. Daraus ergibt sich eine Zurückweisung (1) des Rationalismus in der Theologie, aber auch (2) des Fideismus, der jede Möglichkeit einer natürlichen Erkenntnis leugnet, und (3) des Agnostizismus, der alle Probleme, die über die übliche Erfahrung hinausreichen, als unlösbar behauptet. Allerdings wäre der einzelwissenschaftlichen oder philosophisch-spekulativen Forschung eine derartige *Grenzüberschreitung der Erfahrung* nicht möglich, da sich diese nur auf die natürlichen Kräfte des Erkenntnissubjekts stützen kann. Aber die Sicherheit des theologischen Wissens, der geistlichen Wissenschaft, gründe sich nun eben nicht darauf, sondern auf Gottes Hilfe [123]), die er dem Menschen im Akt des Glaubens in übernatürlicher Weise, oder besser, als übernatürliche Hilfe zukommen lasse.

Hier ist demnach unleugbar ein irrationales Moment in dem theologischen Wissen enthalten, jedoch auch nicht mehr. Denn daß sich das erkennende Subjekt im Glauben unterwirft, ist nach theologischer Ansicht bereits ein *rationaler* Akt und kann nur im Einklang mit der Natur des Menschen, nämlich mit seinen Anlagen und Fähigkeiten, erfolgen [124]). Der Glaube setze natürliches Wissen sogar voraus, denn die übernatürliche Offenbarung wird sprachlich formuliert und muß mittels menschlicher Begriffe aufgefaßt werden, die nun allerdings nicht leistungsfähig genug seien, um das Geheimnis vollends begreifbar zu machen. Als sprachliche Ausdrücke könnten die Offenbarungs-

---

[121]) Mysterium salutis. 830 ff. *Denzinger* 1791 (3010). Vaticanum. Vgl. auch *Denzinger* 797 (1525), 813 (1553) Trid. *Denzinger* 178 (375) und 180 (377), Orange II; *Thomas*, s. t. II–II, q. 6, 2. Vgl. *Ludwig Ott:* Grundriß der katholischen Dogmatik, 2. Aufl. Freiburg 1954; *Paul Wyser:* Theologie als Wissenschaft – Ein Beitrag zur theologischen Erkenntnislehre (= Bücherei „Christ und Denken" Bd. II). Salzburg – Leipzig 1938. 94.

[122]) *Thomas von Aquin:* De potentia. q. 7, a. 5, ad 14.

[123]) *Denzinger* 1796 (3016); vgl. dazu auch z. B.: *M. Schmaus:* a. a. O. 28, vor allem aber Vatikan. Konz., Sitz. 3, Kap. 4.

[124]) Der Theologe gewinne daher seinen Gegenstand nicht durch Beobachtung der Welt, sondern durch Entgegennahme von Gott. Das Organ, mit dem er forsche, sei der *Glaube*. Der Unterschied zwischen Theologie und übrigen Wissenschaften ist nach *Schmaus* darin gelegen, „daß das eine Mal eine nur durch den Glauben mit unfehlbarer fester Gewißheit zu ergreifende, letztlich vom bloßen Verstande nicht erfaßbare übernatürliche, das andere Mal eine natürlich erfahrbare Gegebenheit erforscht wird" (a. a. O. 45). Dazu *P. Wyser:* a. a. O. 94. Vgl. auch *L. Ott:* a. a. O. 2; *Thomas*, s. t. I, 1, 5.

gehalte, wie sonst Begriffe und Sätze, analysiert, expliziert und ihrem Sinn nach geklärt werden, wobei Analogien als Deutungsmittel verwendet werden dürfen. Auf diese Weise sei eine Annäherung an die Wahrheit möglich [125]).

Aus Sätzen dieser Art können offenbar wiederum andere Sätze, vollkommen übereinstimmend mit dem Verfahren in anderen faktischen Wissenschaften, abgeleitet werden, nämlich in korrekter Anwendung der allgemein anerkannten Schlußregeln. So zeigt sich auch die Theologie in ihrem Selbstverständnis als ein *logisch geordnetes Ganzes* von wahren, manchmal von bloß wahrscheinlichen Sätzen über das Wesen und die Eigenschaften von Objekten.

Der verbale Ausdruck der Offenbarung kann mit den üblichen historischen und philosophischen Methoden untersucht werden. Unter dem Titel „natürliche theologische Wissenschaft" können Disziplinen zusammengefaßt werden wie Hermeneutik und Schriftexegese, Geschichte der Offenbarung, Kirchengeschichte, allgemeine Religionsgeschichte, Wissenschaft der Liturgie, Philosophie der Religion und „positive" Theologie.

Unter „Schriftexegese" ist die Erklärung eines bestimmten religiösen oder profanen Textes unter Anwendung der allgemeinen und besonderen Normen zur Untersuchung und Bestimmung der Bedeutung von Texten zu verstehen, so etwa des Neuen und des Alten Testaments des Christentums. Für die Ausführung der *allgemeinen* Normen ist nach Überzeugung der Theologen der Glaube an die Tatsächlichkeit der Offenbarung, die in diesen Texten verbal ausgedrückt ist, nicht erforderlich. Denn wie in der philosophischen Arbeit über die Profanliteratur sei es notwendig, durch Studium und Vergleich relevanter Manuskripte und alter Übersetzungen den korrekten Text zu erarbeiten, weiters, die Zusammenhänge mit anderen Texten und den inneren Zusammenhang des Textes selbst, Kommentare und Vergleichsstellen zu untersuchen, um zu einer genauen Bedeutung der enthaltenen Ausdrücke zu gelangen. Schließlich müßten auch der Autor, die literarische Art des Textes und die Art seines Aufbaues studiert und der beabsichtigte Zweck ermittelt werden.

Da es sich jedoch um religiöse Schriften handelt, ist gemäß der Forderung der Theologie eine besondere Haltung und Aufgeschlossenheit des Interpreten die Voraussetzung für die Erkenntnis der exakten Bedeutung und Intention solcher Texte und damit des wahren Willens des übernatürlichen Offenbarers. Es gebe also auch *spezifische* Deutungsregeln, die in manchen Fällen dem Interpreten der verbalen Dokumente der Theologie vorlägen [126]). Manche dieser besonderen Normen bedeuteten einen fundamentalen Unterschied gegenüber sonstiger philologisch-wissenschaftlicher Arbeit, z. B. dann, wenn festgelegt wird, daß die Bibel, als das Gotteswort, keine formalen Fehler enthalten könne oder die Verpflichtung auf Berücksichtigung von Autoritäten [127]).

---

[125]) Der Glaube, der das theologische Wissen begründet, darf nach theologischer Lehre trotz des erwähnten irrationalen Moments nicht mit blindem Glauben, mit dem Ausdruck eines bloßen „religiösen Instinkts", verwechselt werden, denn die Unterwerfung kann gerechtfertigt werden durch Gründe des Verstandes und erweist sich so als eine rationale Unterwerfung („rationale obsequium"). Vgl. Vaticanum, Glaube: „obsequium rationi consentaneum" und nicht „*blinde* Bewegung der Seele". *Denzinger* 1790 und 1791 (3009 und 3010). D 1791 (3010): „Licet autem fidei assensus nequaquam sit motus animi caecus." D 1790 (3009): „Ut nihil omninus fidei nostrae ‚obsequium rationi consentaneum' (cf. Rom 12, 1) esset, ..." Dazu *M. Seckler:* Artikel „Glaube" im Handbuch theologischer Grundbegriffe, hrsg. von *Heinrich Fries,* Bd. I. München 1961. 544 f. („Glaube als obsequium rationale"), ebenso: *Poschmann:* Der Wissenschaftscharakter der katholischen Theologie. 18.

[126]) *Van Laer:* a. a. O. 100 f.

[127]) a. a. O. 101.

Ähnliches gelte für das Studium der Offenbarungs- und der Kirchengeschichte, die eine andere als die übliche historische, nämlich eine „theologische" Einstellung ihrem Untersuchungsgegenstand gegenüber erfordern. Die Fakten seien daher nicht als letztes zu nehmen, nicht einmal wie in der Geschichte nicht-theologischer Institutionen und Ereignisse im Lichte einer Theorie betrachtet, sondern unter voller Anerkennung des *Mysteriums-Charakters des Gegenstandes*. Daher könne nur jemand, der an die Offenbarung und an die Kirche *glaubt*, deren wahres Wesen herausschälen. Darum auch kann *Schmaus* die wissenschaftliche Theologie als methodische Bemühung der gläubigen Vernunft bestimmen, das in Christus uns erschlossene, im Glauben bejahte Gottesgeheimnis in seiner Tatsächlichkeit festzustellen, in seinem inneren Sinn zu erklären und in seinem Zusammenhang systematisch darzustellen. Wissenschaftliche Theologie sei deshalb nach wissenschaftlicher Erkenntnis strebender Glaube [128]), der die Voraussetzung der Gläubigkeit erfülle. Die Fakten werden als minder wesentlich gewertet und dafür als wesentlicher das übernatürliche Objekt, der „Heilige Geist". Sehr deutlich träten daher „freies Sprechenlassen der Fakten" und Erklärung und Interpretation der Fakten im Aspekt des Glaubens auseinander. Dieser Interpret besitze sozusagen einen Sinn und eine Dimension der Deutung mehr als jeder andere, und nicht umgekehrt jener als der weil nicht-gläubige, daher „objektivere" Beurteiler [129]).

Zusammengefaßt: Theologie versteht sich als Wissenschaft, insofern sie sich selbst als *methodische* Bemühung der gläubigen Vernunft auffaßt, das im Glauben bejahte, von Gott uns erschlossene Gottes*geheimnis* [130]) in seiner Tatsächlichkeit *festzustellen*, in seinem *inneren Sinn* zu erklären und in seinem Zusammenhang *systematisch* darzustellen [131]). Davon wird Theologie in einem weiteren Sinn unterschieden, nämlich als außerwissenschaftliche und vorwissenschaftliche Vernunfterkenntnis.

Im Eigenverständnis der Theologie ist das Organ der theologischen Erkenntnisgewinnung die *vom Glauben erleuchtete Vernunft*, die im Lichte der Glaubensgnade, ausgerüstet demnach mit einer ihr von Gott selbst geschenkten, neuen übernatürlichen Sehfähigkeit, nach den ihr selbst eingepflanzten Gesetzen die Offenbarung festzustellen, zu verteidigen und zu durchdringen versuche [132]). Jedoch verbänden sich das natürliche Licht der Vernunft und das übernatürliche der Glaubensgnade zu einem organischen Ganzen. „Theologisches Wissen" wird so definiert als „habitus fundamentaliter supra naturalis, formaliter naturalis" [133]). Die Wirklichkeit Gottes sei indessen auch für die gläubige Vernunft während der Zeit der Pilgerschaft mit einem Schleier verhängt [134]). Denn die menschliche Erkenntniskraft sei durch *Sünde* entstellt, so daß die Offenbarungswahrheiten auch von den scharfsinnigsten Theologen nicht in einsichtige Vernunftwahrheiten verwandelt werden könnten [135]). Die Theologie versteht sich als Wissenschaft insofern, als sie sich bemüht, in der (christlichen) Offenbarung eine *zusammenhängende Erklärung der Wirklichkeit* zu bieten. Sie unterscheidet sich in ihrer Selbstauffassung auch nicht von der neuzeitlichen Wissenschaft insgesamt, die sich als geistige, auf einen bestimmten einheitlichen und bedeutungsvollen Gegenstand gerichtete Erkenntnisbemühung

---

128) a. a. O. 24.

129) Zur Frage, ob die Offenbarungsgeschichte und die Geschichte der Kirche „echte" Wissenschaft sind, vgl. *Van Laer*, a. a. O. 102 f.

130) Im Christentum soll das heißen: „Von Gott in Christus geoffenbartes Geheimnis."

131) M. *Schmaus:* Katholische Dogmatik I, 24.

132) a. a. O. 27.

133) Theologie = Wissen im Glauben = intellectus fidei. M. *Schmaus:* a. a. O. 28.

134) M. *Schmaus:* a. a. O. 28.

135) Vgl. Anm. 122.

begreife, und die bemüht sei, nach seiner einheitlichen, dem Gegenstand angepaßten Methode zusammenhängende Erkenntnis zu gewinnen [136]).

Bejaht man nun die Frage, ob das Übernatürliche zum Gegenstand der Wissenschaft werden *könne*, nämlich vermöge übernatürlicher Offenbarung der durch die Gnade erleuchteten menschlichen Vernunft, dann und nur dann erfüllt die Theologie den Begriff der Wissenschaft so wie jede andere Disziplin, die sich als empirische Wissenschaft, als Faktenwissenschaft, versteht. Sie erhellt so ihren Gegenstand, das Glaubensgeheimnis, indem sie methodisch auf ihre Quelle, nämlich (unmittelbar) auf die Kirchenlehre, (mittelbar) auf die Überlieferung und die Schrift zurückgeht, woraus sie wiederum mit logischen Mitteln neue Erkenntnise abzuleiten versucht [137]).

Das Problem, *ob* es jene übernatürliche Erkenntnisweise, mit anderen Worten, ob es eine solche von der göttlichen Gnade erleuchtete Vernunft *überhaupt gibt*, darf hier nicht sozusagen im Vorübergehen entschieden werden. Die Verwendung des Wortes „wissenschaftlich" mit bezug auf diese Erfahrungsart weicht allerdings so sehr vom allgemeinen Sprachgebrauch ab, daß sie im folgenden nicht berücksichtigt werden kann. Denn im Gegensatz zu der empirisch-rationalen Selbstauffassung der Natur-, Sozial- und Geisteswissenschaften handelt es sich im Falle der Theologie letztlich doch um einen Suprarationalismus.

---

[136]) M. *Schmaus:* a. a. O. 44.

[137]) A. *Rademacher:* Die innere Einheit des Glaubens. 95 f.: „Sie erhebt ihren Gegenstand, das Glaubensgeheimnis auf wissenschaftliche Weise aus ihren Quellen, unmittelbar der Kirchenlehre, mittelbar der Schrift und Überlieferung, leitet in wissenschaftlicher Weise und mit den Mitteln der Wissenschaft aus den gegebenen Quellen neue Erkenntnisse ab, sucht diese vernunftmäßig zu beleuchten und verbindet sie in wissenschaftlicher Weise zur Einheit des Systems." (Zitiert bei *Schmaus:* a. a. O. 46.)

6. Diskussion der Wissenschaftskriterien

6.1. Ableitungsrichtigkeit — Widerspruchsfreiheit

Zwar läßt sich jedes Wissen in Form von Sätzen aussprechen, aber nicht jeder Satz ist umgekehrt auch der Ausdruck einer auch nur beabsichtigten Erkenntnis oder eines Wissens. Das trifft vielmehr nur auf *Deklarativ- oder Behauptungssätze zu,* die feststellen, daß etwas ist (existiert) bzw. so oder so ist, oder aber, daß etwas nicht ist bzw. nicht so oder so ist. Daneben gibt es bekanntlich auch Befehlssätze, Ausrufsätze, Bittsätze, und vor allem Fragesätze [1]). Solche Sätze bejahen nichts und verneinen nichts. Wir können folglich feststellen, daß nur den Behauptungs- oder Deklarativsätzen ein *kognitiver* Gehalt, ein möglicher Erkenntniswert, zugeschrieben werden kann [2]). Damit wird die Nützlichkeit und Notwendigkeit nicht-kognitiver Sätze zur Erreichung des Ziels der Wissenschaft insgesamt jedoch keineswegs geleugnet [3]).

Bei den Sätzen mit kognitivem Gehalt wird unterschieden zwischen logisch determinierten und logisch nicht-determinierten, oder auch zwischen „logischen" und „faktischen" Sätzen [4]). Die logisch determinierten Sätze bestehen aus den zwei Teilklassen der logisch-wahren (L-wahren) und der logisch-falschen (L-falschen) Sätze, wobei – im Anschluß an die ältere Terminologie – unter den L-wahren Sätzen oder Aussagen die analytischen, und als deren Spezialfall die tautologischen Sätze zu verstehen sind, während mit den L-falschen Sätzen die sog. kontradiktorischen Sätze gemeint werden. Die Klasse der logisch indeterminierten (nicht determinierten) Sätze dagegen umfaßt die synthetischen Sätze oder sog. empirischen Sätze [5]).

Die logisch determinierten Sätze sind dadurch gekennzeichnet, daß für sie ein einziger Wahrheitswert logisch möglich ist, und zwar für die Klasse der analytischen und tautologischen Sätze der Wahrheitswert „wahr", dagegen für die kontradiktorischen Sätze der Wahrheitswert „falsch". Sie sind inhaltsleer, denn sie können nichts über Tatsachen oder über eine Wirklichkeit berichten. Die Wahrheit eines L-wahren Satzes hängt nicht von den Fakten ab, denn er wäre auf jeden Fall wahr, gleichgültig wie die Fakten

---

[1]) *Aristoteles:* De interpr. 5, 17 a 20 ff.; 4, 17 a 3 f.; Anal. Pr. A 1, 24 a 16 f. Dazu *A. Pap:* Analytische Erkenntnistheorie. Wien 1955. 1; *H. Feigl:* Logical Empiricism. In: Readings in Philosophical Analysis (*H. Feigl* und *W. Sellars*, Eds.), New York 1949. 7 f.

[2]) „Meta-Sätze", d. h. Aussagen *über* jene Befehlssätze, Fragesätze und Bittsätze, und mithin über Nicht-Aussagen, sind indessen Aussagen und daher wahrheitswertfähig.

[3]) So definiert z. B. *E. Becher* („Geisteswissenschaft und Naturwissenschaft", 1921. 6) „Wissenschaft" wie folgt: W. ist „ein gegenständlich geordneter Zusammenhang von Fragen, wahrscheinlichen und wahren Urteilen nebst zugehörigen und verbindenden Untersuchungen und Begründungen, die sich auf denselben Gegenstand bzw. auf dieselbe Gruppe von sachlich zusammengehörigen Gegenständen beziehen".

[4]) Wenn eine Satzformel, d. h. eine Satzform, ein Satz oder ein satzartiger Ausdruck anderer Art, *logisch*-wahr (L-wahr) oder L-falsch ist, so nennt *Carnap* sie „L-determiniert"; wenn sie weder L-wahr noch L-falsch ist, dann bezeichnet er sie als „L-indeterminiert". Einen L-indeterminierten Satz nennt er einen „*faktischen* Satz". (*R. Carnap:* Symbolische Logik. 18).

[5]) a. a. O. 18. „Logisch indeterminiert" ist ein Explikat von „synthetisch (a posteriori)". Durch eine derartige Präzisierung wird die vorher bloß vage Bedeutung scharf. Es könnte also Fälle von Aussagen geben, wo es unsicher ist, ob sie synthetisch sind, während es sicher ist, daß sie indeterminiert oder aber determiniert sind.

beschaffen sind; ebenso hängt die Falschheit eines L-falschen Satzes nicht von der Beschaffenheit der Fakten ab, sondern der Satz ist ungeachtet ihrer Beschaffenheit immer falsch.

Logisch-wahre Formeln spielen in allen logischen oder logisch-mathematischen Umformungen, Beweisen und Ableitungen eine wichtige Rolle, weil jede logische Deduktion als eine tautologische Implikation oder Subjunktion zwischen Prämissen und Schlußsatz definiert werden kann. Ebenso können sich kontradiktorische Formeln als fruchtbar erweisen, nämlich bei indirekten Beweisen, Widerspruchsfreiheitsbeweisen und bei Beweisen der Vollständigkeit und Unabhängigkeit von Satzsystemen. Wichtig ist nun auch, darauf hinzuweisen, daß logisch-wahre Sätze oder Formeln auch für die Realwissenschaften bedeutsam werden können, nämlich insofern sie hier zur Herstellung oder Überprüfung strenger Satzzusammenhänge dienen, d. h. bei der Zusammenfassung von Sätzen zu einem Satzsystem sogar unerläßlich sind [6]).

Angenommen, wir wollen nun einen gegebenen Satz untersuchen, der über ein geschichtliches Ereignis berichtet, oder der sich auf physikalische, biologische oder soziale Vorgänge bezieht. Das geschieht am besten durch Aufteilung in zwei Schritte: Zunächst müssen wir den gegebenen Satz verstehen (lernen). Wir müssen seinen *Sinn* feststellen. Da der Satz, als Schriftgestalt, aus mehreren Zeichen besteht, müssen wir zumindest von einigen die Bedeutung kennen. Wir müssen also die Verwendungsregeln für diese Zeichen wissen. Da diese Zeichen in einem Satz nach bestimmten Regeln zusammengestellt sind, müssen wir auch die Form des Satzes berücksichtigen.

Der Sinn des Satzes bestimmt, welche Gegenstände und Eigenschaften und welche Relationen zwischen ihnen überhaupt in Frage kommen. Dagegen muß in der zweiten Etappe unseres Vorgehens durch Erfahrung oder Beobachtung festgestellt werden, wie die Fakten sind, und das Ergebnis (muß) verglichen werden mit dem, was der Satz über diese Fakten aussagt. Wenn ein Verfahren (zur Wahrheitswertfeststellung) sich allein auf den ersten Schritt, die Sinnanalyse, gründet, ohne den zweiten Schritt, Beobachtungen von Fakten, zu benötigen, so bezeichnet *Carnap* es als „logisch". Wenn es den zweiten Schritt benötigt, so nennt er es „nicht-logisch", „synthetisch", „empirisch". Die Sinnanalyse selbst bezeichnet er daher auch als „logische Analyse" [7]).

In der kritischen Auseinandersetzung mit philosophischen und einzelwissenschaftlichen Texten haben wir zunächst diese „logischen" Sätze zu erkennen und ihren Wahrheitswert zu bestimmen. Die nichtlogische, faktische oder empirische Analyse schließt sich daran erst an. Die Entscheidung der *Wahrheit oder Falschheit der synthetischen Sätze* erfolgt stets durch *Erfahrung (Beobachtung)*. Daher ist es nötig, Fakten zu beobachten, um festzustellen, ob einer derjenigen Fälle vorliegt, in denen der Satz wahr sein, oder einer von denen, in denen er falsch sein würde. Während z. B. ein analytischer oder ein tautologischer Satz korrekt nur als wahrer, dagegen ein kontradiktorischer richtig nur als falscher Satz überhaupt gedacht werden kann, lassen sich für einen synthetischen resp. „faktischen" Satz immer Bedingungen angeben, unter denen er den Wahrheitswert „wahr", und andere Bedingungen, unter denen er den Wahrheitswert „falsch" annimmt.

---

[6]) *B. Juhos / H. Schleichert:* Die erkenntnislogischen Grundlagen der klassischen Physik (= Erfahrung und Denken, Bd. 12). Berlin 1963. 23; dazu vor allem: *B. Juhos:* Die Rolle der analytischen Sätze in den Erfahrungswissenschaften. In: Deskription, Analytizität und Existenz. 340–351. Die L-wahren Bedingungssätze sind jedoch nicht Bestandteil der Erfahrungswissenschaften selbst, sondern fungieren je nachdem als Vorderglied oder Hinterglied von Satzverknüpfungen.

[7]) *R. Carnap:* a. a. O. 17.

Kant hat dagegen auch „synthetische Urteile a priori" zusätzlich zu den bereits erwähnten Urteilsklassen „analytisch a priori" und „synthetisch a posteriori" für möglich und tatsächlich gehalten, und er hat in ihnen die *eigentlich* philosophischen Sätze oder Aussagen erkennen wollen.

Wir haben daher – wenigstens den erhobenen Ansprüchen entsprechend – *drei* Klassen von Aussagen oder Sätzen zu unterscheiden:

1. L-Sätze, d. h. analytische bzw. tautologische und kontradiktorische Sätze. Ihr Wahrheitswert kann bereits mittels Sinnanalyse oder logischer Analyse, also allein auf Grund der Kenntnis der semantischen Regeln entschieden werden;

2. F-Sätze, d. h. faktische oder empirische Sätze, deren Wahrheitswert sich erst auf Grund von Beobachtungen oder Erfahrung feststellen läßt; und schließlich

3. die synthetisch-apriorischen Urteile, die zwar faktischen (empirischen) Gehalt besitzen, denen ihr Wahrheitswert aber nicht erst auf Grund von Erfahrungen zugeordnet werden kann. Auch für diese Urteile oder Sätze gibt es definitionsgemäß nur den Wahrheitswert „wahr". Sie gelten als logisch-wahr und sagen dennoch etwas über Wirklichkeit aus [8]).

Nun ist aber das Wort „Erfahrung" ein sprachlicher Ausdruck mit *mehreren* Bedeutungen. Das ist dort entscheidend, wo festgestellt wird, daß der Wahrheitswert logisch indeterminierter, also faktischer (empirischer, synthetischer) Sätze nicht lediglich durch logische Analyse, sondern erst durch Beobachtung entschieden werden könne. Denn wer davon überzeugt ist, daß seine von ihm aufgestellten Behauptungen an der Sinneserfahrung kontrollierbar sind, wird die Forderung, Realwissenschaft bzw. Realphilosophie müsse sich innerhalb der Grenzen der Erfahrung vollziehen, von ihm selbst für erfüllt halten. Aber das tut auch zum Beispiel derjenige, der über seine eigenen psychischen Erlebnisse spricht, indem er Urteile der sog. „inneren Wahrnehmung" fällt, und das glaubt ebenso jener zu leisten, der unter „Erfahrung" beispielsweise „reine Anschauung", „Wesensschau", „intellektuelle Anschauung", u. a. versteht. Denn wenn man die *Selbst*beurteilung zum Maßstab nimmt, so haben wir es in in *allen* diesen Fällen mit erfahrungswissenschaftlichen Sätzen zu tun.

Da nun jene Forderung nicht durch beliebig starke Erweiterungen des Erfahrungsbegriffes völlig unwirksam gemacht werden darf, so muß zwischen echten und unechten, zwischen wirklichen und zwischen Pseudo-Erfahrungen unterschieden werden können. Freilich können bereits *vorweg* alle jene als faktisch intendierten (empirischen, synthetischen) Sätze ausgeschieden werden, die sich auf keine Erfahrung überhaupt beziehen. Das sind Sätze, für die es keine Ereignisse, Vorgänge oder Zustände (allgemeiner: Erfahrungsinstanzen) gibt, die eine klare Widerlegung des fraglichen Satzes darstellen. Sätze dieser Art sind gegen *jeden* Versuch einer Falsifikation immun, sie sind nicht geeignet, Informationen oder kognitive Gehalte überhaupt zu vermitteln [9]).

Nach bestimmten formalen und inhaltlichen Gesichtspunkten können die empirischen oder faktischen Sätze in singuläre und in generelle Sätze eingeteilt werden.

(1) *Singuläre* Sätze beschreiben bestimmte Einzelfälle. Durch sie werden in Einzelfällen faktische (empirische) Geltungsbeziehungen zwischen Konstatierungen, das

---

[8]) Es kann auf einen späteren Abschnitt verwiesen werden, in dem das Thema der synthetischen Urteile a priori behandelt wird.

[9]) Diese Forderung nach grundsätzlich möglicher Widerlegung ist weder positivistisch-philosophischen noch naturwissenschaftlichen Ursprungs. Sie ergibt sich vielmehr aus dem Wunsch, zwischen berechtigten und unberechtigten Wissensansprüchen unterscheiden zu können. Es sei ferner auf die untenstehende Darlegung des Erfahrungsbegriffes verwiesen.

sind Aussagen, über unsere eigenen (gegenwärtigen) psychischen Erlebnisse [10]), sowie auch zwischen empirischen Äquivalenzen oder Implikationen behauptet. Eine solche empirische Geltungsbeziehung zwischen Konstatierungen liegt z. B. vor, wenn der singuläre Satz „Dies ist ein Tisch" ausgesprochen wird, denn hier wird für einen vorliegenden Einzelfall die gleichzeitige Geltung, die „empirische Äquivalenz" gewisser Konstatierungen von optischen, haptischen u. a. Sinneseindrücken behauptet, und demnach etwas darüber ausgesagt, welche Geltungsbeziehungen zwischen Konstatierungen der betreffenden Art bisher immer beobachtet wurden. Eine solche Behauptung kann wahr oder falsch sein. Ihre Richtigkeit läßt sich überprüfen, denn es lassen sich bereits gewisse Voraussagen, wenn auch ganz elementarer Art, ableiten, nämlich, daß jene Konstatierungen, aus deren empirisch festgestellten Geltungsbeziehungen der Gegenstandsname „Tisch" konstituiert wurde, im vorliegenden Falle bei der Ausführung dieser Beobachtungshandlungen gewonnen werden können. Es wird dabei hypothetisch angenommen, daß die bisher regelmäßig aufgestellten empirischen Geltungsbeziehungen zwischen Konstatierungen der betreffenden Art auch im vorliegenden Fall festzustellen seien. In dieser Annahme ist dann der empirisch-hypothetische Charakter der singulären Sätze begründet [11]).

Beispiele dieser Art kommen z. B. in den Realwissenschaften ständig vor. So ist die Feststellung: „Dieser Schüler ist überdurchschnittlich begabt", oder: „Manche Menschen neigen, wenn sie unterdrückt werden, zu Aggressionen", jeweils eine Behauptung über gewisse Geltungsbeziehungen zwischen Konstatierungen (Erlebnisaussagen). Es lassen sich ähnlich wie im obigen Beispiel („Dies ist ein Tisch") elementare Voraussagen über zu vollziehende Beobachtungshandlungen auf Grund bisher festgestellter Regelmäßigkeiten ableiten. Solche Behauptungen können sich auch als falsch erweisen.

(2) Nun treten aber unter den faktischen oder empirischen Sätzen auch solche auf, die nicht über bestimmte Einzelfälle sprechen, sondern die über Beziehungen zwischen mehreren Fällen Aussagen machen. Es wird behauptet, daß zwischen den Fällen der betreffenden Art bestimmte Beziehungen bestehen. Daher werden solche Zusammenhänge als *„Gesetze"*, ihre sprachlichen Feststellungen als „Gesetzesaussagen" bezeichnet. Hier ist nun wieder eine Unterscheidung zu treffen, und zwar zwischen „Gesetzen 1. Stufe" und „Gesetzen 2. Stufe" [12]).

Ein Gesetz 1. Stufe liegt dort vor, wo behauptet wird, daß auf alle Fälle (Ereignisse) der Art A unter gleichen [13]) Bedingungen immer Fälle (Ereignisse) der Art B folgen. Es können dabei unbeschränkt viele gleichartige Einzelfälle unter die gekennzeichneten Arten von Ereignissen und Bedingungen fallen. Aus einem solchen Gesetz können daher immer nur *Voraussagen* solcher Form abgeleitet werden, in denen vorausgesagt wird, daß sich die im Gesetz erwähnten Ereignisfolgen wiederholen werden, wenn gleiche oder ähnliche Bedingungen vorliegen [14]).

---

[10]) Dazu *F. Brentano:* Psychologie vom empirischen Standpunkt. I. (= Philos. Bibl. Bd. 192), 2. Aufl. Leipzig 1924. XXI, 128, 180 und passim. Die Lehre vom richtigen Urteil, 154 ff., sowie allgemein *H. Bergmann:* Untersuchungen zum Problem der Evidenz der inneren Wahrnehmung. Halle a. d. S. 1908. Vgl. *B. Juhos:* Die Erkenntnis und ihre Leistung. Wien 1950. 7 ff.

[11]) *B. Juhos / H. Schleichert:* Die erkenntnislogischen Grundlagen. 26 f.

[12]) *Juhos / Schleichert:* a. a. O. 62 ff.; ferner: Das Wertgeschehen und seine Erfassung. 12 f.

[13]) a. a. O. 26 ff.; insbes. 63 ff. „Ein Gesetz 1. Stufe läßt sich immer in Form einer empirischen Implikation (aus A folgt B, in Zeichen A B) darstellen." (*B. Juhos:* Die Erkenntnis und ihre Leistung. 32.)

[14]) Die Erkenntnis und ihre Leistung. 32 ff., bes. 34, ferner: Die erkenntnislogischen Grundlagen. 27. Das Wertgeschehen. 12 f.

Während aber die Voraussagen, die aus Gesetzen 1. Stufe abgeleitet werden können, lediglich Voraussagen der Wiederholung von Ereignis- oder Phänomenfolgen bei Wiederholung gleicher Bedingungen betreffen, erlauben es die Gesetze 2. Stufe, auch Voraussagen über Ereignisarten abzuleiten, die noch nicht beobachtet oder zur Gewinnung von Gesetzen noch nicht benützt wurden. Manchmal ist es möglich, durch den Vergleich von Ereignisreihen festzustellen, daß den Änderungen in der einen Reihe immer auch Änderungen in der anderen Reihe entsprechen [15]).

Bisher haben wir nicht fragen müssen, ob derart leistungsfähige Beschreibungsformen z. B. nur in der Physik, oder ob sie auch in anderen Wissenschaften verwendet werden können. So muß überall dort, wo wir uns auf menschliche Verhaltensweisen beziehen, mit Umständen oder Bedingungen gerechnet werden, die der Vergangenheit gegenüber verändert sind. Sie also bedeuten etwas nicht-voraussagbar [16]), oder wenigstens nicht gänzlich voraussagbar Neues, wenn wir sie mit den vorausgegangenen Ereignissen, und mithin auch mit den früheren Verhaltensweisen vergleichen. Wenn sich nun ein Wissenschaftler auf den Bereich des menschlichen Erlebens und Verhaltens bezieht, so richtet sich sein Interesse grundsätzlich auf Phänomene, deren Nichtvoraussagbarkeit, oder genauer, nicht vollständige Voraussagbarkeit, bereits festgestellt worden war. Dies muß natürlich bei der Beantwortung der Frage nach den Satzformen, mit denen es die Wissenschaft zu tun hat, berücksichtigt werden, obgleich andererseits die Gesetze 2. Stufe gewissermaßen als anzustrebendes Ideal betrachtet werden mögen [17]).

Die Aussagen werden für die Zwecke der Beschreibung, Erklärung und Prognose verwendet, denn was die Wissenschaftler suchen, sind Beschreibungen, Erklärungen und Voraussagen von größtmöglicher Adäquatheit und Genauigkeit im Hinblick auf die gegebenen Bedingungen [18]) – wobei die Voraussage der Beschreibung und Erklärung logisch untergeordnet ist und gewissermaßen nur ihr Hilfsmittel bei der Überprüfung von Hypothesen (Theorien) darstellt. Überdies ist die Ableitung von Voraussagen selbst nur eine Methode, mit deren Hilfe man zu singulären Aussagen über raumzeitlich bestimmte Tatbestände gelangt. In der praktischen Zielsetzung spielt die Erstellung von Vorhersagen allerdings eine bedeutsame Rolle.

Die *Beschreibung* erfolgt (1) durch Sätze von logisch singulärer Form, die sich auf spezifische individuelle Tatsachen beziehen, jedoch auch (2) durch generelle bzw. universelle Sätze – „Gesetze“ oder Gesetzesaussagen –, die in der Absicht formuliert werden, die Regelmäßigkeiten des Geschehens oder die Struktur der Wirklichkeit wiederzugeben [19]).

---

[15]) a. a. O. 29.; ferner: Die Erkenntnis. 37 f. „Ein Gesetz 2. Stufe sagt aus, daß der stetigen Änderung der A_n immer eine bestimmte stetige Änderung der B_n entspricht.“ (Die Erkenntnis und ihre Leistung. 46.) Die erkenntnislogischen Grundlagen. 29.

[16]) Allerdings müssen zwei Bedeutungen von Nicht-Voraussagbarkeit unterschieden werden:
1. prinzipielle Unmöglichkeit der Voraussage, vor allem im Hinblick auf die angenommene Freiheit des Menschen;
2. nicht-prinzipielle Voraussageunmöglichkeit, die dort vorliegt, wo zu viele Faktoren berücksichtigt werden müssen.

[17]) *B. Juhos:* Das Wertgeschehen. 14.

[18]) Siehe: *A. Feigl:* Naturalism and Humanism. In: Readings. 10.

[19]) Vgl. dazu *K. Ajdukiewicz:* Abriß der Logik. Berlin 1958. 178. *Melvin H. Marx* and *William A. Hillix:* Systems and Theories in Psychology. 46. *Melvin H. Marx:* The General Nature of Theory Construction. In: *Melvin, H. Marx* Ed.: Theories in Contemporary Psychology. 7. 42.

Unter „(Real-)Wissenschaft" und/oder unter „Realphilosophie" wird oft die Beschreibung zumindest der raum-zeitlichen Wirklichkeit verstanden [20]). In Anbetracht dessen, daß die Rolle der allgemeinen Aussagen in der Wissenschaft hierbei nicht adäquat berücksichtigt ist, erscheint es jedoch sinnvoll, zwischen Beschreibung und Erklärung zu unterscheiden [21]).

Während die kennzeichnenden Fragen für die Beschreibung oder Deskription lauten: „Was ist der Fall?", „Wie sind die Zusammenhänge?" resp. „Wie waren die Zusammenhänge?", „Was war der Fall?", wird im Fall der Erklärung gefragt: „Warum ist es so und so?" oder: „Warum war es so und so?". Das besagt nach der Ansicht zahlreicher Wissenschaftstheoretiker soviel wie: „Auf Grund welcher Gesetze und kraft welcher Bedingungen kommt dieses Phänomen vor?" Die Erklärung besteht sodann

a) in der Angabe von Bedingungen, die dem zu erklärenden Ereignis oder Zustand vorausgehen oder zugleich mit ihm verwirklicht sind [23]);

b) in der Aufdeckung und Feststellung gewisser allgemeiner Gesetzmäßigkeiten; sodann

---

[20]) Vgl. dazu *Nicolai Hartmann:* Systematische Methode. In: Kleinere Schriften, Bd. III. Berlin 1958. 33: Die Beschreibung (oder deskriptive Methode) ist ein „Verfahren, welches nur dazu dient, den Gegenstand vorläufig zu ‚geben', d. h. ihn irgendwie vor der Hand festzulegen und gleichsam zu ‚umreißen', daß er dem Rückschluß auf seine Bedingungen bestimmte Problemrichtungen darbietet. Über die Leistung bloßen Aufweisens und Darbietens eines inhaltlichen Bestandes geht diese Methode gar nicht hinaus. Sie sagt nichts aus über Erkenntniswert, Richtigkeit, Notwendigkeit und Begründung. Sie geht noch gar nicht auf das Begreifen aus, sondern nur auf das Inangriffnehmen, auf ein Zufassenbekommen". *W. Stegmüller:* Hauptströmungen der Gegenwartsphilosophie. 450: „In einer *Beschreibung* formulieren wir sprachlich das Ergebnis von Wahrnehmungen und Beobachtungen." Ders.: Der Begriff des Naturgesetzes. In: Studium Generale 19 (Berlin – Heidelberg – New York 1966), 653: „In einer Beschreibung beschränken wir uns darauf, eine Antwort auf die Frage zu geben, was der Fall ist oder was der Fall war." Oder *K. Ajdukiewicz:* Abriß der Logik. Berlin 1958. 179: „Die Wissenschaften berichten zunächst über die Ergebnisse ihrer Beobachtungen, und zwar stets in Einzelsätzen; sie fassen aber auch Ergebnisse einzelner Beobachtungen in allgemeine empirische Gesetze zusammen, wodurch eine allgemeine Beschreibung der Gegenstände und Erscheinungen, die zu ihrem Forschungsbereich gehören, gegeben wird."

[21]) *W. Stegmüller:* Hauptströmungen. 449 f. Ders.: Der Begriff des Naturgesetzes, a. a. O. 653. *K. Ajdukiewicz:* a. a. O. 179 wird das Zitat von Anm. 20 so fortgeführt: „Aber die Beschreibung der Tatsachen, die zum Bereich einer Wissenschaft gehören, ist nur eine ihrer Aufgaben. Die Wissenschaften versuchen nämlich nicht nur, ihre Gegenstände zu beschreiben, sondern auch zu erklären." *H. Feigl:* a. a. O. 510 f.

[22]) Vgl. dazu *W. Stegmüller:* Hauptströmungen. 450 und 451. Ders.: Artikel „Wissenschaftstheorie" im Fischer Lexikon. Philosophie. 343. Ders.: Der Begriff des Naturgesetzes. A. a. O. 653; *K. R. Popper:* „Einen Vorgang ‚kausal erklären' heißt, einen Satz, der ihn beschreibt, aus *Gesetzen* und *Randbedingungen* deduktiv ableiten" (Logik der Forschung. 31); dazu ferner 31 ff. *K. Ajdukiewicz:* a. a. O. 179 f.: „Eine Tatsache erklären heißt die Frage beantworten, warum diese Tatsache eingetreten ist. Auf die Frage, warum eine gegebene Tatsache eingetreten ist, antwortet man durch Angabe des Grundes, aus dem der Satz folgt, der diese Tatsache feststellt." *C. G. Hempel* und *Paul Oppenheim:* The Logic of Explanation. In: Readings in the Philosophy of Science, ed. *H. Feigl* and *M. Brodbeck.* New York 1953. 319, 320. (Auch in: Philosophy of Science 15. 1948.) *R. S. Rudner:* Philosophy of Social Science. Englewood Cliffs. 1966. 59 f.

[23]) Dazu *W. Stegmüller:* Artikel „Wissenschaftstheorie" im Fischer-Lexikon. 343; ferner: Der Begriff des Naturgesetzes. a. a. O. 653 f. Folgende Darlegung stammt von *C. G. Hempel:* The Function of General Laws in History. a. a. O. 460.

c) in der Ableitung (Deduktion) des Satzes, der das zu erklärende Ereignis oder den zu erklärenden Zustand beschreibt.

Die Bedingungen nennen wir „Antecedensbedingungen", die Gesetzmäßigkeit bezeichnen wir als „Gesetzeshypothesen" oder einfach als „Gesetze". Es wird daher gefordert, die Aussage über das zu erklärende Phänomen müsse logisch deduzierbar sein aus denjenigen Aussagen, welche die Erklärung darstellen [24]). Angenommen, es soll ein bestimmtes Phänomen erklärt werden: Der Satz, der es beschreibt, wird als „Explanandum" bezeichnet. Davon ist zu unterscheiden das „Explanans", das zwei Klassen von Aussagen enthält, nämlich:

(1) Sätze oder Aussagen, die bestimmte konkrete, entweder vorausgehende oder gleichzeitige, Bedingungen, die sog. „Antecedensbedingungen" beschreiben, und

(2) allgemeine Gesetzeshypothesen, etwa psychologische Gesetzmäßigkeiten, Eigenarten und Regelmäßigkeiten in der Gruppenbildung unter bestimmten Bedingungen, usw. Die nomologischen oder Gesetzes-Aussagen, die in den Erfahrungswissenschaften vorkommen, haben den Charakter von Einschränkungen. Sie lassen sich daher stets negativ formulieren: „Die und die Tatbestände, Ereignisse, Vorgänge können nicht auftreten." [25])

Um eine „Erklärung" handelt es sich allerdings auch dort, wo das Explanandum kein konkretes Ereignis, sondern (selbst) ein Gesetz beschreibt. Es tritt in diesem Fall keine grundsätzliche Veränderung in der Struktur der Erklärung ein, denn im Explanans scheiden lediglich die Antecedensbedingungen aus und die Erklärung besteht nunmehr in der Ableitung von Gesetzen aus noch allgemeineren Gesetzeshypothesen. Hier wird

---

[24]) *K. R. Popper:* Logik der Forschung. 32. *C. G. Hempel:* Typologische Methoden in den Sozialwissenschaften. In: Logik der Sozialwissenschaften, hrsg. von *Ernst Topitsch*, Köln – Berlin 1965. 93. *C. G. Hempel* und *Paul Oppenheim:* The Logic of Explanation, a. a. O. 320. *C. G. Hempel:* Deductive-Nomoligical vs. Statistical Explanation. In: Minnesota Studies in the Philosophy of Science. Vol. III. Scientific Explanation, Space, and Time. Ed. by *H. Feigl* and *G. Maxwell.* Minneapolis 1962. Insbes. 99 ff. und 121 ff., sowie: *M. Brodbeck:* Explanation, Prediction, and „Imperfect" Knowledge. 249 ff., ferner: *E. Nagel:* The Structure of Science. Problems in the Logic of Scientific Explanation. London 1961. 551 ff.; *A. Pap:* An Introduction to the Philosophy of Science. New York 1962. 343–350; *J. Hospers:* An Introduction to Philosophical Analysis. London 1956. 179 f.; *H. Albert:* Probleme der Theoriebildung, Entwicklung, Struktur und Anwendung sozialwissenschaftlicher Theorien. In: Theorie und Realität. Ausgewählte Aufsätze zur Wissenschaftslehre der Sozialwissenschaft (= Die Einheit der Gesellschaftswissenschaften. Studien in den Grenzbereichen der Wirtschafts- und Sozialwissenschaften. Bd. 2). Tübingen 1964. 48 f.; sowie: *W. Leinfellner:* Einführung in die Erkenntnis- und Wissenschaftstheorie. 150 ff., und: *J. Habermas:* Analytische Wissenschaftstheorie und Dialektik. In: Logik der Sozialwissenschaften. 295. Vgl. z. B. *C. G. Hempel:* Typologische Methoden in den Sozialwissenschaften. 93: „Formal ist eine solche Erklärung eine Deduktion von U (b) (d. i. das Symbol *Hempels* für das zu erklärende Ereignis – Anm. des Verf.) aus solchen generellen Sätzen und den Randbedingungen, welche die vorhergehenden und gleichzeitigen konkreten Ereignisse beschreiben." Ders.: The Function of General Laws in History. 460. *W. Stegmüller:* Der Begriff des Naturgesetzes. a. a. O. 654. Artikel „Wissenschaftslehre". 343. Hauptströmungen. 451; und *C. G. Hempel* und *Paul Oppenheim:* The Logic of Explanation, a. a. O. 321: „The explanandum must be a logical consequence of the explanans; in other words, the explanandum must be logically deducible from the information contained in the explanans, for otherwise, the explanans would not constitute adequate grounds for the explanandum." Diese Forderung kommt im folgenden nochmals zur Sprache als Adäquatheitskriterium (3). Dagegen: *P. K. Feyerabend:* Explanation, Reduction, and Empiricism. In: Minnesota Studies, Vol. III., insbes. 43–46, sowie 91 ff.

[25]) Vgl. dazu *K. R. Popper:* Logik der Forschung. 39.

ein Gesetz durch andere Gesetze erklärt, aber es gilt nach wie vor die Forderung, daß das Explanandum logisch ableitbar sein müsse aus dem Explanans, und daß mindestens eine universelle Aussage (Gesetz) vorhanden sei [26]).

Es gelten jedoch für beide Fälle *Adäquatheitskriterien:*

(1) das Explanans muß mindestens eine Gesetzesaussage enthalten,

(2) Explanans und Explanandum müssen empirischen Gehalt besitzen, also an der Erfahrung scheitern können, durch die sie widerlegt werden können;

(3) Das Explanandum muß rein logisch aus dem Explanans ableitbar sein;

(4) das Explanans muß wahr sein, d. h. die Richtigkeit dieser Aussage muß kontrolliert (erhärtet) worden sein [27]).

Nach der Art der im Explanans verwendeten Gesetzesaussagen muß zwischen *deterministischen* und *statistischen* Erklärungen unterschieden werden, oder mit anderen Worten: Im Vorgang der Erklärung folgert man aus dem Explanans logisch oder auch wahrscheinlichkeitstheoretisch das Explanandum. Das Erklärungs*schema* bleibt jedoch in beiden Fällen das gleiche. Während im ersten Fall nur solche Gesetzmäßigkeiten verwendet werden, die allgemeine und keine Ausnahmen zulassende Verknüpfungen zwischen Merkmalen von Einzelereignissen konstatieren, behaupten statistische Gesetze lediglich, daß in einem bestimmten Prozentsatz der Fälle, die gewisse Bedingungen erfüllen, Ereignisse von bestimmter Beschaffenheit auftreten. Dabei wirft die statistische Art der Erklärung Probleme auf, die im Falle der nomologisch-deduktiven Erklärung nicht auftreten. Darauf kann hier jedoch nicht näher eingegangen werden; hingegen ist auf folgende Punkte zu verweisen:

1) Nach Ansicht einiger Wissenschaftstheoretiker gelingt es uns nicht immer, die zur Erklärung eines Phänomens erforderlichen Antecedensbedingungen und Gesetze vollständig zu formulieren. *Hempel* spricht daher in solchen Fällen von „Erklärungsskizzen"; *Kaplan* dagegen hält die Einführung dieses Begriffes für unnötig, da nach seiner Ansicht jede Erklärung nur eine Erklärungsskizze sein kann, da sie bis zu einem bestimmten Grad und in gewisser Weise immer offenbleiben muß.

2) Eine weitere Differenzierung ergibt sich durch die Feststellung, daß die generellen Aussagen im Erklärungsschema nicht nur deterministische oder statistische Gesetzesaussagen, sondern auch (einfache) Generalisierungen, d. h. empirische Verallgemeinerungen sein können. Diese Erweiterung des Bereiches der generellen Aussagen im Erklärungsschema erweist sich vor allem im Hinblick auf die Geisteswissenschaften, insbesondere die historischen Wissenschaften, als bedeutsam.

3) Das Erklärungsschema wird als gültig auch für die Sozialwissenschaften und Geisteswissenschaften behauptet. So wird es auch als formales Skelett des sog. Verstehens in den Geisteswissenschaften betrachtet. Nichtübereinstimmung der Ansichten über den Vorgang des Erklärens findet sich sowohl bei Historikern als auch bei Geschichtsphilosophen und Wissenschaftstheoretikern in folgenden Belangen: a) Hinsichtlich der Funktion des „Verstehens" in bezug auf die Erklärung; manche sind nämlich überzeugt, der Nachteil der Geschichtswissenschaft, sich mit bloßen Erklärungsskizzen begnügen zu

---

[26]) *K. Ajdukiewicz,* a. a. O. 180: „Man kann auch fordern, nicht nur eine einzelne Tatsache zu erklären, sondern auch Gesetzmäßigkeiten, die in den empirischen Gesetzen festgestellt werden." *C. G. Hempel* und *Paul Oppenheim:* The Logic of Explanation, a. a. O. 320 f. *H. Albert:* a. a. O. 52; *W. Stegmüller:* Hauptströmungen. 452.

[27]) *C. G. Hempel* und *P. Oppenheim:* The Logic of Explanation. 321 f. (auch in Philosophy of Science 15 [1948], 137 f.). Vgl. dazu *W. Stegmüller:* Hauptströmungen. 452, sowie: *I. Scheffler:* Explanation, Prediction and Abstraction. In: Philosophy of Science, ed. *Arthur Danto* and *Sidney Morgenbesser.* Cleveland – New York 1960. 275 f.

müssen, werde durch den Vorteil wettgemacht, die geschichtlichen Personen in ihren Motiven und auch in ihren Erlebnissen verstehen zu können, andere dagegen glauben, die Methode des „Einfühlens“ und „Verstehens“ besitze keinen Erklärungswert, sondern habe nur eine heuristische Funktion; b) Nichtübereinstimmung besteht ferner bezüglich der Frage, ob die Erklärung, die der Historiker vorzunehmen hat, dem sog. „law covering model“ entspricht, d. h. ob die Erklärung allein durch Subsumierung des zu erklärenden Phänomens unter ein Gesetz erfolgen kann, sei dieses Gesetz nun deterministischer oder statistischer Natur, oder ob anstelle der Gesetzesaussage eine Generalisierung treten kann, oder ob neben dem Gesetzesmodell oder an seiner Stelle eine zweite Form der Erklärung, z. B. eine nicht-kausale oder beinahe-kausale Art der Erklärung treten muß.

4) Das Erklärungsschema wird grundsätzlich in Frage gestellt, es wird, mit anderen Worten, bestritten, daß das Explanandum vom Explanans abgeleitet werden kann, ein Ergebnis, demgegenüber zu zeigen versucht wird, daß die Erklärung deduktiv sein *muß*.

5) Entsprechend der Art der Antecedensbedingungen, Gesetzen und Ableitebeziehungen werden mitunter verschiedene Formen der Erklärung unterschieden, so z. B. deduktiv-logische, statistische (probabilistische), kausale, teleologische, historische, naturwissenschaftliche Erklärung. Dazu sei nur bemerkt, daß z. B. das Vorkommen echter teleologischer Erklärungen bestritten und zu zeigen versucht wird, daß es sich auch hier in Wirklichkeit um kausale Erklärung handle, oder daß anstelle des Begriffes der „historischen Erklärung“ der Begriff der „Erklärung historischer Phänomene“ gesetzt wird.

Eine eingehendere Untersuchung des Problems der Erklärung kann und muß hier auch gar nicht durchgeführt werden. Hier soll nur lediglich wiederum auf das Ziel (theoretischer) Wissenschaft hingewiesen werden: Es besteht darin, erklärende Theorien zu finden (möglichst *wahre* erklärende Theorien), Beschreibungen zu liefern und Prognosen aufzustellen, wobei die Ansicht vertretbar ist, daß sowohl Beschreibung als auch Prognosenbildung im Dienste der Erklärung stehen [28]).

Die (wissenschaftliche) Erklärung kann nun immer einem Test unterworfen und damit auf ihre Richtigkeit hin überprüft werden. Wo eine derartige Überprüfung ausgeschlossen ist, kann von einer echten „Erklärung“ überhaupt nicht gesprochen werden. Wer eine Hypothese vorlegt oder eine Theorie aufstellt, erhofft zwar begreiflicherweise, daß sie nie widerlegt werden wird – und in der Tat, es mag sein, daß eine beliebige Theorie T trotz zahlreicher und intensiver Versuche, sie zu widerlegen, standgehalten hat. Aber T muß – wie übrigens jede Theorie – grundsätzlich widerlegbar oder bestätigbar sein, oder mit anderen Worten, sie muß an der Erfahrung scheitern oder durch sie bestätigt werden können. Das wäre jedoch überall dort nicht der Fall, wo eine Theorie gewissermaßen eine „alles-erklären-könnende Theorie“ ist, und wo sogar solche Fälle, die jedermann als eine Widerlegung der Theorie betrachten würde, vom Aufsteller oder Verfechter

---

[28]) Vgl. dazu: *A. Kaplan:* a. a. O. 368 f.; *P. K. Feyerabend:* a. a. O. 28 (Unterschied zwischen empirischen Generalisierungen und Theorien); ferner: 43 ff. (Nichtableitbarkeit d. Explanandums aus dem Explanans) und 91 ff.; *W. Dray:* Laws and Explanations in History. London 1960. 1–18; *W. Stegmüller:* Hauptströmungen. 456 f. („Verstehen“ – „Erklären“); *W. Dray:* a. a. O. 1 ff. (Zur Rolle des „law covering model“); spez. dazu auch *C. G. Hempel:* The Function of General Laws in History. In: The Journal of Philosophy, 39, 1942, reprint. in: Readings in Philosophical Analysis, ed. *H. Feigl* and *W. Sellars.* New York. 1949. 459–471; vgl. dazu ferner bei *Dray:* 3–10, sowie: *P. Gardiner:* The Nature of Historical Explanation. London 1952, bes. 5 und 24; *M. Brodbeck:* a. a. O. 238 („Why Explanation Must Be Deductive“); *W. Leinfellner:* a. a. O. 151 („Einteilung der Erklärungen“); sowie: *K. R. Popper:* Logik der Forschung. 33 („Ziel der Wissenschaft: erklärende Theorien finden“).

der Theorie als Bestätigungen oder als Belege für die Theorie beansprucht werden. Denn die behauptete Stärke einer Theorie, ihre Fähigkeit, alle Fälle zu ihren Gunsten erklären zu können, ist in Wirklichkeit ihre Schwäche. Wenn eine Theorie *alles* erklären kann, dann „erklärt" sie ein Ereignis E, ebensogut aber auch dessen Gegenteil non-E; zugleich ist sie aber auch wertlos geworden.

Die *Voraussage:* Während wir von „Erklärung" dort sprechen, wo das Ereignis oder der Zustand, den das Explanandum beschreibt, bereits gegeben ist und wo das zugehörige Explanans gesucht wird, aus dem dieser Satz abgeleitet werden kann, ist es umgekehrt bei der Voraussage so, daß dann, wenn das Explanans, also Antecedensbedingungen plus Gesetz, gegeben sind, daraus das Explanandum abgeleitet werden kann. Zwischen den beiden Operationen der Erklärung und der Prognosenerstellung besteht ein enger, jedoch nicht immer übereinstimmend beurteilter Zusammenhang. Die Gemeinsamkeit liegt in dem Umstand, daß ein bestimmter Satz, nennen wir ihn A, der ein empirisches Phänomen beschreibt, aus Gesetzesaussagen und gewissen Randbedingungen abgeleitet werden kann. Der Unterschied besteht nach der Ansicht zahlreicher Theoretiker (lediglich) in den Kenntnissen, die dabei vorausgesetzt werden, und in dem Zeitpunkt des Vorkommnisses, das in A beschrieben wird [29]).

Aussagen über die „Wirklichkeit" (das „Sein", die „Welt" u. ä.) zu machen, d. h. inhaltlich zu sprechen und nicht lediglich über Begriffszusammenhänge, Definitionen und Ableitungen aus Definitionen auszusagen, ist die gemeinsame Absicht in allen nichtformalen Disziplinen. Es ist die übereinstimmende Zielsetzung nicht nur der sog. exakten und nicht-exakten Naturwissenschaften, der Sozialwissenschaften und ebenso der Geisteswissenschaften, sondern auch der Realphilosophie in ihren Hauptgebieten (Metaphysik, Ontologie, Wertlehre) und Nebendisziplinen (Geschichtsphilosophie, Naturphilosophie, Rechtsphilosophie usw.). In allen diesen Fällen wird die Aufstellung von Sätzen mit *faktischem* Gehalt *angestrebt,* und zwar von *wahren* Sätzen, deren Wahrheitswert („wahr"/ „falsch" in einer zweiwertigen Logik) nicht auf Grund logischer Analyse allein entscheidbar sein darf. Weder Physiker, Historiker, Gesellschaftswissenschaftler noch Theologen halten derartige logische Analysen für hinreichend, um zu Erkenntnissen über ihren jeweiligen Untersuchungsgegenstand zu gelangen, zumindest soweit es nicht-abgeleitete Sätze betrifft.

6.1.1. Ableitungsrichtigkeit

Behauptungssätze bzw. Aussagen, aber auch z. B. Sätze, die normativen Charakter haben [30]), sind oft logisch miteinander verbunden, d. h. irgendwelche Sätze folgen aus anderen Sätzen; sie werden aus ihnen abgeleitet oder stellen sogar einen Beweis(versuch) dar. Die Sätze oder Aussagen, die als Ausgangspunkte einer Ableitung oder eines Ableitungsversuches dienen, bezeichnet man als „Prämissen". Aus ihnen werden im Falle von Behauptungssätzen, die Annahmen oder Erkenntnisansprüche aus-

---

[29]) Von einem formalen Standpunkt aus, stellt *A. Kaplan* fest, sind zahlreiche Unterschiede zwischen Erklärung und Prognose augenfällig. (*A. Kaplan:* The Conduct of Inquiry. 349 f.). Ferner: *M. Scriven:* Definitions, Explanations, and Theories. In: Minnesota Studies in the Philosophy of Science, II. ed. by *H. Feigl, M. Scriven,* and *G. Maxwell.* Minneapolis 1958. 193 f.; sowie *O. Helmer, N. Rescher:* On the Epistemology of the Inexact Sciences. In: Management Science. Vol. 6. 1959. 36 ff., 277 f. und 285. Vgl. *K. R. Popper:* Logik der Forschung. 33 (Anm. 1), wo der Zusammenhang von Erklärung und Prognosenerstellung erwähnt und auf den Primat der Erklärung hingewiesen wird.

[30]) Zum Unterschied von den Ist-Sätzen, mittels welcher wir aussagen, daß etwas ist, nicht ist, so ist oder nicht so ist, könnten wir sie als Soll-Sätze bezeichnen, weil sie zu etwas auffordern.

drücken, andere Ansichten, Überzeugungen, Erkenntnisansprüche gewonnen. Dagegen wird die Feststellung, die den abgeleiteten Erkenntnisanspruch jeweils enthält, „Konklusion“ oder „Schlußsatz“ genannt. Ist der Schluß „gültig“, so implizieren die Prämissen den Schlußsatz, d. h. sie enthalten ihn logisch. Die abgeleiteten Sätze entstehen aus ihren Ausgangssätzen durch logische Umformungen; sie gehen aus ihnen durch Anwendung der Regeln der deduktiven Logik hervor [31]).

Abgeleitete Sätze können Ausgangssätze für andere Ableitungen sein; Sätze, die Konklusionen in einem bestimmten Schluß sind, können Prämissen in einer neuen Ableitung sein [32]). In einer streng deduktiv aufgebauten Disziplin ist dies selbstverständlich. So wollten die Begründer der großen philosophischen Systeme des Rationalismus, *Descartes* und *Spinoza*, die speziellsten Sätze ihres Systems aus obersten Prinzipien auf dem Weg über viele dazwischenliegende einzelne Syllogismen deduzieren, wobei ihnen das Vorgehen der Mathematik als Idealvorstellung diente [33]).

Nun kann aber kein Satz, der nicht gemäß den Regeln der Logik [34]) aus anderen Sätzen abgeleitet wurde, als gültig abgeleitet gelten. Es ist daher scharf zu trennen zwischen dem nicht gelungenen und dem gelungenen Versuch einer Ableitung. Wir sollten daher zunächst immer nur von „Ableitungs*ansprüchen*“ reden, die bezüglich der Gültigkeit des Ableitungscharakters noch gar nichts entscheiden können. Nur dort also, wo die Regeln der Logik nicht verletzt wurden, können wir von „Konklusionen“ im eigentlichen Sinn sprechen.

Die Darstellungen in manchen wissenschaftlichen Bereichen, man denke etwa an die Zoologie oder Geologie, stellen in den meisten Fällen keine Ableitungs- bzw. Begründungszusammenhänge dar. Auch innerhalb der Philosophie handelt es sich oft um Aussagen, die sich zwar als in irgendeiner Weise verknüpft erweisen mögen, die aber auf jeden Fall nicht im Verhältnis von Prämissen und Konklusionen zueinander stehen. Vor allem aber sei auf historische Darlegungen verwiesen, die irgendwelche Ereignisse, Ereignisfolgen, Zustände oder Dinge lediglich beschreiben, wenngleich die Beschreibung, wie es sich erweisen wird, unter bestimmten Gesichtspunkten oder irgendwelchen theoretischen Annahmen entsprechend erfolgen muß. Z. B. werden räumliche und zeitliche Ordnungen oder Anordnungen festgestellt, Mineralien, Pflanzen, Tiere und deren Teile werden nach irgendwelchen erkennbaren Merkmalen gegliedert, ihr Bau und Zusammenhang wird dargestellt, oder es wird in ähnlicher Weise verfahren. Von Kausalforschung und mithin von Erklärungen irgendwelcher Vorgänge ist dabei nicht die Rede. Dennoch wird auch in diesen Fällen das Prädikat „Wissenschaft“ verliehen, so z. B. für die Vergleichende Morphologie oder für die Taxonomie als Wissenschaft von einem natürlichen System. Obgleich erzählend-beschreibende und erklärend-entwickelnde Darstellung nur aufeinander folgende Stufen in der Entwicklung der Geschichtswissenschaft sind, wird

---

[31]) *R. Carnap:* Symbolische Logik. 19 f.

[32]) Vgl. z. B. *I. Copi:* Symbolic Logic. New York 1954, 3/4. Wir sprechen in diesem Fall von einer „Ableitungskette“.

[33]) Siehe die Ausführungen zur Entwicklungsgeschichte des Wissenschaftsbegriffes.

[34]) Es ist hier zu fragen: „Welche Logik?“, denn wir können verschiedene Formen oder Gestalten der einen Logik, z. B. klassische, intuitionistische, effektive usw. unterscheiden. Jedoch sind die Unterschiede für den Zweck der vorliegenden Untersuchung unwichtig. Die Forderung nach Widerspruchsfreiheit, ebenso wie diejenige nach Ableitungsrichtigkeit, wird von ihnen nicht berührt. Außerdem genügt es nicht, lediglich auf die Möglichkeit anderer Logiken hinzuweisen. Das jeweilige Logiksystem müßte eingeführt werden, sich als haltbar und verwendbar erweisen. – Im folgenden wird daher nach wie vor von „der“ Logik gesprochen werden.

doch auch schon dort von „Wissenschaft" gesprochen, wo sich der Historiker auf die bloße Aufzeigung der Begebenheiten beschränkt, etwa nach der Aufgabenbestimmung, die *Ranke* für den Geschichtsforscher gegeben hat, zu zeigen, „wie die Dinge waren, und wie alles gekommen ist". Derartige Phasen bloßer Beschreibung und darauf aufbauender Erklärung treffen wir beispielsweise auch in der Sprachwissenschaft an. Auch hier wird bereits im Stadium der Beschreibung von „Wissenschaft" gesprochen, etwa im Fall lautgeschichtlicher Untersuchung, wenn die Veränderung der Laute in ihrem geschichtlichen Verlaufe zunächst lediglich festgestellt wird. Mehr noch: Die Ausführung allgemeiner Klassifikationsversuche, die der Sprachforscher vornimmt, sowie Versuche dieser Art auch in anderen Bereichen, werden schon von sich aus als wissenschaftliche Aufgaben aufgefaßt.

6.1.2. Widerspruchsfreiheit

6.1.2.1. Widerspruchsfreiheit der Prämissen und Konklusionen

Es ist eine alte Einsicht der Logiker, daß dann, wenn die Prämissen einander widersprechen, oder wenn eine der Prämissen sich selbst widerspricht, jede Konklusion möglich wird, also zu jedem Satz auch seine Negation aus den gleichen Prämissen gefolgert werden kann [35]). Da die Ableitungen jedoch nur dann einen Sinn haben, wenn in einem gegebenen Fall nicht auch das Gegenteil zulässig sein kann, folgt: Die Prämissen müssen in ihrer Gesamtheit so beschaffen sein, daß die Ableitbarkeit eines beliebigen Satzes und zugleich seiner Negation ausgeschlossen werden kann [36]). Ableitungen stiften nur dann einen Nutzen, wenn in einem gegebenen Fall nicht auch das Gegenteil zulässig ist. Da jeder Satz möglicher Ausgangssatz einer Ableitung ist, kann überhaupt kein Satz als „wissenschaftlich" bezeichnet werden, wenn er so beschaffen ist, daß durch ihn die Ableitung jedes beliebigen Satzes, folglich auch die Ableitung eines Satzes *und* seines Negats möglich wird.

Beide Gruppen von Forderungen zusammengenommen erstrecken sich demnach sowohl auf den Bereich der Ableitung also auf den Zusammenhang von Prämissen und Konklusionen als auch auf die Prämissen selbst, von denen sie eine bestimmte Beschaffenheit verlangen. Sie fordern, daß (1) die Ableitungsregeln strikt befolgt werden, und (2), daß die verwendeten Prämissen weder einander widersprechen noch für sich genommen widersprüchlich sind [37]).

Ein Satz kann daher nicht als „wissenschaftlich" bezeichnet werden, wenn er selbstwidersprüchlich ist. Zwei einander ausschließende Sätze können zwar für sich allein

---

[35]) Ein Beispiel dafür findet sich bei *R. Carnap:* Symbolische Logik. 91. Dort wird gezeigt, daß aus „A" und „∼ A" (ein beliebig gewählter Satz) „B" ableitbar ist, oder allgemein: daß aus Sj und ∼ Sj jeder beliebige Satz ableitbar ist. Es ist schwer zu begreifen, doch immer wieder festzustellen, daß der damit verbundene Verlust des Informationsgehalts diejenigen, die ein derartiges inkonsistentes deduktives System errichten, gleichgültig läßt. Ganz im Gegenteil wird der Umstand, daß in diesem System sämtliche seiner Formeln beweisbar sind, als Zeichen seiner Fruchtbarkeit betrachtet. Wenn unter „fruchtbar" die bloße Quantität ableitbarer Sätze oder Satzformeln etc. verstanden wird, so wäre es allerdings empfehlenswert, ausschließlich mit kontradiktorischen Prämissen zu arbeiten! Offenbar aber wäre eine derartige Interpretation des Terminus „Fruchtbarkeit" im höchsten Grade unzweckmäßig, und, so darf hinzugefügt werden, „unfruchtbar".

[36]) Vgl. *Bochenski:* Formale Logik. 232. *P. Lorenzen:* Formale Logik (Göschen 1176/1176 a). Berlin 1958. 37.

[37]) „Wir nennen eine Formel L-falsch (oder logisch falsch oder kontradiktorisch), wenn sie den leeren Spielraum hat, also bei jeder möglichen Bewertung falsch ist ... Seine Falschheit ist, unabhängig von den Fakten, schon durch den Sinn des Satzes gegeben" (*R. Carnap:* Symbolische Logik. 18). Ebenso: *I. Copi:* a. a. O. 27 f.

genommen als „wissenschaftlich“ anerkannt werden, aber sie sind es *zusammengenommen* nicht mehr. Es muß daher jeweils einer von zwei einander widersprechenden Sätzen eliminiert werden. Die ruinösen Konsequenzen, die sich auf der Nichtbeseitigung selbstwidersprüchlicher und einander widersprechender Prämissen ergeben, treffen mit der gleichen Schärfe philosophische wie einzelwissenschaftliche Satzsysteme. Es kann keine Rede davon sein, daß die Philosophie über diesen Problemen stünde, denn wie auch immer sie ihren eigenen Auftrag auslegen und ihre Aufgaben bestimmen mag, als ein Wissen von beziehungsweise als eine selbständige Erkenntnis der Wirklichkeit oder aber als eine „Wissenschaft der Wissenschaft“: daß ihre Sätze imstande sein müssen, „Informationen“ zu enthalten, wird von ihr nicht minder gefordert als etwa von der Biologie, Geschichte oder Nationalökonomie. Das gilt ferner für jede Art von Diskussion *über* diese Forderung, derartige kontradiktorische Sätze zu beseitigen. Wer in diesem Zusammenhang etwas dafür oder dagegen beweisen möchte, muß nun selbst kontradiktorische Prämissen vermeiden, widrigenfalls er sowohl sein Ergebnis als auch dessen Gegenteil erhalten würde.

6.1.2.2. Widerspruchsfreiheit des Systems der logischen Regeln (Forderungen)

Müssen sich diese Forderungen aber nicht selbst legimitieren? Sind sie nicht gleichfalls einer „Begründung“ bedürftig? Zweifellos ja! Aber die Art und Weise ihrer Begründung muß sich als Rechtfertigung von Forderungen gegenüber der Begründung von Aussagen unterscheiden. In bezug auf Behauptungssätze oder Aussagen ist es sinnvoll, einen Wahrheitswert feststellen zu wollen. Im Hinblick auf die soeben erhobenen Forderungen und im Hinblick auf überhaupt alle Forderungen kann lediglich getrachtet werden, ihre Zweckmäßigkeit, Nützlichkeit, ihre Unerläßlichkeit für bestimmte Zwecke nachzuweisen. Die Gründe dafür werden jedoch selbst als Sätze formuliert, die auch Schlußsätze, also abgeleitete Sätze sein können. Beispielshalber kann in ihnen auf den praktischen Nutzen, den Erfolg hingewiesen werden, der überall dort und nur dort erzielt worden ist, wo diese Forderungen der Logik erfüllt wurden. Die Aufzeigung des Verlustes jeglichen Informationsgehaltes bei voller Ausschöpfung der Ableitungsmöglichkeiten aus kontradiktorischen Prämissen stellt den Versuch dar, jene Forderungen plausibel zu machen. Er kann naturgemäß nur in der Aufforderung gipfeln, die Widerspruchsfreiheit der Prämissen zu sichern. Mit anderen Worten, es wird die Aufforderung formuliert: „Es sollen immer nicht-kontradiktorische Prämissen verwendet werden.“

Um zu dieser Konklusion zu gelangen, die eine Aufforderung darstellt, etwas Bestimmtes den Forderungen der Logik entsprechend zu tun oder zu unterlassen, war es notwendig, selbst wiederum Forderungen einer Logik zu erfüllen, das heißt gemäß den logischen Ableitungsregeln vorzugehen. Auch die Aufforderung, nur Prämissen bestimmter Art zu verwenden, ist selbst ein Schluß aus Prämissen, ein abgeleiteter Satz. Entsprechend den Forderungen der Logik kann ein Schlußsatz dieser Art jedoch nur aus Prämissen gewonnen werden, die eine bestimmte Beschaffenheit aufweisen. Ist nämlich die Konklusion normativ, so muß auch mindestens eine der Prämissen normativ sein. Aus ausschließlich deskriptiven Prämissen oder Aussagen kann nach Erkenntnissen der Logik keine Nicht-Aussage und somit keine Forderung abgeleitet werden [38]).

---

[38]) Vgl. hierzu *Ulrich Klug:* Die reine Rechtslehre von *Hans Kelsen* und die formallogische Rechtfertigung der Kritik an dem Pseudoschluß vom Sein auf das Sollen. In: Law, State, and International Legal Order. Essays in Honor of *Hans Kelsen.* Ed. by *S. Engel* and *R. A. Métal.* Knoxville 1964, 161: „Zu einer Sollensconclusio gelangt man erst, wenn mindestens eine – meistens mehr als eine – Sollensprämisse (normative Prämisse) vorausgesetzt wird.“ (Vgl. dazu a. a. O. 160 f. und passim.)

Es muß daher zwischen *deskriptiven* und *normativen Schlüssen* unterschieden werden. Die Aufforderung, etwas Bestimmtes zu tun oder zu unterlassen, kann letztlich selbst wieder nur auf eine andere Aufforderung zurückgeführt werden. Stellt sie das Fazit aus einem gültigen Schluß dar, so muß unter den Prämissen dieses Schlusses auch ein Satz enthalten sein, der gleichfalls eine Aufforderung enthält. Man wird selbstverständlich nicht versäumen, eine Rechtfertigung auch dieser Prämisse zu verlangen. Ist sie selbst kein wirklicher Ausgangssatz, sondern ebenfalls nur Schlußsatz aus einem anderen, notwendigerweise auch normativen Schluß, so wird auch dort nach einer Begründung verlangt. Dieser Prozeß kann jedoch offensichtlich nicht endlos weitergeführt, sondern muß in irgendeiner Weise abgeschlossen werden.

Das gilt indessen nicht nur für den, der die Nützlichkeit solcher Forderungen nachweisen, sondern ebenso für denjenigen, der sie bestreiten will. Denn auch seine negative Einstellung ergibt sich ihm als Schlußsatz aus bestimmten Prämissen, so wenn er tatsächlich oder auch nur vermeintlich beobachten konnte, daß die Befolgung der Forderungen der Logik sich oft (zumeist, immer, oder wenigstens im betreffenden Fall) nachteilig ausgewirkt hat. Dazu sind offensichtlich empirische Untersuchungen erforderlich, deren Fazit seine kritische Einstellung gegenüber der betreffenden Aufforderung ist, im konkreten Falle gegenüber der Forderung nach Konsistenz der verwendeten Prämissen. Bereits hierbei sind logische Prozesse notwendig, denn aus empirischen Untersuchungen bestimmter Art wird für den konkreten Fall der Schluß gezogen, daß das Verwenden kontradiktorischer Prämissen vorteilhaft oder nachteilig ist. Ein weiterer Schluß, und zwar ein normativer Schluß, ist erforderlich, um daraus die Ablehnung der Forderung nach ausschließlich nicht-kontradiktorischen Prämissen zu erhalten [39]). Das zeigt, daß auch derjenige, der die Berechtigung der Forderung bestreitet, sie erfüllen muß.

Sollte es sich jedoch bei den Gründen für oder wider die Nützlichkeit oder Notwendigkeit der Erfüllung der Forderungen der Logik nicht um abgeleitete Sätze (Konklusionen aus Prämissen, die irgendwelche Beobachtungen usw. ausdrücken) handeln können, sondern um nicht-abgeleitete Sätze überhaupt, so gilt auch hier eine Forderung der Logik, nämlich die Konsistenzforderung. Denn sonst könnte aus der jeweiligen Prämissenmenge auch die Negation jener Begründung(en) abgeleitet werden. Eine derartige „Begründung" wäre offensichtlich nutzlos, allerdings nur für denjenigen, der die Logik akzeptiert. Wer dies nicht tut, kann durch diese Argumentation natürlich nicht erschüttert werden, was aber zweifellos *gegen* ihn spricht. Denn aus ihr könnte ebensogut die Forderung nach Widerspruchsfreiheit als auch nach Kontradizität der Prämissen gewonnen werden [40]). Dadurch wäre dem Verfahren selbst, das in der Empfehlung des einen als auch seines Gegenteils geendet hätte, jeder Sinn und Wert genommen. Um nämlich zu *diesem* Ergebnis zu kommen, hätten wir überhaupt keines „Verfahrens" bedurft. Werden nun aber nicht in allen eben untersuchten Fällen die Forderungen der Logik beziehungsweise deren Regeln dazu verwendet, ebendiese Forderungen erst zu begründen?

6.1.2.3. Zur Frage der Begründung oder Rechtfertigung der Logik

Unter „Begründung" oder „Rechtfertigung" (im allgemeinen) verstehen wir die Angabe oder Feststellung von Gründen. Die Rechtfertigung besteht daher im Nach-

[39]) Denn aus der Erkenntnis, daß etwas vorteilhaft oder nachteilig ist für einen bestimmten Zweck, folgt streng logisch noch keineswegs, daß es unterlassen werden soll – so selbstverständlich es uns auch ist, z. B. aus der Einsicht in die Schädlichkeit von X für Y zu „folgern", daß X unterbleiben soll.

[40]) Die Prämissen eines normativen Schlusses dürfen einander ebensowenig widersprechen wie diejenigen eines deskriptiven Schlusses.

weis der Übereinstimmung des zu Rechtfertigenden (Justificandum) mit einem bestimmten Prinzip oder einer Reihe von Prinzipien, die es rechtfertigen (Justificans). Sie schließt somit einen zumindest impliziten Bezug auf Standards oder Normen (Regeln, Forderungen) ein, die im jeweiligen Kontext als Prinzipien der Rechtfertigung dienen. Dabei ist jedoch zu beachten: *Gründe* für unsere Überzeugung oder unser Wissen anzugeben ist nicht dasselbe, wie deren *Ursachen* darzulegen. Ferner muß zwischen Begründung im theoretischen Sinn (justificatio cognitionis, validation) und Begründung im praktisch-pragmatischen Sinn (justificatio actionis, vindication) unterschieden werden [41].

Die Logik als diejenige Disziplin, in der die Gültigkeit von Argumenten untersucht wird, stellt im Hinblick auf die Begründungsproblematik einen Sonderfall dar, da für den Zweck der Begründung die Entscheidung darüber, wann ein gültiges Argument vorliegt, bereits vorausgesetzt werden muß. Können wir *eine* Aussage durch sich selbst begründen? Wenn diese Frage verneint wird, kann nicht angenommen werden, daß wir die Prinzipien der Logik begründen können, indem wir diese Prinzipien selbst dazu verwenden. Wie könnten aber die Gesetze der Logik anders begründet werden als wiederum durch die logischen Gesetze? Und wenn das möglich wäre, wie könnten wir dem unendlichen Regreß der Begründungen entgehen, nachdem auch die zur Begründung verwendeten Gesetze oder Prinzipien ihrerseits der Begründung bedürfen? Da unter Begründung die Zurückführung auf „frühere" Sätze verstanden wird, würde im Falle einer *letzten* Begründung, die ja gerade durch die Nichtzurückführbarkeit auf frühere Sätze gekennzeichnet ist, das entscheidende Merkmal des Begründungsbegriffes wegfallen und dieser in eine contradictio in adjecto verwandelt werden. Wir können also die Prinzipien oder Sätze der Logik nicht durch sich selbst begründen. Wir können sie nicht anders als durch die Prinzipien des Beweises beweisen, denn sie selbst sind diese Prinzipien. Daraus folgt nun aber, daß wir sie überhaupt nicht begründen oder beweisen können [42].

Wie verhält es sich dagegen mit der *praktisch-pragmatischen* Begründung? Wir können zu zeigen versuchen, daß die Verneinung mancher logischer Prinzipien, Gesetze oder Regeln sich selbst aufheben und dadurch jede Diskussion unmöglich machen würde. Ohne Anerkennung logischer Prinzipien könnte überhaupt nichts behauptet werden, und zwar nicht einmal die Verneinung des Gesetzes selbst. Andererseits müssen wir die Regeln oder Prinzipien der Logik ebenfalls einer kritischen Betrachtung unterziehen. Wenn wir eine pragmatische Begründung versuchen wollen, so muß auch diese anhand von Schlußfolgerungen voranschreiten; das wirft zwangsläufig die Frage nach den Kriterien des korrekten Schließens auf.

Die Regeln der Logik können auch als *Normen* des korrekten Schließens betrachtet werden. Wir werden dann darauf verweisen, daß sie in ihrer Gesamtheit das definieren, was wir unter „korrektem Schließen" verstehen, wobei die Voraussetzung natürlich darin besteht, daß wir wenigstens implizit über Kriterien verfügen, die es uns ermöglichen, die Korrektheit eines Schlusses festzustellen. Die Formulierung der Regeln expliziert dann lediglich diese Kriterien.

---

[41]) *H. Feigl:* De Principiis Non Disputandum ...? In: Philosophical Analysis. Ed. by *M. Black.* Ithaca, N. Y. 1950. 121. Vgl. dazu vom gleichen Verfasser: Validation and Vindication. An Analysis of the Nature and the Limits of Ethical Arguments In: Readings in Ethical Theory. Sel. and ed. by *W. Sellars* and *J. Hospers.* New York 1952. 667–681, sowie *W. Sellars:* Language, Rules and Behavior. In: *John Dewey,* Philosopher of Science and Freedom. Ed. by *S. Hook.* New York 1950.

[42]) *John Hospers:* An Introduction to Philosophical Analysis. London 1956. 129. *H. Feigl:* Validation and Vindication: a. a. O. 675.

Nun werden aber die Ausdrücke der Umgangssprache in ganz bestimmter Weise verwendet, zwar nicht in einer „von Natur aus" festgelegten Weise, aber zwangsläufig jeweils in einer *bestimmten* Weise. Für sie gilt, daß sie auch anders verwendet werden könnten, wenn derjenige, der aus ihnen die Sprache aufgebaut oder der sie in eine bereits bestehende Sprache eingeführt hat, für sie einen anderen Gebrauch als den nunmehr akzeptierten vorgeschlagen hätte. So hätten die Wörter „korrekt", „Schluß", korrektes Schließen" oder „gültiges Argument" von ihrem Urheber auch in einer anderen als der gebräuchlich gewordenen Weise verwendet werden können. Wir erkennen ja das Selbstverständliche, daß für das, was in der deutschen Sprache als „Schluß" oder als „Beweis" bezeichnet wird, in *anderen* Sprachen andere Bezeichnungen verwendet werden.

Die Sprache liegt nun einmal vor und ihre Ausdrücke haben ganz bestimmte Bedeutungen, oder es gelten ganz bestimmte Verwendungsregeln für sie. Z. B. hat das Wort „alle" eine bestimmte Bedeutung: Wenn die Behauptung zutrifft, daß alle Menschen sterblich sind, dann gilt, daß Müller, sofern er ein Mensch ist, auch sterblich ist. Würde jemand sagen, Müller sei, obgleich ein Mensch, dennoch nicht sterblich, so würde er dadurch verraten, daß er den Ausdruck „alle" nicht in der Weise verwendet, wie er nun einmal in der deutschen Sprache gebraucht wird. Wenn also unter „korrektem Schließen" etwas verstanden wird, was wir in Form der Anwendungsbedingungen $B_1 \ldots B_n$ für diesen Ausdruck anschreiben können, und wenn nun im konkreten Fall $B_1 \ldots B_n$ erfüllt sind, dann können wir, ja dann müssen wir sogar feststellen, hier liege korrektes Schließen vor.

Natürlich kann gefragt werden, warum jemand hier oder dort den Ausdruck „korrektes Schließen" zur Bezeichnung eines bestimmten „Objektes" verwende. Die Antwort wird lauten: Weil die Anwendungsbedingungen $B_1 \ldots B_n$ – an deren Stelle natürlich auch andere Anwendungsbedingungen im Gebrauch sein könnten – erfüllt sind. Das ist offensichtlich eine Begründung, und zwar eine Begründung der Behauptung, daß der Ausdruck „korrekter Schluß" hier richtig, nämlich den zugrundegelegten Verwendungsregeln entsprechend, gebraucht worden sei. Hier liegt also auch eine logische Operation vor.

Daß ich behaupten kann, meine Antwort auf die Frage, warum ich in einem konkreten Fall den Ausdruck „korrektes Schließen" angewendet habe, müsse selbst auch Ergebnis korrekten Schließens sein und sei daher eine endgültige Antwort, ist deswegen möglich, weil der Ausdruck „korrektes Schließen" in dieser Weise verwendet *wird*. Gälten für ihn andere Gebrauchsregeln, so würde er eben in anderen Fällen angewendet werden. Auch für die Ausdrücke „korrekt", „gültig", „Schluß" usw. gilt das selbstverständlich. Für *uns* könnte gelten, daß wir z. B. den Ausdruck „korrektes Schließen" deswegen so gebrauchen, weil er in der deutschen Sprache, speziell in der Sprache der Logiker, *nun einmal* so und nicht anders verwendet wird. Mit dem Problem der Logik-begründung hat das nur mittelbar zu tun, insofern logische Prozesse unvermeidlich werden, etwa wenn die Behauptung begründet werden soll, im Untersuchungsfall sei der Ausdruck „korrekter Schluß" richtig, das heißt aber, den für ihn geltenden Verwendungsregeln gemäß angewendet worden.

Während in den bisher angeführten Fällen vom Versuch einer *Selbst*begründung der Logik gesprochen werden muß, kommen einige Philosophen zu dem Ergebnis, die Begründung der Logik könne nicht Aufgabe der Logik selbst, sondern müsse Aufgabe der *Grund*wissenschaft sein [43]), es könne sich bei der Begründung der Logik demnach nur um eine *Fremd*begründung handeln. So ist es z. B. nach einigen Vertretern der heuti-

---

[43]) Für die nun folgende Darstellung siehe *E. Coreth:* Metaphysik. Eine methodisch-systematische Grundlegung. 2. Aufl. Innsbruck – Wien – München 1964. 71–74.

gen scholastischen Philosophie die Metaphysik, die der Logik, diese begründend, vorausgeht. Im Vollzug der Selbstbegründung der Metaphysik sei nämlich zugleich auch die Logik als das formale, im inhaltlichen Denkvollzug implizierte Element bereits mitbegründet. Alles Formal-Logische sei im Vollzug des grundlegenden Fragens sozusagen schon unreflex, und zwar als Bedingung dafür mitgewußt, daß wir überhaupt sinnvoll fragen können. Diese Bedingungen der Möglichkeit seien transzendentale Bedingungen, nicht logische Voraussetzungen. Nicht als reflex gewußte Theorie, die in ihrer Berechtigung schon zuvor ausgewiesen wurde, als „passive Logik", das heißt als wissenschaftlich expliziertes Wissen um die logischen Formen und Gesetze, sei die Logik vorausgesetzt, sondern sie werde als „aktive Logik" im Vollzug der sachlichen Selbstbegründung der Metaphysik, und somit als das im Erkenntnisvollzug selbst mitgegebene Wissen um die diskursive Ordnung, als im Vollzug impliziertes Wissen um die logischen Formen und Gesetze mitbegründet.

Schon in den ersten Schritten der Metaphysik könne eine solche „operative" Begründung der Logik vorgenommen werden, insofern nämlich die transzendentalen Bedingungen formal-logischer Art ausdrücklich gemacht würden. Eine solche Begründung wird als „reduktiv" bezeichnet. Durch eine deduktive Bewegung müsse sie sodann vollendet werden. Seien aber die logischen Formen und Gesetze nun erst einmal reduktiv als Bedingungen der Möglichkeit des metaphysischen Denkvollzuges aufgewiesen, so ergebe sich daraus die *apriorische* Notwendigkeit, in eben diesen logischen Formen und Gesetzen metaphysisches Denken zu vollziehen. Indem die Metaphysik zunehmend bestimmt werde, könne auch die Logik von ihrem Grunde her immer tiefer begriffen werden, bis endlich vom *metaphysischen Apriori* her einsichtig werde, daß und warum sich uns das Sein als das Inhaltsprinzip aller Inhaltlichkeit gerade in den Formen und Gesetzen logischen Denkens erschließe. Diese Formen gründeten in der Inhaltlichkeit des Seins und gälten daher notwendig von jedem möglichen Inhalt.

Der z. B. von *Coreth* unternommene Versuch einer Letztbegründung der Logik führt indessen zu den eben behandelten Problemen zurück, da ja auch hier argumentiert werden muß. Es ist doch offensichtlich so, daß die Metaphysik ihren Anspruch, Grundwissenschaft zu sein, wissenschaftlich haltbar nur dann vertreten kann, wenn sie in ihrem Vorgehen auch selbst die logischen Gesetze und Forderungen erfüllt, also sich bemüht, korrekt zu argumentieren. Ist es unter Beachtung dieser Forderungen gelungen, die Logik metaphysisch zu begründen, dann bleibt noch immer die Frage, wie anders als mit logischen Mitteln dieser Anspruch begründet werden könne, eine Frage, die von *Coreth* selbst mit dem Hinweis auf die Methode der Reduktion und der Deduktion, die hier verwendet werden, bereits im zustimmenden Sinn beantwortet wurde. Er hätte freilich ohne Vollzug formallogischer Operationen gar nicht zu dem Schluß kommen können, die Unmöglichkeit, die Logik aus sich selbst zu begründen, erfordere ihre Begründung aus etwas anderem, und zwar aus der Metaphysik.

Auch *Hugo Dingler* geht von der Voraussetzung aus, von einer Selbstbegründung der Logik könne nicht geredet werden, da die logischen Gesetze und Regeln, die zur Begründung herangezogen werden sollen, erst selbst einer Begründung bedürften [44]).

[44]) Die folgende Darstellung bezieht sich auf *Dinglers* „Aufbau der exakten Fundamentalwissenschaft", hrsg. v. *P. Lorenzen*. München 1964. 22–28. Vgl. dazu vom gleichen Verfasser: Probleme des Positivismus, I, II; a. a. O., sowie: Philosophie der Logik und Arithmetik, und: Grundriß der methodischen Philosophie; für eine kurze Darstellung des *Dingler*schen Lösungsversuches: *E. May:* Kleiner Grundriß der Naturphilosophie. Dazu auch *K. Holzkamp:* Wissenschaft als Handlung. Berlin 1967.

Dingler stützt sich bei seinem Lösungsversuch auf die eine Instanz in der ganzen Welt, über die wir nach seiner Ansicht ohne weiteres oder völlig unmittelbar restlose Kontrolle besitzen und für die wir absolut garantieren können: meinen „Willen". Nur für unseren *Willen* können wir absolut garantieren.

Da dieser Satz nur das unmittelbar Gewisseste in Worten ausspreche, bedürfe er keines Beweises. Unter „Wille" verstünden wir jenes Gebiet, das allein von uns abhänge und daher unserer Kontrolle *absolut* unterliege. Da der Wille als „Zentrum der Aktivität" von selbst hinter jeder bewußten Handlung, also auch hinter dem Versuch einer Letztbegründung der Logik oder allgemein der strengen Wissenschaft stehe, könnten wir der Forderung nach absoluter Sicherung genügen. Dadurch wird es uns aber nach *Dinglers* Überzeugung auch möglich, den unendlichen Regreß der Begründungen an einer endlichen Stelle abzuschneiden. Dieses Abschneiden konnte nach seiner Überzeugung nur so gelingen, daß die „erste" Allgemeinaussage eine Begründung erhielt, die *nicht* selbst in Form von *Aussagen* bestehen konnte und die zugleich so beschaffen war, daß sie selbst keiner weiteren Begründung hinter sich bedurfte, also sozusagen ihre Begründung „in sich selbst trug". Der freie Willensentschluß bedürfe daher wegen seiner Freiheit keiner Begründung hinter sich und begründe sich also selbst. Auf diese Weise glaubt *Dingler* das Ideal der absoluten Sicherheit verwirklicht zu haben. Der Wille fließe aus einer Zielsetzung und das *oberste* Ziel stets aus dem Unbewußten, weshalb er keine volle rationale Begründung mehr hinter sich habe. Wenn aber die Begründungskette A, B, C, . . . in dem obersten Ziele münde, dann sei die Vollbegründung des Anfangsgliedes erreicht.

Offensichtlich versteht *Dingler* jedoch „Begründung" in einer vom üblichen philosophischen und einzelwissenschaftlichen Sinn abweichenden Bedeutung. Das erhellt aus der obenzitierten Forderung nach einer Begründung der „ersten" Allgemeinaussage in Form von Nicht-Aussagen. Da aber Geltungsansprüche nur im Zusammenhang von Aussagen oder von Aussagen und Wahrnehmungen legitimiert werden können, liegt hier keine Begründung vor. Durch die Verlagerung der Basis in die Willenssphäre wird der Ursprung oder die Ursprungshandlung zu einer Voraussetzung im psychologischen Sinn eines Impulses, Anstoßes, eines „Hintergrunds", der den Forschungsrahmen oder das theoretische „frame-work" bestimmt, bestenfalls zu einem Regulativ.

Dinglers Feststellung, der freie Willensentschluß bedürfe wegen seiner Freiheit keiner Begründung hinter sich und begründe sich *daher* selbst, ist schon fragwürdig genug; auf keinen Fall aber kann aus ihm heraus die „erste" *Aussage* begründet werden. Damit ist nun aber *Dinglers* Überzeugung, daß damit das Ideal der absoluten Sicherheit verwirklicht sei, als ungerechtfertigt erwiesen. *Dinglers* Auffassung ist im übrigen schon deswegen unhaltbar, weil er in allen seinen Überlegungen, die ihn zu dem oben dargestellten und soeben kritisierten Ergebnis geführt haben, logische Operationen vollziehen mußte, ohne daß die dabei befolgten Regeln oder verwendeten Gesetze zuvor begründet worden waren. Sie hätten auch gar nicht vorher begründet werden können, denn auch *Dingler* kann die Schwierigkeiten nicht vermeiden, die mit dem Problem einer Begründung oder Rechtfertigung der Logik unausweichlich werden. Das wäre ihm nur dann möglich, wenn es ihm gelänge, bereits *vor* seiner Argumentation über das Problem der Logikbegründung die Logik zu begründen.

Wie *Dingler* glaubt auch *Lorenzen* die endliche Stelle zu kennen, an der jener unendliche Regreß der Begründung („Begründungsproblem der Logik") abbricht [45]). Während aber jener die „erste" Allgemeinaussage in Nicht-Aussagen absolut begründen zu können glaubt, nämlich im freien Willen als dem „Zentrum der Aktivität" und mithin zuletzt im Unbewußten, in das die Begründungskette münde, spricht *Lorenzen* von keiner Begründung in einem solchen Sinn. Es werden nach seiner Überzeugung einfach Regeln verabredet, dem Handeln damit ein festes Schema gegeben. Dadurch wird „schematisches Operieren" ermöglicht und so der Ansatzpunkt der *Protologik* festgelegt. Auf dem Weg zur Logik befinden wir uns aber erst dann, wenn wir jenes schematische Operieren zum Gegenstand unserer weiteren Untersuchung machen.

Warum werden aber „diese" und nicht „jene" Operationen imitiert, „diese" und nicht „jene" Regeln festgelegt? Weil nur „diese" und nicht „jene" für *zielführend* gehalten werden. Wir wählen ein bestimmtes Verhalten im Hinblick auf bestimmte Zwecke. So sagen wir: Wenn wir Schwierigkeiten vermeiden wollen, dann müssen wir uns an die Regeln der Logik halten. Wenn wir Konklusionen aus wahren Prämissen ableiten wollen, dann müssen wir uns an die Regeln der Ableitung und der Substitution halten.

Das Begründungsproblem wird jedoch nicht in bezug auf die Ziel- oder Zweckfrage aktuell, sondern gefragt wird nach den Gründen für die gewählten Mittel, also nach der Begründung der Regeln, Prinzipien oder Normen. Für die Festlegung von Regeln überhaupt geben wir als Grund unseren Wunsch an, das gewählte Ziel zu erreichen. Für die Festlegung *bestimmter* Regeln als einer Auswahl aus der Gesamtheit der insgesamt möglichen Regeln müssen natürlich Kriterien angegeben werden. Überall dort, wo wir die Kriterien erfüllt sehen und damit die Regeln für zielführend halten, *imitieren* wir.

Wir müssen uns aber des Entschlusses, zu imitieren, nicht bewußt sein. Unsere Nachahmungstätigkeit kann auch instinktiv oder mechanisch verlaufen. Aber der Entschluß *könnte* in einem Satz ausgesprochen werden, der seinerseits das Ergebnis einer Schlußfolgerung wäre, also nur unter Anwendung logischer Regeln zustande käme. Wesentlich ist dabei, daß mit Handlungen begonnen werden kann und daß nicht Sätze am Anfang stehen. Denn wir können eben bestimmte Operationen ausführen, beispielsweise später so genannte logische Regeln befolgen, ohne daß wir uns dieses Tuns auch nur bewußt sein müssen; erst recht müssen wir uns nicht gedrängt sehen, diese Regeln auch sogleich zu begründen.

Die oben aufgestellte Forderung nach Ableitungsrichtigkeit ergibt sich somit aus der Einschätzung des Zusammenhanges zwischen bestimmten Zielsetzungen und bestimmten Mitteln, um diese Ziele oder Zwecke zu erreichen. Warum dieses oder jenes Ziel gewählt wird, warum wir etwa vermeiden wollen, daß zu jeder Aussage auch ihre Negation abgeleitet werden kann, dazu können sicherlich Argumente vorgetragen werden. Sobald wir jedoch bei Neigungen, Wünschen oder Trieben angelangt sind, z. B. beim Streben nach Ordnung oder nach Sicherheit, haben wir den logischen Bereich verlassen,

---

[45]) *P. Lorenzen:* Logik und Agon. In: Logica, Linguaggio e Communicazione (= Atti del XII Congresso Internazionale di Filosofia. Venezia, 12–18 Settembre 1958. Vol. Quarto). Firenze 1960. 188. Dazu vom gleichen Verfasser: Protologik. Ein Beitrag zum Begründungsproblem der Logik. In: Kant-Studien. Bd. 47. Heft 1–4. 1955/56. 350–358, sowie: Einführung in die operative Logik und Mathematik. Berlin – Göttingen – Heidelberg 1955, insbes. Einleitung und § 1. Schematisches Operieren; ferner: *W. Kamlah / P. Lorenzen:* Logische Propädeutik (= B.I.HTB 227/227 a.) Mannheim 1967. 116–128 und 189–235. Vgl. dazu *Gerhard Frey:* Die Logik als empirische Wissenschaft. 21 à 24. Louvain – Paris. In: La Théorie de l'Argumentation (= Logique et Analyse. Nouv. Série. 6e Année. Décembre 1963. Louvain – Paris).

obgleich auch innerhalb der Psychologie oder der Physiologie logische Regeln befolgt werden (können). Warum wir uns für einige aus den an sich möglichen Mitteln, also für bestimmte Regeln *entscheiden*, hängt mit unserer Einschätzung des mit diesen Regeln verbundenen Anspruchs auf „Zielführendheit" zusammen. Obgleich diese Einschätzung selbst auch als Ergebnis eines logischen Prozesses darstellbar ist, kann nicht gesagt werden, sie *müsse* so dargestellt werden. Vermutlich haben Menschen lange vor der *Benennung* bestimmter Operationen als „logische Operationen" solche Operationen ausgeführt, und andere dürften sie ebenso unreflektiert nachgeahmt oder erlernt haben.

Das Begründungsproblem der Logik findet somit dank der Unterscheidung der Protologik von der Logik seine Lösung in dem soeben dargelegten Sinn. Durch unmittelbares Vormachen und durch Nachmachen aufgrund des Hinsehens wird schematisches Operieren, werden z. B. Implikationen, also Handlungen, *erlernt*, und zwar so erlernt, wie ein Kind z. B. gehen lernen kann, ohne schon über das Gehen sprechen zu können.

Es wurde bereits dargelegt, daß Forderungen, und das gilt auch für die Forderungen der Logik, Konklusionen sein können, daß sie dann aber Konklusionen in einem sog. *normativen* Schluß sein müssen. Prinzipiell ist mit dieser Einsicht für das vorliegende Problem natürlich nichts gewonnen, denn es erhebt sich nunmehr die Frage nach der Begründung der allerersten normativen Sätze, die als Ausgangssätze für die ersten abgeleiteten Forderungssätze dienen. Wir dürfen jedoch annehmen, daß der Zustand, der durch die Erfüllung bestimmter Forderungen erreichbar scheint, für wertvoll und erstrebenswert gehalten wird [46]).

Es kann nun freilich nicht bestritten werden, daß auch kontradiktorische Sätze und nichtkonsistente Systeme imstande sind, irgendwelche psychischen Erlebnisse anzuregen oder im Adressaten hervorzurufen. Eine in sich selbst widersprüchliche Formulierung kann z. B. als geheimnisvoll oder als eine Erkenntnis von besonders hohem Wert erscheinen [47]). Anhand von Beispielen kontradiktorischer Sätze oder nicht-konsistenter Systeme ließ und läßt sich jedoch zeigen, daß solche sprachliche Ausdrücke keinerlei Erkenntniswert oder informativen Gehalt besitzen. Da aber als Voraussetzung dieses Teils der Untersuchung ausdrücklich jede Gesamtheit sprachlicher Ausdrücke ausgeklammert wurde, für die der kognitive Charakter gar nicht in Anspruch genommen wird, bedeutet das Fehlen jedes informativen Gehalts, daß kontradiktorische Sätze und nicht-konsistente Systeme aus dem Bereich der Wissenschaft oder der Erkenntnis ausgeschlossen werden müssen [48]).

---

[46]) Eine Intuition, ein Einfall, eine Idee kann als Brücke angenommen werden, die von diesem erstrebten Ziel zu der Aufstellung von Forderungen des positiv bewerteten Zieles oder Zustandes führt. Dieser Einfall ist seinerseits nicht mehr ableitbar. Er stellt etwas Ursprüngliches dar, freilich nicht etwas Ursprüngliches in dem Sinne, daß mit ihm auch bereits begonnen wird. Vielmehr dürften ihm Erfahrungen vorausgegangen sein.

[47]) Die Mißachtung des Prinzips vom auszuschließenden Widerspruch erweckt den Anschein eines Denkens, das den Gesetzen der Logik zuwiderlaufen kann und *gerade dadurch* „tief" wird. Feststellungen dieser Art pflegen mit der stehenden Formel: „. . . ist und ist doch nicht . . ." eingeleitet zu werden. Eine Analyse solcher Ausdrücke bestätigt jedoch die Vermutung, daß es sich um gewöhnliche Verletzungen des Kontradiktionsprinzips handelt.

[48]) „Im Leben ist es ja nie der mathematische Satz, den wir brauchen, sondern wir benützen den mathematischen Satz *nur*, um aus Sätzen, welche nicht der Mathematik angehören, auf andere zu schließen, welche gleichfalls nicht der Mathematik angehören" (*L. Wittgenstein:* Tractatus Logico-Philosophicus 6.211). Vgl. dazu *R. Carnap:* Formal and Factual Science. 127.

6.1.2.4. **Kritik der Einwände**

Versuche, die Allgemeingültigkeit des Kontradiktionsprinzips in Frage zu stellen, erweisen sich zumeist als Folgen von Ungenauigkeiten und Mißverständnissen. Daß dort kein Vorstoß gegen das Gesetz oder die Operationsregel vom ausgeschlossenen Widerspruch vorliegt, wo ein Untersuchungsgegenstand nicht zu gleicher Zeit und in gleicher Hinsicht betrachtet wird, folgt bereits aus der aristotelischen Formulierung des Kontradiktionsprinzips [49]). Die Anwendung des Terminus „Widerspruch" anstelle von „Gegensatz", wie z. B. an vielen Stellen bei *Hegel* [50]), täuscht einen echten Einwand gegen die Gültigkeit des Kontradiktionsprinzips vor. Die Existenz von Gegensätzen, beispielsweise von zueinander gegensätzlichen Charaktereigenschaften eines Menschen, erklärt sich jedoch in logisch völlig einwandfreier Weise aus der Mißachtung der Bestimmung „zu gleicher Zeit und unter gleicher Rücksicht betrachtet". Die Richtigkeit der Feststellung: „Der Mensch ist edel und niedrig zugleich" stellt keinen Einwand gegen das Kontradiktionsprinzip dar, sobald man darunter versteht, er handle in bestimmten Situationen, unter ganz bestimmten Bedingungen, einmal so, unter anderen Bedingungen jedoch anders, oder wenn man sich vorstellt, er besitze psychische Dispositionen, die ihn veranlassen, sich bei Eintreten ganz bestimmter Bedingungen einmal in der Weise x, ein andermal in der Weise non-x zu verhalten. Wir haben es hier lediglich mit *komprimierten Ausdrücken* zu tun, deren Auflösung den scheinbar notwendigen Widerspruch aufhebt.

Die Forderung nach Widerspruchsfreiheit ist jedoch nicht so zu verstehen, als ob bei Nichterfüllung in jedem Fall die Wissenschaftlichkeit der Gesamtheit von Aussagen unmöglich würde. Sie bezieht sich vielmehr jeweils nur auf einen geschlossenen Komplex von Aussagen, das heißt auf Aussagen, die miteinander in einem Prämissen-Konklusions-Zusammenhang stehen. Nur in diesem Fall hat die Widersprüchlichkeit von Prämissen die Trivialität des gesamten Aussagenzusammenhanges zur Folge. Dagegen werden durch jenen Mangel alle übrigen Aussagen, die ja laut Voraussetzung nicht mehr logisch damit verknüpft sind, nicht berührt. So könnten Behauptungen über den aristotelischen Wissenschaftsbegriff in bestimmten Fällen einander widersprechen, ohne daß dadurch der Wissenschaftscharakter des Aussagenzusammenhanges in Frage gestellt würde. Stehen die einander widersprechenden Behauptungssätze jedoch in einem logischen Ableitungszusammenhang, so kann das Prädikat „Wissenschaft" nicht mehr zuerkannt werden. Das gilt auch für jeden Ableitungszusammenhang, in dem eine einzige Prämisse kontradiktorisch ist; es betrifft aber jede andere Art von Aussagenzusammenhängen nicht. Daß in einem Buch, zum Beispiel in der vorliegenden Untersuchung, logisch miteinander unvereinbare oder aber sich selbst widersprechende Aussagen enthalten sind, nähme ihm, als Ganzem, den Wissenschaftscharakter nicht. Aber er müßte für jene Teile des Buches bestritten werden, die in *logischem* Zusammenhang miteinander stehen.

6.2. Genauigkeit — Intersubjektive Verständlichkeit

6.2.1. Verstehen von Wörtern und Sätzen (Bedeutung, Sinn, Verwendungsweise)

Um entscheiden zu können, *ob* ein Satz, der als Prämisse in irgendeinem Schluß verwendet wird, kontradiktorisch ist, müssen wir ihn nicht auch verstehen, denn

[49]) Vgl. *Aristoteles:* Met. 1005 b; dazu auch z. B. *W. Leinfellner:* Einführung in die Erkenntnis- und Wissenschaftstheorie. 41.

[50]) Vgl. bes. den Beginn der Vorrede zur „Phänomenologie des Geistes".

der Begriff „kontradiktorisch" wird ausschließlich im Hinblick auf die sprachlich-typographische Gestalt eines Satzes definiert. Nur wenn das nicht der Fall wäre, müßten wir instandgesetzt werden, seinen *Sinn*, die Bedeutung oder die Verwendungsweise der Wörter oder Wortfolgen zu erfassen, aus denen er sich zusammensetzt. Das gilt ebenso auch für jeden daraus mit Hilfe der logischen Regeln abgeleiteten Satz, denn insofern er abgeleitet ist, braucht man ihn nicht zu verstehen. Ob ein sprachlicher Ausdruck, z. B. eine Aussage oder eine Frage ist, kann rein syntaktisch, also *ohne* Sinnverständnis festgestellt werden.

Ob ein bestimmter Satz aus irgendwelchen anderen Sätzen, seien es sogenannte „Grund"-Sätze oder aber selbst auch nur abgeleitete Sätze, korrekt erschlossen wurde, kann entschieden werden, ohne daß wir die betreffenden Sätze verstanden haben. Ist ihr Sinn verschwommen, das heißt, lassen die Sätze mehrere Deutungen zu und können wir demnach nicht feststellen, welche Propositionen [51]) sie ausdrücken, dann sind wir zwar außerstande, bestimmte Kriterien der Wissenschaftlichkeit, z. B. die Prüfbarkeitsforderung, auf sie anzuwenden, aber ob *Ableitungen* daraus korrekt sind, kann bei einer endlichen Zahl von Prämissen völlig mechanisch ermittelt werden. Obgleich wir beispielsweise die Bedeutung von „A" und auch von „B" nicht kennen, folgt dennoch gültig „$\sim(\sim A \rightarrow B)$" aus „A". Die Logik gilt denn auch als die Wissenschaft von der Wahrheit oder Falschheit aufgrund der *Form* allein [52]).

6.2.2. Verständlichkeit als Voraussetzung der Prüfbarkeit

Jede Methode gründet im Selbstverständnis dessen, der sie anwenden möchte, auf irgendeine Art der Erfahrung oder Einsicht, ohne daß aber daraus auch schon erkennbar würde, ob es sich um eine echte Erfahrung oder Einsichtsart oder nur um eine Pseudo-Erfahrung handelt. Es ist bekannt, wie wenig Übereinstimmung in diesem Punkte besteht. Während z. B. die phänomenologische Wesensschau oder die sog. intellektuelle (intellektuale) Anschauung der deutschen Idealisten dem Sensualisten, aber auch anderen Philosophen, durchaus *nicht* als eine echte Einsichts- oder Erfahrungsart gilt, nennen sich etwa *Husserl* und *Fichte* unter Berufung auf diese Art von Einsicht „Erfahrungswissenschaftler im *wahren* Sinne" [53]).

Wer auf die Gewinnung und die Mitteilung von *Erkenntnissen* überhaupt verzichtet, der allein wird an der Entdeckung und Darlegung eines Verfahrens zur Feststellung des Wahrheitswertes von Aussagen beziehungsweise an der Erfüllung der Forderung nach Angabe von Wahrheitsbedingungen für die aufgestellten Behauptungssätze uninteressiert sein können. Angenommen, einen Philosophen würde es gleichgültig

---

[51]) Vgl. dazu *A. Church:* Propositions and Sentences. In: The Problem of Universals. A Symposium: *I. M. Bochenski, A. Church, N. Goodman,* Notre Dame, Indiana 1956. 1–11. *W. Kneale:* The Development of Logic. Oxford 1962. 361 f. und 592 f. Meist wird „proposition" einfach gleichgesetzt mit *Freges* „Gedanke", *Meinongs* „Objektiv" und *Bolzanos* „Satz an sich". Vgl. z. B. *A. Pap:* Analytische Erkenntnistheorie. Wien 1955. 25, und dazu die Fußnote 3 auf 2; *V. Kraft:* Erkenntnislehre. Wien 1960. 159, besonders Fußnote 324. Die Reihe solcher Vergleiche könnte man noch fortsetzen, doch dienen sie kaum zur Klärung, da bei diesen Autoren selbst reichlich unklar oder doch viel zuwenig präzise bestimmt bleibt, was sie mit „Gedanke" oder „Objektiv" oder „Satz an sich" etc. meinen.

[52]) Der Begriff „wahr" soll jedoch z. B. im Falle realwissenschaftlicher Aussagen dem Begriff „wahrscheinlich" gleichgesetzt werden. So würde eine Aussage, etwa eine wissenschaftliche Hypothese, dann als „wahr" bezeichnet werden, wenn sie verschiedenen Versuchen, sie in der Beobachtung oder im Experiment zu widerlegen, bis dato standgehalten hat.

[53]) Vgl. die Ausführungen zum Wissenschaftsbegriff *Husserls.*

lassen, ob den von ihm aufgestellten Behauptungen ein kognitiver Charakter zuerkannt wird, und er würde sich statt dessen mit ihrem emotionalen und/oder motivationalen Wert [54]) begnügen wollen: Dann wäre es offenbar unangebracht, von ihm die Erfüllung von Forderungen zu erwarten, die sinnvoll sind nur dort, wo *Aussagen* formuliert werden. Ein Verfahren zur Überprüfung emotionaler Wirkungen müßte allerdings auch er zulassen. Es muß von ihm jedoch Klarheit über die mit seinen eigenen philosophischen Äußerungen verbundenen Absichten und Erwartungen und ebenfalls ein unmißverständlicher Ausdruck dieses Selbstverständnisses verlangt werden können. Verschleierte, ihm selbst möglicherweise verborgene kognitive Tendenzen müssen von uns aufgedeckt und deutlich bezeichnet werden. Wir ersehen daraus, daß die Aufstellung und Anwendung eines Mindestforderungssystems für Erkenntnisansprüche *nicht nur* von der *Selbsteinschätzung* derjenigen abhängt, die Sätze produzieren. Erst wo jemand nicht nur nicht beabsichtigt, seinen sprachlichen Ausdrücken einen kognitiven Gehalt beizumessen, sondern wo er es auch nachweisbar *nicht tut*, entfällt nun auch der Anlaß, die obenerwähnten Kriterien anzuwenden [55]).

Wir müssen nun die Voraussetzungen untersuchen, die für die Festlegung des Wahrheitswertes von faktischen Aussagen *im allgemeinen* gelten. Es ist zu ergründen, in welchem Zusammenhang die Forderung nach Feststellbarkeit des Wahrheitswertes von Aussagen mit jener Genauigkeitsforderung steht.

Eine wissenschaftliche Aussage muß zwei Adäquatheitsbedingungen erfüllen: a) Die Elemente dieser Aussage, nämlich die deskriptiven und die logischen Zeichen, müssen zumindest zum Teil deutliche Begriffe ausdrücken, die Regeln für den Gebrauch wenigstens einiger Termini müssen unmißverständlich formuliert sein; b) die Verbindung oder Zusammensetzung dieser Ausdrücke zu einem Satz muß nach bestimmten Regeln erfolgen. In der Umgangssprache handelt es sich dabei um Regeln, welche die sog. „gewöhnliche" Grammatik bilden. Es ist jedoch für die Sprache der Wissenschaft notwendig, daß auch noch zusätzliche Forderungen erfüllt werden [56]). Die *syntaktischen* Sinnregeln würden die Bildung von Sätzen bestimmter Art verbieten [57]). Damit wir also überhaupt von einem Behauptungssatz oder einer Aussage als dem sprachlichen Ausdruck von Erkenntnissen sprechen können, müssen die oben angeführten Adäquatheitsbedingungen erfüllt sein.

Wir fragen nunmehr: Ist das Erfülltsein der Genauigkeitsforderung (Eindeutigkeit und Nichtvagheit) Bedingung für die Feststellbarkeit des Wahrheitswertes sprachlicher Ausdrücke? Kann ein Satz als „wahrheitswertfähig" betrachtet werden, wenn die Bedingungen zur Feststellung seines Wahrheitswertes nicht angegeben werden können?

[54]) *H. Feigl:* Logical Empiricism. In: Readings in Philosophical Analysis, ed. *Herbert Feigl* and *Wilfrid Sellars*, New York, 1949. 7.

[55]) Die Unfähigkeit vieler Philosophen, zwischen der Wahrheitsfrage und der Nützlichkeitsfrage zu unterscheiden, ist dafür in erster Linie verantwortlich. Diese Bemerkung wäre also unnötig, wenn es jedem, der Sätze formuliert, auch stets klar wäre, ob er mit ihnen einen Wahrheitsanspruch verbindet, oder ob er, statt Erkenntnisse zu formulieren, versucht, Gefühle auszudrücken oder im Hörer und Leser erregen oder Handlungen veranlassen will.

[56]) Vgl. *V. Kraft:* Erkenntnislehre. 133 ff., bes. 136; sowie: *I. M. Bochenski:* Denkmethoden. 51 ff.

[57]) „Wir sagen, daß dies eine Schein-Aussage ist, weil sie überhaupt keinen syntaktischen Sinn hat, also überhaupt keine Aussage sein kann. Denn ‚ist identisch' ist ein *zweistelliger* Funktor, und sinnvoll gebraucht man ihn also nur, wenn man ihm genau zwei Argumente zuordnet, wie etwa in der Aussage ‚Der Verfasser von Faust ist mit Goethe identisch'. In unserer Schein-Aussage haben wir aber nur ein Argument, nämlich das ‚Sein'." (*I. M. Bochenski:* Die zeitgenössischen Denkmethoden. 54.)

Der Sinn dieser Fragen ist nicht gleichbedeutend mit der in den Anfängen des Neupositivismus üblichen Bestimmung: „Der Sinn eines Satzes ist die Methode seiner Verifikation". Denn wenn auch diese Methode im konkreten Fall unbekannt sein mag, so muß der Aufsteller eines Satzes doch jeweils angeben können, wann, also beim Eintreffen welcher Ereignisse, der fragliche Satz wahr oder falsch ist, oder auch welches eintreffende Ereignis oder welcher gegebene Zustand eine Widerlegung des im betreffenden Satz Behaupteten oder Negierten wäre. Diese Angabe ist jedoch offensichtlich nur dann möglich, wenn der Satz *intersubjektiv verständlich* ist, das heißt, wenn für die ihn formierenden Begriffe bekannt ist, welche Gegenstände unter sie fallen [58]).

Wir können natürlich auch dort, wo die Genauigkeitsforderung nicht erfüllt ist, den Satz in bestimmter Weise interpretieren, nachdem wir jene Termini mit irgendeiner Bedeutung, empfehlenswerterweise der gebräuchlichsten Bedeutung, verbunden haben. Indessen wissen wir noch nicht, ob wir den Satz oder die den Satz formierenden Ausdrücke *richtig* interpretiert haben. Wir haben folglich keine Gewähr dafür, daß wir den Wahrheitswert gerade jener Behauptung feststellen könnten, die der betreffende Satz nach dem Willen dessen, der ihn aufgestellt hatte, ausdrücken sollte.

6.2.3. Wesen und Problematik der Genauigkeitsforderung

Wir alle sind mit der Alltagssprache vertraut und gebrauchen sie ohne bewußte Anstrengung und Schwierigkeit, jedenfalls selbstverständlicher und leichter als irgendeine Wissenschaftssprache, z. B. als die Sprache der Juristen, Mediziner, Theologen, Mathematiker, Historiker, Physiker oder Philosophen. Wir wissen, daß die Alltags- oder Umgangssprache nicht von Wissenschaftlern für die Zwecke der Wissenschaft konstruiert wurde.

Sie ist vielmehr von Praktikern zu praktischen Zwecken geschaffen worden, wobei man sich die „Schaffung" allerdings besser als ein *organisches Wachstum* denn als bewußten Prozeß der Planung und Konstruktion vorstellen sollte. Bei näherer Betrachtung zeigt es sich indessen, daß kein prinzipieller Unterschied zwischen sog. natürlichen und künstlichen Sprachen besteht. Denn auch die Umgangssprachen gründen sich auf Akte der Namenerfindung und der Namengebung, auf Bedeutungszuschreibungen, auf Zuordnungen von Symbolen, Begriffen und Gegenständen, die von Menschen erstmals vorgenommen und von anderen übernommen wurden. Der Unterschied liegt lediglich in dem verschieden hohen Grad der Bewußtheit hinsichtlich der eigenen Zielsetzungen und des eigenen Tuns.

6.2.3.1. Vorzüge und Nachteile

Diese Weise ihres Zustandekommens bestimmt sowohl die Vorzüge als auch die Nachteile der Umgangssprache; ihre Vorzüge, die in ihrer großen *Flexibilität* und in der *Größe ihres Umfanges* liegen, ihre Nachteile, die mit dem Begriff *„Ungenauigkeit"* am kürzesten bezeichnet werden können. Ihre Eigenschaft der Biegsamkeit und Beweglichkeit ermöglicht die Erörterung fast sämtlicher Vorstellungen und Begriffe. Der bis-

---

[58]) "The rules of formation determine how sentences may be constructed out of the various kinds of signs ... An expression ... is called a *sentence* (in the semantical sense) or a *proposition* ... if and only if it has one of the following forms ..." (*R. Carnap:* Foundations of Logic and Mathematics. 8 und ff.) Dazu: *I. M. Bochenski:* Die zeitgenössischen Denkmethoden. 50 ff.

[59]) Vgl. *R. Kamitz:* Zum Problem der Metaphysik. 111 f.

[60]) Vgl. dazu: *R. Wohlgenannt* und *R. Kamitz:* Materiale Adäquatheit und Kommunikation. 292 f. Hier wird der Werdegang einer Sprache K und diese als Endglied einer vierstufigen Entwicklungsreihe dargestellt.

weilen bedenklich hohe Grad ihrer Ungenauigkeit – denken wir hierbei nur an die vielen Begriffe, für die es mehrere Wörter gibt – hält jenen Vorzügen die Waage [61]). Zwar fällt dieser Mangel nicht überall ins Gewicht. Im gewöhnlichen Gespräch, vor allem außerhalb des Bereiches von Erörterungen und Untersuchungen, die unvermeidlicherweise in einem hohen Grade technisiert werden mußten, gibt es genug Möglichkeiten, auch feinere Unterscheidungen vorzunehmen und aus dem sprachlichen Kontext heraus verstehen zu lassen, was gemeint ist. Dagegen wird auf *höheren* Entwicklungsstufen geistiger Tätigkeit der Gebrauch von Zeichensymbolen einer im höheren Maße künstlichen Sprache anstelle der bloßen Wortsymbole der Alltagssprache notwendig, so zum Beispiel in der Logik, der Mathematik, der Musik, in vielen Zweigen der Naturwissenschaft, u. a. Hier würde der Nachteil des Fehlens einer geeigneten Schreibweise oder Notation die Vorzüge der organisch gewachsenen Umgangssprache zweifellos bald überwiegen.

Die Untersuchung einer so präzisierten Sprache, z. B. einer *Zeichensymbolsprache*, wie sie in der Arithmetik verwendet wird, erweist sich als besonders lehrreich. Der Zweck des Symbolismus ist es, die Beziehungen zwischen *Zahlen* auszudrücken. Es ist bekannt, daß dieser Symbolismus hinsichtlich Klarheit des Ausdruckes dieser Beziehungen weit leistungsfähiger ist als die gewöhnliche Sprache. Zunächst einmal ermöglicht es die Sprache der Algebra, auch komplexe Relationen sehr kurz auszudrücken. Diese *Kürze* gestattet nun dem Verstand eine sofortige und unmittelbare Einsicht in Zusammenhänge, die er sonst nur schrittweise und mühsam erkennen könnte. Es genügt, wenn man sich etwa die Übersetzung einer Gleichung in die Wortsymbolsprache vorstellen wollte. Der weit entscheidendere Vorzug des Symbolismus der Algebra liegt jedoch in seiner *Einfachheit*, die Unregelmäßigkeiten ausschließt. Wenn nämlich die einzelnen Schritte, aus denen sich ein Beweis oder Argument ergibt, symbolisch wiedergegeben werden, so entspricht jeder Beweisschritt einer besonderen Neuanordnung der Symbole.

Von hier ausgehend braucht es nur einen weiteren Schritt, um jene symbolischen Neuanordnungen zu erkennen, die gültigem Denken entsprechen, d. h. zu erkennen, ohne sich jedesmal ausdrücklich der Bedeutung der Symbole zu erinnern. Nunmehr sind wir imstande, festzustellen, daß irgendein Satz, zu dem wir gelangen, wahr ist, vorausgesetzt, daß jener Satz oder jene Aussage wahr ist, mit der wir begonnen haben oder von der wir ausgegangen sind. Um die Ergebnisse eines komplexen Denkvorganges ohne besondere geistige Anstrengung zu erhalten, genügt es nunmehr, einfach die Regeln zu befolgen, denen der Symbolismus unterliegt.

Ein Symbolismus dieser Art wird als „Kalkül" bezeichnet [62]). Seine Vorzüge beschränken sich nicht darauf, Denkprozesse zu erleichtern, deren Ziel von Anfang an

---

[61]) *W. Stegmüller:* Metaphysik – Wissenschaft – Skepsis. 59 f.; vgl. dazu auch *A. Menne:* Einführung in die Logik (= Dalp-Taschenbuch 384). Bern – München 1966. 16.

[62]) *R. Carnap:* Einführung in die Symbolische Logik. 79: „Eine Sprache, für die syntaktische Regeln gegeben sind, wird zuweilen ein *Kalkül* genannt." 102: Ein Kalkül ist „eine Sprache mit syntaktischen Deduktionsregeln". *H. Scholz:* Mathesis Universalis. 142: „Ein Kalkül in mathematischem Sinne ist also ein Gefüge von Umformungsregeln, die es gestatten, gedankliche Operationen an irgendwelchen mathematischen Objekten zu ersetzen durch mechanische Umformungen gewisser für diesen Zweck präparierter Zeichenreihen." Vgl. dazu vom gleichen Verfasser. Was ist ein Kalkül und was hat *Frege* für eine pünktliche Beantwortung dieser Frage geleistet? In: Semesterberichte zur Pflege des Zusammenhanges von Universität und Schule 7. Semester (Münster i. W. 1935). 16 ff.; sowie *I. M. Bochenski:* Formale Logik (= Orbis Academicus III, 2), Freiburg – München 1956, 311: ein Kalkül ist „eine formalistische Methode; diese besteht wesentlich darin, daß die Operationsregeln sich auf die Gestalt der Zeichen und nicht auf ihren Sinn beziehen, genau wie in der Mathematik".

feststeht, sondern durch die stetigen Manipulationen mit den Symbolen können sogar Gedankenreihen aufgedeckt werden, die sonst unbemerkt geblieben wären.

6.2.3.2. Mehrdeutigkeit — Eindeutigkeit

Es ist daher kein Zufall, wenn auf *„Mängel"* der Alltags- oder Umgangssprache besonders jene Wissenschaftler verweisen, die von einer derartigen Zeichensymbolsprache oder einem Kalkül der eben beschriebenen Art profitieren. Erstens, stellen sie fest, sind die Ausdrücke der Alltagssprache sehr oft mehrdeutig, zweitens vage[63]).

Mehrdeutigkeit: Darunter wird verstanden: Ein bestimmtes Wort wird in mehreren Bedeutungen verwendet; es bestehen dafür voneinander abweichende Verwendungsregeln, oder kürzer gefaßt, verstanden wird darunter die Eigenschaft jedes Symbols, welches mehr als eine Bedeutung hat. Die Zuordnung zwischen Wort und Bedeutung kann folgender Art sein:

a) Ein-eindeutig (univok): In diesem Falle kommt einem Wort im Sprachgebrauch eine und nur eine Bedeutung bzw. ein einheitlicher „Satz" von Verwendungsregeln zu, und umgekehrt [64]);

b) ein-mehrdeutig (äquivok, homonym oder analog): Einem Wort sind mehrere Bedeutungen zugeordnet, beziehungsweise es gibt dafür mehrere „Sätze" von Verwendungsregeln [65]);

c) mehr-eindeutig (synonym): Mehrere Wörter haben dieselbe Bedeutung [66]);

d) mehr-mehrdeutig: für ein Wort gibt es im Sprachgebrauch mehrere Bedeutungen, aber zu dem Wort selbst gibt es auch mehrere gleichbedeutende Wörter [67]).

---

[63]) Vgl. dazu z. B.: *I. M. Bochenski:* Denkmethoden. 50; *R. Carnap:* Einführung in die Symbolische Logik. 1 f.; *V Kraft:* Erkenntnislehre. 45 f. und 48. *A. Menne:* Einführung in die Logik. 15 f. *W. Stegmüller:* Sprache und Logik. In: Studium Generale 9. 55 f.; vom gleichen Verfasser: Artikel „Wissenschaftstheorie". In: Fischer-Lexikon Philosophie 331.

[64]) Vgl. *V. Kraft:* Erkenntnislehre. 45; *A. Menne*, a. a. O. 15.

[65]) Vgl. *F. Brentano:* Die Lehre vom richtigen Urteil. 72 f.; *V. Kraft:* Erkenntnislehre. 45; *A. Menne:* a. a. O. 17.

[66]) *R. Carnap:* Einführung in die Symbolische Logik. 74: „Wir nennen eine zweistellige Relation voreindeutig (oder einmehrdeutig) – in der symbolischen Sprache: ‚$un_1(R)$' –, wenn es zu jedem Zweitglied von R nur ein Erstglied gibt, das zu ihm in der Relation R steht. Wir nennen R nacheindeutig (oder mehreindeutig) – ‚$un_2(R)$' –, wenn es zu jedem Erstglied nur ein Zweitglied gibt, zu dem es in der Relation R steht (das Wort ‚mehr' in ‚einmehrdeutig' und ‚mehreindeutig' hat hier den Sinn von ‚ein oder mehrere' nicht von ‚mehr als ein'). R heißt eineindeutig – ‚$un_{1,2}(R)$' –, wenn R voreindeutig und nacheindeutig ist." Hierzu muß erwähnt werden, daß für die natürlichen Sprachen die Tatsächlichkeit, ja sogar die Möglichkeit der Synonyma manchmal bestritten wird. *N. Goodman:* On Likeness of Meaning, Analysis 10, No. 1 (1949), und: On some Differences of Meaning, Anal. 13, No. 4 (1953); ferner: *F. Brentano:* a. a. O. 68 f., *V. Kraft:* Erkenntnislehre. 46, *A. Menne:* a. a. O. 17 f. Vgl. dazu *A. Schopenhauer:* Sämtliche Werke, Bd. 6: Parerga und Paralipomena. Leipzig 1939. 601 ff.

[67]) Diese vierte Möglichkeit bei der Zuordnung zwischen Ausdruck und Bedeutung wird hier nur der Vollständigkeit halber noch aufgezählt. – Auch z. B. *Menne*, a. a. O. 17, zieht den Fall der Mehrmehrdeutigkeit der Vollständigkeit halber in Betracht, wobei er hinzufügt, daß sie kaum vorkommen dürfte; er hat an dieser Stelle allerdings nicht die Beziehung zwischen Ausdruck und Bedeutung, sondern zwischen Phonem und Graphem vor Augen, doch dürfte für die Relation zwischen Ausdruck und Bedeutung dasselbe gelten.

6.2.3.2.1. *Analogizität*

Die traditionelle Einteilung gliedert in eindeutige, mehrdeutige und analoge Ausdrücke[68]). Das *mehrdeutige (äquivoke)* unterscheidet sich demnach vom analog gebrauchten Wort durch das Fehlen einer Übereinstimmung zwischen Seienden, wenn ein Seiendes nach seinen Verhältnis zu einem andern erfaßt wird[69]). Es vereinigt zwei verschiedene Gehalte rein zufällig unter demselben Namen. Dagegen gründet der *analoge* Begriff in der Analogie des Seins, wodurch zwei oder mehrere Seiende in ihrem Sein zugleich übereinkommen und sich unterscheiden. So kommen nach *J. B. Lotz* für die analoge Erkenntnis nur solche Begriffe in Betracht, die *Übereinkunft und Verschiedenheit* untrennbar (metaphysische Analogie) oder wenigstens ungetrennt (physische Analogie) in sich enthalten[70]). Als Beispiel für einen analogen Begriff kann der Seinsbegriff dienen. Er ist laut *Bochenski* nicht eindeutig, sondern *analog*, das heißt, das Wort „Sein" hat, wenn es auf zwei verschiedene Gegenstände bezogen wird, einen verschiedenen, aber *proportionell identischen Sinn*[71]).

F. Brentano teilt die Namen in eindeutige und mehrdeutige ein. Die mehrdeutigen, also die homonymen oder äquivoken Namen, untergliedert er, indem er die Äquivokationen in Klassen anordnet, von denen in diesem Zusammenhang die „Äquivokation durch Analogie" wichtig erscheint: Hier sind innere Beziehungen zwischen den verschiedenen Bedeutungen vorhanden; es besteht Analogie, d. h. Gleichheit der Verhältnisse zwischen den verschiedenen Bedeutungen[72]). In diese Klasse gehören vor allem die zahlreichen Metaphern, die nach *Brentano* fast ausnahmslos auf Analogie zurückzuführen sind[73]).

In dieser Kontroverse, die bereits in der Antike begann, bezieht *Bochenski* einen vermittelnden Standpunkt: 1. Die Analogie könne zwar nicht, wie dies einige moderne Thomisten tun, als eine dritte gleichgeordnete Klasse neben der Eindeutigkeit und Mehrdeutigkeit aufgefaßt werden, aber sie habe im Aufbau der Semantik selbst ihren Platz; 2. die von den klassischen Thomisten „äquivoca e consilio" genannten „analoga" würden in den „Principia Mathematica" und in der daran anschließenden logischen und methodologischen Literatur unter der Bezeichnung „systematic ambiguity" berücksichtigt; vor allem aber: „Seiendes ist ein analoger Term, und analog sind auch die Namen aller Eigenschaften, Beziehungen usw. des Seienden als solchen[74])".

---

[68]) Siehe *I. M. Bochenski:* Über die Analogie. In: Logisch-Philosophische Studien, mit Aufsätzen von *P. Banks, A. Menne* und *I. Thomas.* Üb. u. hrsg. v. *A. Menne.* Freiburg/München 1959. 111.

[69]) „Das Wort wird ‚mehrsinnig' oder ‚äquivok', entweder auf Grund wesensverschiedener Gehalte oder deren verschiedener Seinsweisen. Im ersten Fall liegt eine beziehungslose Vielfalt vor (wie im Wort ‚Strauß', das Kampf, einen Vogel und einen Blumenstrauß bedeuten kann), während im zweiten Falle eine ‚Verhältnisordnung' innerhalb der Bedeutungen selbst waltet. So kann das Wort ‚Haus' auf ein wirkliches Haus, auf die Wortbedeutung (intentio logica), auf den Planentwurf des Architekten und auf die Verlautbarung selbst bezogen werden." (*Gustav Siewerth:* Die Analogie des Seienden. In: *J. B. Metz, W. Kern* S. J., *A. Darlapp, H. Vorgrimler* (Hg.): Gott in Welt. Festgabe für *Karl Rahner.* Bd. I. Freiburg – Basel – Wien 1964. 115.)

[70]) *J. B. Lotz,* in: Philosophisches Wörterbuch. Hrsg. v. *W. Brugger.* 12. Aufl. Freiburg – Basel – Wien 1965. 10.

[71]) *J. M. Bochenski:* Europäische Philosophie der Gegenwart. 241.

[72]) *F. Brentano:* Die Lehre vom richtigen Urteil. 67.

[73]) a. a. O. 67.

[74]) *I. M. Bochenski:* Über die Analogie. a. a. O. 114, vor allem 128 f.

Während *Brentano* Äquivokationen und daher auch die „Äquivokationen durch Analogie" als Mängel betrachtet, und es im Interesse der Erkenntnisgewinnung und -sicherung für notwendig hält, die Metaphern zu eliminieren, räumt *Bochenski* der Analogie in der Semantik ihren Platz ein und schreibt den „analoga" unter der Bezeichnung „systematic ambiguity" eine *nützliche* Funktion zu.

G. Söhngen will die Analogie sprachlogisch als Metapher verstanden wissen, denn es werde ein Sachverhalt beschrieben, indem Qualitäten aus anderen Bereichen übernommen werden, um mit ihrer Hilfe ähnliche (vergleichbare, „entsprechende") Qualitäten des zu beschreibenden Gegenstandes auszudrücken[75]).

Daß es Metaphern gibt, wird nun freilich nicht bestritten; daß aber „analoge Begriffe" oder Metaphern eine *selbständige* Klasse von Ausdrücken neben den eindeutigen (univoken) und mehrdeutigen (äquivoken) Ausdrücken sind, das ist nun die entscheidende, heftig umstrittene Behauptung.

Die oben angeführte Einteilung in „eindeutige", „mehrdeutige" und „analoge" Ausdrücke ist logisch mangelhaft. Eine vollständige Einteilung ergibt sich, wenn wir zwischen Ausdrücken mit keiner, mit genau einer und mit mehr als einer Bedeutung unterscheiden. Durch die Einführung der beiden Begriffe „eindeutig" und „mehrdeutig" ist der *Einteilungsgesichtspunkt* vorgegeben und die Richtung, in der in der Gliederung fortgeschritten werden soll, bereits vorgezeichnet. Wenn wir gewissermaßen auf gleicher Ebene bleiben wollen, kann der Ausdruck „analog" nur dann hinzugesetzt werden, wenn er für bedeutungsgleich gehalten wird mit „eindeutig" oder mit „mehrdeutig". Aber dann ist er offensichtlich überflüssig. Wenn wir aber die Ebene wechseln, dann kann „analog" nur als Oberbegriff zu „eindeutig" und „mehrdeutig", eher wohl als Unterbegriff zu „mehrdeutig" verstanden werden. Wir würden im letzteren Fall sagen können, es gebe unter den Ausdrücken, die mehr als eine Bedeutung haben, eine Gruppe von Ausdrücken, deren Bedeutungen ein bestimmtes Kennzeichen besitzen, etwa insofern sie untereinander teilweise übereinstimmen, d. h. insofern ihre Designate teilweise oder in einigen ihrer Verwendungsregeln miteinander übereinstimmen. Aber in diesem Falle könnte der Begriff „analog" offenbar nicht mehr als selbständiger Begriff in der obenerwähnten Gliederung zugelassen werden.

Angenommen, zwei Vergleichsaussagen lauten: „Der Fuß hat fünf Zehen" und: „Am Fuß des Berges stehen Bäume". Obgleich „Fuß" im zweiten nicht gleich wie im ersten Fall verstanden werden kann, wissen wir doch genau, was mit ihm gemeint ist. Wir kennen daher auch seine Beziehung zur nicht-metaphorischen Verwendungsweise von „Fuß" in der ersten Aussage.

Kein Ausdruck der Sprache ist sozusagen „von Natur aus" so beschaffen, daß er unmöglich analog verwendet werden könnte. Daß ein beliebiger Ausdruck nun *tatsächlich* so gebraucht wird, muß also nicht bedeuten, daß er weniger gut als ein nicht-analoger Ausdruck verstanden oder weniger zielsicher als ein solcher verwendet werden müßte. Wir sind in beiden Fällen genötigt, die korrekte Verwendung des betreffenden Sprachausdruckes zu *erlernen*, wobei „korrekt" naturgemäß nur im Hinblick auf ein jeweils zuvor festgelegtes Bezugssystem gemeint sein kann. Entweder durch gewissermaßen instinktive oder mechanische Befolgung der Verwendungsregeln oder der Anwendungsbedingungen für den Sprachausdruck oder aber durch definitorische Bestimmung können wir im Fall übertragener Bedeutung eines Ausdrucks zu einer genauen Sprache gelangen.

So wie es exakte Ausdrücke einer nicht-metaphorischen Sprache gibt, so können auch Metaphern präzise und zielsicher verwendet werden und daher Bestand-

---

[75]) Analogie und Metapher. München 1962.

teile einer Sprache sein, die der Genauigkeitsforderung entspricht. Z. B. kann die Richtigkeit der Aussage: „Am Fuße des Berges stehen Bäume" ebenso nachgeprüft werden, wie der Wahrheitswert einer Aussage über die Beschaffenheit der Füße eines bestimmten Menschen oder wie die Angabe allgemeiner Eigenschaften des menschlichen Fußes festgestellt werden kann. Hier wie dort können Beobachtungen angestellt und Behauptungen über den Wahrheitswert der betreffenden Aussagen aufgestellt werden; daraus folgt jedoch nicht, daß hier das Beispiel eines ungenauen, dennoch aber verständlichen Satzes vorliegt. Denn der Satz wäre ungenau nur dann, wenn wir die Bedeutungsregeln für den metaphorischen Ausdruck „am Fuß des Berges" nicht kennengelernt hätten.

Nicht immer ist es möglich, die Bedeutung eines Ausdruckes ohne Heranziehung eines größeren Kontextes zu erfassen. Aber das gilt nicht nur für die metaphorischen Ausdrücke. Es gibt unterschiedliche Genauigkeitsgrade sowohl bei Metaphern als auch bei Nicht-Metaphern. Um sie zu verstehen, kann auf ein Verständnis aus dem Kontext nicht verzichtet werden.

Es hängt also alles davon ab, ob sich für einen Ausdruck genaue Verwendungsregeln angeben lassen oder wieviel Informationen, etwa durch eine explizite Definition oder durch den Kontext angeboten werden. Sprachgenauigkeit und Verwendung von Metaphern sind miteinander verträglich. In manchen Fällen genügt ein analoges oder ungefähres Verständnis oder es reicht eine vage Vorstellung vom Gemeinten aus. Hier gibt es keine allgemeine Regel, kein apriori bestimmbares Ideal der Genauigkeit. Für kognitive Zwecke aber ist *im allgemeinen* der eindeutige dem mehrdeutigen Ausdruck oder dem analogen Begriff vorzuziehen; für bestimmte Zwecke ist die Eindeutigkeit sogar unerläßlich. Die Beseitigung von Metaphern kann für manche Zwecke wichtig werden.

Wo Eindeutigkeit nicht möglich erscheint und wo daher nur in analogen Begriffen oder Metaphern gesprochen werden *kann*, lautet die entscheidende Frage: Sind wir nur aus technischen Gründen oder sind wir grundsätzlich nicht imstande, die Analogizität zu überwinden? Fälle, in denen die Unmöglichkeit *nicht* prinzipiell ist, finden sich nicht nur im Alltag, sondern auch in der Philosophie und in den Einzelwissenschaften, sogar in den sog. exakten Wissenschaften immer wieder, z. B. überall dort, wo *Modelle* verwendet werden müssen [76]). Aber hier kann auch immer darauf gehofft werden, daß im *Fortschritt* der Erkenntnis zunehmend höhere Stufen der Exaktheit erreicht und analoge Begriffe von heute schon morgen ausgeschieden werden können.

Diese Erwartung verbietet sich indessen für die Anwendung auf jenen Bereich, der von altersher als das Feld des Analogiedenkens bekannt ist; gemeint sind die Lehren über das Transzendente bzw. über Gott. Jede Vorstellung, die wir uns von der Transzendenz oder von Gott machen, jeder Begriff, den wir zum Zweck der Erkenntnisgewinnung in diesem Bereich bilden, wird im letzten für nicht völlig gegenstandsadäquat, ja sogar für mehr inadäquat als adäquat gehalten. Was wir über Gott „wissen", wäre folglich eher ein Nicht-Wissen denn ein Wissen. Die Analogie als Form des Sprechens und Denkens von Gott und seinem Verhältnis zu uns und zur Welt wird bestimmt als die Umschreibung der Grundgegebenheit der menschlichen Erkenntnis: daß sie immer und von vornherein auf das absolute Geheimnis ausgerichtet ist, das ihr ungegenständlich gegeben ist, ohne daß der Geheimnischarakter die Gegebenheit selbst oder diese die Unbegreiflichkeit Gottes aufhebt: „Denn vom Schöpfer und Geschöpf kann keine Ähnlichkeit ausgesagt werden, ohne daß sie eine Unähnlichkeit zwischen beiden einschlösse

[76]) *A. Reutterer:* Bild. Geschichte und Funktion des Bildes in Philosophie, Einzelwissenschaft, Kunst und Religion. Innsbrucker Diss. 1967. 74. Siehe vor allem die Kapitel: „Formel und Modell als Bild in der physikalischen Theorie"; sowie: „Das Modell als Bild."

(IV. Laterankonzil D 432)" [77]). Kein wie immer gearteter Erkenntnisfortschritt wird demnach mittels eines nicht-analogen Begriffes von Gott möglich sein. Einen derartigen Begriff bilden zu wollen, hieße geradezu, sich einer contradictio in adjecto schuldig zu machen.

Da jedes geschaffene Sein am Sein des Schöpfers teilhabe, könne es ihm nicht ganz fremd sein. Deshalb könnten wir hoffen, Gott in analoger, durch menschliche Beschränktheit bestimmter Weise zu erkennen. „Einige gehen so weit", bemerkt nun jedoch *Brentano* dazu, „daß sie lehren, unser Gottesbegriff enthalte überhaupt kein der Erfahrung entnommenes positives Merkmal. Das in sich notwendige Wesen sei uns vielmehr durchaus transzendent ... So, sagen manche, sei es denn auch nicht im eigentlichen, sondern nur in einem diesen irgendwie analogen Sinne zu verstehen, wenn wir Gott ein denkendes, erkennendes, wollendes Wesen, ja wenn wir ihn überhaupt ein Wesen, ein Reales nennen ... Es will mir aber doch recht bedenklich erscheinen ... Wo liegt denn die Grenze, welche diese sog. analogische Theologie vom vollen Agnostizismus scheidet? Wenn Gott nicht einmal unter die höchsten unserer allgemeinen Begriffe fallen soll, dann auch nicht unter den des Etwas" [78]).

Andere, z. B. *Jaspers*, stehen gewissermaßen am anderen Ende und betonen, im Sinn göttlichen Gebotes dürfe man sich von Gott überhaupt kein Bild machen, und zwar weder ein konkretes Natur-Bild, noch eine abstrakte Metapher. Die entschiedenste Gottnähe sei in der Bildlosigkeit gelegen, und jeder Versuch, uns ein Bild zu machen oder einen – wenn auch analogen – Begriff Gottes zu bilden, führe uns von seiner Erkenntnis weg [79]).

Allen denen, die glauben, das Problem der analogen Begriffe und der Analogizität überhaupt auf die Immanenz beschränken zu können, wird nun entgegnet: wenn Gott nicht sei, dann sei die Analogizität des menschlichen Denkens und Sprechens ein Defekt, der möglichst zu beseitigen und durch die Univozität einer reinen Rationalität zu ersetzen wäre. Wenn Gott jedoch sei, dann wäre die Analogizität des menschlichen Denkens und Sprechens kein Defekt. Sein transzendentalanalogischer Charakter könne und müsse in seiner Notwendigkeit anerkannt werden. Umgekehrt aber erweise sich die Notwendigkeit der transzendentalen Analogie als eine indirekte Anzeige Gottes im menschlichen Sprechen und Denken [80]).

Man versucht zu zeigen, daß die Analogie einen transzendentalen Notwendigkeitscharakter besitzt. Da alle Namen transzendental seien, falle auch der Name Gottes darunter. Unser ganzes Denken, Erkennen und *Sprechen* weise eine *analogische Grundverfaßtheit* auf. Analogie sei schlicht und einfach darum möglich, weil sie im Denken und Sprechen der Menschen „von Anfang an" mitgegeben sei; ohne sie wären Denken und Sprechen aufgehoben. Die Analogie sei möglich, weil ihre Unmöglichkeit nicht gedacht werden könne. Das bedeute aber, daß Analogie deswegen möglich sei, weil sie notwendig ist.

Der Begriff entspringe nicht absolut. Er stehe ursprünglich – in des Wortes logisch strengem Sinn – *„im Verhältnis"*. Das heißt, er sei als Begriff durch sein Verhältnis zu anderen Begriffen mitbegründet, so wie der andere Begriff durch sein Verhältnis zu ihm. Das aber bedeute, *der Begriff sei ursprünglich analog*. Sofern er sich bildet, bilde

---

77) *K. Rahner / H. Vorgrimler:* Kleines theologisches Wörterbuch. Freiburg i. Br. 1961. 17 f.

78) *F. Brentano:* Vom Dasein Gottes. Leipzig 1929. 53 ff.

79) Das sog. Problem der Seinsanalogie – ein Thema, das ebenso umfangreiche wie sorgfältige Behandlung erfordern würde – kann in unserem Zusammenhang natürlich nur umrissen oder angedeutet werden. Für eine solche Behandlung vgl. vor allem: *E. Przywara:* Analogia entis. München 1932; sowie: *G. Siewerth:* Analogie des Seienden. Einsiedeln 1965.

80) *H. Krings:* Wie ist Analogie möglich? In: Gott in Welt, I. 110.

er sich immer schon in einer Entsprechung zu anderen Begriffen. Der logische Ort dieser ursprünglichen Entsprechung sei das Urteil. Sofern der Begriff sich allererst im Urteil konstituiere und seine Bedeutung erst innerhalb des Urteilszusammenhanges ihre volle Bestimmtheit erlangt, gebe es keine absolute Univozität. Univozität des Begriffes müsse hergestellt werden. Sie könne hergestellt werden, wenn der Begriff aus der Verflechtung in die Verhältnisse, durch die er im Urteil seine Bedeutung hat, herausgelöst und für sich gesetzt werde. Der Begriff einer solchen Herauslösung des Begriffs aus dem Urteil und seine Setzung „als Begriff" sei der transzendentallogische Sinn von Abstraktion [81]).

Das Wort „analog" wird in den dargestellten Überlegungen in einer Bedeutung verwendet, die von der üblichen stark abweicht. Da dort jeder Begriff „im Verhältnis" steht, würde eine Interpretation der Genauigkeitsforderung im Sinn der Aufforderung, analoge Begriffe zu vermeiden oder zu beseitigen, natürlich bedeuten, es sollen überhaupt alle „Verhältnisse" dieser Art aufgelöst werden. Da die Analogie jedoch den Satz „strukturell durchwaltet" und da jedes Wort in der Rede „ana logon" gesprochen werden muß, nachdem sich die Bedeutung keines dieser Worte aus der Mitbestimmtheit durch das andere Wort anders freimachen kann als indem es aus der Rede überhaupt ausscheidet, käme die Aufhebung der Analogie der Selbstaufhebung alles dessen gleich, worauf die Genauigkeitsforderung erst sinnvoll angewendet werden kann. Nun steht es es zwar jedermann *frei*, das Wort „analog" so zu verwenden wie er es für nötig und zweckmäßig hält; aber ebenso steht es *uns* frei, einen solchen Sprachgebrauch nicht zu akzeptieren. Wir sehen dann jedoch keinen Grund mehr dafür, die Genauigkeitsforderung im Hinblick auf solche Analogizität zu erörtern.

6.2.3.3. Vagheit – Präzision

Nur bei einem völlig präzisen Begriff läßt sich für jeden beliebigen Gegenstand entscheiden, ob er unter diesen Begriff fällt oder nicht; jeder Begriff, bei dem dies nicht möglich ist, ist mehr oder weniger vage [82]). Es gibt demnach *Stufen der Vagheit*. Die Bewertungsziffern der Stufenfolgen könnten als Maßzahlen für den Grad der Schwierigkeiten aufgefaßt werden, die sich uns entgegenstellen, wenn wir zu entscheiden haben, ob der fragliche Gegenstand unter den betreffenden Begriff fällt [83]).

Wir bemerken, wie selbst die Wissenschaft oft undeutliche Begriffe aus der Alltagssprache übernimmt, daß sie jedoch überall dort, wo man nicht versucht, sie in deutliche Begriffe umzuformen, erheblichen Schwierigkeiten begegnet [84]). Die Wissenschaft versucht daher, die undeutlichen Begriffe, die ihr aus der Alltagssprache zukommen, durch *deutliche*, oder, da zumeist eine kontinuierliche Entwicklung vor sich geht, die jeden-

---

[81]) a. a. O. 104.

[82]) "Vagueness has never been better characterized than as the penumbra of meaning" (*A. Kaplan*: The Conduct of Inquiry. 66).

[83]) *M. Cohen / E. Nagel*: An Introduction to Logic and Scientific Method. New York and Burlingame 1934. 22: "Everyone is familiar with the difficulty of deciding whether certain micro-organisms are 'plants' or 'animals', whether certain books are not 'obscene', whether a certain symphony is or is not the work of a 'genius', whether a given society is or is not a 'democracy', whether we do or do not have certain 'rights'."

[84]) Dafür ist nun gerade die Philosophie ein Beispiel, die neben eigens eingeführten Fachausdrücken, mithin Teilen einer nicht organisch gewachsenen Sprache, d. h. einer Kunstsprache, in erster Linie Wörter der Umgangssprache enthält. Das trifft immer weniger zu für wissenschaftslogische Untersuchungen und Darstellungen, deren Eigenart und Strenge in den Anforderungen an sich selbst den Nicht-Fachleuten das Verständnis und das Mitredenkönnen erschwert.

falls in der Regel undeutlicheren Begriffe der Alltagssprache durch die *deutlicheren* einer Fachsprache zu ersetzen. Dies geschieht einerseits durch Präzisierung der alltagssprachlichen Begriffe mittels der Begriffsexplikation [85]) und andererseits durch Neueinführung von Begriffen, vor allem auf Grund der Methode der *Definition*. Die Probleme, welche durch Mängel der Alltagssprache entstehen, können ausgemerzt werden: (1) durch die Verdeutlichung der undeutlicheren Begriffe der Alltagssprache, also durch *allmählichen* Übergang aus dem vorwissenschaftlichen in den wissenschaftlichen Bereich; (2) in radikaler Weise dadurch, daß an die Stelle der natürlichen, organisch gewachsenen Umgangssprache künstliche Sprachsysteme gesetzt werden, die sich dadurch auszeichnen, daß präzise Bedeutungsregeln für alle vorkommenden Ausdrücke angegeben werden, wodurch alle früher erwähnten Ungenauigkeiten verschwinden [86]).

6.2.3.3.1. Asymbolische Erkenntnis?

Betrachten wir dazu die Überlegungen und Einwände *M. Schelers*. Er anerkennt die Nützlichkeit dieses Verfahrens zwar für die Wissenschaft, denn es gehöre wesentlich zur Wissenschaft, daß *künstliche* Zeichen und Verabredungen über deren Bedeutung (Konventionen) aufgestellt werden, die so gewählt seien, daß durch sie alle Tatsachen, die für sie relevant sind, *eindeutig* bezeichnet werden können (Prinzip der eindeutigen Bestimmbarkeit aller Tatsachen durch Zeichen). Sodann aber konstatiert er einen Wesensunterschied zur philosophischen Erkenntnis, da die philosophische Erkenntnis ihrem Wesen nach *asymbolische* Erkenntnis sei. Sie suche ein Sein, so wie es in sich selbst ist, nicht wie es sich als bloßes Erfüllungsmoment für an es herangebrachte Symbole darstelle. So werde ihr auch die Zeichenfunktion selbst zum Problem. Sie dürfe daher sachlich weder den Bestand der natürlichen Sprache und ihre Bedeutungsgliederung, noch gar den Bestand irgendeines künstlichen Zeichensystems für ihre Untersuchungen voraussetzen [87]).

Nun, das mag zutreffen. Aber nur dort, wo Symbole, mit denen etwas bezeichnet werden soll, überhaupt vorkommen, kann die Forderung sinnvoll werden, die Bedeutungen der Zeichen möglichst zu präzisieren. Wo Symbole gar nicht vorkommen, kann unser Problem der Sprachgenauigkeit gar nicht erst entstehen. Also wäre es gerade für die Philosophie irrelevant.

Die entscheidenden Fragen lauten demnach: 1) Ist asymbolische Erkenntnis überhaupt möglich? 2) Wenn ja, ist die philosophische Erkenntnis asymbolisch? [88]) Wie immer dieses Etwas, das wir „Erkenntnis" nennen, beschaffen sein mag, wir müssen es *benennen*, und zwar nicht nur zum Zweck seiner Mitteilung an andere, sondern auch im Sprachverkehr mit uns selbst. Die Notwendigkeit seiner sprachlichen Fixierung entgeht niemand. Zumindest dann, wenn man den allgemeinen (wissenschaftlichen und alltäglichen) Sprachgebrauch zugrundelegt, ist der *Begriff einer asymbolischen Erkenntnis eine contradictio in adjecto*.

---

85) Vgl. die Bemerkungen zum Thema der Begriffsexplikation.

86) „... Eindeutigkeit und ... Konstanz. Sie werden in den natürlichen Sprachen nicht vollständig erfüllt, deshalb werden künstliche ideale Sprachen, formalisierte, entworfen" (*V. Kraft:* Erkenntnislehre. 137).

87) Schriften aus dem Nachlaß, Bd. I: Zur Ethik und Erkenntnislehre. 411.

88) *Schelers* Verhalten zeugt gegen seine eigene Behauptung. Daß die Forderung erhoben werden kann, das Sein in sich selbst zu suchen, kann natürlich nicht beweisen, daß ihre Verwirklichung möglich, oder auch nur, daß sie sinnvoll ist. Wie jeder andere Philosoph verwendet *Scheler* Symbole, und zwar gerade auch dann, wenn er jene Forderung nach asymbolischer Erkenntnis formuliert.

6.2.3.4. Diskussion der Genauigkeitsforderung

Die Kritik an der Genauigkeitsforderung konzentriert sich auf zwei Punkte: Es wird entweder ihre *Undurchführbarkeit* oder aber ihre *Unzweckmäßigkeit* behauptet.

6.2.3.4.1. Erfüllbarkeit der Genauigkeitsforderung

Die Genauigkeitsforderung wird oft als Forderung nach *vollständiger* Präzision der verwendeten Termini verstanden, mithin nach Aufhebung des Vagheitsspielraums, sowie als Forderung nach gänzlicher Beseitigung *sämtlicher* Synonymien (Vorkommen verschiedener sprachlicher Ausdrücke mit gleicher Bedeutung, d. h. Gleichnamigkeit) und Homonymien bzw. Äquivokationen (also von sprachlichen Ausdrücken mit jeweils mehreren Bedeutungen). Dieses Ziel kann jedoch nach der Überzeugung der Kritiker unmöglich erreicht werden, einerseits weil ein immer höherer Grad der Präzision denkbar ist, andererseits, weil die zur genaueren Bestimmung (Definition) der verwendeten Ausdrücke erforderlichen Ausdrücke selbst einer genauen Bestimmung bedürfen – eine Aufgabe, die offensichtlich nie abgeschlossen werden kann [89]). Manche Objekte könnten außerdem nicht vollständig erfaßt und beschrieben werden und entzögen sich oft der begrifflichen Fassung; in bezug auf sie sei in manchen Fällen nur ein *analoges Verständnis* möglich. Wir wüßten von ihnen eher, was sie nicht sind als was sie sind. Würde man dennoch auf präzise Darstellung drängen, so müßte man ihr Wesen zwangsläufig verfehlen.

Wenn nun unter „*vollständiger* Präzision" eines Ausdruckes die Möglichkeit gemeint ist, für jeden Gegenstand prinzipiell zu entscheiden, ob er unter den fraglichen Begriff fällt, dann kann jene Kritik nicht für berechtigt gehalten werden. Wer z. B. das Wort „alt" verwendet, muß je nach der Zielsetzung für den konkreten Fall darlegen, was seine Anwendungsbedingungen für diesen Ausdruck sind. Es gibt Fälle, in denen sich auch der Wissenschaftler an den alltäglichen, vagen Sprachgebrauch halten darf; sowie andere Situationen, in denen aus dem Gesamtzusammenhang ersichtlich ist [90]), was unter einem bestimmten Ausdruck verstanden werden soll, und schließlich Umstände, unter denen eine weit präzisere Angabe der Anwendungsbedingungen erforderlich ist. Z. B. kann im Alltagssprachgebrauch die Verwendung des Wortes „Beweis" zur Bezeichnung von so verschiedenen Operationen oder ihren Ergebnissen dienen wie „logischer Schluß" und mit „Beispielen belegte Behauptung" [91]). Im Sinne der Genauigkeitsforderung und mithin zuletzt im Hinblick auf die Feststellbarkeit des Wahrheitswertes von Aussagen muß betont werden: Ein Merkmal des Begriffes „wissenschaftlich" ist das Bestreben, einen Begriff so zu *präzisieren*, daß die wahrscheinliche Richtigkeit seiner Anwendung ein *Maximum* wird.

---

[89]) Anderer Überzeugung ist *B. Pascal*, der folgende Regeln für die Definition aufstellt: „(1) Keines von den Dingen definieren wollen, die in sich selbst so bekannt sind, daß man keine noch klareren Begriffe hat, um sie zu klären. (2) Keinen der etwas dunklen oder doppeldeutigen Begriffe undefiniert lassen. (3) Bei der Definition der Begriffe nur vollkommen bekannte oder schon erklärte Worte verwenden" (Vermächtnis eines großen Herzens. In: Die kleineren Schriften, Leipzig 1938. 42).

[90]) Aus größeren Kontexten wird zwar die genaue Bedeutung eines Ausdruckes beinahe immer ersichtlich, und manche umfangreiche Abhandlung könnte sogar als implizite Definition bestimmter Ausdrücke verstanden werden. Aber die Erfüllung der Genauigkeitsforderung hat nicht nur grundsätzliche Bedeutung, sondern entspricht auch dem Ökonomieprinzip der Sprache, dem Wunsch nach möglichst großem Kommunikationsgrad.

[91]) Dazu die Analyse bei *A. Ambrose:* The Problem of Justifying Inductive Inference. In: The Journal of Philosophy. May 1947.

Die Ausschaltung *sämtlicher* Homonymien und Synonymien wäre *unmöglich*, wenn dazu die vollständige Kenntnis des Sprachgebrauches, oder mit anderen Worten, ein *vollständiges* und *untrügliches Wissen* über die Verwendungsweise des betreffenden Wortes bei seinen sämtlichen Benützern notwendig wäre. Denn dazu wäre die Kenntnis sämtlicher Verwendungsregeln des fraglichen Wortes bis zum gegenwärtigen Augenblick erfoderlich. Hätte ein einziger Mensch die Sprache, irgendeine Sprache, geschaffen, ein Mensch, der überdies entweder über ein Gedächtnis verfügen mußte, das ihn unmöglich hätte täuschen können, oder aber, dem es möglich gewesen wäre, in seine eigenen Sprachschöpfungen *ständig* Einsicht zu nehmen und dabei keinen Sinnestäuschungen zu unterliegen, dann wären derartige Homonymien oder Synonymien möglicherweise gar nicht zustandegekommen. Aber nicht einmal das ist sicher; denn Synonymien könnten *absichtlich* geschaffen worden sein, um damit auf Ähnlichkeiten aufmerksam zu machen [92]). Wenn man unter „Ausschaltung aller Homonymien und Synonymien" versteht, es solle dadurch ausgeschlossen werden, daß jemand ein Wort jeweils homonyn beziehungsweise mehrere Wörter synonym verwendet, dann wäre es tatsächlich unmöglich, zu einer „genauen" Sprache zu gelangen. Mit jener Forderung kann aber doch *vernünftigerweise* nur gemeint sein, in einer bestimmten Theorie, die ein beliebiger Autor aufstellt, dürften homonyme und synonyme Ausdrücke nicht vorkommen.

Wir müssen die Erfüllbarkeit dieser Forderung nun gesondert in bezug auf Synonymität und Homonymität betrachten. Die *völlige* Ausschaltung von Synonymien ist sogar unmöglich, wenn Definitionen notwendig sind, denn wir bedürfen der Synonymitätsrelation zwischen Definiendum und Definiens.

Die Forderung, *Homonymien* zu beseitigen, kann insofern erfüllt werden, als es – im Gegensatz zu synonymen Ausdrücken – möglich ist, gänzlich auf sie zu verzichten. Sie kann jedoch nicht erfüllt werden, wenn man sich das Ziel steckt, *Gewißheit* darüber zu erlangen, daß kein Sprachausdruck von irgendjemand als homonym mit einem anderen Ausdruck aufgefaßt wird. Aber wenn es auch unmöglich ist, die Eliminierung der Homonymien mit absoluter Sicherheit zu erreichen, so ist doch die Forderung nach ihrer Ausschaltung eine Vorbedingung für die Feststellung des Wahrheitswertes von Aussagen. Darunter wird die Aufgabe verstanden, zu erkennen, ob diejenige Behauptung getestet wurde, die vom Aufsteller des Satzes gemeint war. Allerdings gibt es Fälle, in denen die Nachteile der Homonymität unerheblich sind, nämlich dann, wenn aus dem *Kontext* der beabsichtigte Sinn, also die tatsächlich aufgestellte Behauptung, ersichtlich wird.

Es werden Begriffe wie „Sein", „Substanz", „Weltgrund", „Leben", „Geist", „Wert", „Sinn" als Fälle genannt, an denen die Genauigkeitsforderung überhaupt scheitert und scheitern muß. Das Sein ist nach dieser Ansicht zu reich und umfassend, als daß es in einen Begriff gefaßt werden könne, das Leben zu bewegt und nuanciert, um durch einen dürren Begriff adäquat wiedergegeben zu werden, der Geist tiefer, als daß

---

[92]) Das Verfahren des Logikers, die mannigfaltigen Bedeutungen eines Ausdruckes im Sprachgebrauch, z. B. des Wortes „ist", mit je eigenen Symbolen offenkundig zu machen (z. B. *W. Stegmüller:* Sprache und Logik), schließt nach Ansicht seiner Kritiker (vgl. *M. Heidegger:* Einführung in die Metaphysik. 2. Aufl. Tübingen 1958. 69, wo eine Reihe präzisierender Umschreibungen des jeweils gemeinten Sinnes zusammen mit den Beispielen gegeben wird) einen Informationsverlust ein. Denn weder die Verwandtschaft dieser unterschiedlichen Wortbedeutungen noch eine möglicherweise vorhandene Wurzelbedeutung können so noch erkannt werden.

er durch einen Begriff je ausgeschöpft werden könnte [93]). Vielmehr müsse der Begriff dialektisch sein und die Sprache in vielen Fällen allegorisch, um ein Mittel zur Erfassung der Wirklichkeit in einem nicht bloß auf Beherrschung abgestellten Denken zu werden. Das wird in einer weniger metaphorischen Sprache z. B. von *E. Cassirer* so ausgedrückt: „Wie Heraklit das einzelne Objekt in den stetigen Strom des Werdens stellt und es in ihm zugleich vernichtet und aufbewahrt sein läßt, so soll auch das einzelne Wort sich zum Ganzen der ‚Rede' verhalten. Selbst die innere Vieldeutigkeit, die dem Wort anhaftet, ist daher kein bloßer Mangel der Sprache, sondern ein wesentliches Moment der in ihr gelegenen Ausdruckskraft. Denn in ihr erweist sich eben, daß seine Grenzen, wie die des Seienden selbst, nicht starre, sondern fließende sind. Nur in dem beweglichen und vielgestaltigen Sprachwort, das gleichsam seine eigenen Grenzen immer wieder durchbricht, findet die Fülle des weltgestaltenden Logos ihr Gegenbild ... Drückt sich in den Worten das innere Gefüge des Seins aus ..." [94]). Als „unerfüllbar" müßten wir daher die Eindeutigkeitsforderung dort bezeichnen, wo wir nicht imstande seien, Begriffe vollständig zu präzisieren, d. h. ihren Vagheitsspielraum *gänzlich* einzuschränken, *sämtliche* Homonymien und Synonymien zu beseitigen und einen *völlig* konsistenten Sprachgebrauch der einzelnen Sprachbenützer herzustellen [95]).

Zum Gegensatz dieser Meinungen bemerkt *Stegmüller*, die Konstruktion semantischer und syntaktischer Systeme sehe als eines ihrer Ziele dies, die vage Umgangssprache durch eine exaktere Wissenschaftssprache zu ersetzen. Es bestehe kein Zweifel darüber, daß auf diesem Wege tatsächlich gegenüber der traditionellen Logik eine weit größere Präzision in der Fragestellung, der Klärung von Begriffen und der Aufdeckung logischer Zusammenhänge gewonnen worden sei. Andererseits dürfe aber nicht verkannt werden, daß diese Tendenz zur Exaktheit notwendig an eine Grenze stoße. Diese Grenze bilde die Metasprache bzw. die Metatheorie, die nicht mehr formalisierbar, sondern nur mehr intuitiv verwendbar sei [96]). Die Tatsache, daß als oberste Metasprache stets die Umgangssprache vorausgesetzt werden muß und daß – oberste – metatheoretische Überlegungen in nicht-formalisierter, intuitiver Weise vollzogen werden, trage ihrerseits in die ganzen Überlegungen notwendig eine *nicht auszuschaltende Unexaktheit* hinein (nur gegenüber dem sonstigen Vorgehen wäre sie herabgemindert). Sie lasse andererseits die Möglichkeit für einen „absoluten" Streit über die Gültigkeit oder Ungültigkeit, Zulässigkeit oder Unzulässigkeit gewisser intuitiver gedanklicher Operationen offen, die in der Metatheorie vorgenommen werden [97]). *Stegmüller* stellt fest, selbst auf diesem neuen logischen Wege könnten „absolute", „metaphysische" Diskussionen nicht ausgeschlossen werden. Der Einwand gegen die Metaphysik, sie sei gegenüber dem exakten Wissenschaftsbetrieb der Einzelwissenschaften zu vage und unpräzise, könne niemals ein prinzi-

---

[93]) *H. Bergson:* Einführung in die Metaphysik. 190: „Begriffe sind der Metaphysik zwar unentbehrlich. Aber sie ist nur im eigentlichen Sinne bei sich selbst, wenn sie über die Begriffe hinausgeht, oder wenigstens sich von den starren und fertigen Begriffen befreit, um Begriffe zu schaffen, die von denjenigen, die wir gewöhnlich handhaben, ganz verschieden sind, d. h. schmiegsame, bewegliche, fast fließende Vorstellungen, die fähig sind, den flüchtigen Formen der Intuition sich anzuschmiegen."

[94]) Philosophie der symbolischen Formen. 1. T.: Die Sprache. Darmstadt 1953. 59 ff.

[95]) "Commonly a general term true of physical objects will be vague in two ways: as to the several boundaries of all its objects and as to the inclusion or exclusion of marginal objects" (*W. V. Quine:* Word and Object. New York and London 1960. 126). Vgl. dazu *J. G. Kemeny:* A Philosopher looks at Science. New York 1959. 6 f.

[96]) Metaphysik – Wissenschaft – Skepsis. 54.

[97]) Vgl. dazu *G. Frey:* Die Logik als empirische Wissenschaft, 243 f., 248, bes. 250 f., 260 f.

pieller sein, da es nur *graduelle* Abstufungen an solcher Exaktheit gebe. „Absolute Exaktheit" sei daher ein ebenso unerreichbares Ideal wie „absolutes Wissen" [98]).

Unsere Sprache bewegt sich nach dieser Ansicht nur so lange in einem einigermaßen eindeutigen Verständnismedium als bestimmte Möglichkeiten *nicht* eintreten. Deshalb liege in dem Umstand, daß wir eigentlich über diese Möglichkeiten nichts aussagen können, eine „unbehebbare Vagheit und ‚Unexaktheit' der Alltagssprache". Um uns klar miteinander verständigen zu können, müßten wir stillschweigend voraussetzen, daß unendlich viele Möglichkeiten *nicht* eintreten. Eine Sprache, die uns für alle Möglichkeiten wappne, gebe es nicht. Darin, und nicht in lächerlichen Äquivokationen von Wörtern wie „Star", „Schimmel" usw., sei vor allem die Vagheit der Alltagssprache zu suchen. Diese Vagheit aber sei es gerade, die in jede formalisierte Sprache auf dem Wege über ihre Bedeutungsregeln Eingang finde. Nur solange man eine solche Sprache als uninterpretierten Kalkül verwende, würden diese Probleme nicht auftreten. *Darum* könne eine vollständig formalisierte Mathematik ein Maß von Exaktheit erlangen, welches *keine* Realwissenschaft je erreicht. Denn sobald eine formalisierte Disziplin angewendet werde, müsse sie inhaltlich gedeutet (interpretiert) werden, und damit entstünden wieder die aufgezählten Schwierigkeiten [99]). Die gegen die Genauigkeit der metaphysischen Sprache vorgebrachten Argumente kann man nach *Stegmüllers* Ansicht gegen *jeden* denkbaren Sprachverkehr vorbringen; es wäre daher nach seiner Überzeugung ungerecht, sie (stets) nur gegen die Metaphysik zu kehren.

Angenommen ferner, es gelänge uns, die verwendeten Begriffe doch im Sinne jener Forderung zu klären und zu präzisieren, so wie es z. B. *Spinoza* bezüglich einiger der wichtigsten Termini der Philosophie unternommen hat, so würde doch, so z. B. nach der Überzeugung *Bergsons,* gerade das Ziel dieser Bemühung verfehlt. Denn es sei unmöglich, mit der Festigkeit der Begriffe die Beweglichkeit der Wirklichkeit wiederzugeben [100]). Man begreife wohl, daß feste Begriffe durch unser Denken aus der Beweglichkeit abstrahiert werden können, aber es gebe kein Mittel, um mit der Festigkeit der Begriffe die Beweglichkeit des Beweglichen wiederzugewinnen [101]). Der begrifflichen Erkenntnis ist nach seiner Ansicht gerade das nicht möglich, ein Ding von innen her zu erkennen, sondern das leiste nur das intellektuelle Mitfühlen mit dem, was die Wirklichkeit an Innerstem besitzt [102]). Wer glaube, mittels genauer und scharfer Begriffe den Reichtum, die Nuancen, die Kontinuierlichkeit und Ganzheitlichkeit der lebendigen Wirklichkeit erfassen zu können, dessen Versuch müsse nach der Überzeugung der Kritiker mißlingen, weil er mit untauglichen Mitteln arbeite und durch falsche Hoffnungen angetrieben sei [103]).

6.2.3.4.1.1. Kritik der Kritik

Die Kritiker der Genauigkeitsforderung scheinen von der Überzeugung geleitet zu werden, die Begriffe, die zur sprachlichen Wiedergabe unserer Erkenntnis der Wirklichkeit notwendig sind, müßten von gleicher Struktur oder Eigenart sein wie die Objekte, auf die sie sich beziehen. Verwenden wir Begriffe um z. B. über die bunte Mannigfaltigkeit der Dinge und Geschehnisse, über das Werden, über kontinuierliche Zusammenhänge, über Nuancen und Facetten der zu erforschenden Wirklichkeit zu

[98]) Vgl. Metaphysik – Wissenschaft – Skepsis. 54 f.

[99]) a. a. O. 57 f.

[100]) Siehe *H. Bergson:* Einführung in die Metaphysik. Jena 1912. 206 und 213.

[101]) a. a. O. 213 (im Original kursiv).

[102]) a. a. O. 42.

[103]) a. a. O. 213 f., 216, 223, 225.

sprechen, so müßten denn auch die Begriffe von dieser Art sein. Ihre Vagheit, die Mehrdeutigkeit von Ausdrücken, alle die Eigenschaften, die unter dem Gesichtswinkel der Logik gesehen *Mängel* darstellen, müßten als Vorzüge betrachtet werden. Die Begriffe selbst müßten „flüssig" sein, und die Mehrdeutigkeit habe zumindest auch den Aspekt der Produktivität[104]).

Gegen diese Kritik an der Genauigkeitsforderung muß folgendes eingewendet werden: Wenn gefordert wird, die Begriffe müßten „flüssig" sein, damit wir mit ihnen den Prozeßcharakter der Welt adäquat erfassen und ausdrücken könnten, und wenn man mithin die Mehrdeutigkeit, eventuell auch ihre Vagheit und Inkonsistenz im Gebrauch verlangt, dann muß man, falls man das Verständnis dieser Forderung überhaupt erstrebt, nun *wenigstens* die *Eindeutigkeit* des Begriffes „flüssig" bzw. des Begriffes „mehrdeutig" voraussetzen. Auch für denjenigen, der von der „produktiven Mehrdeutigkeit" der Begriffe spricht, muß die Mehrdeutigkeit dort unproduktiv werden, wo er erwartet, daß seine Leser diesen Ausdruck verstehen. Daraus folgt, daß *mindestens einer* der von ihm verwendeten Ausdrücke eindeutig sein muß, daß in diesem Falle also gerade derjenige, der die Vorzüge der Mehrdeutigkeit gegenüber der „dürren" Eindeutigkeit hervorhebt, selbst „dürr" sein muß. Die – glücklicherweise – vorhandene Genauigkeit mancher Sprachausdrücke, in diesem Fall die Eindeutigkeit des Wortes „mehrdeutig", machen sich übrigens auch die Kritiker der Genauigkeitsforderung ohne Zögern zunutze.

Jede Verteidigung einer ungenauen Sprache gegen die Genauigkeitsforderung stürzt so den Verteidiger selbst in *prinzipielle* Schwierigkeiten. Denn was immer er zugunsten der Vagheit von Begriffen, des bildhaften oder metaphorischen Charakters der sprachlichen Ausdrücke und ihrer Vieldeutigkeit vorbringen mag, muß er notgedrungen in einer Sprache formulieren, die der Genauigkeitsforderung weitgehend entspricht. Wie könnte man das, was er z. B. zur Unterstützung einer produktiven Mehrdeutigkeit sprachlicher Ausdrücke anführt, verstehen und würdigen, falls es selbst unpräzise und mehrdeutig formuliert wäre? Zwar kann niemand jene *Unexaktheit* ausschalten, die durch die Notwendigkeit in die Sprache hineinkommt, als oberste Metasprache stets die – ungenaue – Umgangssprache voraussetzen zu müssen; jedoch kann andererseits auch niemand erfolgreich zugunsten einer unexakten Sprache argumentieren, ohne sich dabei um eine *möglichst exakte Sprache* wenigstens in seiner eigenen Argumentation zu bemühen. Was immer zur Verteidigung einer Sprache zusammengetragen wird, der ihre vagen und mehrdeutigen Ausdrücke erhalten bleiben sollen, darf nicht selbst auf *möglichste Eindeutigkeit und Präzision* verzichten wollen, denn die Verteidigung ist erfolgreich nur unter der Voraussetzung, daß wir ihren Sinn erfassen können.

Es scheint hier eine ähnliche Situation wie im Falle der Argumentation gegen die Logik vorzuliegen: Nur deswegen, weil der Kritiker an der Genauigkeitsforderung, ohne es zu bemerken, seinen eigenen Grundsätzen zuwiderhandelt, kann er erreichen, daß wir ihn so verstehen, wie er verstanden werden möchte. Der Kritiker an der formallogischen Forderung hält sich an die Regeln der Logik, wenn er gegen sie etwas zu beweisen versucht, und jener bemüht sich wenigstens *dann* um eine genaue Sprache, wenn er die Vorzüge einer ungenauen, mit Vagheiten und Mehrdeutigkeiten behafteten Sprache zu demonstrieren beginnt.

6.2.3.4.2. *Zweckmäßigkeit der Genauigkeitsforderung*

Es wäre nun sicherlich unangebracht, die Genauigkeitsforderung überall zu erheben. Wenn der Dichter von den „unendlich vielen Sternen" spricht, die „am Firma-

[104]) Vgl. *Hegel:* Phänomenologie. 30; und passim.

ment leuchten", wird vernünftigerweise niemand gegen ihn einwenden, das Wort „unendlich" bezeichne hier einen unzulässig vagen Begriff, oder in „Firmament" schwinge eine Vorstellung mit, die vor den Ergebnissen der Astronomie nicht bestehen könne. Kann dies aber auch für den Forscher und Denker gelten, der nach Erkenntnissen sucht? Wir können zwar dem Dichter eine ungenaue Sprache erlauben, nicht jedoch dem Philosophen: Dieser muß ebenso wie der (Einzel-)Wissenschaftler versuchen, seine Gedanken soweit wie möglich zu präzisieren und auf Schönheit in seiner Sprache nur insofern zu achten, als dies mit seinem Hauptziel vereinbar ist [105]).

Zunächst können wir mindestens *zwei* Möglichkeiten nennen, der Eigenart der lebendigen, reichen Wirklichkeit begrifflich gerecht zu werden. Als die eine mag die Verwendung von Begriffen gelten, die seitens der Logiker als „verschwommen" oder von Ausdrücken, die als „mehrdeutig" bezeichnet werden und die gemäß ihrer Forderung zu eliminieren sind. Mit dieser Methode rivalisiert aber jene, die mit Begriffen arbeitet, die den logischen Forderungen genügen sollen, und die nun das, was z. B. von *Bergson* als Vorzug metaphysischer Ausdrücke bezeichnet wird, in anderer Weise wettmachen. Dieses andere Verfahren besteht in der Einführung *möglichst* vieler neuer Begriffe, die den Anwendungsbereich der metaphysischen Begriffe ausfüllen, in der Aufstellung von Begriffssystemen, in denen die mannigfaltigen Relationen zwischen diesen Bedeutungsnuancen jener „verschwommenen", „vagen" Begriffe exakt bezeichnet werden, kurzum, so, daß zwar ein einzelner Begriff für sich genommen den Erfordernissen der Erkenntnisgewinnung im metaphysischen Bereich noch nicht gerecht wird, aber doch so, daß diese Aufgabe von *Begriffssystemen* annähernd erfüllt wird.

Es wird darauf verwiesen, daß das, was von jenen vagen Begriffen und mehrdeutigen Ausdrücken tatsächlich geleistet wird, auf diese Weise auch erreicht werden kann und daß darüber hinaus mit der zweiten Methode die großen logischen Mängel und negativen Konsequenzen der Verwendung von Ausdrücken, die die Genauigkeitsforderung nicht erfüllen, vermieden werden können.

6.2.3.4.2.1. Kritik der Kritik

Einige der Gründe zugunsten der Vagheit heben nun aber eine fatale Beschränkung unserer Vorstellungsgabe und schöpferischen Fähigkeiten durch die präzise Definition und genaue Ausführung hervor. Denn mit einer beschränkten Anzahl von Wörtern könnten wir doch immer nur eine beschränkte Anzahl von Gedanken oder Ideen ausdrücken.

Dieses Argument beruht jedoch auf einem Mißverstehen des Wesens der Sprache. Es ist mit Sicherheit falsch, zu behaupten, mit einer beschränkten Anzahl von Wörtern könne nur eine beschränkte Anzahl von Gedanken ausgedrückt werden. Z. B. gibt es ein binäres Zahlensystem, in dem zwei Worte, Null und Eins, genügen, um jede Zahl überhaupt auszudrücken [106]). Als Beispiel kann auch der Seinsbegriff dienen, dessen mannigfaltige Aspekte durch das Verfahren des Logikers, die einzelnen Bedeutungen mit eigenen Symbolen zu belegen, ja nicht verlorengehen [107]).

Die Genauigkeitsforderung ist daher wie folgt zu verstehen: Jeder Sprachbenützer muß innerhalb eines gegebenen Kontextes an der einem bestimmten Ausdruck beigelegten Bedeutung festhalten, oder aber er muß im Falle der Zuschreibung einer anderen Bedeutung den Ausdruck durch eine Indexziffer kennzeichnen. Die Genauigkeits-

---

105) Vgl. *J. Kemeny:* a. a. O. 7.
106) a. a. O. 6.
107) Siehe *W. Stegmüller:* Sprache und Logik. a. a. O.

forderung erlaubt die Wahl und Zuschreibung einer beliebigen Bedeutung oder Verwendungsregel und fordert nur ihre Beibehaltung, solange die typographische Gestalt des sprachlichen Ausdrucks selbst nicht verändert wird. Nicht nur ein und derselbe Ausdruck muß seine Bedeutung oder seine Verwendungsregeln, sondern auch alle mit ihm gestaltgleichen Ausdrücke müssen dieselbe Bedeutung immer beibehalten, denn die Genauigkeitsforderung ist nicht nur eine Forderung an einen konkreten Ausdruck, sondern an jede Klasse von miteinander gleichgestalteten Ausdrücken.

Wenn auch die ausgewählte oder neu eingeführte Bedeutung eine beliebige sein kann, so muß sie doch eine präzise sein. Der *Vagheitsspielraum* eines gegebenen Ausdruckes muß *so weit eingeschränkt* werden können, daß für jedes Objekt *prinzipiell* entschieden werden kann, ob es unter den fraglichen Begriff fällt oder nicht. So erfüllt mancher Ausdruck die Genauigkeitsforderung nicht, da die geforderten Anwendungskriterien nicht nur nicht angegeben werden, sondern weil ihre Formulierung von den Regeln, die die Bedeutung des Ausdrucks festlegen, sogar verboten oder unmöglich gemacht wird. Dagegen sind die Bedeutungen der Wörter „jung" bzw. „alt" nicht im selben Sinne vage, obwohl auch hierfür keine Kriterien zur Entscheidung explizit formuliert werden, denn in diesem Falle läßt sich doch für bestimmte Objekte mit Sicherheit entscheiden, z. B. für ein vierjähriges Kind, ob es „jung", und für einen 70jährigen Mann, ob er „alt" sei. In diesem Fall liegt das Problem nur in der *praktischen* Schwierigkeit, die mit dem umgangssprachlichen Charakter dieser Terme verbunden ist.

6.2.4. Ergebnis

Das Ergebnis der soeben durchgeführten Untersuchung der Genauigkeitsforderung besteht zunächst in der Erkenntnis, daß die Forderung nach absoluter Genauigkeit unerfüllbar und daß absolute Exaktheit ein „Phantom" ist, „dem man nicht nachjagen soll" [108]), vor allem deswegen nicht, weil es nicht eine Art von Exaktheit oder Präzision und daher auch kein Kriterium gibt, mit dem wir exakte und weniger exakte Sprachen unterscheiden können. „*Ein* Ideal der Genauigkeit ist nicht vorgesehen", stellt *Wittgenstein* dazu fest; was wir uns darunter vorstellen sollen, wüßten wir nicht [109]). Aus diesem Grund könne auch nicht die These aufgestellt werden, daß es metaphysischen Aussagen notwendig an Exaktheit fehle [110]). Andererseits müsse es auch nicht als Katastrophe betrachtet werden, wenn wir nicht zu absoluter Exaktheit gelangen können. Es wäre sinnlos, und auf jeden Fall wäre es unzweckmäßig, von unserer Sprache einen Exaktheitsgrad zu verlangen, der höher als erforderlich liegt [111]). Es komme auf den jeweiligen Zweck an; ein spezieller Zweck kann eine spezielle Genauigkeit erfordern. Daher wäre es un-zweckmäßig, einen bestimmten Grad von Genauigkeit sozusagen „an sich" oder a priori zu verlangen.

Einige Philosophen gehen in ihrer Kritik an der Genauigkeitsforderung noch weiter und konstatieren sogar ihre teilweise Schädlichkeit. So weist *A. Kaplan* auf die „verderbliche Wirkung" hin, die von der Forderung nach Exaktheit der Bedeutung und nach präzisen Definitionen in der Verhaltenswissenschaft ausgehe. Die Erfüllung dieser Forderung resultiere nämlich in dem, was treffend als „vorzeitige Abschließung" (premature closure) unserer Vorstellungen und Ideen bezeichnet worden ist. Daß der Fortschritt der Wissenschaft durch sukzessive Abschließung gekennzeichnet ist, kann nach *Kaplans* Überzeugung festgestellt werden; aber es ist nun gerade die Aufgabe der Unter-

[108]) Metaphysik – Wissenschaft – Skepsis. 60.

[109]) *L. Wittgenstein:* Philosophische Untersuchungen. Oxford 1953. 42.

[110]) *W. Stegmüller:* a. a. O. 60.

[111]) a. a. O. 59.

suchung, uns darüber zu informieren, wie und wo die Abschließung am besten erreicht werden kann. *Kaplan* verweist auf *Quine*, der feststellte, daß dann, wenn Sätze wichtig werden, deren Wahrheitswerte mit dem Vagheitsspielraum von Wörtern zusammenhängt, immer auch das Bedürfnis nach einer neuen sprachlichen Vereinbarung oder einem geänderten Sprachgebrauch befriedigt werde. Dadurch wird die Vagheit in ihrem wichtigsten Teil beseitigt. Wir könnten Vagheit folglich getrost belassen, solange kein Bedürfnis solcher Art entstehe, denn bis dahin seien wir in zu schlechter Lage, um beurteilen zu können, welche Reformen zu einem optimalen Begriffsschema führen. Es gebe eine bestimmte Art von Wissenschaftlern, die sich beim leisesten Anzeichen von Ungenauigkeit in das nächstgelegene logische Gehäuse verkriechen. Aber nach *Quines* Ansicht besteht durchaus kein Grund zur Panik. Es sind die Dogmatiker außerhalb der Wissenschaft, die geschlossene Systeme von Bedeutungen bevorzugen, aber der Wissenschaftler (selbst) habe es mit der Verfestigung und Abschließung nicht eilig. Dunkelheiten im Ausdruck zu tolerieren sei als Voraussetzung des *Schöpferischen* in der Wissenschaft ebenso wichtig wie außerhalb der Wissenschaft [112]).

Doch auch bei Bejahung dieser Ausführungen *Quines* ist die Forderung nach Genauigkeit berechtigt. Die von *Quine* und *Kaplan* angestellten Überlegungen beziehen sich offensichtlich nur auf den Entstehungszusammenhang. Für die Entstehung von Hypothesen und Theorien ist eine gewisse Mehrdeutigkeit zweifellos fruchtbar, nicht jedoch für ihre Geltung. Diese kann – das ist ebenso sicher – um so schneller und sicherer nachgewiesen werden, je genauer der jeweilige Erkenntnisanspruch formuliert ist.

Daß ein Ideal nicht erreicht werden kann, besagt schließlich weder seine Nutzlosigkeit noch die unausweichliche Vergeblichkeit unserer Bemühungen, sich ihm zu *nähern*. Wir können hier eine Entsprechung zum Problem der Toleranz erkennen: Absolute Toleranz ist unerreichbar, aber ob jemand tolerant ist, erkennt man an seiner stetigen und vor allem an seiner im entscheidenden Fall vorhandenen Bereitschaft, *möglichst* tolerant zu sein. Ebenso: Absolute Genauigkeit ist unmöglich, aber man erkennt jemand immer auch daran, ob er nach möglichst großer Genauigkeit oder nach demjenigen Genauigkeitsgrad strebt, der für die Erreichung des bestimmten Zweckes erforderlich ist. Außerdem ist die Entscheidung über die anzustrebende Genauigkeit nicht bloß subjektiver Willkür überlassen, sondern es gibt Kriterien. Zum Beispiel ist es ohne Zweifel ein Mangel, Mehrdeutigkeiten gar nicht zu bemerken, oder dort, wo sie schädlich sein könnten, nicht abstellen zu wollen, so wie es nachteilig ist, einen Sprachausdruck inkonsistent zu verwenden. In den oben angestellten Überlegungen sind wir vor allem zur Erkenntnis gelangt, daß die Nachprüfung, ja schon die Nachprüfbarkeit der Berechtigung der erhobenen Erkenntnisansprüche, weitgehend von der Genauigkeit ihrer Formulierungen abhängt. Da aber das Ziel der Erkenntnisgewinnung für jede wissenschaftliche Bemühung entscheidend ist, konnten wir die Genauigkeitsforderung im Hinblick auf sie begründen.

Schließlich mußte auch auf den Fall verwiesen werden, wo ein Mindestgrad an Genauigkeit zur conditio sine qua non wird, nämlich beim Versuch, zu begründen, daß und warum Genauigkeit *nicht* notwendig und / oder zweckmäßig sei. Die Konsequenzen aus der Selbstanwendung werden somit zum bevorzugten Grund für das Postulat der Genauigkeit: Zwar könnten wir praktischen Verzicht auf die Erfüllung der Genauigkeitsforderung leisten, aber ohne ein Mindestmaß an sprachlicher Genauigkeit zu praktizieren vermöchten wir die Nützlichkeit oder die Notwendigkeit eines solchen Verzichts nicht einmal zu begründen.

---

[112]) *A. Kaplan:* The Conduct of Inquiry. Methodology for Behavioral Science. San Francisco 1964. 70 f.

6.3. Feststellbarkeit des Wahrheitswertes — Intersubjektive Prüfbarkeit

Da noch keine der *bisher* erörterten, unerläßlichen Forderungen die Festlegung auf eine bestimmte Methode bei der Feststellung des Wahrheitswertes eines Satzes einschließt und da auch keine echte oder nur vermeintliche Erfahrungsart (Einsicht, Erkenntnis„quelle") durch sie ausgeschlossen wird, muß sich der Streit zwischen den entgegengesetzten Auffassungen auf diesen entscheidenden Punkt konzentrieren. Wir können, in der Theorie, nicht einmal die Möglichkeit ausklammern, daß es zu jeder Behauptung, die sich auf eine bestimmte Erfahrungsart stützt, eine ihr völlig widersprechende Behauptung gibt, die sich auf eine andere Erfahrung zurückführen läßt.

Die Forderung nach Feststellbarkeit der Wahrheit impliziert so nicht nur keine Einschränkung auf die Feststellung mittels einer bestimmten Methode oder Erfahrungsart, sondern sagt auch noch nichts darüber aus, für *wen* der Wahrheitswert einer beliebigen Aussage feststellbar sein muß, und *wie* die Wahrheitswertfeststellung zu geschehen hat.

6.3.1. Aristokratisches und demokratisches Erkenntnisideal

Am nächsten läge es offensichtlich, zu fordern: *Alle*, die den zu prüfenden Satz überhaupt verstehen, sollen imstande sein, seinen Wahrheitswert festzustellen. Es soll keine Privilegierten geben, denen allein es möglich ist, diese Entscheidung zu treffen. Jeder Mensch, der mit seinen Aussagen einen Erkenntnisanspruch verbindet, soll sie derart formulieren, daß sie *prinzipiell* geprüft (getestet), das heißt je nachdem bestätigt oder widerlegt werden können. Die Nachprüfung soll grundsätzlich *jedem* Menschen möglich sein, *der* hinlänglich intelligent, ausgebildet und ausgerüstet ist[113]).

Die Forderung der Nachprüfbarkeit, und mithin weitgehend auch nach Verständlichkeit, entspricht offensichtlich dem Prinzip der Gleichberechtigung. Aber zugleich ist auch klar, daß der Kreis derer, die verstehen und nachprüfen können sollen, durch die Bedingung „hinlänglich intelligent, ausgebildet und ausgerüstet" eingeengt wird. In dieser einschränkenden Bestimmung drückt sich deutlich die Einsicht in die ungleichen Fähigkeiten und Möglichkeiten der Erkenntnissubjekte aus. Denn nur wer über entsprechende Fähigkeiten verfügt, vermag höheren Anforderungen gerecht zu werden. Wer aber höheren Anforderungen genügen kann, ist dadurch gegenüber jenen bevorzugt, die ihnen nicht gewachsen sind. Er ist daher privilegiert und damit zweifellos Mitglied einer Elite.

Nun bedeutet aber gerade das Vorhandensein von Bevorzugten oder Auserkorenen einen aristokratischen Zug in der demokratischen Grundstruktur der Situation. Der Einzelwissenschaftler huldigt der oben beschriebenen demokratischen Auffassung in Fragen der Erkenntnisgewinnung und Erkenntnisbegründung. Für ihn versteht es sich von selbst, daß er es grundsätzlich *jedem* Menschen möglich machen soll, festzustellen, ob eine beliebige, zur Prüfung vorgelegte Behauptung wahr oder falsch ist.

Aber er kennt auch Menschen, denen diese Nachprüfung nicht möglich ist, und das nicht gerade nur jetzt, zu einem bestimmten Zeitpunkt oder während einer kürzeren oder längeren Phase. Der Mangel, der dies verhindert, wird vielmehr als nicht behebbar, sondern als der geistigen Ausstattung des betreffenden Menschen inhärent oder wird als möglicherweise bleibende Folge mangelnder Ausbildung und/oder Ausrüstung betrachtet. Daraus folgt, daß einige Erkenntnissubjekte von der Teilnahme an bestimmten Erkenntnisprozessen *faktisch* für immer ausgeschlossen bleiben. So wird auch

[113]) Vgl. dazu „Festsetzung der Prüfbarkeitsbedingungen" (6.3.3.3).

der naturwissenschaftliche „Erkenntnisdemokrat" zum „Erkenntnisaristokraten", und hinter dem exoterischen Ideal wird die esoterische Realität erkennbar.

Dennoch können wir eine grundsätzliche Übereinstimmung zwischen „Erkenntnisaristokraten" und „Erkenntnisdemokraten" feststellen. Sie besteht in der beiderseitigen Berücksichtigung der Unterschiede zwischen den Fähigkeiten der Erkenntnissubjekte, die Nichtübereinstimmung in der Betonung dieser Unterschiede. Das Prinzip der Intersubjektivität, das die demokratische Auffassung der menschlichen Erkenntnisfähigkeit kennzeichnet, wird im Falle der aristokratischen Einstellung durch den Grundsatz der Exklusivität abgelöst. Das scheint einen unüberbrückbaren Gegensatz zwischen beiden Auffassungen zu bewirken.

Die bisherigen Erwägungen dürften jedoch gezeigt haben, wie schwierig es ist, eine scharfe Grenze zu ziehen. Denn während das Prinzip der Intersubjektivität infolge der enthaltenen Einschränkung eine Auslese unter den Menschen trifft, schafft das Prinzip der Exklusivität, indem es das Gemeinsame zwischen den Privilegierten heraushebt und fixiert, in der Konsequenz zugleich auch die Voraussetzung für die Erfüllung des Prinzips der Intersubjektivität – dieses Mal innerhalb des Bereichs dieser Elite. Der esoterische Philosoph, zum Beispiel, huldigt der aristokratischen Auffassung[114]). Er lehnt die Forderung ab, nur solche Erkenntnisansprüche zu erheben und Erkenntnisse mitzuteilen, deren Wahrheitswert von jedermann festgestellt werden kann. Er ist nicht bereit, anzuerkennen, daß nur dort überhaupt von „Erkenntnis" gesprochen werden dürfe, wo jedermann feststellen kann, daß tatsächlich Erkenntnis vorliegt. Er stellt vielmehr fest, es gebe Wahrheiten, die nur der Eingeweihte oder Ergriffene erkennen kann; der aber erkenne unmittelbar und mit absoluter Sicherheit. Seine Aussagen über diese Wahrheiten seien eines Beweises weder fähig noch bedürftig.

Das demgegenüber vertretene Prinzip der Exklusivität hat die Bildung einer Gruppe oder Klasse von Erkenntnissubjekten zur Folge, von denen jedes behaupten wird: „Daß die von mir aufgestellte Behauptung über den Sachverhalt X eine Erkenntnis ist (oder: „richtig ist", oder: „die Wahrheit trifft"), kann jeder nachvollziehen und muß jeder bejahen, der wirklich erkennt." Das Prinzip der Intersubjektivität wird also innerhalb der Gruppe der *Übereinstimmenden* stets anerkannt.

Angenommen, jemand behauptet: „Einen Menschen zu töten, ausgenommen in Fällen äußerster Not, ist verwerflich." Wenn er nun mit dieser Behauptung nicht von vorneherein lediglich sagen will: „Das Töten von Menschen, ausgenommen in Fällen äußerster Not, soll (ab nun) als sittlich schlecht gelten", oder: „Ich schlage vor, daß wir (aus diesen oder jenen Gründen) das Töten von Menschen, ausgenommen in Fällen äußerster Not, als verwerflich betrachten", oder auch: „Das Töten von Menschen, ausgenommen in Fällen äußerster Not, wird (d. h. von der Mehrheit, von der Religion) als ‚verwerflich' bezeichnet", *sondern* wenn er damit behaupten möchte: „Das Töten von Menschen, ausgenommen in Fällen äußerster Not, *ist* verwerflich (und jeder, der etwas anderes denkt, irrt sich)", dann wird er doch nicht notwendigerweise der Meinung sein, die meisten Menschen oder sogar alle Menschen seien imstande, dies einzusehen. Aber auch er wird das Prinzip der Intersubjektivität wie folgt anerkennen: „Ich habe meine Aussage so formuliert, daß sie jeder, der hinlänglich intelligent und entsprechend ausgebildet ist, verstehen kann, und ich habe damit etwas behauptet, dessen Richtigkeit jeder, der nicht unzureichend intelligent und der nicht wertblind ist, erkennen kann." Denn er kann sich jederzeit der Forderung unterwerfen, Erkenntnisansprüche so zu formulieren,

[114]) Dazu M. *Scheler:* Die Wissensformen und die Gesellschaft. 163, 168, 177 f., 466.

daß jeder, der hinlänglich intelligent und ausgebildet ist, diese Aussagen verstehen, und jeder, sofern er die erforderlichen Fähigkeiten hat, sie nachprüfen kann.

Die Verfechter einer exoterischen, gewissermaßen demokratischen Erkenntnishaltung sehen sich also gezwungen, Abstriche von ihrem Prinzip vorzunehmen. Die Vertreter einer esoterischen, gewissermaßen aristokratischen Erkenntnishaltung dagegen sind genötigt, alle jene mit einzuschließen, die imstande sind, die Berechtigung erhobener Erkenntnisansprüche einzusehen und das von „mir" Erkannte als Erkenntnis nachzuvollziehen. Denn auch das von dem „Erkenntnisaristokraten" verfochtene Prinzip der Exklusivität gilt nur mit Einschränkungen. Das läßt sich an seinem Verhalten aufzeigen. Er argumentiert in der Erwartung, möglichst *viele* Dialogpartner von der Richtigkeit seiner eigenen Lehren überzeugen zu können, und er versucht, seine Leser oder Zuhörer zu jener unmittelbaren und endgültigen Einsicht hinzuführen. Er strebt die Zustimmung anderer an und fühlt sich dadurch bestärkt. Mit seinen eigenen subjektiven Überzeugtheitserlebnissen will er sich nicht zufriedengeben.

Er kann sich nicht damit begnügen, wenn er sich in der Wirklichkeit zurechtfinden und mit anderen Erkenntnissubjekten in Kommunikation bleiben will, da er unfähig wäre, sich ausschließlich in einer bloßen Scheinwelt zu bewegen. Daß er sich jeweils der „Scheinbarkeiten" bewußt wird und sich in der Realität zurechtfindet, verdankt er jedoch in einem sehr hohen Grade dem Kontakt mit anderen Erkenntnissubjekten, der Überprüfbarkeit seiner Erkenntnisansprüche an den Erkenntnisansprüchen anderer.

Ist das Prinzip der Exklusivität nun wenigstens *theoretisch* ohne Einschränkung gültig? Angenommen, es wird behauptet, es gebe Aussagen, deren Wahrheitswert genau einer feststellen könne. Der Bereich, dessen Individuen die tatsächlich Erkennenden oder zur Erkenntnis Fähigen darstellen, würde nur ein einziges Individuum enthalten. Von einem „leeren Individuenbereich" sprächen wir dagegen dann, wenn die zur Prüfung vorgelegten Aussagen von niemandem verstanden oder auf ihre Richtigkeit geprüft werden könnten, da keiner die hierzu erforderlichen Fähigkeiten besitzt. Das Prinzip der Exklusivität wäre in einem solchen Fall voll und genz erfüllt.

In den eben angestellten Überlegungen hatten wir es mit folgender Alternative zu tun:

1) Entweder es soll jede Person (schlechthin) imstande sein, die Berechtigung der erhobenen Erkenntnisansprüche zu entscheiden (festzustellen, zu beurteilen);

2) oder es soll nur jene Person, die bestimmte Bedingungen erfüllt, dazu imstande sein. Diese Bedingungen sind: „Hinlängliche Intelligenz und / oder hinlängliche Ausgebildetheit und / oder hinlängliche Ausgerüstetheit."

6.3.2. Der Zusammenhang von Subjektivität und Intersubjektivität

Der Fall der *Subjektivität* ist gegeben, wo der Wahrheitswert der betreffenden Aussage jeweils nur von einem *einzigen* Beurteiler festgestellt werden kann. Das trifft offensichtlich dort zu, wo es sich um Aussagen über die eigenen psychisch-geistigen Vorgänge und Zustände handelt: „Ich denke jetzt nach"; „Ich freue mich über deinen Besuch"; „Ich habe mich entschlossen, folgendes zu tun".

Davon sind Aussagen über Nichtpsychisches, zum Beispiel über Dinge, Zustände oder Geschehnisse, die der sogenannten äußeren Wirklichkeit angehören, zu unterscheiden. Daß die Gegenstände dieser Aussagen in einer Weise existieren, wie es in der Alltagssprache oder auch in der Sprache der Wissenschaften ausgedrückt wird, kann allerdings nur unter der Voraussetzung behauptet werden, daß ihnen eine bewußtseinsunabhängige Existenz zugebilligt wird. Im Alltag ist der Mensch „Objektivist", denn er ist stillschweigend davon überzeugt oder spricht wenigstens so als ob es feststünde, daß die Sachverhalte oder Objekte, auf die sich seine Behauptungssätze beziehen, „an sich" existieren, unabhängig von Erkenntnissubjekten überhaupt. Er ist „naiver Realist", insofern er davon überzeugt ist, daß das, was er sieht, so beschaffen ist, wie er es sieht. Denn sobald wir feststellen: „Das ist ein Buch", oder: „Es regnet", oder: „Durch diesen Draht fließt jetzt elektrischer Strom", meinen wir offensichtlich etwas anderes oder mehr als wenn wir lediglich aussagen, wir sähen etwas Rotes oder hörten einen Ton, oder allgemein, wir hätten diese oder jene Empfindung.

Wir halten zwar diese Wahrnehmungen für reale Vorgänge und Zustände, aber wir machen damit noch keine Aussage über eine bewußtseinsunabhängige Existenz der Objekte oder Sachverhalte. Denn während uns unsere eigenen psychischen Erlebnisse und Zustände, unsere Bewußtseinsphänomene unmittelbar gegeben sind, so daß wir glauben, über ihre Existenz und Beschaffenheit mit absoluter Sicherheit sprechen und evident wahre Aussagen machen zu können [115]), beginnt nun bereits unsere *Deutung* [116]). Von ihrer Existenz und ihren Eigenschaften können wir folglich nur mehr dann reden, wenn wir bestimmte Voraussetzungen erkenntnistheoretischer Natur machen. Daher läge es nahe, nur den Aussagen über unsere eigenen Bewußtseinsvorgänge und Bewußtseinszustände das Prädikat „wissenschaftlich" zu verleihen. Denn nur hier, im Falle der sogenannten Urteile der inneren Wahrnehmung, der Urteile über gegenwärtige psychische Erlebnisse, glauben wir täuschungsfrei zu sein und mit Evidenz urteilen zu können. Die Aussagen über die Außenwelt dagegen sind *revidierbar;* sie gelten „nur bis auf Widerruf". Jeder Irrtum scheint also ausgeschlossen zu sein, wenn wir uns darauf beschränken, über die „innere Wirklichkeit" zu sprechen. „Wissen" im klassischen Sinn der Episteme, untrügliche Erkenntnis – trifft dies das Erkenntnissubjekt nicht ausschließlich dort an, wo es gleichsam bei sich selbst ist? Daher ist es zu begreifen, wenn manche Philosophen nur jene Sätze als „wissenschaftlich" im *strengen* Sinn anerkennen wollen, die sprachlicher Ausdruck solcher innerer Wahrnehmungen sind.

Daß es Aussagen gibt, die auf die Außenwirklichkeit bezogen sind, ist unbestritten. Das sind die Aussagen, die nicht eigene psychische Erlebnisse und Zustände beschreiben, sondern objektivierende Form haben: „Dies oder das *ist* (bzw. ist nicht)" und: „Dies oder das *ist* so (bzw. ist nicht so)", während die Aussagen über die sogenannte innere Wirklichkeit von jemand, und zwar jeweils von mir sprechen, der ich etwas wahrnehme oder erfahre. Damit ist aber auch schon der Kreis derjenigen bezeichnet, die allein imstande sind, den Wahrheitswert solcher Aussagen festzustellen: es sind diejenigen, die diese Wahrnehmungen und Erfahrungen tatsächlich haben. Daher wird behauptet, jeweils nur ich sei in der Lage und berechtigt, den von mir selbst oder anderen bei mir konstatierten psychisch-geistigen Prozeß oder Zustand als gegeben oder als nicht-gegeben zu beurteilen.

Ebenso klar zeigt die objektivierende, nicht person- oder überhaupt beobachterbezügliche Formulierung der Aussage über jene außerpsychische und / oder außerweltliche Wirklichkeit an, daß nicht nur einer, nämlich das Erkenntnissubjekt, dazu eingeladen ist, über seinen eigenen psychisch-geistigen Bereich zu urteilen, sondern überhaupt jeder, dem der Aussagegegenstand zugänglich sein sollte. Es wurde oben zu zeigen versucht, daß Einschränkungen auch dafür bestehen.

---

[115]) Vgl. dazu F. *Brentano:* Die Lehre vom richtigen Urteil. 154 ff. Auch schon in: Psychologie vom empirischen Standpunkt, hrsg. v. O. *Kraus*, 1. Bd. (= Phil. Bibl., Bd. 192). Leipzig 1924. 128, 178, 196.

[116]) R. *Wohlgenannt:* Metaphysik und Positivismus. 14.

Aber auch sogar dann, wenn jeweils nur ein einziger Beobachter imstande wäre, die Richtigkeit einer Aussage über die äußere Wirklichkeit festzustellen, und wenn daher die Klasse der Beobachter solcher Wirklichkeit umfangsgleich wäre mit der jeweiligen Klasse der Beobachter psychisch-geistiger Vorgänge und Zustände, so würde doch ein *prinzipieller* Unterschied bestehenbleiben. Im ersten Falle wäre es ein einziger Beobachter nur dann, wenn ganz bestimmte Bedingungen gegeben sind, so daß nur er hinlänglich intelligent, ausgebildet und ausgerüstet ist, um die Überprüfung durchführen zu können; im letzteren Fall dagegen *kann* es immer nur einen einzigen kompetenten Beurteiler geben, nämlich „mich selbst". Während dort die Einschränkung auf einen einzigen Beobachter, der den Wahrheitswert der Aussage zutreffend feststellen kann, nur zufällig ist, ist sie hier notwendig.

Demgegenüber könnte man sich vor allem auf *Wittgenstein* berufen und eine Privatsprache für unmöglich erklären, da sich ja Wörter nie auf Empfindungen schlechthin, sondern immer nur auf beobachtbare Äußerungen der Empfindungen beziehen. Man denke daran, wie Empfindungswörter gelehrt oder gelernt werden: Von „Sprache" könne nur dort geredet werden, wo es Regeln und Kriterien, kurz, wo es Grammatik gibt. Grammatik, Regeln, Kriterien, die nicht intersubjektiv sind, gebe es jedoch nicht. Folglich existiere auch keine nur mir verständliche Sprache mit Empfindungswörtern. – Dieser Einwand wäre aber im vorliegenden Zusammenhang nur dann erheblich, wenn die „Privatsprache" ein persönliches, privates Vokabular erforderte. Statt dessen wird nur von privaten Empfindungen geredet, die in nicht-privater, also intersubjektiver Sprache ausgesagt werden. Als „privat" gilt also nur das unmittelbar Gegebene.

6.3.2.1. „Außenwirklichkeit" – „Innenwirklichkeit"

Nun könnte man aber doch sagen, derjenige, der über die Außenwirklichkeit zu sprechen glaubt, und zwar noch über seinen eigenen Körper, rede in Wahrheit nur über die „Innenwirklichkeit". Denn die objektivierende Formulierung mit „... ist ..." täusche uns über den wahren Sachverhalt hinweg, der durch die Unmöglichkeit charakterisiert sei, etwas anderes als die eigenen Bewußtseinsphänomene (psychisch-geistigen Erlebnisse und/oder Zustände) unmittelbar wahrnehmen zu können. Jede objektivierende Aussage müßte daher nach dieser Ansicht im Geiste stets in die allein angemessene Sprache übersetzt werden, und zwar in Aussagen ausschließlich über meine eigenen Wahrnehmungen oder Erfahrungen. Wo beispielsweise festgestellt wird: „Dort sitzt mein Vater", wäre besser zu sagen: „Ich sehe meinen Vater dort sitzen", oder noch genauer, wenn auch umständlicher formuliert: „Ich habe eine ‚Dort-sitzt-mein-Vater'-Wahrnehmung". Da mir das Dort-Sitzen meines Vaters, das Am-Himmel-Ziehen der Wolken, das In-der-Urkunde-Verzeichnetsein-geschichtlicher-Ereignisse, nicht unmittelbar gegeben sei, sondern nur mein Dort-sitzend-*Wahrnehmen* meines Vaters, usw., so würden sich alle – prinzipiell widerrufbaren – Aussagen über die Außenwirklichkeit reduzieren auf Aussagen über unmittelbar wahrgenommene, mit absoluter Sicherheit und daher endgültig erkannte Phänomene der Innerlichkeit. Von diesen wüßten wir nun aber, daß ihre Wahrheit oder Falschheit nur jeweils „ich selbst" feststellen kann[117]).

---

[117]) Wir unterscheiden drei Schichten oder Ebenen der Realitätsbehauptung:

1. Das Dort-Sitzen meines Vaters;
2. mein Ihn-dort-sitzen-Sehen; und
3. meine Beobachtung dieses psychischen Erlebens, also des Ihn-dort-sitzen-Sehens.

6.3.2.2. „Private" Wissenschaft und „öffentliche" Wissenschaft

Die „private" Wissenschaft erscheint so nicht nur als die einzig tatsächliche Wissenschaft, insofern eben nur die Aussagen über die innere Wirklichkeit ein echtes, nämlich *untrügliches* Wissen darstellen, sondern sie erscheint auch als die einzig mögliche. Denn die objektivierenden Aussagen, die über eine andere, die äußere Wirklichkeit zu sprechen scheinen, gründen ausschließlich auf Aussagen über „meine" Bewußtseinsphänomene. In solche Aussagen müßten sie dann zum Zweck einer adäquaten Wirklichkeitsbeschreibung und -erklärung erst übersetzt werden.

Nun können wir aber bestreiten, daß das wechselseitige Verhältnis von intersubjektiver und subjektiver Prüfbarkeit so richtig gesehen wird. Dieser Standpunkt kann folgendermaßen beschrieben werden: Die Aussagen über die äußere Wirklichkeit *beruhen nicht* auf solchen über die innere Wirklichkeit, sondern es wird nur unter einem *unterschiedlichen Betrachtungsaspekt* gesehen [118]). Wenn ich etwas aussage: „Dies ist ein Buch", so beziehe ich mich auf etwas, was ich außerhalb meines Bewußtseins lokalisiere. Ob dieses Wahrnehmen seinerseits real ist, ob ich es nicht nur vortäusche, das kann nur ich allein entscheiden. Nur jeder für sich allein kann den Wahrheitswert der Aussage: „Ich sehe hier ein Buch", mit Sicherheit feststellen und nur jeder für sich allein kann in jenem strengen Sinn wissen, ob diese Wahrnehmung Tatsache ist. Wenn nun andere Beobachter meiner Manipulationen ähnliche Handlungen vornehmen, etwa, wenn sie die Augen öffnen, den Kopf in eine bestimmte Richtung drehen, und wenn sie dann anschließend eine mit meiner eben erwähnten Aussage gleichlautende Behauptung aufstellen, dann habe ich damit noch nichts, womit ich die Wahrheit ihrer Aussage über ihr eigenes psychisches Erleben direkt prüfen könnte. Denn nach allgemeiner Überzeugung bleibt mir diese echte oder nur angebliche Realität unzugänglich, aus dem einfachen Grunde, daß ich keinen unmittelbaren Zugang zu einem fremden Ich, zur Psyche des Anderen habe. Die Möglichkeit eines unmittelbaren Einfühlens in fremde Iche soll jedoch vorerst nicht untersucht werden.

Wie prüfe ich aber die Richtigkeit der objektivierenden Aussage? Dazu dienen mir die Aussagen über das behauptete eigene Erleben der mit mir nicht-identischen Beobachter. Die Beobachter vergleichen die Aussagen über ihr eigenes psychisches Erleben, das sie unter ganz bestimmten äußeren Bedingungen hatten, miteinander. Sie müssen zu diesem Zweck nicht einmal eine Kausalerklärung vornehmen. Vielmehr genügt es ihnen, bestimmte, hinreichend ähnliche äußere Beobachtungsbedingungen geschaffen oder sich unter diese gebracht zu haben. Wenn, darauf folgend, regelmäßig, und zwar ohne Gleichsetzung eines post hoc mit dem propter hoc, über eigenes psychisches Erleben in gleichen sprachlichen Ausdrücken gesprochen wird, so halten sie das für eine gelungene Überprüfung der Aussagen über äußere Wirklichkeit. Denn bestimmte Bedingungen sind es (geöffnete Augen, Kopf in bestimmte Richtung gedreht, usw.), unter denen eine Wirklichkeit („Hier liegt ein Buch"), behauptet wird, oder mit anderen Worten, unter denen etwas als real existierend behauptet wird. Daß es sich um nicht-psychische, um äußere Wirklichkeit handelt, kann ich zwar bereits dann behaupten, wenn ich allein unter bestimmten Bedingungen etwas Bestimmtes wahrgenommen habe, wenn ich das Psychische unmittelbar erlebt, das Nicht-Psychische hinzu angenommen und dieses letztere vielleicht im Sinne einer Kausalerklärung eines bestimmten psychischen Erlebens getan habe. Aber erst der Vergleich der regelmäßigen Struktur jener Manipulation, die nun jeder Beobachter von sich aussagt, erlaubt es mir, von einem nachgeprüften Erkenntnisanspruch, und damit von einem Wissen im üblichen Sinn, zu reden.

---

[118]) Siehe dazu *W. Wundt:* Grundriß der Psychologie. 5. Aufl. 1900. 3.

Die Sätze der inneren Wahrnehmung, die so miteinander verglichen werden, dienen offenbar als Bestätigungs- oder Überprüfungsgrundlage für objektivierende Aussagen. Sie könnten jeweils nur vom Erkenntnissubjekt selbst überprüft werden. Zu diesem Zweck müßte es sich sozusagen in verschiedene „Ich-Individuen" aufspalten, konkreter, in den Beobachter N. N. zur Zeit t_1, und zur Zeit t_2, usw. Wenn ich feststelle: „Ich sehe hier ein Buch", so müßte ich hinzufügen: „zur Zeit t_1". Ich könnte den Blick zeitweilig abwenden und dann feststellen: „... zur Zeit t_2". Auf diese Weise könnte der Fremdbeobachter ersetzt werden. Aber was ich nachgeprüft habe, war nicht die Realität meiner Wahrnehmung zur Zeit t_1, sondern die Berechtigung des Erkenntnisanspruches, der in meiner Behauptung: „Da liegt (bzw. *ist*) ein Buch" ausgedrückt ist.

Ich behaupte also das Vorhandensein, auch vielleicht das So-beschaffen-sein meines psychischen Erlebens oder meiner inneren Wahrnehmung. Gemäß der zunächst zugrundegelegten allgemeinen Überzeugung kann niemand außer mir die Richtigkeit meiner Behauptung direkt, durch unmittelbare Einschau, nachprüfen, und ich selbst muß es nicht, denn ich bin ihrer unmittelbar gewiß. Stets dienen die Behauptungen über gehabte, daß heißt über vorhandene und vorhanden gewesene psychische Erlebnisse, die unter bestimmten äußeren Bedingungen aufgetreten sind, zur Prüfung der Wahrheit oder Richtigkeit einer anderen Aussage, nämlich der Aussage über etwas Nicht-Psychisches, über das aber sehr oft behauptet wird, daß es Psychisches verursache.

Offensichtlich können wir auch auf diese Weise kein Wissen im strengen Sinne über die Außenwirklichkeit gewinnen, denn noch so viele übereinstimmende Aussagen über die psychischen Erlebnisse, welche die Beobachter unter bestimmten, gleichartigen äußeren Bedingungen haben, vermögen die Möglichkeit von Täuschungen nicht auszuschließen. Was dadurch geleistet wird, ist „nur" folgendes: Je mehr Beobachter übereinstimmen, um so unwahrscheinlicher wird es, daß eine Täuschung vorliegt. In der Anwendung kommt allerdings noch das hinzu, was dadurch für unser praktisches Zurechtfinden in der sogenannten äußeren Wirklichkeit geleistet wird.

Es bleibt natürlich jedermann unbenommen, von seinen psychischen Erlebnissen oder von bestimmten inneren Wahrnehmungen usw. zu sprechen und nach Übereinstimmung mit anderen zu suchen. So könnte es dazu kommen, daß miteinander unvereinbare Erkenntnisansprüche auftreten. Eine theoretisch vollkommene Lösung des dadurch entstehenden Problems, eine endgültige, absolut sichere, irrtumsfreie Entscheidung kann so nicht zustandekommen. Jedermann *kann* die Forderung nach intersubjektiver Prüfbarkeit seiner Aussagen getrost akzeptieren, jedermann, mit alleiniger Ausnahme desjenigen, der die Möglichkeit anderer Beobachter, seine von ihm aufgestellten Behauptungen im erläuterten Sinne zu überprüfen, überhaupt leugnet. Die sofort und radikal erfolgende Zurückweisung der Forderung nach intersubjektiver Prüfbarkeit ist daher übereilt und unnötig. Entscheidend ist ja erst die Frage, mittels welcher Methode geprüft werden soll.

Die Forderung nach intersubjektiver Prüfbarkeit ermöglicht uns die Unterscheidung zwischen berechtigten und nicht-berechtigten Erkenntnisansprüchen. Ihr Nutzen ist groß genug, auch wenn das Prinzip es uns andererseits nicht ermöglicht, etwas endgültig und mit absoluter Sicherheit zu entscheiden.

Der Wissenschaftsbegriff, der hier erarbeitet werden soll, ist in bestimmtem Sinn eine Erkenntnis. Über seine definierenden Merkmale können wir zwar nur Zweckmäßigkeitserwägungen entscheiden lassen, aber ob etwas zweckmäßig ist oder nicht, soll und kann erkannt werden. Die Forderung nach intersubjektiver Prüfbarkeit der überhaupt wahrheitsfähigen sprachlichen Ausdrücke ist jedoch eine zweckmäßige Forderung, weil nur dann, wenn man berechtigte von unberechtigten Wissensansprüchen, oder echte

Erfahrungsarten von Pseudo-Erfahrungsweisen zu unterscheiden vermag, der fatalen Konsequenz, alle überhaupt erhobenen Erkenntnisansprüche akzeptieren zu müssen, entgangen werden kann. Fatal wäre diese Konsequenz offenbar deswegen, weil es sonst notwendig wäre, nicht nur eine bestimmte Aussage A, sondern auch ihre Negation non-A anzunehmen. Es wäre so möglich, ein Erlebnis, etwa eine Farb-Form-Wahrnehmung, zu haben und es – zu gleicher Zeit und in gleicher Hinsicht beobachtet – nicht zu haben. Ist also Erkenntnisgewinnung oder Sicherung der Erkenntnis das Ziel der wissenschaftlichen Bemühungen, so muß dieser Forderung entsprochen und der Bereich der Erfahrungsarten eingeschränkt werden. Daraus folgt: Es muß möglich sein, einige diesbezügliche Ansprüche als unberechtigt auszuschließen [119]).

Auch wenn man erkennt, daß eine endgültige, theoretisch völlig begründete Entscheidung zwischen miteinander rivalisierenden Erkenntnisansprüchen nicht möglich ist, darf behauptet werden, es sei sinnvoll und notwendig, zwischen berechtigten und unberechtigten Erkenntnisansprüchen zu unterscheiden. Daß sich jeder auf seine Wahrnehmungen berufen kann und daß kein Wahrnehmungsanspruch denkbar ist, der nicht grundsätzlich durch einen anderen Beobachter „bestätigt" werden *könnte*, berechtigt noch nicht dazu, an „Erkenntnismethoden" und ihren Ergebnissen nach Belieben festzuhalten [120]).

Obwohl niemand widerlegt werden kann, der sich auf eine beliebige Methode der Erkenntnis beruft, sind wir nicht bereit, sämtliche überhaupt erhobenen Erkenntnisansprüche gelten zu lassen. Wenn unter den Bedingungen, unter denen die meisten bestimmte psychische Erlebnisse haben, nun irgendjemand durch die Beschreibung dieser Erlebnisse zu erkennen gibt, daß er völlig davon abweichende Erlebnisse hat, dann können wir – zumindest direkt – keine Entscheidung zwischen den einander widersprechenden Beschreibungen herbeiführen. Denn es muß immer die Möglichkeit zugestanden werden, daß sich auch die Mehrheit irren kann. In der Regel glauben wir es nur nicht. Es kann aber doch wohl nicht behauptet werden, die einzelnen Sprachbenützer könnten ihre eigenen psychischen Erlebnisse, deren Beschreibung sie zum Vergleich mit der Beschreibung anderer vorlegen, nicht richtig wiedergeben? Zwar muß zugestanden werden, daß es möglich ist, „sich selbst zu mißverstehen", aber der sprachliche Ausdruck unserer Erlebnisse dürfte doch in den meisten Fällen korrekt sein.

Die sprachlichen Ausdrücke, die wir verwenden, um Gegenstände („Gegenstand" im weitesten Sinn verstanden) zu bezeichnen oder über Sachverhalte Aussagen zu machen, sind in ihrem Gebrauch nur durch die Verwendungsregeln für Wörter und Wortkomplexe beziehungsweise durch die Satzformationsregeln [121]) festgelegt. Wenn wir die „Berichte" der einzelnen Sprachbenützer über ihre eigenen psychischen Erlebnisse entgegennehmen, so setzen wir zunächst voraus, daß sie die Sprache in übereinstimmender Weise gebrauchen, z. B. daß sie unter „rot", unter „erleben", unter „Gegenstand", „Wahrnehmung", „ist", „alle", usw., zumindest annähernd dasselbe verstehen. Ob das der Fall ist, müssen wir jeweils dem Verhalten, unter anderem auch dem Verhalten der

[119]) Hierzu die Ausführungen über die Forderung nach Widerspruchsfreiheit.

[120]) Niemand kann sich der Notwendigkeit entziehen, selbst ständig zwischen berechtigten und unberechtigten Wissensansprüchen zu unterscheiden. Was setzt ihn dazu instand? Es ist der Rekurs auf den Austausch jener Beschreibungen psychischer Erlebnisse durch die Beobachter, der Vergleich dieser Beschreibungen und ihre Wertung entsprechend dem Ausmaß der Übereinstimmung. Tatsächlich haben wir in zahlreichen Fällen unsere Entscheidungen auf diese Weise getroffen.

[121]) Vgl. die Darlegung zum Wissenschaftsbegriff der Mathematik.

Gesprächspartner entnehmen. Offensichtlich genug können wir hier nie endgültige Sicherheit erlangen [122]).

Der Versuch, eine Entscheidung durch Einbezug des praktischen Lebens herbeizuführen, gelingt gerade in den bedeutsamen Fällen nicht. In den Aussagen über Objekte der äußeren Wirklichkeit herrscht zwar weitgehend Übereinstimmung. Das allein wäre aber der Bereich, in dem die Unmöglichkeit des Sichzurechtfindens uns erlauben könnte, auf die Falschheit der theoretischen Auffassungen zurückzuschließen. Es wird in der Tat kaum Probleme der obigen Art geben, wenn jemand etwa behauptet, er sei nun einmal einer, der in diesem Raum eine Seeschlange sehe. Dagegen kann die Feststellung, man erkenne bestimmte geistige Wesenheiten, ja nicht auf diese handfeste Weise als wahr oder falsch erwiesen werden. Hier bestehen wesentlich geringere Möglichkeiten einer Korrektur durch die Lebenspraxis.

6.3.2.3. Interpersonelle Prüfbarkeit

Dagegen ist wenigstens eine *indirekte* Kontrolle möglich. Wir versuchen, festzustellen, ob wir unter gleichartigen Bedingungen gleichartige Erfahrungen oder Beobachtungen machen. Zu diesem Zweck ist es notwendig, daß wir das, was wir unter festgestellten gleichartigen Bedingungen erfahren, nun beschreiben und die Beschreibungen miteinander vergleichen. Natürlich könnte es möglich sein, daß zwei Aussagende zwar sprachschriftlich oder lautschriftlich das Gleiche aussagen, dennoch aber nicht dasselbe damit meinen. Zweifel dieser Art können nie völlig abgebaut werden. Mit dem Umfang und der Intensität unseres sprachlichen und sonstigen Verhaltens, mit dem fortschreitenden wechselseitigen Kontakt steigt nur unser Vertrauen darauf, daß wir tatsächlich das gleiche meinen, wenn wir uns im betreffenden Fall gleich ausdrücken. Induktivisten behaupten sogar, daß auch die *objektive* Wahrscheinlichkeit, das gleiche mit dem (betreffenden) Ausdruck zu meinen, zunehme und im konkreten Fall bereits einen hohen Grad erreicht haben könne [123]).

Die Forderung nach interpersoneller Prüfbarkeit hat hier demnach folgenden Sinn: Es soll die Berechtigung des Erkenntnisanspruches einer Aussage über ein Objekt geprüft werden, von dem der Aufsteller der Behauptung behauptet, es liege außerhalb seines Bewußtseins (seiner Psyche). In diesem Falle müssen unter Bedingungen, die denen des Aufstellers im betreffenden Fall hinreichend ähnlich waren, auch gleichartige Erfahrungen oder Bewußtseinsphänomene auftreten – wobei die Gleichartigkeit nur aus den Beschreibungen dieser Phänomene und aus dem allgemeinen Verhalten entnommen werden kann. Nicht alle Personen sind aber imstande, zu jenen gleichartigen Bedingungen überhaupt zu gelangen; das drückt sich bereits in jener Einschränkung „hinlänglich intelligent, usw." aus. Aber jene, die die Bedingungen überhaupt zu erfüllen vermögen, sollen nur solche Behauptungssätze oder Aussagen vorgesetzt bekommen, die in der angegebenen Weise geprüft werden können. Wo diese Bedingungen beim potentiellen Überprüfer erfüllt sind und wo im konkreten Fall dann die Gleichartigkeit der Beobachtungsbedingungen selbst (z. B. ein bestimmter Höchstabstand vom „Außenobjekt") gegeben ist, dort ist die Forderung nach intersubjektiver, oder besser, interpersoneller Prüfbarkeit erfüllt.

---

[122]) Es gibt kein anderes Kriterium für die sprachlich richtige Wiedergabe eigener Erlebnisse als den endlichen Konsens.

[123]) „Bei der Explikation des Wahrscheinlichkeitsbegriffes kann man zunächst unterscheiden zwischen subjektiver und objektiver Wahrscheinlichkeit ... Unter der objektiven Wahrscheinlichkeit versteht man etwas vom aktuellen Glauben empirischer Subjekte Unabhängiges ... " (*Hermann Vetter:* Wahrscheinlichkeit und logischer Spielraum. Eine Untersuchung zur induktiven Logik. Tübingen 1967. 6).

Im Falle der Aussage über den behaupteten „Außenweltgegenstand" besagt die Forderung nach interpersoneller Überprüfbarkeit gerade, daß auch andere, sofern sie bestimmte Bedingungen erfüllen, einen Zugang zu diesem Gegenstand haben sollen. Dagegen ist dort, wo jemand nur über seine eigenen Bewußtseinserscheinungen aussagt, auch nicht einmal dieser Umweg über die außenweltliche Entsprechung möglich. Ist sie überhaupt notwendig? Das hängt davon ab, ob unter „Wissenschaft" ein *öffentlicher* Vorgang verstanden wird. Denn niemand könnte uns daran hindern, unter „Wissenschaft" zumindest auch oder sogar bevorzugt oder ausschließlich den Vorgang der Introspektion oder deren Ergebnis zu verstehen.

Wir müssen demnach zwei Fälle unterscheiden: Im ersten Fall hatte der wechselseitige Vergleich der Beschreibungen eigener Bewußtseinserscheinungen durch Personen, die unter gleichartigen Bedingungen standen, die Erfüllung der Forderung nach interpersoneller Überprüfung bedeutet; die Subjektivität steht hier folglich im Dienste der Intersubjektivität und damit der Wissenschaft. Im zweiten Fall trifft das nicht zu. Hier ist nun zwar eine „private" Wissenschaft denkbar, aber sie wäre nicht in jenem Sinne nützlich. Es könnte ein zusammenhängender Bericht über die Ergebnisse der Introspektion gegeben werden, und diese Berichte würden nunmehr miteinander verglichen. Wer sie liest oder hört, kann sie eventuell *für sich nachvollziehen.* Er wird ähnliche Bewußtseinserscheinungen und ähnliche Zusammenhänge dazwischen vielleicht bei sich selbst feststellen.

Wir stehen jetzt vor folgender Alternative: Entweder wir sprechen nur dort von „Wissenschaft", wo es sich um Aussagen über etwas handelt, was nach Ansicht dessen, der die Behauptung aufstellt, *außerhalb* seines Bewußtseins liegt. In diesem Fall und eben nur in solchen Fällen wird an der Forderung nach interpersoneller Überprüfbarkeit festgehalten [124]). Oder aber es werden auch die übrigen Aussagen einbezogen und hierfür wird nur Nachvollziehbarkeit gefordert. Die Frage, ob sich dementsprechend unterschiedliche Wissenschaftsbegriffe ergeben, soll weiter unten beantwortet werden.

6.3.3. Probleme der Prüfbarkeitsforderung

6.3.3.1. Übersicht

Wir können die Aussagen einteilen in solche, die

I. unprüfbar,
II. subjektiv prüfbar,
III. intersubjektiv prüfbar

---

[124]) Zu den Aussagen dieser Art gehören auch die Aussagen des Historikers. „Interpersonelle Überprüfbarkeit" bedeutet hier im Prinzip dasselbe wie hinsichtlich der Aussagen über gegenwärtige oder zukünftige Ereignisse. Die Aussagen sollen nämlich so beschaffen sein, daß nicht nur der Aussagende selbst, sondern auch alle anderen, die bestimmte Bedingungen zu erfüllen vermögen, imstande sein müssen, die Berechtigung dieser Erkenntnisansprüche zu entscheiden. Wenn ein Historiker etwa feststellt, Cäsar habe sich bei der Eroberung einer gallischen Stadt in einer bestimmten Weise verhalten, dann muß es jedem, der bestimmte Bedingungen erfüllt (hinlängliche Intelligenz, etc.) möglich sein, den Wahrheitswert dieser Aussage festzustellen. Damit ist natürlich nicht gemeint, daß er auch imstande sein müßte, das Vorgehen Cäsars selbst zu beobachten, sondern lediglich, daß er bestimmte, von Historikern allgemein anerkannte Quellen aufzufinden imstande sein muß. Die Interpretation dieser Quellen wird als gültiger Ersatz für unmittelbare Zeugenschaft angesehen, wenn sie bestimmten Forderungen entspricht.

sind. Anhand folgender Beispiele werden wir einen Überblick zu gewinnen versuchen [125]):

1) Es gibt ein unerkennbares Ding an sich.

2) A (ein beliebiges Erkenntnissubjekt) stellt sich B vor.

3) Alle Personen in diesem Raum hören Musik, und: Auf der Rückseite des Mondes gibt es Berge.

Wir können nun gemäß der vorstehenden Untersuchung feststellen:

(1) ist nicht (einmal) subjektiv nachprüfbar, denn durch die Formulierung selbst ist jede Nachprüfung prinzipiell, das heißt logisch ausgeschlossen. Die Wissenschaftslogik kann hier auf Verfahren verweisen, die oft angewendet werden, um eine Behauptung gegen Widerlegung zu sichern. Einmal ist es die Flucht in die Tautologie, wodurch die Aussagen zwar logisch notwendig, inhaltlich aber leer werden; zweitens die Verwendung von Hypothesen, welche den Glauben an die Richtigkeit der Aussage gegen jedweden Widerlegungstest immun machen [126]). Ein Problem wird dadurch notwendig unlösbar. Denn sobald eine Aussage grundsätzlich mit der Erfahrung *nicht* mehr *in Widerspruch geraten kann*, wird sogar unklar, wo die Gegner nicht mehr übereinstimmen. In diesem Falle bricht die Kommunikation überhaupt zusammen [127]).

(2) ist (zwar) subjektiv prüfbar, nämlich für A, aber (noch) nicht intersubjektiv prüfbar;

(3) ist intersubjektiv prüfbar, nämlich für jeden Beobachter, der bestimmte Bedingungen erfüllt.

Das Prinzip der intersubjektiven Prüfbarkeit kann 1) als Bestandteil einer Definition des Ausdrucks „wissenschaftlich" angesehen werden. Es lautet dann: Unter einer wissenschaftlichen Aussage verstehen wir u. a. eine solche, die so formuliert ist, daß jeder hinreichend intelligente, ausgebildete und/oder ausgerüstete Beurteiler ihre Richtigkeit überprüfen kann; 2) als eine Aussage, die feststellt, eine beliebige Aussage werde dann und nur dann als „wissenschaftlich" bezeichnet, wenn sie jeder hinlänglich intelligente . . . usw. nachprüfen kann.

Wenn nun Definitionen nicht als „Wesensintuitionen", also nicht im essentialistischen oder naturalistischen Sinn, sondern als ein von Menschen eingeführter Sprachgebrauch verstanden werden, über den dann in Aussagen berichtet werden kann, so folgt, daß auch die Definition von „wissenschaftlich" mindestens eine *konventionelle* Komponente enthält. Der Vorschlag, der einmal gemacht werden muß, eine Übereinkunft bezüglich der Verwendung eines bestimmten neu einzuführenden oder neu eingeführten sprachlichen Ausdrucks zu treffen, kann ja auch zurückgewiesen werden. Das tut ohnehin derjenige, der in seine Definition von „Wissenschaft" die Forderung nach intersubjektiver Prüfbarkeit nicht aufnimmt. Der Aussage schließlich, die dieses Prinzip unter (2) darstellte, liegt eine übernommene, definitorische Festsetzung zugrunde [128]). Die Zurückweisung dieser Forderung muß sich jedoch auf Gründe stützen können.

---

[125]) An diesen, obgleich einfachen Beispielen, wird das *Wesentliche* gezeigt werden können.

[126]) Ein Beispiel dafür wäre die „ceteris-paribus-Klausel" der Nationalökonomie und überhaupt jede an den Widerlegungsversuch angehängte Aufhebung der Testgrundlage. Denn in diesem Fall ist der Erfahrungsbezug der Aussage nur scheinbar gegeben; jede Aussage über den für den nächsten Überprüfungsschritte hergestellten Zusammenhang wird ja nachträglich widerrufen.

[127]) In seinen „Hauptströmungen der Gegenwartsphilosophie", XLI, ff. schildert *Stegmüller* den Prozeß der gegenseitigen Entfernung und zunehmenden Kommunikationslosigkeit zwischen den Philosophen verschiedener Richtungen.

[128]) *K. Ajdukiewicz:* Abriß der Logik, Berlin 1958, 15 ff.

6.3.3.2. Einwände gegen das Postulat der intersubjektiven Prüfbarkeit

Die Forderung nach intersubjektiver Prüfbarkeit wird oft als unerfüllbar zurückgewiesen, und zwar unter Hinweis auf folgende Fälle:

1) Aussagen über das *absolut* Transzendente im Sinne des „überhaupt keiner Erkenntnis Zugänglichen" entziehen sich offensichtlich sogar der subjektiven Nachprüfung [129]).

2) Intersubjektive Prüfbarkeit ist dort unmöglich, wo nur derjenige die Richtigkeit der aufgestellten Behauptungen feststellen kann, den die Behauptung betrifft (*subjektive* Prüfbarkeit).

3) Wenn zwar auch nicht bereits Behauptungen über ein absolut Transzendentes vorliegen, so ist doch intersubjektive Prüfbarkeit, falls man darunter Prüfbarkeit auch nur für eine große Zahl von Beurteilern meint, in jenen Fällen ausgeschlossen, in denen *besondere* Erkenntnisvoraussetzungen intellektueller, psychischer und sogar ethischer Natur zugestanden werden müssen.

Zu 1): Wenn das Transzendente absolut ist im Vollsinn des Wortes „absolut transzendent", so ist es nicht nur für eine bestimmte Erfahrungsart, sondern auch für *jede* andere Methode, beispielsweise auch bei Anwendung der Methode der „Reduktion auf die letzten Gründe" unmöglich, Behauptungen darüber nachzuprüfen [130]). Jedoch erhebt sich sofort die Frage, mit welchem Recht dann eine derartige Behauptung überhaupt aufgestellt werden kann, denn sie könnte doch offensichtlich nicht das Ergebnis eines nur gedanklichen Prozesses sein [131]). Andererseits kann die Möglichkeit theoretisch nicht ausgeschlossen werden, daß irgendeine sei es auch nur hingestreute Behauptung über ein Objekt dieser Art wahr ist. Wir würden in einem derartigen Fall von einem *„zufällig* wahren Urteil" sprechen. Da wir aber offensichtlich nicht berechtigt sind, ein derartiges musterbildliches Urteil über das absolut Transzendente zu fällen oder es als „evident wahr" auszugeben, dürfen wir Behauptungen über das absolut Transzendente aus dem Bereich der Wissenschaft auch dann ausklammern, wenn die Möglichkeit eingeräumt werden muß, daß sie wahr sind. Denn die Nachprüfung ist ja in diesem Falle sogar logisch unmöglich.

Daß das betreffende Urteil „objektiv wahr" ist, genügt nicht, wenn sein Wahrheitswert prinzipiell nicht feststellbar ist. Um diese prinzipielle Nichtprüfbarkeit von Behauptungen beweisen zu können, müßte bereits in der Formulierung der Behauptung die völlige Unerkennbarkeit des Inhaltes der Behauptung ausgedrückt werden; sobald die Behauptung aufgestellt wird, der betreffende Gegenstand (Inhalt) sei „völlig unerkennbar", kann die Kritik ansetzen. Sie wird auf den Widerspruch verweisen, zu dem die Bezeichnung eines bestimmten Gegenstandes als „völlig unerkennbar" führen könnte. Für faktische Sätze ist mit dieser Ausnahme ein uneingeschränkter Beweis der prinzipiellen Nichtprüfbarkeit einer Aussage bisher noch nicht erfolgt. Es scheint zumindest fraglich, ob ein solcher Beweis überhaupt möglich ist.

Zu 2): Daß es Fälle lediglich subjektiver Prüfbarkeit gibt, ist ausführlich dargelegt worden. Angenommen, es werden Analysen bestimmter Zustände vorgenommen,

---

[129]) Voraussetzung ist hier natürlich, daß solche Aussagen grundsätzlich akzeptiert werden.

[130]) Vgl. dazu *R. Wohlgenannt:* Metaphysik und Positivismus. 16.

[131]) Durch den Begriff des „*absolut* Transzendenten" ist angedeutet, daß jede Art des Zuganges ausgeschlossen ist.

etwa im Sinne der *Scheler*schen Phänomenanalyse der Liebe, Dankbarkeit, Treue, usw. [132]). Hier liegt ein Unterschied gegenüber einem Fall der *reinen* Subjektivität wie dem folgenden vor: „Die Person X denkt jetzt nach". Denn es ist nicht nur X angesprochen und zur Prüfung oder Behauptung aufgefordert, falls etwa festgestellt wird, daß „der Mensch" sich freut, wenn er einen Erfolg errungen hat. Zwar ist die Selbstbeobachtung, die ich vornehme, nicht zugleich die Beobachtung fremder psychisch-geistiger Ereignisse; aber dennoch bin ich in diesem Fall nicht nur ich selbst allein das Prüfungsobjekt. Wir können uns daher berechtigt sehen, von *„intrasubjektiver Prüfbarkeit"* zu sprechen, und mit diesem Terminus sowohl den Unterschied gegenüber der subjektiven als auch gegenüber der intersubjektiven Form der Prüfbarkeit anzuzeigen.

Zu 3): Unter „intersubjektiver Prüfbarkeit" muß nicht unbedingt Prüfbarkeit für eine große Zahl verstanden werden. Sie bezieht sich nicht einfach auf die gemeinsame Erfahrung einer großen Anzahl von Menschen, nachdem beispielsweise auch Massenhalluzinationen ohne weiteres denkbar sind. Dem Wortsinn nach ist sie vielmehr bereits dann erfüllt, wenn es *mindestens zwei Beurteiler* gibt, die imstande sind, die aufgestellte Behauptung nachzuprüfen. In der Praxis des Prüfungsvorganges wird man sich damit allerdings nicht begnügen wollen. Andererseits schließen die Erkenntnisvoraussetzungen auch dann nicht in diesem Ausmaß Prüfungswillige von der Möglichkeit der Überprüfung aus, wenn Forderungen an die sittliche Persönlichkeit des nach Erkenntnis Strebenden gestellt werden [133]). Natürlich ist es jederzeit möglich, ein Erkenntnisdogma aufzustellen, derart, daß die Erkenntnisbedingungen entsprechend verschärft und dadurch eine sehr kleine Zahl von kompetenten Beurteilern der Richtigkeit der fraglichen Behauptung erzwungen wird. Es ist indessen ganz unzweifelhaft ihre Absicht, zwar einerseits derart selektive Erkenntnisbedingungen festzulegen, doch andererseits auch möglichst viele Beurteiler fähig zu machen, die Wahrheit der Aussagen nachzuprüfen. Die intersubjektive Prüfbarkeit ist dann zumindest intendiert.

Die Berufung auf die *große Zahl* derjenigen, die in einer bestimmten Situation S das Erlebnis E_1 zu haben behaupten, gegenüber der verschwindend geringen Zahl von anderen Beurteilern, die in S nicht E_1, sondern E_2 oder E_3, usw. konstatieren, wird natürlich immer fragwürdiger, je mehr der Unterschied zwischen der Zahl der jeweiligen Beurteiler schwindet. Es wäre der Fall denkbar, in dem es leichtfertig würde, einfach eine Mehrheitsentscheidung zu fällen, ganz abgesehen davon, daß Entscheidungen dieser Art im Prinzip nichts wirklich entscheiden können.

Sehen wir davon ab und machen wir statt dessen die *Zuständigkeit* der Beurteiler zum Maßstab, so treffen wir zwar in vielen Fällen die tatsächliche Situation besser, denn wir weisen damit gerade auf jene Art der Entscheidung hin, die in den Wissenschaften tatsächlich gefällt wird. Aber die Probleme sind offenkundig, zumal gerade Philosophen oft den aristokratischen, esoterischen Charakter der Erkenntnis betonen. Die Anzahl derjenigen, die etwas Bestimmtes behaupten, wird für diese Auffassung der Sache völlig unwichtig. Als entscheidend gilt hier nur die „Qualität" der Beurteiler.

6.3.3.3. Festsetzung der Prüfbarkeitsbedingungen

Hier muß nun an jene Bedingung der Prüfbarkeit, „hinlängliche Intelligenz, Ausbildung und Ausrüstung", erinnert werden. Wird versucht, einen der *Intelligenztests*

---

132) Vgl. z. B. M. *Scheler:* Der Formalismus in der Ethik und die materiale Wertethik. 85 und ff., 274 f. Vom Umsturz der Werte. 17 ff., Schriften aus dem Nachlaß I. 67 ff., 150 ff., 355 ff.

133) Vgl. dazu M. *Scheler:* Vom Ewigen im Menschen. 67 ff. und 78 ff.; und: Schriften aus dem Nachlaß I. 196 f.

anzuwenden und den Ausdruck „hinlänglich intelligent" durch die Festlegung eines bestimmten Intelligenzquotienten zu präzisieren, so erhebt sich die Frage nach der Eignung des betreffenden Intelligenztestes für die Ermittlung der Intelligenz, die zur Nachprüfung der Wahrheit bestimmter, z. B. philosophischer Aussagen, erforderlich ist. Denn es könnte jemand einen bestimmten psychologischen Test zur Messung der Intelligenz, die man zur Erfüllung bestimmter Alltagsaufgaben oder zur Lösung zum Beispiel naturwissenschaftlicher oder sprachwissenschaftlicher Probleme benötigt, für ungeeignet halten, um zur Feststellung jener Art von Intelligenz zu kommen, deren etwa die Philosophen zur Lösung ihrer Probleme bedürfen. Die Voraussetzung, die hinsichtlich des Kriteriums der „hinlänglichen Intelligenz" gemacht wird, besteht in der Erwartung, daß die gebräuchlichen Intelligenztests jene Art von Intelligenz messen können, die jeweils gerade erforderlich ist.

Vielleicht müßte im Rekurs auf Intelligenzmessung im weiten Sinn sogar ein Zirkel erblickt werden, denn wer mißt die Intelligenz (und die Ausbildung) derjenigen, die den Test, also die Methoden der Messung entwerfen und ausarbeiten? Viele Wissenschaftler wenden Methoden leicht, sicher und erfolgreich an, ohne sich der Voraussetzungen bewußt zu werden, die sie hierbei machen. Wir können fragen, ob die gebräuchlichen Intelligenztests alles das, und gerade das prüfen, worauf es z. B. demjenigen ankommt, der nicht gerade Naturwissenschaft oder Mathematik betreibt, sondern der die *Voraussetzungen* dieser Tätigkeit untersuchen möchte. Zahlreiche Menschen arbeiten mit größtem Erfolg an der Erfüllung von Aufgaben, die nicht erfüllt werden könnten, wenn nicht bestimmte Vorbedingungen gegeben wären. Sie sind voll und ganz von der Sinnhaftigkeit ihres Tuns überzeugt, ohne sich je darüber Gedanken gemacht zu haben. Sie zeigen dagegen geistige Mängel, wo es sich darum handelt, auf die Voraussetzungen dieses eigenen Urteils zu reflektieren. Im Aufwerfen und Beantworten solcher Fragen sind manche nicht nur ungeübt, sondern sie sind oft sogar unfähig zu ihrem Verständnis, während ihnen gerade das am wenigsten bestritten werden wird, was man mittels Intelligenztests üblicherweise messen kann.

Es ist nun grundsätzlich immer möglich, spezifische „Blindheit(en)" des Gesprächspartners zu behaupten und für seine Nichtzustimmung verantwortlich zu machen. Immer *kann* behauptet werden, die Präzisierung des Begriffes der intersubjektiven Prüfbarkeit durch Hinweis auf die Anwendungsbedingungen für diesen Ausdruck sei nutzlos, weil eben die Methoden zur Bestimmung der „hinlänglichen Intelligenz" umstritten seien, oder mit anderen Worten, die Intelligenztests könnten nur eine *bestimmte* Art der Intelligenz, und gerade nicht die für den fraglichen Fall benötigte messen. Man müsse es als Vorurteil betrachten, daß nur Menschen an Methoden zur Bestimmung der Intelligenz, anstatt umgekehrt auch bestimmte Intelligenztests an Menschen versagen können.

Sei das nun wie immer: Wir müssen fordern, daß die „hinlängliche Intelligenz" nicht von der Fähigkeit selbst, die Richtigkeit bestimmter Aussagen zu überprüfen, abhängig gemacht, sondern daß sie unabhängig davon, und zwar bereits *vor* der Arbeit an bestimmten philosophischen oder einzelwissenschaftlichen Problemen, ermittelt wird. Jedoch müssen die Ermittlungsmethoden so angewendet werden oder die Tests so aufgebaut sein, daß sie nicht von vornherein gerade nur jene Fähigkeit messen, die man innerhalb eines allzu sehr abgegrenzten Gebietes benötigt.

Ähnliche Überlegungen müssen auch zu der Bedingung „hinlängliche Ausgebildetheit" angestellt werden. Philosophen, vor allem Mystiker, halten es für unerläßlich, daß derjenige, der zu tiefen Einsichten gelangen will, mithin zu Einsichten, die für sie unvergleichbar sind mit Alltagserkenntnissen und einzelwissenschaftlichen Erfahrungen, sich einer langen und intensiven Vorbereitung unterwirft [134]).

Ungeachtet aller dieser Hindernisse wird das Erfülltsein jener Kriterien für gewöhnlich doch ohne auffallende Schwierigkeiten festgestellt. Immer wieder *werden* nämlich Entscheidungen über die hinlängliche Intelligenz, Ausgebildetheit und/oder Ausgerüstetheit derjenigen gefällt, die den Wahrheitswert der zur Begutachtung vorgelegten Aussagen zu prüfen haben. Zur Feststellung, ob der Intelligenzgrad und der Ausbildungsstand eines Menschen, der die Richtigkeit einer Aussage oder die Berechtigung von Erkenntnisansprüchen zu prüfen hat, ausreicht, gelangt man in der Praxis verhältnismäßig leicht, und zwar trotz aller Bedenken, die oben diskutiert wurden. Ohne sich jemals eigens mit dem Problem der Kriterien der intersubjektiven Prüfbarkeit auseinandergesetzt zu haben, wird so im Alltagsleben, in den Einzelwissenschaften und in der Philosophie täglich im Sinne jener Kriterien über Menschen und ihre Leistungen entschieden. Daraus dürfen wir nicht nur auf das Vorliegen eines hinreichend genauen vorläufigen Begriffs dieser Bedingungen schließen, sondern wir dürfen auch annehmen, daß die vorstehend erörterten Schwierigkeiten nur der streng theoretischen, philosophischen Untersuchung begegnen.

6.3.4. Direkte und indirekte Prüfbarkeit

Die Forderung der Nachprüfbarkeit schließt noch keine Anweisung hinsichtlich der Art und Weise der Nachprüfbarkeit ein. Wenn zum Beispiel behauptet wird: „Ich habe die X-Empfindung", oder: „A stellt sich B vor", so werden wir zunächst einräumen, daß derjenige, der von sich sagt, er habe die X-Empfindung, den Wahrheitswert dieser Behauptung feststellen kann, oder daß A selbst, über dessen gegenwärtige psychische Verfassung wir etwas ausgesagt haben, entscheiden kann, ob diese Behauptung zutrifft. Wir können unter bestimmten Voraussetzungen auch in diesen Fällen von „wissenschaftlichen Aussagen" sprechen. Wenn wir dagegen am Prinzip der Intersubjektivität festhalten, werden wir darauf verzichten müssen.

Nun kann jedoch die Erfülltheit der Forderung der intersubjektiven Prüfbarkeit auch sogar für die oben angeführten Fälle behauptet werden. Denn warum sollte es nicht auch anderen möglich sein, die Wahrheit der Behauptung, ich hätte die X-Empfin-

[134]) Folgende Stelle bei *Scheler* drückt dies treffend aus: „Was *Bergson* als das philosophische Erkenntnisideal bezeichnet, ist oft mißverstanden worden. So hat man gesagt, daß hiernach die ganz passive Hingabe an die Empfindungswelt, an den Strom der ‚Eindrücke', wie sie im ermüdeten Zustand nach einer durchwachten Nacht oder im sog. ‚Dösen' stattfindet, uns mit dem Wesen der Dinge verbinden solle. Dies ist nur der alte, wohlbekannte Einwurf, der von den durch die Erdarbeit hypnotisch gefesselten Geistern den Vertretern des Ideals stets gemacht worden ist. Da ihre Art der Anspannung des Willens dem mystischen Erkenntnisideal fehlt, muß ihnen sein erkennendes Verhalten als ‚passiv', ‚untätig', ‚faul', ‚verträumt' usw. erscheinen. Aber hierbei ist vergessen, daß gerade die volle Entspannung alles, auch des triebhaften automatischen Strebens, die Zurückhaltung alles, und gerade an erster Stelle des unwillkürlichen Beziehens der Erscheinungen auf unser Wohl und Wehe, auf ihre mögliche Bedeutung als Reaktions- und Handlungssignale für uns, Sache der denkbar intensivsten geistigen Anstrengung und Übung ist – so sie gelingen soll; daß sie also so wenig eine Art ‚Dösen' darstellt, daß sie im Gegenteil die intensivste Konzentration des Geistes in der Hingabe an das pure Was und Wesen der Erscheinungen voraussetzt. Nur das Merkmal der äußeren Untätigkeit und der Ausschaltung der gewöhnlichen Willkür- und Urteilsakte hat die von *Bergson* beschriebene Haltung der ‚Intuition' mit der des Dösens allerdings gemein" (Vom Umsturz der Werte. 327).

dung, zu überprüfen und zwar anhand meines möglicherweise auch verbalen Verhaltens[135]). Sollten wir nicht aus den Handlungen, Gesten und anderen Zeichen, die A ausführt, auf die Beschaffenheit seiner Vorstellung von B schließen können[136])? Wir würden in solchen Fällen von einer *indirekten* Überprüfung der aufgestellten Behauptungen sprechen.

Eine „indirekte Überprüfung" nennen wir aber auch die Feststellung des Wahrheitswertes von Aussagen über atomare und subatomare Ereignisse und Zustände, denn auch hier ziehen wir unsere *Schlüsse* oder *interpretieren* wir unsere Wahrnehmungen in bestimmter Weise. Unsere Feststellung, die wir auf Grund bestimmter Wahrnehmungen treffen, daß A sich B vorstellt, ist unzuverlässiger als die Selbstbeobachtung von A; jedoch ist es ja nicht unmöglich, daß wir jener Behauptung denselben Wahrheitswert zuordnen wie A selbst es tut. Wir sind spätestens im Augenblick der Bestätigung unserer Behauptung durch A jedenfalls immer überzeugt, daß auch im Wege der indirekten Überprüfung des Wahrheitswertes einer Aussage das wissenschaftliche Erkenntnisziel erreicht werden kann.

Sätze über die Vergangenheit können wir ebenfalls nicht direkt überprüfen. Die Feststellung ihres Wahrheitswertes ergibt sich immer nur auf Grund der Auswertung mündlicher oder schriftlicher Berichte über oder von indirekten Zeugnissen oder Beurkundungen bereits abgelaufener Ereignisse oder zum Zeitpunkt der Wahrheitswertfeststellung nicht mehr bestehender Zustände. *Weil* bestimmte Zeugnisse vorliegen, schließen wir auf die Tatsächlichkeit bestimmter Ereignisse oder Zustände. Das formulierte Ergebnis tritt zwar in den meisten Fällen nicht explizit als Schlußsatz (Konklusion) in einem Schluß aus Prämissen auf; jedoch zeigt die Analyse sehr deutlich, daß ein Erklärungsschema vorliegt[137]).

Wir müssen beachten, daß die Ereignisse oder Zustände, über die in Vergangenheitsaussagen gesprochen wird, laut Definition zum Zeitpunkt der Aussage zwar bereits vorbeigegangen sind, daß aber von zurückliegenden Ereignissen und Zuständen auf andere, ebenfalls bereits vergangene Ereignisse und Zustände „geschlossen" werden kann. Denn es handelt sich immer darum, von Aussagen über etwas, das untersucht wurde, überzugehen auf etwas, was noch nicht untersucht wurde, gleichgültig, ob es sich bei den prognostizierten Zuständen und Ereignissen selbst wieder um solche handelt, die von uns aus gesehen bereits der Vergangenheit angehören[138]).

---

[135]) Wenn ich meinen Gesprächspartnern als vertrauenswürdig erscheine, so wäre es denkbar, daß sie meine Aussage als Bericht über einen Akt der Überprüfung anerkennen.

[136]) Wir müssen zu diesem Zwecke bestimmte Voraussetzungen machen, vor allem diejenige, daß sich die Gefühle anderer in ähnlicher Weise in Gesten usw. kundtun wie unsere eigenen.

[137]) Vgl. dazu K. *Ajdukiewicz:* Abriß der Logik. 179 ff.

[138]) Angenommen, es werden historische Untersuchungen über Ereignisabläufe vorgenommen, die in den Zeitraum von Christi Geburt fallen. Dann können auf Grund von Gesetzmäßigkeiten, die der Forscher zu entdecken glaubt, Voraussagen gemacht werden, die sich, von diesem Zeitpunkt aus gesehen, auf die Zukunft beziehen, beispielsweise auf das 1. und 2. nachchristliche Jahrhundert, während sie natürlich, von uns aus gesehen, der Vergangenheit angehören. Daß ein heute lebender Historiker nun bereits weiß, wie es dann tatsächlich gekommen ist, ist für die prinzipielle Überlegung ohne Belang. Wenn einer der vorchristlichen römischen Autoren auf Grund des ihm bekannten Geschichtsablaufes Vermutungen über die künftige Entwicklung äußert, so handelt es sich dabei zweifellos um *Voraussagen*, gleichgültig ob der Zeitraum, für den prognostiziert wurde, heute bereits der Vergangenheit angehört.

6.3.4.1. Induktivismus und Anti-Induktivismus

Da die indirekte Form der Überprüfung einer Aussage in vielen Fällen angeblich mittels der Methode der Induktion erfolgt, erweist sich eine material adäquate und formal korrekte Definition von „wahrscheinlich" oder des Wortes „Wahrscheinlichkeit" als notwendig. Denn nur in einem solchen Falle kann die Kontroverse zwischen „Induktivismus" und „Anti-Induktivismus"[139]) erfolgversprechend behandelt werden. Die Bedingung der materialen Adäquatheit kann jedoch nur dann als erfüllt betrachtet werden, wenn sich die Definition der Ausdrücke „wahrscheinlich" und „Wahrscheinlichkeit" an den allgemeinen Sprachgebrauch hält, oder mit anderen Worten, wenn sie sich als ein Präzisat des – alltagssprachlichen – Präzisandums des Begriffes der Wahrscheinlichkeit erweist, wobei der nun definierte Begriff den Abschluß einer Begriffsexplikation darstellt.

Das Problem wird dadurch kompliziert, daß das Wort „wahrscheinlich" auch in der Umgangssprache (Alltagssprache) in mehreren Bedeutungen vorkommt oder dort in unterschiedlicher Weise verwendet wird[140]). Die Begriffsexplikationen führen daher nur dann zu einem und demselben Explikat (Präzisat), wenn alle Verwendungsweisen des Ausdruckes „wahrscheinlich" bis auf eine, und zwar dieselbe, unberücksichtigt bleiben; im anderen Falle ergeben sich zwangsläufig mehrere Explikate.

Jedoch soll hier nicht in die Behandlung des Problems der Wahrscheinlichkeit eingetreten, vielmehr soll lediglich auf diese komplexe Sachlage hingewiesen werden. *Popper* hat auf Grund seiner Überlegungen zum Problem der Wahrscheinlichkeit die Position des Anti-Induktivismus bezogen. Er hat zu zeigen versucht, warum von einem „Wahrscheinlichkeitsschluß" nicht gesprochen werden kann: Da ein „induktives Schließen" nur dann für tatsächlich gehalten werden könne, wenn von irgendwelchen Aussagen, die in einem Schluß als Prämissen dienen, mit einer gewissen Wahrscheinlichkeit auf das Zutreffen einer anderen Aussage, oder wenn von irgendwelchen gegenwärtigen Ereignissen auf den Eintritt eines Ereignisses geschlossen werden könne, falle mit der Möglichkeit einer befriedigenden Bestimmung des Wahrscheinlichkeitsbegriffes auch die Aussicht auf einen verwertbaren Begriff des „induktiven Schließens" weg[141]).

Der Mensch im Alltag und auch in der als „Wissenschaft" bezeichneten Tätigkeit geht von Aussagen über vergangene oder gegenwärtige Zustände und Ereignisse zu Aussagen über künftige Ereignisse oder, mit anderen Worten, von bereits untersuchten Fällen auf noch nicht untersuchte Fälle über. Das kann natürlich nicht bestritten werden. Jedoch ist das Verfahren, das er dabei anwendet, nach *Poppers* Überzeugung nicht die Induktion, und das „Schließen", das er dabei zu vollziehen glaubt, *kein logischer* Vorgang. Vielmehr versteht er sich nach *Poppers* Ansicht selbst nicht richtig, wenn er das annimmt. Wir kommen nach seiner Überzeugung über die Klasse der untersuchten Fälle

---

[139]) Der Anti-Induktivismus bestreitet das Vorhandensein einer zur Deduktion parallelen induktiven Methode des Schließens. Vgl. dazu vor allem *K. R. Popper:* Logik der Forschung, ferner: Conjectures and Refutations; 36, 41, 117, 217, 287 f. Für eine kritische Erörterung dieses Standpunktes: *B. Juhos:* Über die empirische Induktion. In: „Studium Generale". Jg. 19. Hft. 4. 1966. 259–272. *Juhos* erläutert: „Das empirische Induktionsprinzip umfaßt alle ‚Schlüsse', in denen aus Sätzen über endlich viele singuläre Fälle auf Sätze über unbeschränkt viele Fälle ‚induziert' wird" (a. a. O. 263). A. a. O. bes. 267 ff. Dazu weiters: *R. Carnap:* Testability and Meaning. 427.

[140]) Betrachten wir zum Beispiel folgende Ausdrücke: „Wahrscheinlich werde ich dich besuchen"; „Das ist wahrscheinlich"; „Es ist wahrscheinlich, daß du recht hast."

[141]) *K. R. Popper:* Logik der Forschung. 83 ff., 106 ff., 259; sowie: Conjectures and Refutations. 59 ff., 129 f.; vgl. *W. Stegmüller:* Hauptströmungen. 400 f.

nur durch ein „Erraten" oder „Vermuten", durch schöpferische Phantasie und Intuition hinaus, indem wir die künftigen Fälle *antizipieren* [142]). Hierin besteht nicht der geringste Unterschied zwischen den Naturwissenschaften, Sozialwissenschaften und Geisteswissenschaften. Das von Physikern, Historikern, Soziologen usw. verwendete Verfahren müsse als „hypothetisch-deduktive Methode" bezeichnet werden, gleichgültig, ob es sich dabei um Erklärungen oder Prognosen handle. Die indirekte, ebenso wie die direkte Überprüfung vollzieht sich *Poppers* Lehre gemäß, indem wir von mehr oder minder gut bewährten Hypothesen, also generellen Sätzen, und sogenannten Anfangs- und Randbedingungen, die in singulären Sätzen beschrieben werden, ausgehen, und Aussagen über zu erklärende oder aber vorausgesagte Ereignisse und Zustände ableiten.

Dieser Auffassung wird nun entgegengehalten, man verstehe unter „induktivem Schließen" ein „Aus-guten-Gründen-Annehmen" [143]). Nur dann, wenn der Begriff des Schließens auf die Fälle deduktiver Ableitungen, von Schlüssen aus einer Klasse von Ereignissen oder Zuständen auf ein Element dieser Klasse, eingeengt werde, könne die Induktion von vornherein als nicht-logisches Verfahren bezeichnet werden. Unter „induktivem Schluß" werde jedoch gar nichts anderes verstanden als das Aufstellen von Behauptungen über noch nicht untersuchte Fälle, und zwar auf Grund derAnnahme, daß diese den bereits untersuchten Fällen gleichen werden. Eine logische Rechtfertigung der Induktion werde gar nicht vorausgesetzt oder angestrebt; vielmehr genüge es, daß sich das *induktive Vorgehen* bis jetzt so tausendfältig *bewährt* habe – was nun allerdings auch Induktion ist [144]). Sätze über die Vergangenheit würden deswegen für wahr gehalten, weil wir Aussagen über direkt nachprüfbare Ereignisse und Zustände oder „Dinge" haben, z. B. über Schriftstücke, von denen wir mit „guten Gründen" annehmen können, daß sie Aussagen über Vergangenes bestätigen, oder weil wir beim Versuch, diese Aussagen zu widerlegen, scheitern [145]).

Wir können auch sagen, aus Aussagen über untersuchte Fälle können keine Aussagen über noch nicht untersuchte Fälle und aus Aussagen über vergangene Ereignisse und Zustände keine Aussagen über zukünftige Ereignisse und Zustände deduziert werden.

Dagegen läßt sich vieles zugunsten folgender Behauptungen sagen: Aus den Aussagen über untersuchte Fälle oder über vergangene Ereignisse und Zustände lassen sich Aussagen über noch nicht untersuchte Fälle oder über künftige Ereignisse und Zustände „induzieren"; das Eintreten bestimmter Ereignisse und Zustände ist so und so „wahrscheinlich" bzw. kann mit einer bestimmten Wahrscheinlichkeit vorausgesagt werden; das, was die untersuchten Fälle betrifft, gilt auch für die noch nicht untersuchten Fälle; oder, es ist so und so wahrscheinlich, daß die Untersuchung der noch nicht unter-

---

142) *K. R. Popper:* Logik der Forschung. 223–225; ferner: Conjectures and Refutations. 50. (". . . a tentative acceptance . . . boldly proposing theories . . ."); bes. 115. *Einstein:* Weltbild: 151 f. Vgl. dazu auch *V. F. Lenzen:* Einsteins Erkenntnistheorie. In: *Abert Einstein* als Philosoph und Naturforscher, hrsg. von *P. A. Schilpp*, Stuttgart 1955. 268; und *F. S. C. Northrop:* Einsteins Begriff der Wissenschaft, ebd. 272 ff.

143) Siehe *A. Ambrose:* The Problem of Justifying Inductive Inference. In: The Journal of Philosophy. May 1947, sowie *A. Pap:* Analytische Erkenntnistheorie. Kap. über das Induktionsproblem. 92–111, insbes. 102 ff.

144) *B. Juhos:* Über die empirische Induktion. 266.

145) „So bedeutet für *Russel*, wie schon vor ihm für *Hume*, ‚Grund' soviel wie ‚logisch konklusiver Grund', wenn behauptet wird, daß induktive Konklusionen durch vergangene Erfahrungen nicht begründbar sind . . . der Umstand, daß die überwiegende Alltagsbedeutung von ‚Grund', nämlich ‚induktiver Grund', festgehalten wird, schafft das Problem." (*A. Pap:* a. a. O. 104 f.)

suchten Fälle das gleiche wie bei den untersuchten Fällen ergeben wird. Manche Philosophen lehnen die Anwendung der Induktion zu solchen Zwecken ab. Sie sind der Ansicht, daß es nur eine einzige Form des Übergangs von den Aussagen über die eine Gruppe von Fällen auf die andere Kategorie von Fällen gibt, nämlich das Verfahren der Intuition, der Antizipation, des „Vermutens und Erratens", wozu es schöpferischer Phantasie bedarf.

Es wird die Annahme gemacht, daß sämtliche Fälle bereits untersucht sind, die zu der fraglichen Klasse von Fällen gehören. Das wäre jedoch, wenn keine raumzeitliche Beschränkung auferlegt wird, eine unendliche Zahl von möglichen Fällen. Es wird weiters angenommen, für sämtliche Fälle, also auch für die noch nicht untersuchten, gelte dasselbe. In diesem Fall kann das, was für jedes Element dieser Klasse von Fällen zutrifft, deduziert werden, denn durch die *Annahme* wird ja jeder überhaupt mögliche Fall, der zu der betreffenden Klasse gehört, einbezogen. Das Ergebnis einer solchen Ableitung soll dann an der Erfahrung überprüft werden. Es wird also kontrolliert, ob die Behauptung über den noch nicht untersuchten Fall oder das noch nicht eingetretene Ereignis wahr ist. Wenn sich diese Behauptung als wahr erweist, ist die Ausgangsbasis um einen Fall vermehrt und die universelle Aussage, also die Aussage über sämtliche Elemente der Klasse, bis auf weiteres haltbar oder bewährt.

Der Anti-Induktivist wird in der Bewahrheitung der Voraussagen keinen Grund für eine objektive Veränderung hinsichtlich der universellen Aussage sehen. Er wird nicht zugestehen, daß das Eintreffen einer solchen Voraussage etc. der universellen Aussage eine größere Glaubwürdigkeit, einen höheren Bestätigungsgrad oder ähnliches verleiht. Er wird vielmehr nur einräumen, dadurch bestehe Grund für uns, der universellen Aussage größeres Vertrauen entgegenzubringen. Er wird sagen wollen, unser *Vertrauen* in diese universelle Aussage, eine bestimmte Hypothese, Theorie oder eine Gesetzesaussage steige dadurch zumindest verständlicherweise, vielleicht auch berechtigterweise.

Der Induktivist wird dagegen von *Ansteigen des Bestätigungsgrades* selbst sprechen. Je öfters eine so abgeleitete Voraussage oder Aussage sich als richtig erwiesen hat, oder je öfters der Versuch, eine universelle Aussage zu widerlegen, dadurch gescheitert sei, daß die so abgeleitete Aussage oder Voraussage durch Beobachtung und Erfahrung bestätigt wurde, um so größer sei der Bestätigungs-(Konfirmations-)grad der universellen Aussage, die dazu verwendet wurde.

Gleichgültig, wer in diesem Streit recht hat: Auch demjenigen, der nicht an das (objektive) „Wertvollerwerden" der universellen Aussage selbst glaubt und der nur auf Grund der bisherigen Erfahrungen immer mehr Vertrauen in diese Aussage setzen kann, genügen diese Erfahrungen, um jene Annahme für sämtliche Elemente der Klasse zu machen. Je höher der Grad seines Vertrauens ist, um so eher wird eben er an ihr festhalten und unter dieser Annahme Voraussagen machen.

6.3.5 Prüfbarkeit: Falsifizierbarkeit — Konfirmierbarkeit

Wenn „Prüfbarkeit" mit „Falsifizierbarkeit" gleichgesetzt wird, müssen nach der Überzeugung mancher Theoretiker 1) reine Existenzhypothesen (z. B. die Hypothese von der Existenz eines neuen und bisher im Fernrohr noch nicht beobachteten Planeten [146]) und 2) alle Aussagen, die ein oder mehrere „es gibt" zusammen mit einem „alle" oder mit mehreren „alle" enthalten, sowie 3) Wahrscheinlichkeitshypothesen [147]) als „unwissen-

[146]) Vgl. z. B. *W. Stegmüller:* Hauptströmungen. 403.

[147]) *W. Stegmüller:* Metaphysik – Wissenschaft – Skepsis. 17.

schaftlich" ausgeschieden werden. Da jedoch alle drei Arten von Aussagen z. B. in der Naturwissenschaft, aber auch in der Sozial- und der Geisteswissenschaft häufig vorkommen, wird diese Bestimmung für allzu streng gehalten. Aus solchen Überlegungen heraus entstand der Vorschlag, den Begriff der „Prüfbarkeit" einem umfassenderen Begriff als dem der „Falsifizierbarkeit" gleichzusetzen[148]). Dabei ist z. B. *Carnap* zu immer toleranteren Fassungen des Satzes „Alle synthetischen Aussagen beruhen auf Erfahrungen" gelangt. Seine nunmehrige Forderung lautet: „Alle synthetischen Aussagen müssen *bestätigungsfähig* sein[149])." Durch sie werden auch alle bloß indirekt bestätigungsfähigen synthetischen Aussagen bei *Carnap* selbst als empirisch sinnvoll zugelassen. Das ist eine entscheidende Bedingung der Wissenschaftlichkeit, denn eine Aussage, die nicht einmal empirisch sinnvoll ist, sich aber auf Tatsachen beziehen soll, kann natürlich auch nicht als „wissenschaftlich" anerkannt werden. Jedoch betrachtet *Carnap* auch eine „nur" direkt oder indirekt bestätigungsfähige Aussage als wissenschaftlich.

Er unterteilt seine Analyse der Bestätigung und Prüfung von Aussagen in zwei Abschnitte: 1) *Zurückführbarkeit der Bestätigung* eines Satzes auf andere Sätze; 2) Einführung der Begriffe der *Bestätigungsfähigkeit und Prüfbarkeit von Sätzen.* In bezug auf (1) unterscheidet er zwischen direkter und indirekter, sowie zwischen vollständiger und unvollständiger Zurückführbarkeit der Bestätigung, und weiters zwischen den dazwischen möglichen Kombinationen[150]).

1) Gegeben sei nun eine endliche Klasse K von Aussagen, eine Klasse von endlich vielen akzeptierten Beobachtungssätzen[151]), die als Basis dienen. Sind diese Basisaussagen in einem bestimmten Grade empirisch bestätigt, so sind damit auch alle jene Aussagen im gleichen Grade bestätigt, die daraus rein logisch abgeleitet werden können. Ihre Bestätigung ist dadurch auf die Basisaussagen vollständig zurückgeführt. Handelt es sich dagegen um einen unbeschränkten Allsatz, dann kann nicht behauptet werden, er sei im gleichen Grade bestätigt wie die ihm vorgegebenen singulären Sätze, denn da er unendlich viele Anwendungsfälle besitzt, geht er über den Gehalt der singulären Sätze weit hinaus. Jedoch dient nach *Carnap* das Verfahren der sogenannten *Allgeneralisation* zu dieser Grenzüberschreitung. Der Allsatz wird dank dieser singulären Sätze in einem bestimmten Grade bestätigt, der allerdings niedriger ist als der Bestätigungsgrad der singulären Sätze. Da keine weiteren Zwischenglieder verwendet werden[152]), kann hier von einer „direkten unvollständigen Bestätigung" gesprochen werden[153]): „Wenn wir wieder von der endlichen Satzklasse K ausgehen, so wollen wir sagen, daß die Bestätigung aller Sätze, die aus (einigen oder allen) Aussagen von K durch Allgeneralisation gewonnen werden, direkt unvollständig zurückführbar ist auf die der Klasse K[154])." Die vollständige

148) *W. Stegmüller:* Hauptströmungen. 404.

149) "RC. Requirement of Confirmabilitiy: 'Every synthetic sentence must be confirmable' ... RC is the most liberal of the four requirements" (*R. Carnap:* Testability and Meaning. 34 f.). Die von *Carnap* erwähnten Forderungen lauten: RCT: complete testability (vollständige Bestätigungsfähigkeit); RCC: complete confirmability (vollständige Prüfbarkeit); RT: testability (Prüfbarkeit); RC: confirmability (Bestätigungsfähigkeit). (Vgl. dazu *R. Carnap:* Testability and Meaning. 35.) Die erste Forderung in dieser Reihe ist die schärfste, die letzte die toleranteste.

150) Siehe dazu vor allem: Testability and Meaning, bes. 434–439, sowie 456–463.

151) „Eine Aussage, in der einem bestimmten Objekt eine beobachtbare Eigenschaft zugesprochen wird, soll Beobachtungssatz heißen" (*W. Stegmüller:* Hauptströmungen. 408).

152) a. a. O. 405.

153) Testability and Meaning. 435.

154) *W. Stegmüller:* Hauptströmungen. 405.

Bestätigung erfolgt demnach entweder mittels logischer Ableitungen oder durch Allgeneralisation[155]).

Wo eine direkte vollständige oder unvollständige Zurückführung der Bestätigung nicht möglich ist, könnte (wenigstens) eine indirekte erreichbar sein. Man versucht die Möglichkeit einer solchen indirekten Zurückführung der Bestätigung für den Fall der obenerwähnten „gemischten Existenz- und Allaussagen", die weder verifizierbar noch falsifizierbar sind, nachzuweisen[156]).

2) Der Begriff der Bestätigungsfähigkeit selbst, der bei allen Versuchen der Erläuterung der Rückführbarkeit der Bestätigung natürlich vorausgesetzt wird, setzt die Bestimmung der beiden Begriffe *„beobachtbar"* und *„realisierbar"* voraus[157]). Diese beiden Begriffe werden wie folgt definiert: Eine Eigenschaft P wird „beobachtbar" für eine Person (oder allgemeiner, für einen Organismus) genannt, wenn diese Person oder dieser Organismus imstande ist, unter geeigneten Bedingungen entscheiden zu können, ob ein Gegenstand diese Eigenschaft hat[158]). Wenn diese betreffende Person darüber hinaus imstande ist, die Eigenschaft unter geeigneten Umständen an einer bestimmten Stelle (an einem Ding) zu verwirklichen, so soll diese Eigenschaft „realisierbar" genannt werden[159]). Diese beiden Begriffe der Beobachtbarkeit und Realisierbarkeit können sich offensichtlich auch auf Relationen übertragen lassen. Ein Beispiel für eine beobachtbare, aber nicht realisierbare Eigenschaft läge dann vor, wenn „P" eine bestimmte Krankheit bezeichnet, die man auf Grund eindeutiger Symptome zu erkennen vermag, ohne daß man zugleich imstande sein müßte, diese Krankheit künstlich zu erzeugen[160]). Eine Aussage wird nun „bestätigungsfähig" genannt, wenn ihre Bestätigung zurückführbar ist auf die einer endlichen Klasse von Beobachtungssätzen, also Aussagen, worin einem bestimmten Objekt eine beobachtbare Eigenschaft zugesprochen wird[161]).

---

[155]) *Popper* entscheidet auf Grund seiner Induktionsskepsis gegen die Verwendung des Mittels der Allgeneralisation. Das Hinausgehen über den Gehalt jener singulären Sätze ist nach seiner Überzeugung logisch unzulässig, da keine allgemeine Regel besteht, welche die Induktion rechtfertigen und induktive Schlüsse – „Schluß" im streng logischen Sinn verstanden – ermöglichen würde. Mit anderen Worten: Da keine logische Rechtfertigung des Induktionsprinzips möglich ist, kann zu den noch nicht untersuchten Fällen keine logische Ableitung führen, sondern nur Intuition und Phantasie, ein Erraten und Vermuten, das in das noch nicht untersuchte Gebiet vorgreift. Wird dagegen unter „induktiver Schluß" nur gemeint „aus guten Gründen behaupten", so können diese die Richtigkeit der Aussagen über das noch nicht Untersuchte nur wahrscheinlich machen – ein Versuch, der bei Zugrundelegung der *Popper*schen Kritik an den Versuchen, einen brauchbaren Begriff der Hypothesenwahrscheinlichkeit zu erhalten, jedoch ebensowenig taugt (vgl. *Stegmüller:* Hauptströmungen. 400).

[156]) Ein Beispiel dafür formuliert *Stegmüller:* a. a. O. 406 f.

[157]) *R. Carnap:* Testability and Meaning. 454.

[158]) "A predicate 'P' of a language L is called observable for an organism (e. g. a person) N, if, for suitable arguments, e. g. 'b', N is able under suitable circumstances to come to a decision with the help of few observations about a full sentence, say 'B (b)', i. e. to a confirmation of either 'P (b)' or '— P (b)', of such a high degree that he will either accept or reject 'P (b)' " (a. a. O. 454 f.).

[159]) "A predicate 'P' of a language L is called 'realizable' by N, if for suitable argument, e. g. 'b', N is able under suitable circumstances to make the full sentence 'P (b)' true, i. e. to produce the property P at the point b" (a. a. O. 455 f.).

[160]) a. a. O. 456.

[161]) "A sentence S is called confirmable (or completely confirmable, or incompletely confirmable) if the confirmation of S is reducible (or completely reducible, or incompletely reducible, respectively) to that of a class of observable predicates" (a. a. O. 456).

Dagegen ist ein Satz, der, außer daß er bestätigungsfähig ist, nur prüfbare Prädikate enthält, ein prüfbarer Satz[162]). Unter einem „prüfbaren Prädikat" wird ein Prädikat verstanden, das entweder beobachtbare Eigenschaften bezeichnet oder aber durch Prüfungsmethoden eingeführt ist, nämlich durch Angabe einer experimentellen Bedingung und durch anschließende Festlegung, wonach das neue Prädikat zutreffen soll, wenn aus dieser experimentellen Situation ein bestimmtes Ergebnis resultiert[163]). Vollständige Bestätigungsfähigkeit bzw. Prüfbarkeit ist nun jedoch nur für die Aussagen einer Sprache möglich, die keine generellen All- und Existenzaussagen enthält[164]). Aus diesem Grund kann weder die Forderung nach vollständiger Prüfbarkeit („Alle synthetischen Aussagen müssen vollständig prüfbar sein"), noch die Forderung nach Prüfbarkeit schlechthin („Alle synthetischen Aussagen müssen prüfbar sein"), aufrechterhalten werden. Wird jedoch die weiteste Forderung, die nach Bestätigungsfähigkeit („Alle synthetischen Aussagen müssen bestätigungsfähig sein") erhoben, so sind damit auch alle bloß indirekt bestätigungsfähigen synthetischen Aussagen zugelassen.

Die *Forderung nach einfacher Bestätigungsfähigkeit* genügt nach *Carnaps* Überzeugung, um alle Sätze von nicht-empirischer Art auszuschließen. Immerhin würden dadurch die Sätze der Transzendenzmetaphysik ausgeschlossen, insoweit sie ja nicht einmal unvollständig bestätigungsfähig seien[165]).

Die Forderung, derzufolge alle Prädikate auf die Grundprädikate zurückführbar sein müssen, sowie die Forderung, daß im Falle der Prüfbarkeit die Einführung neuer Prädikate stets durch Prüfungsmethoden zu geschehen hat, mußte im Hinblick auf die Tatsache revidiert werden, daß es Begriffe gibt, die nicht auf beobachtbare Grundprädikate einer empiristischen Sprache zurückgeführt werden können, die sogenannten *theoretischen* Begriffe (z. B. „Dominante", „Masse", „Temperatur", „elektromagnetisches Feld"). Es wird nunmehr wie folgt bestimmt: Eine Tatsachenaussage ist wissenschaftlich nur dann, wenn sie Bestandteil irgendeiner nach präzisen Syntaxregeln aufgebauten Sprache ist[166]), deren Aussagen bestätigungsfähig sind, d. heißt, deren Bestätigung zurückführbar ist auf die einer endlichen Klasse von Beobachtungssätzen. Dabei kommt es nicht darauf an, ob sie nun vollständig, unvollständig, direkt, indirekt bestätigungsfähig sind.

Es wird nunmehr zwischen einer Beobachtungssprache L_O und einer theoretischen Sprache L_T unterschieden. Die erstere, die aus einfachen und aus komplexen Beobachtungssätzen besteht, ist so beschaffen, daß sämtliche Prädikate zurückführbar sind auf Grundprädikate der *Beobachtungssprache* (z. B. „Körper", „rot", „nahe", und Ausdrücke für andere unmittelbar beobachtbare Individuen, Eigenschaften oder Relationen)[167]). Die theoretische Sprache enthält ebenso wie die Beobachtungssprache ein logisches und ein nicht-logisches Vokabular[168]).

---

[162]) "If a sentence S is confirmable (or completely confirmable) and all predicates occuring in S are testable (or completely testable), S is called testable (or completely testable, respectively)" (a. a. O. 463).

[163]) "If a predicate is either observable or introduced by a test chain it is called testable" (a. a. O. 459).

[164]) a. a. O. 17, 29, sowie § 24 ("The Critical Problem: Universal and Existential Sentences") insgesamt.

[165]) Vgl. dazu *R. Carnap:* Theoretische Begriffe der Wissenschaft. Eine logische und methodologische Untersuchung (= "The Methodological Character of Theoretical Concepts"); dt. in: Zt. f. Philosophische Forschung. Bd. XIV/2. 224.

[166]) *W. Stegmüller:* Hauptströmungen. 409 f.

[167]) *R. Carnap:* a. a. O. 212.

[168]) a. a. O. 213. Vgl. *M. Bunge:* Scientific Research I. The Search for System. 90 f.

Mittels eigener Korrespondenzregeln bzw. Zuordnungsregeln (z. B. für die Koeffizienten bestimmter Gleichungen) erhalten jene Grundbegriffe eine indirekte und unvollständige empirische *Deutung*, oder es wird, um es mit anderen Worten zu sagen, die Sprache L_T, und darin die Theorie T, partiell interpretiert [169]). Die übrigen theoretischen Begriffe erhalten eine indirekte empirische Deutung dadurch, daß sie 1) durch Axiome und Lehrsätze der Theorie, 2) durch Definitionsketten mit den durch die Korrespondenzregeln indirekt gedeuteten Grundbegriffen zusammenhängen [170]).

Folglich bestimmen wir hinsichtlich der Wissenschaftlichkeit von Aussagen und Aussagenformen von Sätzen und Satzfunktionen und von Gesamtheiten von Aussageformen, sowie Aussagen:

1) Einzelne Aussageformen sind bereits dann wissenschaftlich, wenn sie den Regeln der Syntax entsprechen [171]).

2) Einzelne Aussagen sind erst dann wissenschaftlich, wenn sie:

a) den Regeln der Syntax entweder von L_O oder von L_T entsprechen, und wenn sie
b) entweder L_O – oder L_T – bestätigungsfähig sind, das heißt, wenn ihre Bestätigung auf eine endliche Klasse von Beobachtungsaussagen zurückzuführen ist, oder ausschließlich durch Definitionen und Korrespondenzregeln ganz oder teilweise auf Beobachtbares zurückführbare und / oder voraussagerelevante Begriffe enthalten.

3) Gesamtheiten von Aussageformen und von Aussagen sind wissenschaftlich dann, wenn

a) die Forderungen unter (1) und bzw. (2) erfüllt sind; wenn sie ferner
b) widerspruchsfrei sind.

6.3.6. Zum Problem der Überprüfungsbedürftigkeit

„Jeder Behauptungssatz beziehungsweise jede Aussage kann als prüfungsbedürftig bezeichnet werden." Wenn mit dieser Feststellung ausgedrückt werden soll, daß der mit Behauptungen, Urteilen oder Aussagen verbundene Wahrheitsanspruch immer bestritten werden *kann*, so versteht sich die Prüfungsbedürftigkeit von selbst. Das Mißtrauen, zu dem jeder Mensch auf Grund seiner Erfahrungen berechtigt ist, *muß* sogar mit der beabsichtigten Täuschung rechnen.

Indessen müssen wir auch unbeabsichtigte Täuschungen, also Irrtümer berücksichtigen. Behauptungen über geschichtliche sowie soziale Vorgänge und Zustände oder über Naturobjekte und Naturprozesse können auf Sinnestäuschungen und Denkfehlern beruhen. Nur der Umstand, daß sie prüfbar sind, daß sie auch andere, vielleicht mit Apparaturen ausgestattete Beobachter unter hinreichend ähnlichen Bedingungen nachprüfen können, oder daß derjenige, der die Behauptung aufstellt, sich selbst wiederum unter hinreichend ähnliche Bedingungen bringen kann, berechtigt uns zu unserem Vertrauen. Demgegenüber wird auf Fälle verwiesen, in denen die Möglichkeit der Täuschung ausgeschlossen erscheint. Die Kontrolle durch andere Beobachter und Denker wäre in diesem Falle nicht mehr notwendig. Es würde sich demnach um Aussagen handeln, die einer Begründung oder Überprüfung gar nicht mehr bedürfen.

Es gibt in der Geschichte der Philosophie einige hervorstechende Beispiele dafür. Schon Jahrhunderte vor *Descartes* hat *Augustinus* bei seinem Versuch, den Skeptizismus zu überwinden, „unbezweifelbare Wahrheiten" gefunden, die gerade dadurch

[169]) *R. Carnap:* a. a. O. 218.
[170]) a. a. O. 218.
[171]) a. a. O. 466.

gekennzeichnet seien, daß sie einer Überprüfung nicht mehr bedürften. Der nach Wahrheit suchende Mensch könne sich zwar immer wieder täuschen. Aber inmitten oder während aller dieser Überlegungen und Forschungen sei ihm doch das eine gewiß, daß er *ist*: „Fallor, ergo sum[172]."

Später hat *Descartes*, der ebenfalls nach einer absolut sicheren Grundlage suchte, systematisch alle Erfahrungsinstanzen und Erkenntnisansprüche angezweifelt, um dann letztlich zur evidenten, untrüglichen Erkenntnis der Selbstgewißheit unserer Existenz zu gelangen. Denn wir könnten alles bezweifeln, ausgenommen die Tatsache, daß wir, zweifelnd, uns als „Denkende"[173]) erleben. *Descartes'* „Cogito, ergo sum" oder „Cogitans sum" ist denn auch als Paradigma für eine Aussage, die „eines Beweises weder fähig noch bedürftig"[174]) ist, oder mit anderen Worten, für eine nichtprüfungsbedürftige Behauptung bezeichnet worden.

Wir denken ferner an jene subjektiven Erlebnisaussagen, die „ihren Wahrheitsgehalt sozusagen in sich tragen", die Behauptungen über unser eigenes psychisches Erleben, „Konstatierungen" oder „empirisch-nicht-hypothetische Sätze"[175]) oder die „evidenten Urteile der inneren Wahrnehmung", die sich nach *Brentano* auf unser „gegenwärtiges psychisches Erleben beziehen"[176]). Wer diese Erlebnisse habe, sei zugleich ihrer Untrüglichkeit sicher. Es wäre ungereimt, eine Überprüfung der Aussagen darüber durch andere Beurteiler zu fordern. Denn diese könnten sich offensichtlich nur auf die äußere Wahrnehmung stützen, die aber der Täuschung ausgesetzt sei, während derjenige, der die Erlebnisse hat und darüber aussagt, sie unmittelbar, sicher, gleichsam *„uno intuitu"* erfasse[177]). Täuschungen sind im Falle solcher „objektiver Evidenz"[178]) nach der Überzeugung jener Philosophen unmöglich. Die Erkenntnis erreicht hier die höchste Stufe der

---

[172]) „Wer könnte zweifeln, daß er lebt, daß er sich erinnert, daß er einsieht, daß er will, daß er denkt, daß er weiß und daß er urteilt? Denn wenn er zweifelt, lebt er; wenn er zweifelt, woran er zweifelt, entsinnt er sich (oder ist er sich dessen bewußt); wenn er zweifelt, sieht er ein, daß er zweifelt; wenn er zweifelt, will er gewiß sein; wenn er zweifelt, denkt er; wenn er zweifelt, weiß er, daß er nicht weiß; wenn er zweifelt, urteilt er, daß man nicht unbesonnen zustimmen darf" (De Trinit. X. 10.981). „... wer nicht ist, kann sich auch nicht täuschen; darum bin ich, wenn ich mich täusche. Da ich also bin, wenn ich mich täusche, wie kann ich mich also täuschen darüber, daß ich bin, da es ja sicher ist, daß ich bin, wenn ich mich täusche? Da also ich, der sich täuschte, wäre, auch wenn ich mich täuschte, so täusche ich mich ohne Zweifel nicht darin, daß ich weiß, daß ich bin. Daraus folgt aber, daß ich mich auch darin, daß ich weiß, daß ich weiß, nicht täusche. Denn wie ich weiß, daß ich bin, so weiß ich auch dieses, daß ich weiß ..." (a. a. O. XI. 26. 551, 6 f.).

[173]) R. *Descartes:* Philosophische Werke, üb. und hrsg. v. *A.* I. Bd. Leipzig 1919. Meditationen über die Grundlagen der Philosophie. 12 ff., insbes. 20 f., vgl. auch *F. Brentano:* Wahrheit und Evidenz, hrsg. von *O. Kraus* (= Phil. Bibl. Meiner 201). Leipzig 1930. 61 ff.

[174]) „Es ist mir evident, sagt soviel als es ist mir sicher. Auch läuft es auf dasselbe hinaus, wenn einer sagt, ich erkenne dies. Solche Urteile sind keines Beweises bedürftig und keines Beweises fähig" (*F. Brentano:* Die Lehre vom richtigen Urteil. Hrsg. v. *F. Mayer-Hillebrand.* Bern 1956. 143). Dazu a. a. O. 141.

[175]) *B. Juhos:* Die Erkenntnis und ihre Leistung. Wien 1950. 7 ff.

[176]) a. a. O. 154 ff.

[177]) Die Forderung nach Überprüfung auch dieser Aussagen würde wie folgt parodiert werden können: Jemand, der das Erlebnis des Zahnschmerzes hat, hält seine Aussage: „Ich habe jetzt Zahnschmerz", erst dann für wahr, wenn ihm Fremdbeobachter bestätigen, daß er Zahnschmerz hat.

[178]) Vgl. *F. Brentano:* Wahrheit und Evidenz. 61 ff.; ferner: *W. Stegmüller:* Hauptströmungen. 253.

Gewißheit; die „certistische Tendenz“ [179]), welche die neuere Philosophie kennzeichnet, ist damit an ihr Ziel gelangt.

Wir stellen dazu fest: Selbst dann, wenn der Kritiker, insofern er an seine eigenen Erlebnisse und Gewißheiten dieser Art denkt, die Tatsächlichkeit solcher Urteile und Aussagen einräumen muß, bleibt doch die Frage zu beantworten, wie absichtliche Täuschungen des jeweils anderen, moralisch gewendet: Lügen, ausgeschlossen, das heißt als solche erkannt werden können. Die Notwendigkeit einer Prüfung ergibt sich offenbar stets jeweils vom „anderen“ her gesehen [180]). Die Bedeutung des Wortes „prüfen“, so wie es im allgemeinen Sprachgebrauch festgelegt ist, bzw. die Regeln für seine Verwendung, sind von solcher Art, daß der Bezug auf einen bereits vergangenen Akt des Urteilens und Aussagens charakteristisch ist; der Sachverhalt muß in möglichst gleichartiger Weise reproduziert werden.

Gibt es indessen nicht auch Fälle, in denen die Herstellung einer ähnlichen Situation wie sie für den Aussagenden im ersten Fall bestanden hatte, überflüssig ist? Gründen nicht die Aussagen des Historikers, des Soziologen, des Naturwissenschaftlers in jenen „Konstatierungen“, etwa von Zeigerablesungen, der Auffassung von Symbolen und Symbolfolgen usw.? Ist nicht derjenige, der etwas darüber aussagt, der zugrundeliegenden psychischen Erlebnisse, wenigstens innerhalb einer kurzen Zeitspanne, unmittelbar gewiß? Ist das also das Fundament, „das nicht mehr tiefer gelegt werden kann“? Besteht hier noch die Notwendigkeit der Überprüfung? Sind wir hier nicht am „nicht mehr hinterfragbaren Ausgangspunkt“ angelangt?

Nun, es handelt sich hier nicht um die Erlebnisse selbst, die man natürlich entweder hat oder nicht hat, sondern um Erlebnis*aussagen*. Äußerlich feststellbare Zeichen beziehungsweise Vorgänge könnten es wahrscheinlich oder sogar hochwahrscheinlich machen, daß dem Erlebnis ein falscher sprachlicher Ausdruck zugeordnet worden war. Zu dieser Einsicht kann sogar der ausschließliche Umgang eines Beobachters mit sich selbst, vor allem die methodische Selbstbeobachtung führen. Erst recht ist jede Tatsachenaussage für jeden Beurteiler, der mit dem Aufsteller der Behauptungen nicht identisch ist, und zwar auch für den Aufsteller selbst, einer Überprüfung bedürftig.

Die Erlebnisaussagen „Ich sehe das“, „Ich höre jenes“, „Ich denke jetzt über X nach“, sind gewiß nicht im gleichen Sinne einer Überprüfung bedürftig (und fähig) wie die objektivistischen Feststellungen: „Das ist das“; „Am Ort X ist Y“. Aber da es Aussagen sind, können sie ihr Objekt verfehlen, können sie etwas falsch bezeichnen. Um es möglichst unwahrscheinlich zu machen, daß dies im gegebenen Fall nun auch tatsächlich geschehen ist, sind sie einer Überprüfung bedürftig. Es ist nicht sehr wahrscheinlich, daß ich eine falsche Aussage aufstelle, wenn ich behaupte: „Ich denke jetzt nach“ – und daß dies unwahrscheinlich ist, hat große praktische Konsequenzen. Aber es ist zweifellos *möglich*, daß ich mich irre. Gerade das aber ist wesentlich.

Unter der „Prüfungsbedürftigkeit“ von Tatsachenaussagen wird die Notwendigkeit der Erfahrungskontrolle, der Konfrontation mit der Wirklichkeit verstanden,

---

[179]) „... trat ... in der Wissenschaft die bewußte Tendenz hervor, nur Gesichertes zuzulassen, alles Übrige deutlich als zweifelhaft zu bezeichnen, bzw. abzulehnen. Ohne Zweifel lag hier eine Form jener allgemeinen Tendenz vor, wissenschaftliche Aussagen einer möglichst vollständigen Sicherung zu unterziehen, die schon bei den Griechen zum Beweis und zur Logik geführt hatte. Wir wollen diese Tendenz als die ‚certistische Tendenz' bezeichnen“ (*H. Dingler:* Probleme des Positivismus. In: Zt. f. Phil. Forschung. 1951. Bd. V. Heft 4. 486).

[180]) Dieser andere kann auch der Aufsteller der Aussage selbst sein, nur jeweils zu verschiedenen Zeiten. Er kann sich genötigt sehen, sich Verhältnisse zu schaffen, die den früheren hinreichend ähnlich sind, um sich der Richtigkeit seines eigenen Sprachgebrauches zu versichern.

wobei „Erfahrung" nicht auf Sinneserfahrung eingeschränkt werden muß. Aussagen von anderem logischen Charakter, nämlich analytische oder tautologische, sowie kontradiktorische Aussagen, zusammenfassend als „logisch determinierte Aussagen" bezeichnet, sind offensichtlich nicht in diesem Sinne prüfungsbedürftig. Wie weiter oben ausführlich dargelegt wurde, genügt die semantische Analyse zur Feststellung ihres Wahrheitswertes. Auch die Feststellung des logischen Charakters einer Aussage, also die Beantwortung der Frage, ob es sich um eine logisch determinierte oder um eine logisch interdeterminierte, um eine analytische oder synthetische, eine L-wahre oder L-falsche Aussage handelt, ist wie jede Behauptung dem Irrtum ausgesetzt und daher in einem bestimmten Sinne ebenfalls prüfungsbedürftig. Indessen muß berücksichtigt werden, daß diese Art von Prüfungsbedürftigkeit, also die Notwendigkeit, zu untersuchen, ob die Behauptungen *über* den logischen Charakter von Aussagen richtig sind, sich auch bei den Tatsachenaussagen ergibt, wo sie der Feststellung ihres jeweiligen Wahrheitswertes anhand der Erfahrung vorausgeht. Aussagen dieser Art, Aussagen über den logischen Charakter oder über ihren Wahrheitswert, sind also gleichfalls prüfungsbedürftig.

Nun kann aber die Prüf*bar*keit nicht von der Prüfungs*bedürftigkeit* abhängig gemacht werden, denn es wäre ein Satz denkbar, der einer Prüfung gar nicht bedürftig ist, obgleich die Möglichkeit, ihn zu prüfen, bestünde. Daraus folgt, daß die Forderung nach Überprüfbarkeit als Wissenschaftskriterium auch dort aufrechterhalten werden kann, wo sich eine tatsächliche Prüfung gar nicht als notwendig erweist. Um an der Prüf*bar*keit als Kriterium festhalten zu können, muß somit auch von den nicht-prüfungsbedürftigen Aussagen gefordert werden können, daß sie prinzipiell prüfbar seien.

6.3.7. Der Systemcharakter der Wissenschaft

Die oben behandelten Forderungen könnten nicht erfüllt werden, wenn die Gesamtheiten von Aussagen eine bloße Anhäufung mannigfaltiger Daten [181]) wären, die untereinander in keinem anderen Zusammenhang als dem der räumlichen oder zeitlichen Nachbarschaft stünden. Denn die Überprüfung, sofern wir sie als versuchte Falsifikation irgendwelcher Aussagen verstehen, erfordert einerseits generelle oder universelle Sätze (Hypothesen, Gesetze, Theorien), andererseits Sätze entweder weniger genereller oder aber von logisch singulärer Form, die sich auf spezifische individuelle Tatsachen beziehen, wobei einige singuläre Sätze als sog. Basissätze dienen, die durch logische Relationen mit den generellen Aussagen derart verknüpft werden, daß diese durch die Basis kritisierbar werden.

Das genau drückt der Begriff „deduktive Methode" aus: Aus einer Aussagengruppe werden Sätze abgeleitet, die dann, wenn sie mit der Erfahrung oder mit der Wirklichkeit, die unserer Erfahrung zugänglich sein soll, nicht übereinstimmen, die generellen oder universellen Sätze widerlegen. Ebenso ist die Zurückführung der Bestätigung nur dann möglich, wenn logische Relationen zwischen Aussagen bestehen, die zurückgeführt werden, und denjenigen, auf die sie zurückgeführt werden.

Erklärungen und Voraussagen sind nur dann möglich, wenn das Erklärungs- oder Voraussageschema mindestens eine generelle oder universelle Aussage enthält [182]). Die eine Gruppe von Aussagen beschreibt bestimmte Bedingungen, oder allgemeiner, die betreffende Situation, die andere liefert die Informationen über Zusammenhänge zwischen

[181]) Vgl. dazu *H. Feigl:* Naturalism and Humanism. 12.

[182]) „Jede Erklärung benötigt Gesetzesaussagen, insbesondere auch jede Erklärung eines historischen Ereignisses" (*W. Stegmüller:* Der Begriff des Naturgesetzes. In: Studium Generale. Jg. 19. Heft 11, 1966. 657; sowie *K. Ajdukiewicz:* Abriß der Logik. 179 ff.).

Ereignissen und Zuständen, und beide zusammen wiederum ergeben die Grundlage der Erklärung oder der Prognosenstellung. Unsere Versuche der Begründung, Überprüfung und Bestätigung der aufgestellten Behauptung machen logische Zusammenhänge, Folgerungsbeziehungen, usw. *notwendig*. Wenigstens innerhalb dieser Grenzen ist es unmöglich, sich mit einer Ansammlung isolierter Urteile oder Aussagen zu begnügen [183]).

Jedoch haben wir es auch bereits auf der deskriptiven Stufe mit systematischen Zusammenhängen zu tun. So wird festgestellt, die quantitative und qualitative Beobachtung, die sich auf ein Experiment stütze oder sich auf eine Erscheinung beziehe, welche sich in der Natur ohne Zutun ereignet, führe unmittelbar nur zu einer Beschreibung, die in Einzelsätzen ausgedrückt werde. Das riesige Material von Einzeltatsachen, das in diesen Sätzen enthalten ist, müsse auf bestimmte Weise geordnet, das heißt in kurze und brauchbare allgemeine Gesetze zusammengefaßt werden. Zu solchen Gesetzen gelangen die Erfahrungswissenschaften nach der Überzeugung vieler durch die Anwendung des Induktionsschlusses. Dieser aber besteht bekanntlich in der Ableitung allgemeiner Sätze aus solchen Einzelsätzen, die als Einzelfälle der allgemeinen Sätze aufgefaßt werden können. Gesetze, die wir auf diese Weise gewinnen, würden empirische oder registrierende Gesetze genannt [184]). Dadurch wird eine allgemeine Beschreibung der Gegenstände und Erscheinungen ermöglicht [185]). Vom induktivistischen Standpunkt aus gesehen besteht der Systemzusammenhang, um den es hier geht, nämlich der Beschreibungszusammenhang, aus der bestimmten Verknüpfung von singulären Sätzen, die als Prämissen dienen, mit allgemeinen oder annähernd allgemeinen Sätzen, den empirischen Gesetzen, die daraus induktiv abgeleitet werden.

Setzt man sich *Beschreibung* der Wirklichkeit überhaupt zum Ziel, und das ist jedenfalls immer dann notwendig, wenn Erklärungen und Voraussagen angestrebt werden, als deren Voraussetzungen sie fungiert, dann muß die Aufhebung der Isolierung der Sätze voneinander durch die Bildung jener qualitativen und quantitativen Gesetze angestrebt werden. Denn nur dort, wo derartige mehr oder weniger universelle Sätze vorkommen, erachten wir die Anwendungsbedingungen für das Wort „Beschreibung" als im strengeren Sinne erfüllt, nicht jedoch bereits dort, wo die Propositionen unverbunden nebeneinander stehen und die Objekte, ihre Eigenschaften und Relationen nur aufgezählt werden.

Wird nun der Systemcharakter als ein Kennzeichen der Wissenschaftlichkeit von Aussagengesamtheiten betrachtet, so muß zunächst auf die Mehrdeutigkeit des Ausdruckes „Systemcharakter" verwiesen werden [186]). Es kann darunter ein das ganze Unter-

183) Es mag zugegeben werden, daß das Idealziel darüber hinaus in einem System von deduktiver Form besteht, das dadurch gekennzeichnet ist, daß aus möglichst wenigen undefinierten Ausdrücken (sog. primitiven Termen) und möglichst wenigen Axiomen alle übrigen Aussageformeln des Systems deduziert werden können. Auch wird behauptet, daß eine Disziplin um so weiter fortgeschritten ist, als sie der Axiomatisierung fähig ist; jedoch muß die Art und Beschaffenheit des Untersuchungsgegenstandes berücksichtigt werden.

184) *K. Ajdukiewicz:* Abriß der Logik. 178.

185) a. a. O. 179. Hierzu bemerkt *Feigl:* " . . . a well-connected account of the facts is what we seek in science. On the descriptive level this results, for example, in systems of classification or division, in diagrams, statistical charts, and the like" (Naturalism and Humanism. 12).

186) Vgl. *A. Diemer:* Was heißt Wissenschaft? 73 f. Hier werden vier Grundtypen der Ordnung unterschieden: das logisch-deduktive, das axiomatische, das topische und das serielle System. Dazu vor allem: System und Klassifikation in Wissenschaft und Dokumentation. Hrsg. v. *A. Diemer* (= Bd. 2 der „Studien zur Wissenschaftstheorie"). Meisenheim am Glan 1968. Darin insbes. *A. v. d. Stein:* „Der Systembegriff in seiner geschichtlichen Entwicklung." 1–15.

suchungsgebiet umfassendes System von Prämissen und Konklusionen verstanden werden, wobei aus einigen wenigen Ausgangssätzen, den sog. Axiomen, alle übrigen Aussagen streng logisch abgeleitet werden. Zur Würde eines solchen deduktiven Systems hat es indessen noch nicht einmal die theoretische Physik in ihrer Gesamtheit gebracht. Es kann aber auch schon ein mehr oder weniger durchgreifender Zusammenhang von universellen und singulären Sätzen damit gemeint sein, wobei singuläre Sätze es einerseits sind, aus denen die allgemeinen Sätze durch Induktion „hergeleitet" oder durch ein „Erraten" oder „Vermuten", durch „Intuition", erreicht werden, und wo andererseits singuläre Sätze als Basissätze dienen, durch welche die universellen Aussagen kritisiert werden. Zahl und Umfang solcher Begründungszusammenhänge oder Überprüfungszusammenhänge kann als zunehmend oder abnehmend gedacht werden bis zu dem Punkt völliger Isolierung der einzelnen Sätze voneinander; hier ist dann der Systemgehalt auf Null geschrumpft.

Philosophen und Einzelwissenschaftler betonen in seltener Einmütigkeit, daß keine „bloße Ansammlung von Erkenntnissen" – wir werden besser sagen, von „Erkenntnisansprüchen", kein „Aggregat", wie es *Kant* nennt [187]), als „Wissenschaft" bezeichnet werden dürfe. Von den übrigen Kriterien der Wissenschaftlichkeit einmal abgesehen, können wir *Stufen* der Wissenschaftlichkeit konstatieren, angefangen von einer Ansammlung von Propositionen, sowie auch von Begriffen, die miteinander unter keinem Prinzip verbunden erscheinen, bis zu dem idealen Fall eines reinen und umfassenden deduktiven Systems.

Hinsichtlich der Betonung des systematischen Charakters der Wissenschaft stellen wir ein Maß von Übereinstimmung zwischen Einzelwissenschaftlern und Philosophen fest, das bezüglich anderer Kriterien nicht erreicht wird. Aber die weitgehende Übereinstimmung des Sprachgebrauches von Philosophen und Einzelwissenschaftlern in diesem Punkt macht die Forderung nach dem systematischen Zusammenhang noch nicht zu einer unumgänglichen Forderung im logischen Sinn. Sie *ist* jedoch offensichtlich unumgänglich – wie dargelegt wurde –, wo Erklärungen vorgenommen und Prognosen erstellt werden; und sie ist auch dort unumgänglich notwendig, wo lediglich Beschreibung das Ziel ist. Dagegen ist sie nicht unumgänglich, wenn „systematischer Zusammenhang" nicht lediglich in der üblichen Bedeutung von „Beschreibungs- oder Klassifikations- und Begründungs- oder Ableitungszusammenhang", sondern als „deduktives System" verstanden wird. Daß in einem solchen Fall Disziplinen wie die Historie, die Philologie, die Jurisprudenz, u. a., von vornherein nicht als „Wissenschaften" bezeichnet werden dürften, sei nur nebenbei erwähnt. Der Wegfall dieser Disziplinen hätte indessen die *materiale Inadäquatheit* der von uns angestrebten Definitionen des Wissenschaftsbegriffes zur Folge.

6.4. Grad der Überprüftheit oder der Bestätigung

Oft wird nicht nur Überprüfbarkeit der Aussagen oder Feststellbarkeit des Wahrheitswertes als Kriterium der Wissenschaftlichkeit angegeben, sondern auch *„reliability, or a sufficient degree of confirmation"* [188]). Dadurch sollen wir instandgesetzt werden, Erkenntnis, das heißt wohlbegründeten Glauben, von bloßer Meinung oder gar von Aberglauben zu unterscheiden: Die Verläßlichkeit oder ein hinreichend hoher Bestätigungsgrad kann nach dieser Ansicht als Mittel der Abgrenzung der wissenschaftlichen

[187]) Kr. d. V. (= Bd. III d. Ak. Ausg.) 428 f.; Met. Anf. d. Naturwiss. (= Bd. IV d. Ak. Ausg.) 467 ff. und Prolegomena (= Bd. IV). 310.

[188]) *H. Feigl:* a. a. O. 12.

von den unwissenschaftlichen Erkenntnisansprüchen aufgefaßt werden, wenngleich es sich dabei immer nur um Gradunterschiede handeln kann. Denn es gibt keine scharfe Trennungslinie zwischen den hochkonfirmierten Gesetzen, Theorien oder Hypothesen der Wissenschaft und den Arbeitshypothesen sowie schwach unterstützten Entwürfen, die letztlich entweder in die Wissenschaft aufgenommen oder als unbestätigt zurückgewiesen werden. Wahrheitsansprüche, die wir als „Aberglauben" abweisen, Urteile, die durch vorschnelle Verallgemeinerung oder durch allzu schwache Analogie zustandekommen, unterscheiden sich von „wissenschaftlicher Wahrheit" selbst dann, wenn sie testbar sind, durch ihren extrem niedrigen Grad der Wahrscheinlichkeit im Hinblick auf die verfügbaren Belege [189]). Zur Unterstützung dieser Ansicht wird wie folgt argumentiert: Würde bereits die Überprüf*bar*keit genügen, so müßten auch bereits widerlegte Hypothesen oder Theorien als „wissenschaftlich" zugelassen werden, denn offenbar ist eine Aussage, die widerlegt werden konnte, auf jeden Fall auch als eine überprüfbare Aussage zu betrachten. Es wäre daher besser, hier nur von einer „wissenschaftlich diskutablen" oder „wissenschaftsfähigen" Behauptung zu sprechen.

Dagegen können *wir* jedoch einwenden:

1) Eine Aussage kann sozusagen „an sich" falsch sein, dann nämlich, wenn sie den Tatsachen nicht entspricht. Sie muß damit aber noch nicht als falsch erwiesen sein. Sie würde aber dennoch als wissenschaftliche Aussage anerkannt werden, während eine nur falsifizierte Behauptung ausgeschieden würde, obwohl sie „an sich" wahr sein kann. Das ist genau dann der Fall, wenn ihre Falsifikation auf einem Irrtum beruht.

2) Daß der Wissenschaftler eine falsifizierte Theorie aus dem Bereich der Wissenschaft ausschließt, ist nur unter ganz bestimmten Bedingungen der Fall: Er bezeichnet eine falsifizierte Aussage nicht als „unwissenschaftlich" oder als „nicht-wissenschaftlich"; vielmehr schließt er sie lediglich aus der *aktuellen* Wissenschaft aus und verweist sie sozusagen in ihren „Abstellraum" aus dem sie wieder zurückgeholt und rehabilitiert werden kann, wenn neue Ereignisse eintreten oder entsprechende neue Erfahrungen gemacht werden. Ein Beispiel dafür ist die wechselvolle Geschichte der Korpuskular- und Wellentheorie. Der Wissenschaftler hält jene Aussagen nur für „derzeit nicht wissenschaftlich verwertbar". Nur dann, wenn man die wissenschaftliche Verwertbarkeit zu einem bestimmten Zeitpunkt als Kriterium ihrer Wissenschaftlichkeit festsetzt, kann ihre Falsifizierung zugleich den Verlust ihres Wissenschaftscharakters bedeuten.

3) Noch wirksamer ist jedoch der Hinweis auf die notwendig vage Ausdrucksweise und auf die Hindernisse für eine scharfe Grenzziehung. Denn können wir überhaupt von vorneherein festlegen, wieviel Überprüfungsversuche genügen, um eine Hypothese oder Theorie als „wissenschaftlich" bezeichnen zu dürfen? Zwischen noch nicht hinreichend und bereits genügend überprüften Aussagen zu unterscheiden, würde daher unvermeidlicherweise willkürlich sein. Wer sollte entscheiden dürfen, ab dem wievielten positiv ausgefallenen Überprüfungsversuch z. B. die Mendel'sche Vererbungstheorie oder die Allgemeine Relativitätstheorie als „wissenschaftlich" bezeichnet werden dürfen?

Nehmen wir ferner folgenden Fall an: Jemand stößt in einer wissenschaftlichen Neuerscheinung auf eine Theorie, die er noch nicht kennt. Er weiß daher auch nicht, ob und mit welchem Ergebnis die Theorie überprüft worden war. In Anbetracht seiner diesbezüglichen Unkenntnis müßte es ihm vorderhand unmöglich sein, die Frage zu beantworten, ob die Theorie eine wissenschaftliche Theorie sei. In der Praxis aber wird er die Antwort bereits auf Grund der Möglichkeit ihrer Nachprüfung und dank der Erfüllt-

[189]) a. a. O. 2.

heit anderer Kriterien geben können. Und nur weil ihm das möglich ist, wird er die Theorie zu überprüfen versuchen, anstatt sie unbeachtet zu lassen.

Nicht nur die Vagheit des Ausdruckes „mehr oder weniger gut überprüft" oder „hinreichend hoher Konfirmationsgrad" spricht gegen den Versuch, die Wissenschaftlichkeit von Aussagen erst mit einem – hinlänglichen – Prüfungsgrad beginnen zu lassen, sondern es sind vor allem die eben angedeuteten Konsequenzen, die dagegen angeführt werden müssen.

4) Gemäß der Auffassung, die vor allem *Popper* vertreten und begründet hat, kann von Graden der Überprüftheit oder der Bestätigung auch schon im Hinblick auf eine kritische Betrachtung der Möglichkeiten und Grenzen der Induktion nicht gesprochen werden. Weder gelungene Versuche, eine Hypothese oder eine Theorie zu konfirmieren, noch fehlgeschlagene Anstrengungen, die unternommen wurden, um sie zu diskonfirmieren oder zu falsifizieren, können ihr nach der Überzeugung *Poppers* die *objektive* Eigenschaft höherer Überprüftheit oder größerer Sicherheit oder Wahrscheinlichkeit verschaffen. Es ist lediglich eine berechtigte Zunahme unseres Vertrauens in eine Theorie festzustellen, wenn sie einem ernsthaften Widerlegungsversuch (wieder einmal) widerstanden hat. Wir sagen dann, die Theorie habe sich bis jetzt „bewährt" oder sei „vorläufig bestätigt"; wir sagen dagegen nicht, sie sei durch viele Bestätigungen „absolut sicher" oder auch nur „wahrscheinlich" geworden [190]).

Wenn es auch zutreffen mag, daß sich die wissenschaftlichen Aussagen durch einen höheren Bestätigungsgrad von den nicht-wissenschaftlichen unterscheiden, so ist der Grad der Überprüftheit oder der Bestätigung doch andererseits *nicht* als Kriterium der Wissenschaftlichkeit geeignet. Wir sind zwar geneigt, in der Regel zunehmende Wissenschaftlichkeit mit ansteigendem Bestätigungsgrad zu verbinden, jedoch muß einschränkend darauf verwiesen werden, daß es oft nur die größere Unbestimmtheit der Alltagssprache ist, die dem Alltagsglauben eine Stabilität verschafft, die in zahlreichen Fällen weit größer ist als diejenige wissenschaftlicher Theorien. Mit anderen Worten: Der höhere Grad der Überprüftheit einer Aussage steht mitunter im umgekehrten Verhältnis zum Grad ihrer Bestimmtheit und Genauigkeit, und damit zu Eigenschaften, die selbst wiederum als Kennzeichen der Wissenschaftlichkeit betrachtet werden [191]). Wie bereits dargelegt, ist der Überprüfungsgrad von niederen zu höheren Graden der Überprüfung als Kriterium der Wissenschaftlichkeit ungeeignet. Denn die Feststellung, das Minimum an Überprüftheit sei gegeben, ist im konkreten Fall eben nicht ohne subjektive Willkür möglich.

6.5. Bedeutsamkeit als Wissenschaftskriterium

Oft wird behauptet, damit ein Satz als „wissenschaftlich" bezeichnet werden könne, müsse er bedeutsam sein. Diese Forderung wird mit dem Hinweis auf das Beispiel der sog. unbezweifelbaren Wissenschaften begründet [192]).

Die Beantwortung aller damit aufgeworfenen Fragen setzt jedoch offensichtlich voraus, daß wir zu klären und zu bestimmen vermögen, was unter „bedeutsam" verstanden wird oder wie dieses Wort verwendet werden soll. Denn der Sprachgebrauch ist hier bis zu einem solchen Grade uneinheitlich, daß wir argwöhnen müssen, eine Antwort auf die Frage, was wichtig und bedeutsam ist, könne nur aus subjektiver Willkür gegeben

---

190) *Karl R. Popper*: Logik der Forschung. 100 f.; 198, 220. Ders.: Conjectures and Refutations. 57 f., 192, 285.

191) Vgl. *E. Nagel:* The Structure of Science. London 1961. Kap. „Science and Common Sense".

192) Dazu *A. Diemer:* a. a. O. 9.

werden. Wir müssen daher fragen, ob es möglich ist, präzise, vielleicht sogar allgemein anerkannte Anwendungsbedingungen für den Ausdruck „bedeutsam" herauszuarbeiten. Wir werden nun zwischen folgenden Bedeutungen von „bedeutsam" unterscheiden.

1) Ein Satz einer Lehre oder Theorie ist bedeutsam dann und nur dann, wenn er einen hohen logischen Gehalt hat. Den logischen Gehalt eines Satzes A definiert *Popper* als die Menge aller aus dem betreffenden Satz ableitbaren nicht-tautologischen Sätze; das ist die nicht-tautologische Folgeklasse [193]).

2) Ein Satz einer Lehre ist bedeutsam dann und nur dann, wenn er einen hohen empirischen Gehalt hat. Der empirische Gehalt eines Satzes A ist die Klasse aller Basissätze, die von ihm verboten (oder ausgeschlossen) sind. Ein Basissatz ist ein Singulärsatz, der raum-zeitlich bestimmt ist: „Ein so und so bestimmtes Ereignis passiert an der Raum-Zeit-Stelle k" [194]). Der Ausdruck „hoher empirischer Gehalt" kann auch durch den Ausdruck „hoher Nachprüfbarkeitsgrad" ersetzt werden: „Es läßt sich zeigen, daß diese beiden Begriffe für die Erfahrungswissenschaften als gleichbedeutend aufgefaßt werden können. Die abgeänderte Definition lautet dann: Ein Satz einer Lehre ist desto bedeutsamer, je höher sein Nachprüfbarkeitsgrad ist (je leichter er nachzuprüfen ist)" [195]).

3) Ein Satz einer Lehre ist bedeutsam dann und nur dann, wenn er vielen verschiedenartigen Widerlegungsversuchen widerstanden hat.

4) Ein Satz einer Lehre ist bedeutsam dann und nur dann, wenn er einer bisher bewährten Theorie oder einer eingebürgerten Ansicht widerspricht [196]).

5) Ein Satz einer Lehre ist bedeutsam dann und nur dann, wenn er große Wahrheitsnähe aufweist. Nahe der Wahrheit ist ein bestimmter Satz nur dann, wenn er einen möglichst großen Wahrheitsgehalt und einen möglichst kleinen Falschheitsgehalt hat: Dabei wird Wahrheitsgehalt eines Satzes p definiert als die „Klasse aller logischen Folgerungen (Konsequenzen) von p, die wahr (wahre Sätze) sind". „Falschheitsgehalt eines Satz p" ist definiert als die „Klasse aller logischen Folgerungen (Konsequenzen) von p, die falsch (falsche Sätze) sind".

6) Ein Satz einer Lehre ist bedeutsam dann und nur dann, wenn er sehr wahrscheinlich ist, wenn er also einen hohen Wahrscheinlichkeitsgrad besitzt.

7) Ein Satz einer Lehre ist bedeutsam dann und nur dann, wenn er viele Modelle hat. Je mehr Modelle er hat, desto bedeutsamer ist er.

8) Ein bestimmter Satz p einer Lehre ist bedeutsam dann und nur dann, wenn die Satzfunktion „A anerkennt p" – „A" ist hier eine Personvariable, „p" eine Satzvariable – viele Modelle (Erfüllungen) hat. Dabei wird der Ausdruck „anerkennen" hier so verwendet, daß darunter ein Annehmen eines Satzes gemeint ist, ohne daß dazu ein vollständiges Verstehen oder ein Begründenkönnen notwendig wäre [197]).

---

[193]) Logik der Forschung. 84.

[194]) a. a. O. 84.

[195]) „Eine Theorie z. B., aus der man ganz präzise numerische Prognosen deduzieren kann, ist im allgemeinen besser testbar als eine Theorie, bei der dies nicht oder nicht in diesem Umfang möglich ist, denn wir können in diesem Fall unsere Tests präziser und strenger machen. Man kann also gut-testbare, schwer-testbare und überhaupt nicht-testbare Theorien unterscheiden; die letzteren sind für den Wissenschaftler uninteressant" (*R. Kamitz:* Zum Problem der Metaphysik. Meisenheim 1964. 119).

[196]) *K. R. Popper:* Conjectures and Refutations. 114 ff.

[197]) In diesem Kapitel wurde eine Aufstellung der Begriffe von „Bedeutsamkeit" verwertet, die *Paul Weingartner* am 27. 1. 1966 in einem Vortrag vor der Philosophischen Fakultät der Universität Salzburg vorgelegt hat.

9) Ein Satz p einer Lehre ist bedeutsam dann und nur dann, wenn die Satzfunktion „A" versteht „p" viele Modelle hat. Der Ausdruck „Verstehen" hat zahlreiche Bedeutungen. So reden wir vom Verstehen eines Zahlzeichens, eines Satzes, vom Verstehen des Gehaltes eines Satzes, vom Verstehen der Begründung eines Satzes, der Behauptung eines Satzes einer bestimmten Person, usw.

10) Ein Satz p einer Lehre ist bedeutsam dann und nur dann, wenn die Satzfunktion „A weiß, daß p" viele Modelle hat, daß also viele Personen wissen, daß p der Fall ist.

11) Ein Satz p einer Lehre ist bedeutsam dann und nur dann, wenn gilt: a) „x" ist ein (deskriptiver) Ausdruck von p; b) der Satz „x ist ein Wert für A" hat viele Modelle.

12) Ein Satz p einer Lehre ist bedeutsam dann und nur dann, wenn gilt: a) „x" ist ein (deskriptiver) Ausdruck von p, b) der Satz „A weiß, daß x ein Wert für A ist" hat viele Modelle. Abwandlungen dieser Definition ergeben sich, wenn für „weiß" die Ausdrücke „glaubt" oder „erscheint" eingesetzt werden.

13) Ein Satz ist bedeutsam dann und nur dann, wenn er einen hohen symbolischen Gehalt hat, d. h. wenn mindestens einer der in ihm vorkommenden deskriptiven Ausdrücke einen hohen symbolischen Gehalt aufweist. Wir sagen, ein Ausdruck x eines Satzes p habe dann einen hohen symbolischen Gehalt, wenn er entweder viele Bedeutungsstufen oder viele Designationsstufen hat. Viele Bedeutungsstufen hat ein Satz x, wenn seine (direkte) Bedeutung ihrerseits wieder Zeichen (Symbol) für eine nächsthöhere Bedeutung (2. Bedeutungsstufe) ist, usw. Ein Ausdruck x hat dann viele Designationsstufen, wenn das (direkt) von x Bezeichnete (Designatum) seinerseits wieder Zeichen (Symbol) für ein nächsthöheres Designatum (2. Designationsstufe) ist, und so fort [198]). Wo deskriptive Ausdrücke nicht existierende, wirkliche Dinge bezeichnen, kann nur von Bedeutungsstufen, nicht aber von Designationsstufen gesprochen werden.

14) Ein Satz ist bedeutsam genau dann, wenn er zu vielen anderen Sätzen Beziehungen der Analogie hat. Ein Satz p z. B. hat Beziehungen der Analogie zu einem Satz q, wenn mindestens ein Ausdruck in p zu einem Ausdruck in q Analogiebeziehungen hat [199]).

Nun ergibt sich für uns als erste Frage: Unterscheiden sich die Sätze jener „unbezweifelbaren", ihrer Funktion nach sozusagen maßstäblichen Wissenschaften von anderen Sätzen, wenn wir die angeführten Verwendungsweisen des Wortes „bedeutsam" zugrundelegen? Sind sämtliche oder die meisten Sätze dieser Wissenschaften beispielsweise durch höheren logischen Gehalt, durch größere Wahrheitsnähe, durch zahlreichere Modelle ausgezeichnet?

Wenn diese Fragen bejaht werden können, so beantworten sie doch offensichtlich noch nicht die Frage, ob eine bestimmte Aussage wissenschaftlich sei. Die Antworten ermöglichen uns lediglich, zwischen Aussagen zu vergleichen und jene Sätze, die sich durch höheren logischen oder empirischen Gehalt, durch größere Wahrheitsnähe usw. gegenüber anderen auszeichnen, als „wissenschaftlicher" zu bewerten. Es wird gewissermaßen ein *Ideal der Wissenschaftlichkeit* aufgestellt, dem sich eine Aussage dadurch *nähert*, daß sie einen der obigen Werte im erhöhteren Umfang erfüllt. Wenn wir die übrigen Kriterien der Wissenschaftlichkeit bereits als erfüllt voraussetzen, so würde z. B. ein Satz, aus dem ausschließlich wahre Sätze gefolgert werden können, als „wissenschaft-

---

[198]) a. a. O.

[199]) Vgl. Ausführungen zu „Genauigkeitsforderung", bes. die Darlegung zum Problem der Eindeutigkeit und Mehrdeutigkeit von Ausdrücken.

lich im Vollsinn" bezeichnet werden können. Man könnte von einer „Kontinuitäts-" bzw. von einer „Diskontinuitätsauffassung" der Wissenschaft sprechen. Während nämlich die ausführlich behandelten Kriterien der Widerspruchsfreiheit, Prüfbarkeit, Ableitungsrichtigkeit usw. entweder erfüllt sind oder nicht erfüllt sind – von „Graden der Widerspruchsfreiheit" zu sprechen wäre offensichtlich sinnwidrig – und damit Nicht- und Unwissenschaftlichkeit oder aber Wissenschaftlichkeit als einzige Alternative mit sich führen, handelt es sich hier sozusagen um die *dynamische* Auffassung des Wissenschaftsbegriffes: Eine Aussage, ein Verhalten usw. ist *mehr oder weniger* wissenschaftlich. Auf einer Skala, auf der die Werte von 0 bis 1 angeordnet sind, würde z. B. der jeweilige Grad der Nachprüfbarkeit und damit der Wissenschaftlichkeit festgestellt werden können. Sobald einmal die notwendigen Bedingungen der Wissenschaftlichkeit erfüllt sind, vermag das Erfülltsein weiterer Forderungen nur mehr den *Wert* der Wissenschaftlichkeit zu steigern.

Der Vergleich der Bedeutsamkeit zweier Aussagen miteinander setzt uns in die Lage, eine der beiden Aussagen als „wissenschaftlicher" als die andere zu bewerten, wenn Bedeutsamkeit überhaupt als Kriterium der Wissenschaftlichkeit anerkannt wird. Aber nun stellt sich das Problem einer nicht nur komparativen, sondern auch qualitativen und quantitativen oder numerischen Bestimmung des Wissenschaftswertes. Wir fragen: *Wann* ist eine Aussage hinreichend „bedeutsam", um als „wissenschaftlich" bezeichnet werden zu können? *Wie sehr* muß eine Theorie „eingebürgert" sein, damit ein Satz, der ihr widerspricht, das Prädikat „wissenschaftlich" erhalten kann? Ferner: Wie sehr muß er der Theorie widersprechen, das heißt in welchem Umfang, mit welchen Folgen usw., um als „wissenschaftlich" gelten zu können? Wie vielen Widerlegungsversuchen muß eine Theorie widerstanden haben, um „wissenschaftlich" genannt zu werden? Wie nahe muß sie zu diesem Zweck der Wahrheit sein? Wie viele „Anerkennungsmodelle" oder „Meinungsmodelle" muß ein als „wissenschaftlicher Satz" bezeichneter Satz haben? Wie hoch muß sein symbolischer Gehalt sein?

Die Forderung, daß ein wissenschaftlicher Satz unter anderem auch „bedeutsam" („interessant" usw.) sein müsse, entspringt – das dürfte die bisherige Untersuchung gezeigt haben – nicht einer Erkenntnis der „Idee" der Wissenschaft oder einer unmittelbaren Einsicht in ihr „Wesen". Wenn nun die Eigenschaften oder Charakteristika bestimmter Objekte oder Objektbereiche, die „Wissenschaft" genannt werden, und eben unter anderem hoher logischer und empirischer Gehalt, hoher Symbolgehalt, große Wahrheitsnähe, als kennzeichnend dafür angesehen werden, so kann durch Einführung einer normativen Prämisse („Was X und Y kennzeichnet, soll musterbildlich auch für alles andere sein") die Voraussetzung für eine derartige normative Konklusion geschaffen werden. Aber die Festsetzung, wann der logische Gehalt oder der empirische Gehalt genügend hoch, die Anzahl der „Meinungsmodelle" hinreichend groß ist, usw., kann nicht als eine allgemein anerkannte oder gar als notwendig wahre Aussage betrachtet werden. Wir können lediglich die Richtung angeben. Mit zunehmendem logischen Gehalt, empirischen Gehalt, Symbolgehalt, mit steigender Anzahl der Verstehensmodelle, mit wachsender Annäherung an die Wahrheit, nimmt auch der Grad der Wissenschaftlichkeit, sozusagen die „Wissenschaftswertigkeit" zu.

Wir haben bis jetzt der systematischen Vorgangsweise entsprechend vorausgesetzt, daß die Aussagen jener „maßstäblichen", „unbezweifelbaren" Wissenschaften, beispielsweise der Physik, ohne Ausnahme oder wenigstens in den meisten Fällen, tatsächlich diese Eigenschaften aufweisen. Diese nun auch bereits als Vorbilder für die Aussagen anderer Disziplinen, als Wertungsmaßstäbe, anzusetzen, ist jedoch nur dann möglich, wenn die Gleichartigkeit des jeweiligen Untersuchungsgegenstandes vorausgesetzt wird. Denn eine unterschiedliche Höhe des empirischen Gehaltes, des Symbolgehaltes, usw. könnte ihren Grund auch in den unterschiedlichen Gegebenheiten (Ereignissen, Zuständen und „Dingen") haben, auf die sich die Aussagen beziehen. So könnte z. B. eine Voraussage des Historikers ebenso präzise sein, könnte die Raum-Zeit-Stelle ebenso genau angeben, wie dies in Aussagen sog. exakter Naturwissenschaften geschieht, aber da er dies verantwortlicherweise nur dann tun könnte, wenn er eine umfassendere gleichzeitige Kenntnis der wirksamen Faktoren besäße, wäre eine solche Voraussage geradezu ein Verstoß gegen die Forderungen *seiner* Wissenschaft. Es wäre denkbar, daß zwei Aussagen vorlägen, wobei die eine besagen würde, ein bestimmtes Ereignis werde an einer bestimmten Raumzeitstelle eintreten, während die andere beinhalten würde, daß es (nur) unter diesen und diesen Umständen an dieser Raumzeitstelle eintreten werde. Dabei hätte die erstere offensichtlich den größeren logischen Gehalt als die zweite; dennoch wird man – zumindest in gewissen Fällen – die zweite für wissenschaftlicher halten.

Nun können wir jedoch feststellen, daß z. B. Aussagen, die außerhalb jener sog. unbezweifelbaren Wissenschaften aufgestellt werden, beispielsweise Aussagen von Politikern oder Religionsgründern, mehr Anerkennungsmodelle und Meinungsmodelle aufzuweisen haben als etwa naturwissenschaftliche Behauptungen. Daher wären sie „bedeutsamer" als diese und folglich auch „wissenschaftlicher". Es würde sich ferner nicht vereinbaren lassen, daß neben der in Def. 8 verstandenen Bedeutung von „Bedeutsamkeit" auch die Verwendungsweise dieses Ausdruckes, wie er in Def. 4 bestimmt wird, bei diesen Forderungen umformuliert wird. Denn laut Def. 4 ist eine Lehre gerade dann bedeutsam, wenn sie einer eingebürgerten Ansicht widerspricht und somit nur sehr wenige Anerkennungsmodelle hat, was darauf hinauskommt, daß sie „unbedeutsam" in bezug auf Def. 8, sowie auch Def. 10, wäre.

Würde man „Bedeutsamkeit" gemäß der Def. 7 fordern, so würde das darauf hinauskommen, daß Tautologien am „bedeutsamsten" und somit am wissenschaftlichsten wären. Daher könnte in den Realwissenschaften nie ein so hoher Grad an Wissenschaftlichkeit erreicht werden wie in den Formalwissenschaften, und außerdem würde diese Forderung der Forderung nach Bedeutsamkeit gemäß Def. 1 zuwiderlaufen.

Wenn laut Def. 4 eine Aussage dann besonders bedeutsam sein soll, wenn sie einer bisher bewährten Theorie widerspricht, so würde daraus folgen, daß eine unsinnige, eigens zu diesem Zweck aufgestellte Behauptung große Bedeutsamkeit erlangen könnte und mithin als „hochgradig wissenschaftlich" bezeichnet werden müßte. Man könnte Def. 4 indessen dahingehend ergänzen, daß die Erfülltheit der in den übrigen Definitionen ausgesprochenen Forderungen dafür bereits vorausgesetzt werden müsse, so daß das unter (4) formulierte Kriterium nur als zusätzliche Forderung gültig wäre. Dagegen muß jedoch daran erinnert werden, daß die Erfüllung aller dieser Forderungen auch eine sehr hohe Anzahl an Anerkennungsmodellen zur Folge haben würde. Es könnte dann nicht einmal der in diesem Zusammenhang paradoxe Fall ausgeschlossen werden, daß die Aussage, die gegen die eingebürgerte Ansicht gerichtet wird, mehr Anerkennungsmodelle aufwiese und daher als in höherem Grade eingebürgert bezeichnet werden müßte.

Im Hinblick auf die diskutierten Schwierigkeiten erscheint es als *fraglich*, ob die Bedeutsamkeit als Kriterium der Wissenschaftlichkeit von Aussagen anerkannt werden kann. Diese Schwierigkeiten bestehen erstens in dem Fehlen einer exakten Angabe der „Stelle", an der die Bedeutsamkeit einer Aussage beginnt, – der Übergang von „unbedeutsam" zu „bedeutsam" ist ja fließend –, zweitens in der Unhaltbarkeit einzelner Kriterien, drittens in der Unverträglichkeit einzelner Kriterien, und viertens in der Unerheblichkeit bestimmter Forderungen für das Problem der Wissenschaftlichkeit.

6.6. Einfachheit

Die Wissenschaftlichkeit von Begriffen und Sätzen bzw. Aussagen, von Hypothesen und Theorien, wird häufig auch von ihrer Einfachheit abhängig gemacht; jedenfalls wird das Streben nach möglichster Einfachheit, und zwar nicht erst seit *Occam*, als Kennzeichen der wissenschaftlichen Einstellung gewertet[200]). *Mach, Kirchhoff* und *Avenarius* haben sogar versucht, den Begriff der kausalen Erklärung durch den der „einfachsten Beschreibung" zu ersetzen. Der Sprachgebrauch hinsichtlich „Einfachheit" ist jedoch derart uneinheitlich, daß es trotz vieler Bemühungen und scharfsinniger Lösungsversuche bis heute nicht gelungen ist, eine befriedigende Antwort auf die Frage nach der korrekten Interpretation, Begründung und Anwendung dieser Regel zu geben[201]). Entsprechend den drei verschiedenen Typen wissenschaftlicher Begriffe soll nun zunächst zwischen dem klassifikatorischen, komparativen und dem quantitativen oder metrischen Begriff der Einfachheit unterschieden werden.

(1) Im Fall des *klassifikatorischen* oder auch *qualitativen* Begriffs der Einfachheit wird gefordert, eine Hypothese oder Theorie, mit deren Hilfe bestimmte Zusammenhänge oder Zustände beschrieben oder erklärt werden, müsse einfach sein. Um aber entscheiden zu können, ob diese Forderung im konkreten Fall erfüllt ist, müssen offensichtlich Kriterien oder Anwendungsbedingungen angegeben werden. Hier wird das Prinzip zumeist als Entsprechung einer zugrunde liegenden einfachen Struktur der Wirklichkeit selbst betrachtet[202]). Bevorzugt die Natur[203]) die einfachste Art, zu einem Ergebnis zu kommen, so ergibt sich nach dieser Überzeugung daraus die Aufforderung, es ihr in der Art der Beschreibung der Realität gleichzutun.

Wir müssen es uns hier jedoch versagen, auf die Auseinandersetzungen einzugehen, die im Zusammenhang mit der Behauptung über die einfache Beschaffenheit der Wirklichkeit entstanden sind. Sollte aber das Einfachheitspostulat davon abhängig gemacht werden, so versteht es sich von selbst, daß mit der Widerlegung der auf die Realität bezogenen Einfachheitshypothesen auch die auf deren Beschreibung gerichtete Einfachheitsforderung wegfallen würde. Aber auch im entgegengesetzten Fall folgt aus einer wahren Aussage über die Beschaffenheit der Realität natürlich noch nichts für eine adäquate Art ihrer Beschreibung. Indessen bleiben für den Fall einer anderen Art der Begründung des Postulats der Einfachheit die entscheidenden Schwierigkeiten bestehen. Denn offenbar kann die Forderung nicht unabhängig von der Situation betrachtet und erfüllt werden. Es läßt sich ja nicht im vorhinein bestimmen, wann eine Hypothese, eine Beschreibung oder eine Erklärung als „einfach" klassifiziert werden kann.

Im Sinne des Occam-Prinzips „Entia non sunt multiplicanda praeter necessitatem" begnügen wir uns schließlich mit der Aufforderung, in der Wahl der von uns

---

[200]) "There seems to be complete agreement between philosophers that it is one of the basic rules of scientific methodology not to multiply unnecessarily the entities admitted into one's theories, and to choose always the simplest of alternative hypotheses" (*G. Schlesinger:* Method in the Physical Sciences. London 1963. 8).

[201]) *C. G. Hempel:* Philosophy of Natural Science. Englewood Cliffs, N. J. 1966. 42; *M. G. White:* Toward Reunion in Philosophy. New York 1956. 278, 283; *W. V. Quine:* From a Logical Point of View. Cambridge, Mass. 1953. 17.

[202]) *C. G. Hempel:* ebd. Ferner: *K. Holzkamp:* Theorie und Experiment in der Psychologie. Eine grundlagenkritische Untersuchung. Berlin 1964. 18.

[203]) Im Gegensatz dazu stellt z. B. *A. Kaplan* fest: "Nature sometimes seems to prefer complexity" (The Conduct of Inquiry. San Francisco 1964. 317). Nach seiner Ansicht ist es daher realistischer, *beide* Arten von Fällen anzuerkennen.

verwendeten Mittel zur Beschreibung, Erklärung und Voraussage von Zuständen und Ereignissen möglichst sparsam umzugehen. So fassen wir das Prinzip als eine, übrigens auch nicht unbestrittene, methodologische Regel.

(2) Einen komplizierteren Fall stellen dagegen die *komparativen* Begriffe dar, die als Ordnungsbegriffe oder topologische Begriffe fungieren. Sie ermöglichen genauere Vergleichsfeststellungen, die mittels der klassifikatorischen Begriffe nicht möglich sind[204]). In unserem Fall verwenden wir das Wort „einfacher"; zum Beispiel wird festgestellt, die Theorie T_1 sei einfacher als T_2.

In der Regel wird das Prinzip der Einfachheit als „Schiedsrichter" zwischen rivalisierenden Theorien oder Hypothesen aufgefaßt, die mit den gleichen Daten gleich gut übereinstimmen, oder kürzer, die gleichwertig oder äquivalent sind, und die sich nicht in anderer Hinsicht bezüglich ihrer Bestätigung oder auch in bezug auf ihre Prüfbarkeit unterscheiden. Von zwei Hypothesen oder Theorien, die den gleichen Beschreibungs- bzw. Erklärungswert besitzen, soll jeweils die einfachere vorgezogen werden[205]).

(3) Das präziseste Begriffsinstrument, die *quantitativen* oder *metrischen* Begriffe, ermöglicht es uns, Dinge oder Ereignisse durch Zuschreibung von *Zahlenwerten* zu kennzeichnen. Im vorliegenden Falle müßte somit von „Graden" der Einfachheit gesprochen werden können, wobei jeder Stufe eine bestimmte Maßzahl oder eine Zahlenfolge zugeordnet würde. Die Gradabstufungen der Einfachheit werden von *Popper* mit Graden der Falsifizierbarkeit gleichgesetzt: „Die erkenntnistheoretischen Fragen, die im Zusammenhang mit dem Einfachheitsbegriff aufgeworfen wurden, können beantwortet werden, wenn man den Begriff der ‚Einfachheit' mit dem des Falsifizierbarkeitsgrades identifiziert[206])." Dieser wiederum wird mit dem Grad der Gesetzmäßigkeit gleichgesetzt, ferner mit der Anzahl der Parameter, und endlich mit dem empirischen Gehalt[207]). Die „Induktivisten" dagegen identifizieren den Einfachheitsgrad mit dem Grad der Bestätigbarkeit bzw. Bestätigtheit[208]). Auf die Kontroverse, die zwischen den Induktivisten und den Anti-Induktivisten auch in diesem Bereich besteht, kann und muß hier nicht eigens eingegangen werden. Die erwähnten Überlegungen sollen lediglich auf die Versuche hinweisen, einen quantitativen oder metrischen Begriff der Einfachheit auszuarbeiten[209]).

---

[204]) *K. R. Carnap:* Logical Foundations of Probability. 2nd ed. Chicago 1962. 8 ff. Vgl. dazu *W. Stegmüller:* Kap. Wissenschaftstheorie. Fischer-Lexikon „Philosophie", sowie: Hauptströmungen der Gegenwartsphilosophie. 375 f.

[205]) *C. G. Hempel:* a. a. O. 41; vgl. auch *Schlesinger:* a. a. O. 8; *Mario Bunge:* Scientific Research. The Search for System (= Studies in the Foundations, Methodology and Philosophy of Science. Vol. 3/I). Berlin – Heidelberg – New York 1967. 284; sowie: II. The Search for Truth. Vol. 3/II. 348; ebenso: *Ph. Frank:* The Variety of Reasons for the Acceptance of Scientific Theories. In: The Validation of Scientific Theories. Ed. by *Ph. Frank.* New York 1961. 16. Ders. vor allem: Philosophy of Science. The Link between Science and Philosophy. Englewood Cliffs, N. J. 1957. 351 f.; *W. V. Quine:* From a Logical Point of View. 20; Current Issues in the Philosophy of Science. Ed. by *H. Feigl, G. Maxwell.* New York 1961. Kap. The Role of Simplicity in Explanation. 273.

[206]) *K. R. Popper:* Logik der Forschung. 100 f.; vgl. dazu die Kritik *Hempels:* a. a. O. 44.

[207]) *K. R. Popper:* a. a. O. 102 f.

[208]) Dazu *M. Bunge:* I. 284; ferner: *John G. Kemeny:* The Use of Simplicity in Induction. In: The Philosophical Review. Vol. LXII. No. 3, July 1959; sowie die obenerwähnte Kritik *Hempels* an *Popper.*

[209]) *N. Goodman:* The Logical Simplicity of Predicates. In: The Journal of Symbolic Logic. Vol. 14 (1949). pp. 32–41; und: An Improvement in the Theory of Simplicity, ibid. 228–239; sowie New Notes on Simplicity. In: The Journal of Symbolic Logic. Vol. 17. No. 3, Sept. 1952, 189. Vgl. dazu jedoch: *Ph. Frank:* The Variety of Reasons. 14.

Wenn wir die Einfachheit als *Kriterium* der Wissenschaftlichkeit verstehen, so begegnen wir ähnlichen Schwierigkeiten wie im Falle der „Bedeutsamkeit". Zunächst ist ihre Einschätzung abhängig von subjektiven und objektiven Faktoren, so zum Beispiel von der Denkhaltung des Erkenntnissubjekts, von seiner Intelligenz, seinem Ausbildungsstand, evtl. auch seiner technischen Ausrüstung oder Ausstattung, von der Gesamtsituation, von der Problemstufe, vom Problemsektor usw. Was unter „einfach" verstanden werden soll, ist, kurz gesagt, relativ auf ein bestimmtes Bezugssystem[210]). Eine weitere Schwierigkeit bedeutet die Gegensätzlichkeit oder Unvereinbarkeit der Bestimmungen des Einfachheitsbegriffes, wie etwa im oben angeführten Fall der Kontroverse zwischen *Popper* und den Induktivisten.

Hier ist auch auf den Umstand zu verweisen, daß zahlreiche Arten der Einfachheit voneinander unterschieden werden, wovon nur die wichtigsten genannt werden sollen: „Formale", „semantische", „epistemologische" und „pragmatische" Einfachheit (*Mario Bunge*); „ästhetisch-pragmatische" und „erkenntnistheoretisch-logische" Einfachheit (*Popper*); deskriptive und induktive (*Reichenbach, A. Kaplan*); statische und dynamische Einfachheit (*G. Schlesinger*); objektive und subjektive Einfachheit (*Hempel*); formale und faktische Einfachheit (*Feigl, Bunge*); innere und äußere Einfachheit, das heißt größere Anschaulichkeit und Einsichtigkeit (*Russell, Dingler*). Obgleich die zahlreichen Erörterungen dieses Prinzips seinen Kern und Gehalt im wesentlichen deutlich machen, ist das Problem, eine präzise Formulierung und eine einheitliche Begründung dafür zu finden, bis jetzt noch nicht zufriedenstellend gelöst[211]). Daß jeweils die „einfachere" Hypothese oder Theorie vorgezogen werden soll, wird ja unterschiedlich begründet: Manche glauben, „einfachere" Formeln ermöglichten eine leichtere und schnellere Errechnung des Ergebnisses; weil sie Zeit und Mühe ersparen, werden sie als „ökonomischer" betrachtet. Andere halten die einfacheren Theorien für „eleganter" oder „schöner"; sie ziehen sie aus sozusagen ästhetischen Gründen vor[212]).

Jedoch werden diese Ansichten nicht von jedermann als gleichwertig erachtet. So ist z. B. *Ph. Frank* davon überzeugt, daß der entscheidende Grund für die Annahme irgendwelcher Theorien, die für „einfacher" als ihre Rivalen gehalten werden, weder ökonomischer noch ästhetischer Natur war, sondern als „dynamisch" bezeichnet werden muß. Damit ist gemeint, die bevorzugte Theorie habe die Wissenschaft fähiger gemacht, in Neuland der Forschung vorzustoßen. Ein höherer Grad der Prüfbarkeit, sei es der

[210]) *Ph. Frank:* a. a. O. 14. *G. Schlesinger:* a. a. O. 35, 41 f.; *E. Nagel:* Structure of Science. 265. *A. Kaplan:* a. a O. 317; *C. G. Hempel:* a a. O. 41.

[211]) *C. G. Hempel:* a. a. O. 45. Ebenso *Lewis W. Beck:* Construction and Inferred Entities. In: Readings in the Philosophy of Science. *H. Feigl* and *M. Brodbeck*, Eds. N. Y. 1953. 373: "Simplicity is by no means a simple notion, and what is simplest in one sense may not be simplest in another; there is no single and unique ideal of simplicity", sowie *W. V. O. Quine:* From a Logical Point of View. 17: "... simplicity, as a guiding principle in constructing conceptual schemes, is not a clear and unambiguous idea ..."

[212]) "However, we know from the history of the fine arts that a certain aesthetic preference is the result of a certain way of life, or a certain culture or social pattern. The same thing is true if we judge the 'beauty' of a mathematical formula. A great many scientists of mathematical background are enthusiastic about *Einstein's* theory of gravitation because its formulae are of extreme mathematical simplicity and beauty. However, among the experimental physicists and observational astronomers, we find many who would say that these formulae are extremely complicated and that it is hardly worth while to introduce such complicated formulae in order to derive very few and even debatable facts" (*Ph. Frank:* Philosophy of Science. The Link between Science and Philosophy. Englewood cliffs 1957. 351 f.).

Falsifizierbarkeit, sei es der Bestätigbarkeit, oder aber höherer Bestätigungsgrad bzw. induktive Wahrscheinlichkeit ist dagegen in der Auffassung anderer Autoren der Grund für die Bevorzugung der „einfachen" Hypothesen und Theorien. Schließlich erblicken viele ihren Vorzug darin, daß die jeweils einfacheren Theorien leichter verteidigbar sind; um sie aufrechterhalten zu können sind nach dieser Ansicht weniger Hilfshypothesen und Zusatzannahmen erforderlich[213]). Die Einfachheit kann anstatt als Kriterium der Wissenschaftlichkeit auch als *Voraussetzung* für die Anwendung auftreten: je einfacher eine Theorie sei, um so besser sei sie testbar. Aber es wird auch das Gegenteil behauptet[214]).

Angesichts der Uneinheitlichkeit des Sprachgebrauches zu den Wörtern „einfach" und „Einfachheit", sowie im Hinblick darauf, daß die Begründung für die Bevorzugung der einfachen Hypothesen oder der jeweils einfacheren Hypothesen so unterschiedlich ausfällt, erscheint es als problematisch, die Einfachheit als Kriterium der Wissenschaftlichkeit einzuführen. Denn so erhebt sich die Frage, ob es überhaupt einen Fall gäbe, für den sich kein geeigneter Einfachheitsbegriff finden ließe. Über diese Schwierigkeiten könnten wir uns nur dann hinwegsetzen, wenn sich an den voneinander abweichenden Einfachheitsbegriffen doch gewisse gemeinsame Merkmale aufweisen ließen oder wenn die Versuche, die Bevorzugung der einfachen oder der jeweils einfacheren Hypothesen und Theorien zu begründen, miteinander vereinbar wären.

Wenn aber einmal die Kriterien der Wissenschaft(lichkeit) erfüllt sind, wenn beispielsweise eine Theorie in hohem Grade bestätigt ist, wenn sie Widerlegungsversuchen standgehalten hat, dann bleiben immer noch Fragen, die beantwortet sein sollten, damit wir eine Theorie mit gutem Gewissen annehmen oder verwerfen können. Daß *zusätzliche* Kriterien, insbesondere Einfachheit, zur Beurteilung von Theorien erforderlich sind, läßt sich wie folgt klarmachen: Keine Theorie deckt sich mit ihren Beweisstücken oder Belegen, jede geht über sie hinaus. Aus dieser Diskrepanz ergibt sich aber die Möglichkeit, zu jeder vorliegenden Theorie eine andere Theorie zu bilden, die ebenfalls den Beobachtungsdaten entspricht. Welche von mehreren Theorien, die alle mit den gleichen Fakten verträglich sind oder die den gleichen Erklärungswert besitzen, soll nun aber vorgezogen werden[215])?

Wie dargelegt wurde, gibt es mehrere Begriffe oder Typen von Einfachheit, z. B. „möglichst schwache ontologische Voraussetzungen (womöglich nicht über Variable quantifizieren, deren Werte abstrakte Entitäten sind)"; „möglichst schwache logische Voraussetzungen (z. B. womöglich keine Regeln für die Quantifizierung über Prädikatvariablen o. dgl.)"; „möglichst wenig Axiome und / oder Schlußregeln"; „möglichst wenig ad-hoc-Hypothesen"; „möglichst einfache mathematische Funktionen". Gegen alle diese Auffassungen und auch gegen die übrigen Einfachheitsbegriffe wurden wirksame Einwände erhoben; einige davon sind weiter oben erwähnt worden.

Nelson Goodman bemerkt nun aber dazu, es sei zumindest für die Annahme oder Zurückweisung von *Theorien* erkennbar, welche Art von Einfachheit in Frage komme, nämlich die Beziehungen zwischen *Prädikaten*. Wir müßten uns glücklicherweise nur mit dem befassen, was als „formale Einfachheit der (jeweiligen) Basis" bezeichnet wurde, also „Einfachheit" nur insoweit, als sie durch Unterschiede zwischen Prädikaten berührt wird,

[213]) *G. Schlesinger:* a. a. O. 38, 44.

[214]) *W. V. Quine:* Word and Object. 20. Ders.: From a Logical Point of View. 19.

[215]) Selbst wenn man nur einen komparativen Einfachheitsbegriff zur Verfügung hätte, könnte man die einfachste von n-Theorien herausfinden: Man ordne die Theorien willkürlich als 1 . . . nte. Man vergleiche sodann die 1. und die 2. miteinander; die *einfachere* davon mit der 3., etc. Übrig bleibt – im Effekt ähnlich wie beim quantitativen Einfachheitsbegriff – die einfachste Theorie.

die mittels grundlegender logischer Terme allein, zusätzlich zu den Prädikaten selbst, ausdrückbar sind[216]). Sobald es also einleuchte, daß der wichtigste und zur Theorienbildung geeignetste Einfachheitsbegriff sich auf die Interrelation von Prädikaten bezieht, daß „Einfachheit" also eine Angelegenheit der logischen Beziehungen zwischen Prädikaten sei, fielen alle Einwände weg, die gegen einen psychologisch-intuitiven Einfachheitsbegriff vorgebracht werden könnten. Der relevante Einfachheitsbegriff beziehe sich also auf die logischen Eigenschaften derjenigen außerlogischen Prädikate, die die (primitive) Basis einer Theorie bilden, z. B. auf Reflexivität, Transitivität etc. aus der Relationenlogik. Unter „Basis der Theorie" werden die zur Formulierung einer Theorie erforderlichen deskriptiven primitiven Prädikate verstanden. Sofern der Einfachheitsbegriff auf die logischen Eigenschaften von Prädikaten bezogen werde, wird er auch objektiv anwendbar. Zum Vergleich: *Quine* versteht unter „Einfachheit" nicht objektiv feststellbare logische Beziehungen zwischen Prädikaten einer Theorie, sondern die psychologischen Beziehungen zwischen einem Wissenschaftler und seinen Daten, was natürlich nicht zu einem objektiven Maß der Einfachheit führen kann.

Goodman arbeitete eine Methode zur Messung der Einfachheit der Basen von Theorien aus. Da ihre Darstellung, vor allem in Anbetracht ihres technischen Charakters, mit wenig Platzaufwand nicht möglich ist, muß hier darauf verzichtet werden, sie ausführlich zu behandeln. Er stellt die Frage, aufgrund wovon die etwaige vorgeschlagene Zuschreibung von Komplexitätswerten an Prädikaten beurteilt werden soll. Es ergibt sich folgende grundlegende Forderung: Die Zuschreibung von Komplexitätswerten zu Prädikaten muß so sein, daß dann, wenn jede Basis von Art A immer ersetzbar ist durch irgendeine Basis von Art B, und wenn es nicht der Fall ist, daß jede Basis von Art B immer durch irgendeine von Art A ersetzbar ist, dann muß jede Basis von Art B (ceteris paribus) einen höheren Komplexitätswert als irgendeine Basis von Art A haben. Dieses Leitprinzip für die Erstellung einer Methode zur *Messung der Einfachheit* wird intuitiv klar, wenn folgendes überlegt wird: Ähnlich könnte man etwa die Stärke zweier Theorien A und B vergleichen. A ist dann stärker – z. B. erklärt mehr – als B, wenn gilt, daß, was immer B leistet, auch von A geleistet wird, aber nicht umgekehrt. Darum kann gesagt werden: Je höher der Komplexitätswert einer Basis, desto geringer ist ihre Einfachheit. Das Leitprinzip dient nun bloß als Schiedsrichter bei der Beurteilung verschiedener Methoden zur Zuschreibung von Komplexitätswerten.

Die etwaigen Mängel der *Goodman*schen Theorie dürften nur vorübergehend sein, d. h. sie sind grundsätzlich behebbar, da sich die Einfachheit ja nunmehr auf logische Beziehungen zwischen (außerlogischen) Prädikaten erstreckt.

6.7. „Reichhaltigkeit"

Die geschichtliche Darstellung, sowie die in der vorliegenden Untersuchung angestellten systematisch-kritischen Überlegungen haben die unterschiedlichen Bedeutungen und Verwendungsweisen der Wörter „Wissenschaft" und „wissenschaftlich" aufgezeigt. Dennoch gibt es mannigfaltige Übereinstimmungen und Gemeinsamkeiten. So wurde der Terminus „Wissenschaft" stets nur dann angewendet, wenn mehr als nur ein einzelner Begriff oder eine einzelne Aussage vorlag. Keiner der Sprachbenützer hat einen

---

[216]) Für die nun folgende Darlegung: *N. Goodman:* The Logical Simplicity of Predicates, sowie: New Notes on Simplicity; ferner: Structure of Appearance. Cambridge/Mass. 1951. Vgl. dazu: *Stuart Silvers:* Some Comments on *Quine's* Analysis of Simplicity. Phil. of Science. Vol. 31, No. 1, January 1964.

Einzelbegriff oder eine Einzelaussage bereits als „Wissenschaft" bezeichnet. Will man jedoch andererseits unter „Wissenschaft" nur eine *hinlänglich große* Menge von Aussagen oder von Begriffsverknüpfungen verstehen, so erhebt sich naturgemäß sofort die Frage nach den Kriterien für „hinlänglich groß". Ähnlich wie im klassischen Beispiel des „Kornhaufens" ergibt sich das Problem des „fließenden Übergangs", mit anderen Worten, die Schwierigkeit, eine willkürliche Grenzziehung zu vermeiden. *Wann* ist die Anzahl der Aussagen oder der Umfang eines Systems von Aussagen groß genug, um als „Wissenschaft" bezeichnet werden zu können?

Auch hier scheint die angemessene Vorstellung nicht statischer, sondern dynamischer Natur zu sein. Durch Forderung nach größtmöglicher oder auch nach einem bestimmten Grad von Reichhaltigkeit wird weit eher eine Richtung angezeigt, als eine scharfe Trennungslinie zwischen Wissenschaft und „Noch-nicht-Wissenschaft" gezogen. Je größer eine Aussagemenge ist, je mehr sich ein bestimmter Erkenntnisbestand der Vollständigkeit nähert, je größer die Zahl der Einzelfälle ist, die eine Theorie unter sich faßt[217]), um so eher werden wir uns berechtigt sehen, von „Wissenschaft" zu sprechen (von den oben erörterten Wissenschaftskriterien soll hier aus methodischen Gründen abgesehen werden), vorausgesetzt, daß nicht eben dadurch andere, vor allem wichtigere Kriterien der Wissenschaftlichkeit immer schwerer erfüllt werden können.

6.8. Zusammenfassung

Die Forderungen können in folgender Weise eingeteilt werden:

(1.) Forderungen, die an ganze Aussagen oder an Klassen von Aussagen gestellt werden:

(1.1.) Eine Klasse von Sätzen, die in einer Wissenschaft enthalten ist, darf nicht zwei einander widersprechende Aussagen und auch nicht eine sich selbst widersprechende Aussage enthalten.

Begründungen:

(1.1.1.) Ziel der Erkenntnisgewinnung vorausgesetzt: Dieses Ziel könnte, wenn zwei einander widersprechende Aussagen in einer Wissenschaft vorkommen, notwendigerweise nicht, das heißt unmöglich erreicht werden, da zufolge des Prinzips vom ausgeschlossenen Widerspruch von zwei einander widersprechenden Sätzen notwendigerweise einer falsch ist; ebenso sind sich selbst widersprechende Aussagen notwendig falsch.

(1.1.2.) Da *erstens* zu einem wissenschaftlichen System nicht nur jene Aussagen gehören, die darin ausdrücklich enthalten bzw. formuliert sind, sondern auch alle jene, die sich aus diesen ausdrücklich formulierten logisch ableiten lassen, und da *zweitens* zufolge der heute allgemein üblichen Definition des Begriffs der logischen Folge aus einer selbstwidersprüchlichen Aussage bzw. aus einem Paar einander widersprechender Aussagen (und auch aus jeder Klasse von Aussagen, die eine selbstwidersprüchliche oder zwei einander widersprechende Aussagen enthält) jede beliebige Aussage logisch korrekt abgeleitet werden kann, und da *drittens* ein System, in dem überhaupt alle Sätze, die man sich ausdenken kann, mit gleichem „Recht" gelten würden, ein System, das also überhaupt keine Auswahl ermöglicht, völlig trivial wäre, ist auch von hier aus gesehen die Forderung (1.1.) berechtigt.

(1.2.) Sofern für eine Klasse von Aussagen bestimmte Ableitungsansprüche gestellt werden, müssen bei der Ableitung die Regeln der Logik erfüllt sein.

---

[217]) Vgl. *H. Feigl:* Naturalism and Humanism. 13.

Begründung:

(1.2.1.) Sonst wäre der Ableitungsanspruch gar nicht erfüllt, es läge genau genommen gar keine Ableitung vor (nachdem unter „Ableitung" immer eine „logische Ableitung" verstanden wird). Falls dies bestritten wird:

(1.2.2.) Nur die Einhaltung der Regeln der Logik garantiert, daß man bei Ausgang von einer oder von mehreren wahren Aussagen immer wieder zu einer wahren Aussage kommen muß und nie zu einer falschen kommen kann. (Also auch hier gilt als Voraussetzung der „Begründung": Erkenntnisgewinnung als Ziel.)

(1.3.) Der Wahrheitswert der Aussagen muß feststellbar sein.

Begründung:

(1.3.1.) Das kann ebenso wiederum mit dem Ziel der Erkenntnisgewinnung plausibel gemacht werden, da wir andernfalls nie wissen könnten, ob wir es überhaupt mit einer Erkenntnis bzw. mit einem berechtigten Erkenntnisanspruch zu tun haben.

(2.) Forderungen, die an bloße Bestandteile von Aussagen (und nicht an ganze Aussagen) gestellt werden: Genauigkeitsforderung.

Begründung:

(2.1.) Da nur im Falle von Aussagen oder Aussagengesamtheiten von „Erkenntnis" gesprochen werden kann, dürfen wir diese Forderung nicht als gleichgeordnete Forderung betrachten, sondern nur als Voraussetzung für die Aufstellung der übrigen Forderungen (1.) oder als günstige Voraussetzung für die Anwendbarkeit der eigentlichen Wissenschaftskriterien. Je genauer die eine Aussage bildenden Ausdrücke sind, um so leichter fällt es, die Berechtigung des damit erhobenen Erkenntnisanspruches festzustellen. Größtmögliche Präzision der sprachlichen Ausdrücke ist wünschenswert für die Feststellung des Wahrheitswertes von Aussagen, weil es sonst sogar unmöglich werden kann, den gerade zu prüfenden Sinn einer Aussage zu ermitteln.

7. Erfahrungsbegriffe

Das Wort „Erfahrung" wird unterschiedlich gebraucht. Die meisten verstehen darunter allerdings die Sinneserfahrung oder „sinnliche Wahrnehmung", evtl. auch die sog. „innere Erfahrung" oder „innere Wahrnehmung". Darauf ist es zurückzuführen, daß die Forderung nach Überprüfung der Behauptung über die Wirklichkeit (die „Welt", das „Sein", die „Realität") mit der Forderung gleichgesetzt wird, Behauptungen oder Behauptungssätze an der Sinneserfahrung zu überprüfen. Aber die Forderung muß nicht notwendig so interpretiert werden. Denn das Wort „Erfahrung" hat auch andere Bedeutungen, vor allem diejenige, die es zum Oberbegriff für verschiedenartige realwissenschaftliche Erkenntnisweisen macht.

Wir haben nun hauptsächlich zwei Möglichkeiten: Entweder wir verwenden den Ausdruck „Erfahrung" als ein Wort, das nicht nur die ebenfalls als „Erfahrungen" bezeichnete Tätigkeiten (oder deren Ergebnis), wie z. B. „Intuition", „Verstehen" und „Wesensschau" umfaßt, oder wir verstehen unter „Erfahrung" nur Sinneserfahrung (oder sog. „äußere" Erfahrung) oder auch „innere Erfahrung", und zählen unter dem Titel „Erkenntnisart", „Erkenntnismethode" oder dgl. die Methode des „Verstehens", die „Intuition" etc. auf[1]).

Mit dem gleichen Recht, das der Sensualist für sich in Anspruch nimmt, wenn er den Wahrheitswert irgendwelcher Deklarativsätze (Aussagen) an der Sinneserfahrung zu entscheiden sucht, könnten z. B. Beschreibungen meiner eigenen psychischen Erlebnisse unter Berufung auf „innere Wahrnehmung (Erfahrung)" als „wahr" bezeichnet werden. So konnten sich *Husserl*, gestützt auf „Wesensschau", und *Fichte* im Hinblick auf die Methode der sog. „intellektuellen Anschauung", als „Erfahrungswissenschaftler" bezeichnen. Ferner wurde die „Intuition", im Sinne *Bergsons*, als eine bestimmte Art der Erfahrung, damit als Erkenntnisquelle, besser, als Geltungsgrund, und nicht nur als Methode zur Erfindung von Hypothesen präsentiert, ebenso auch „Verstehen" und „Einfühlung", die oft als die spezifisch geisteswissenschaftlichen Methoden bezeichnet werden. Auch wird eine eigene Art direkter Gotteserkenntnis und eine „reine" Anschauung des Geistigen, des „Wesentlichen", usw., z. B. von Theologen und Philosophen für sich in Anspruch genommen.

Wer jedoch keine Wesensintuition von „Erfahrung" für sich beansprucht, ist auch nicht imstande, irgendeine Art behaupteter Erfahrung von vornherein als Schein-Erfahrung auszuschließen. Vielmehr muß jeder einzelne Anspruch geprüft werden, wenn gleich er gewiß noch nicht schon deswegen prüfenswert ist, weil er erhoben wurde. Es mag richtig bleiben, daß unter „Erfahrung" immer zunächst oder aber vor allem „Sinnes"erfahrung verstanden werden wird. Die Aufgabe einer *Explikation des Erfahrungsbegriffes* wird aber dadurch nicht weniger dringlich[2]).

7.1. Äußere und innere Erfahrung

Obgleich bereits der Begriff der äußeren oder sinnlichen Erfahrung komplexer und problematischer ist als er zunächst erscheint[3]), ist es für den vorliegenden Zweck nicht

[1]) Vgl. M. *Bunge:* Intuition and Science.

[2]) Dazu die Erörterungen in (3) und (4).

[3]) So sei z. B. verwiesen auf *E. Husserl:* Ideen zu einer reinen Phänomenologie; *M. Scheler:* Schriften aus dem Nachlaß, Bd. I. Zur Ethik und Erkenntnislehre; vor allem aber auf *Iyrö Reenpää:* Wahrnehmen – Beobachten – Konstatieren. Frankfurt am Main 1967, sowie: *A. J. Ayer:* Empirical Knowledge, London 1958, und: The Problem of Knowledge. Edinburgh 1956; ferner: *H. H. Price:* Perception. 2. Aufl. London 1950.

erforderlich, eine ähnlich ausführliche Analyse vorzunehmen, wie dies z. B. hinsichtlich der Begriffe „Intuition" und „Verstehen" geschehen wird. Denn was unter „Sinneserfahrung" im allgemeinen verstanden werden soll, ist weit weniger umstritten als es nun einmal Behauptungen über den Erfahrungsbegriff oder Theorien der Erfahrung im allgemeinen sind[4]).

Eine einheitliche Auffassung liegt auch hinsichtlich der Frage vor, ob die Sinneseindrücke für sich allein bereits als „Erfahrung" angesprochen werden könnten. Denn die Notwendigkeit – und auch die Tätigkeit – des Geistes wird nicht geleugnet, wenn man sich vielleicht auch nur darin einig ist, daß sich ihre Aufgabe auf Verbindung und Trennung der Vorstellungen, auf Abstraktion und Generalisation beschränkt. Unmittelbar gegeben sind uns offensichtlich nur unsere eigenen psychischen Erlebnisse, während alles andere bereits eine Interpretation dieser Erlebnisse darstellt; wir fügen also im letzteren Falle bereits eine Behauptung über die Art der Verursachung dieser Erlebnisse hinzu. Aber das Objekt der Erfahrung kann auch betrachtet werden als ob es in seiner Beschaffenheit vom Subjekt unabhängig wäre[5]). In dieser Weise verstehen wir nicht nur die Naturwissenschaft, sondern auch die Sozialwissenschaft. Wenn dagegen der gesamte Inhalt der Erfahrung in seinen Beziehungen zum Subjekt untersucht wird, stellen wir uns auf den Standpunkt der unmittelbaren, der inneren Erfahrung[6]). Wir sprechen dann über unsere eigenen (gegenwärtigen und früheren) psychischen Erlebnisse. Das tun wir zwangsläufig auch immer dort, wo wir über die Außenwirklichkeit Aussagen machen.

Nun stellt aber derjenige, der Urteile der äußeren Wahrnehmung fällt, zumeist nicht lediglich fest, daß er dies oder jenes empfinde, wahrnehme, sehe, fühle, usw. sondern auch, daß dies oder jenes sei, das heißt existiere. Er spricht demnach „außenweltlich". Dadurch aber ermöglicht er es anderen Erkenntnissubjekten, mitzusprechen. Sie können nunmehr über ihre eigenen Bewußtseinserlebnisse reden. Das tun sie übrigens auch im Falle des „Ich freue mich gerade". Aber darüber hinaus können sie nun auch ihre eigenen psychischen Erlebnisse sprachlich ausdrücken und miteinander vergleichen. Gewiß, die Analyse ergibt immer eine Reduktion auf die eigenen psychischen Erlebnisse. Allein das allgemeine Sprachverhalten, unterstützt durch die Beobachtung des nichtsprachlichen Verhaltens, verschafft uns die Möglichkeit, von Übereinstimmungen und Nichtübereinstimmungen des verschiedenen Sprachgebrauchs auszugehen. Wenn z. B. unter ganz bestimmten Bedingungen über ein Objekt gesprochen wird, etwa über Gesichtsform oder Augenfarbe eines Menschen, so sehen wir uns im Hinblick auf die Erfahrungen, die wir mit dem Sprachgebrauch des Gesprächspartners gemacht haben, berechtigt, anzunehmen,

---

[4]) Vgl. vor allem die unter 6.3.2.2. durchgeführten Untersuchungen zur Frage „öffentliche" und „private" Wissenschaft.

[5]) *Nic. Hartmann:* Einführung in die Philosophie. 4. Aufl. Hannover 1956. 70 f.: „Das Objekt der Erkenntnis ist zweifellos etwas, was auch schon vor unserer Erkenntnis da ist. Niemand wird sich vorstellen, daß es erst dadurch entsteht, daß er die Augen aufschlägt." Dagegen *Schopenhauer* in seiner klaren und plastischen Sprache: „Die Welt ist meine Vorstellung: – dies ist eine Wahrheit, welche in Beziehung auf jedes lebende und erkennende Wesen gilt; wiewohl der Mensch allein sie in das reflektierte abstrakte Bewußtseyn bringen kann: und thut er dies wirklich; so ist die philosophische Besonnenheit bei ihm eingetreten. Es wird ihm dann deutlich und gewiß, daß er keine Sonne kennt und keine Erde; sondern immer nur ein Auge, das eine Sonne sieht, eine Hand, die eine Erde fühlt; daß die Welt, welche ihn umgiebt, nur als Vorstellung da ist, d. h. durchweg nur in Beziehung auf ein Anderes, das Vorstellende, welches er selbst ist." (Die Welt als Wille und Vorstellung. Erster Band.) (= Sämtliche Werke, hrsg. v. *A. Hübscher*. Leipzig 1938. 3.)

[6]) Vgl. *W. Wundt:* Grundzüge der philosophischen Psychologie. I. 6. Aufl. 1 f.

daß seine Feststellung, X habe ein ovales Gesicht, dasselbe bedeutet, oder genauer gesagt, etwas sehr Ähnliches besagt wie meine eigene, gleichlautende Feststellung.

Das Moment der intersubjektiven Prüfbarkeit liegt hier demnach in der Erfüllung ganz bestimmter, komplexer Bedingungen und daraus resultierender Erlebnisse, konkret, z. B. in der Voraussage, daß jemand dann, wenn er sich in eine bestimmte raumzeitliche Position, vielleicht auch psycho-physische Verfassung bringt, ganz bestimmte Erlebnisse haben wird[7]). Es wird (erkenntnistheoretisch) – realistisch gesprochen: „Das oder das ist" – und nur angesichts einer solchen Sprache ist es möglich, von intersubjektiver Prüfbarkeit zu sprechen: Meine Erlebnisse interpretiere ich, indem ich behaupte, daß sie eine Außenweltentsprechung haben. Die intersubjektive Prüfbarkeit besteht in dem Bezug auf diese Entsprechung, die ja nicht nur mir, sondern auch anderen Erkenntnissubjekten möglich ist. Überall dort dagegen, wo ich diesen Bezug nicht herstelle, sondern nur von meinem psychischen Erlebnis spreche, z. B.: „Ich denke jetzt nach", „Ich freue mich über dies oder das", behaupte ich lediglich im subjektiven Kontext[8]).

Die Klasse der Sätze mit faktischem Gehalt, das ist der synthetischen oder empirischen Sätze, enthält neben der Teilklasse der „faktisch-hypothetischen" Sätze zum Beispiel des Historikers, Philologen, Soziologen, Physikers usw., aber auch des Ontologen und des Theologen, auch die Teilklasse der „faktisch-nichthypothetischen Sätze". Sie stellen – wie wir gesehen haben – Aussagen über unsere eigenen psychischen Erlebnisse dar: „Ich bin freudig gestimmt", usw. Diese Sätze können deswegen als Grundlage jeder empirischen oder faktischen Erkenntnis betrachtet werden, weil sie über ursprüngliche Beobachtungen sprechen, etwa über Koinzidenzen von Zeigern, Strichen und Punkten, Ablesungen von Zahlen, Beobachtungen von Formen und Farben bei naturwissenschaftlichen Experimenten, aber auch über die Bewußtseinsvorgänge beim Entziffern von Schriften, beim Vergleich von historischen Daten, bei der Betrachtung von Kunstwerken etc. Diese Sätze über das wirkliche, konkrete Erleben von konkreten Personen sind als einfache Beobachtungssätze für die Wissenschaft Fakten, die nicht mehr weiter aufgelöst werden können. Man wird sie daher als letztes, nicht mehr tieferlegbares Fundament der empirischen oder faktischen Erkenntnis bewerten.

Es wird behauptet: Wenn ich einen solchen Satz ausspreche, muß ich infolge des „Mitgegebenseins" des anschaulich erlebten Wahrheitswertes *notwendig* wissen, ob der von mir ausgesprochene Satz wahr oder falsch ist. Er sei dann wahr, wenn das Erlebnis, dessen Vorliegen ich konstatiere, tatsächlich vorliegt, falsch, wenn es nicht vorliegt; ob es aber überhaupt vorliegt resp. nicht vorliegt, sei uns jedenfalls dann, wenn unsere Aussage sich auf ein gegenwärtiges Erlebnis beziehe, unmittelbar gewiß. Die Konsequenz aus dieser Ansicht wäre, daß es Sätze gibt, die faktischen Gehalt haben, weil sie sich auf Wirklichkeit beziehen, die also Tatsachenaussagen darstellen, und die dennoch sicher und unwiderrufbar wahr sind.

Aber erst jene Sätze sind nach Ansicht zahlreicher Philosophen und Geisteswissenschaftler das Ziel des Erkenntnisprozesses der Wissenschaft, für die die Möglichkeit des Irrtums zwar auch gegeben, aber dessen Feststellung nicht nur demjenigen möglich ist, der die betreffende Behauptung aufgestellt hat. Es wäre nach ihrer Meinung zwar ohne

---

[7]) Vgl. die entsprechenden Stellen im Kapitel über Nachprüfbarkeit.

[8]) Diese Verhältnisse werden dann besonders deutlich, wenn ich z. B. sage: „Ich freue mich über dieses schöne Gemälde." Denn hier sind beide Bereiche miteinander verbunden. Während niemand die Richtigkeit meiner Feststellung, daß ich mich freue, direkt nachprüfen kann, besteht intersubjektive Prüfbarkeit für meine Feststellung, daß da ein Gemälde *ist*, und, sofern entsprechende Angaben erfolgen, auch für die Aussage, daß dieses Gemälde schön ist.

weiteres eine „private" Wissenschaft denkbar, die nur aus derartigen „Konstatierungen" bestünde. Da jedoch immer nur ich selbst die Wahrheit oder Falschheit dieser Sätze feststellen könnte, wäre die Mitteilung von Informationen, deren Tatsächlichkeit vom Empfänger nicht einfach geglaubt werden müßte, unmöglich geworden. Gewiß scheint die Mitteilung zunächst nicht unbedingt erforderlich zu sein. Da aber der Mensch zur Mitteilung drängt, ergibt sich von selbst, daß die von ihm aufgestellten Sätze die faktisch-hypothetische Form annehmen müssen, die nun eben darin besteht, daß ich nicht über meine eigenen psychischen Erlebnisse und Zustände spreche, und damit nicht über Objekte, die außer mir niemand zugänglich sind und daher auch nicht im eigentlichen Sinn „Sachverhalte" genannt werden können, sondern über etwas außerhalb meiner Psyche oder außerhalb meines Bewußtseins. Dadurch wird aber die Wissenschaft zu jener *öffentlichen* Tätigkeit oder Einrichtung, als die wir sie zumeist verstehen, und es eröffnet sich grundsätzlich jedem die Möglichkeit, den Wahrheitswert der aufgestellten Sätze zu beurteilen.

Damit ist aber auch bereits gefordert, daß die vorgelegten faktischen Aussagen an *irgendeiner* Art von Erfahrung überprüfbar sein müssen, über die allerdings nicht nur ich allein verfügen können darf; sonst wären wir wiederum in den zu überwindenden Zustand jener „privaten Wissenschaft" zurückgefallen. So unumgänglich notwendig die subjektive Feststellung (der eigenen psychischen Erlebnisse) auch ist, nämlich als Grundlage jeder Art von mehr-als-subjektiver Erfahrung, so wenig reicht sie aus, wenn sich die Feststellung auf ein „außenweltliches" Objekt bezieht, das anderen Erkenntnissubjekten ebenfalls zugänglich ist, oder genauer, auf ein Objekt, das von anderen Erkenntnissubjekten entsprechend ihrer Deutung eigener psychischer Erlebnisse ebenfalls für real existierend gehalten wird. In allen diesen Fällen scheidet die innere Erfahrung als wissenschaftlich brauchbare Erfahrungsart aus.

7.2. Die Intuition

Mit der Sinneserfahrung (oder im eben erläuterten Sinn auch mit der inneren Erfahrung) finden die Naturwissenschaften und – wenigstens zum Teil – auch die Sozialwissenschaften ihr Auslangen. Trifft das aber auch auf die Geisteswissenschaften (Geschichte, Sprachwissenschaft, oder auch auf Philosophie) zu? Denn zahlreiche Geisteswissenschaftler behaupten ja die Notwendigkeit und das Vorhandensein einer *spezifisch geisteswissenschaftlichen Art der Erfahrung,* die sich von der (sinneswahrnehmungsmäßigen) Methode z. B. der Naturwissenschaften grundsätzlich unterscheide.

7.2.1. Entstehungs-(oder Entdeckungs)zusammenhang — Begründungs-(oder Bestätigungs)zusammenhang

Nun unterscheidet die Wissenschaftslogik zwischen dem sog. Entstehungszusammenhang (context of discovery) und dem Begründungszusammenhang (context of justification) [9]). Untersuchungen, die sich auf den Entstehungszusammenhang oder Entdeckungszusammenhang wissenschaftlicher Behauptungen und Annahmen beziehen, werden von ihr als „erkenntnispsychologisch" bezeichnet, während die Fragen nach der Begründbarkeit und der tatsächlichen Begründung von Hypothesen und Theorien dem Erkenntniskritiker obliegen [10]). Wenn daher von einer spezifisch geisteswissenschaftlichen

---

[9]) *H. Reichenbach:* Elements of Symbolic Logic. 15. In ähnlicher Weise unterschied bereits *Kant* mittels der Fragen „quod facti?" und „quod iuris?"

[10]) Hierzu *K. R. Popper:* Logik der Forschung. 6.

oder auch nur geschichtswissenschaftlichen Methode gesprochen wird, muß nach dem Wirkungsbereich dieser Methode gefragt werden. Es muß also ermittelt werden, inwiefern eine derartige Methode, falls sie überhaupt als existent betrachtet wird, das Mittel ist, mit dem man zu bestimmten Behauptungen, Annahmen, Hypothesen, Theorien und Gesetzesaussagen erst gelangt, oder aber, ob sie bereits die Bestätigung jener Behauptungen und Annahmen liefert. Genau an diesem Punkt scheiden sich die Überzeugungen.

Im ersten Fall würden wir lediglich von einer „*Hypothesen*"quelle sprechen, und unter „Hypothese" eine Behauptung verstehen, die als „wissenschaftsfähig" (oder „erkenntnisfähig") betrachtet werden kann, aber – gleichgültig wie gewonnen – noch erst einer erfahrungsmäßigen Bestätigung bedarf, um als „wissenschaftlich" oder um als „Erkenntnis" akzeptiert werden zu können [11]); im zweiten Falle müßten wir bereits von einer „Erkenntnis"quelle oder einem Erkenntnisgrund oder Geltungsgrund reden. Die Ergebnisse jener spezifisch geisteswissenschaftlichen Methode wären dagegen einer nachträglichen Bestätigung an der Sinneserfahrung gar nicht mehr bedürftig, sie wären bereits als „Erkenntnis" legitimiert, und möglicherweise einer Fremdlegitimierung, das heißt einer solchen Bestätigung gar nicht fähig, da sie die Voraussetzung jeder Überprüfung darstellten.

Angenommen, die Werke der Geisteswissenschaften wären streng logisch aufgebaute Systeme, in denen ausgehend von einigen Axiomen nach den Regeln der deduktiven Logik Folgesätze gewonnen würden, die dann – sozusagen „sicherheitshalber" – noch an der Erfahrung überprüft werden müßten. Es wäre entweder unsere schöpferische Phantasie, die uns solche Axiome finden läßt, oder die Axiome wären Gesetzesaussagen, die induktiv gewonnen werden, also von der Beschreibung einzelner Erfahrungen, von singulären Sätzen ausgehend und zu generellen Sätzen fortschreitend, die sich auf einen größeren Bereich oder sogar auf den Gesamtbereich beziehen. Die Voraussetzung wäre im letzteren Falle, daß der Übergang von den singulären zu den generellen Sätzen selbst ohne Beanspruchung der schöpferischen Phantasie des Geisteswissenschaftlers vollzogen werden kann. Dies scheint aber nicht der Fall zu sein, denn es ist unmöglich, mit rein logischen Mitteln von einem oder einigen Elementen einer Klasse auf weitere oder auf alle Elemente der Klasse zu schließen. Auch in diesem Fall ist eine schöpferische Idee, ein Einfall nötig, selbst dann, wenn er durch die Beschaffenheit und den wechselseitigen Zusammenhang der bereits untersuchten Fälle nahegelegt wird, oder wenn er auch nur darin bestehen sollte, das, was sich in anderen Fällen bewährt hat, auch in diesem Falle zu versuchen [12]). Die eben beschriebene Rolle der schöpferischen Phantasie ist jedoch nicht spezifisch für die Geschichte, die Literaturwissenschaft, usw. Sogar die Mathematiker, die Vertreter der exakten Naturwissenschaft, auch die Rechtswissenschaftler, Theologen und die Philosophen können nicht auf sie verzichten. Ist es nun aber nicht wesentlich, *wie* es in den Geisteswissenschaften zu derartigen Intuitionen kommt?

Ohne Zweifel kommt in sämtlichen Gebieten die unmittelbare Einsicht, die Intuition, der schöpferische Einfall, nicht unvorbereitet. Sogar *Bergson*, der die Rolle der Intuition sonst in einem neuen Licht sieht und ihre Bedeutung aufs eindringlichste betont, betrachtet „gesättigte Materialkenntnis" [13]) als ihre unbedingte Voraussetzung. Das

[11]) So auch schon *Platon*: „Wenn nun jemand ohne Erklärung eine richtige Vorstellung von etwas empfinge: so sei zwar seine Seele darüber im Besitz der Wahrheit; sie erkenne aber nicht. Denn wer nicht Rede stehen und Erklärung geben könne, der sei ohne Erkenntnis über diesen Gegenstand" (Theaitetos 202 b–c; Übers. v. *Fr. Schleiermacher*).

[12]) Jedoch wird durch die Automatisierung der Verallgemeinerungstechnik der Spielraum der Intuition weitgehend beschränkt, d. h. die Hypothesenbildung erleichtert.

[13]) Einführung in die Metaphysik. 225.

völlige Eingearbeitetsein in die Problemsituation ist erforderlich. Hier besteht kein Unterschied zwischen den Voraussetzungen der Intuition, die unter bestimmten sonstigen Bedingungen dem „exakten" Naturwissenschaftler und dem Geisteswissenschaftler zuteil werden kann.

7.2.2. Intuition als Methode der Erkenntnis

Nun scheitert dieser Versuch, der Intuition zu geben, was der Intuition ist, und der Erfahrung, was der Erfahrung ist, nach der Überzeugung mancher Forscher, so z. B. an *Bergsons* Begriff der Intuition. Denn *Bergson* ist der Ansicht, daß die Intuition eine *Erkenntnis*methode ist, die in manchen Gebieten, so etwa in der Erfassung unserer eigenen Innenwelt oder auch hinsichtlich der Erforschung der organischen, lebendigen Natur, der Sinneserfahrung und dem diskursiven Denken überlegen ist, ja er möchte dartun, daß die Sinneserfahrung in diesen Gebieten überhaupt unzuständig sei und absolut nichts zu leisten vermöge. Mit Hilfe der Sinneserfahrung die Korrektheit der Intuition prüfen zu wollen, würde folglich bedeuten, die Erkenntnis mittels der Nicht-Erkenntnis überprüfen zu wollen.

Die Intuition liefert laut *Bergson* nicht nur Hypothesen, also nicht nur ein Wissen im Ansatz, nicht bloß wissenschaftsfähige Sätze, die durch nicht-intuitive Überprüfung erst zu wissenschaftlichen werden, sondern ein echtes, und zwar ein unüberbietbares Wissen, das keiner Überprüfung an der üblichen Erfahrung bedarf. *Eine* Wirklichkeit gebe es mindestens, die wir alle von innen her durch Intuition und nicht durch einfache Analyse erfassen; dies sei unsere eigene Person in ihrem Fluß durch die Zeit.

Wir gehen laut *Bergson* von einer ursprünglichen Intuition des Ganzen aus, so z. B. einer historischen Persönlichkeit, betrachten dieses Ganze, als Historiker, als Psychologen, als Soziologen usw. unter einem bestimmten Gesichtswinkel, vernachlässigen bestimmte Momente am Untersuchungsgegenstand, abstrahieren und zergliedern in seine Elemente (nicht Teile). Die Richtigkeit der Intuition mit Hilfe jener Abstraktion und Analyse prüfen zu wollen, die gerade darin besteht, z. B. das intuitiv erfaßte Ganze des Ich in Empfindungen, Gefühle, Vorstellungen usw. aufzulösen und sie dann getrennt zu untersuchen, wäre demnach ungereimt. Es besteht nach seiner Ansicht eine scharfe Scheidelinie zwischen der Intuition und der Analyse: Die Analyse beschäftigt sich mit Starrem, Unbeweglichem, während die Intuition sich in die Bewegung („Dauer") hineinversetzt. Beide sind miteinander unvergleichbar, folglich können auch nicht mittels der einen Methode die Ergebnisse der anderen kontrolliert werden.

Es ist eine – übrigens unklare – Intuition, die nach *Bergson* der Wissenschaft ihren Gegenstand liefert. Da man aber durch Analyse, die sich daran erst anschließen kann, Intuition grundsätzlich nicht erlangen wird, auch durch unendliche Anhäufung von Nuancen nicht, nicht von der Anhäufung psychologischer Zustände zum Ich ausgehend, ist es auch ausgeschlossen, die Intuition zu überprüfen, außer dadurch, daß man von der Analyse weggeht und die Intuition, wenn das überhaupt möglich und nötig ist, *durch sich selbst prüft.*

7.2.3. Kritische Würdigung

Mit der Behauptung, daß die Intuition etwas leiste, was mit keiner anderen Methode erreicht werden könne, nämlich, daß nur sie allein es uns gestatte, sich in den Untersuchungsgegenstand „hineinzuversetzen", ist zwar jetzt eine klare begriffliche Abgrenzung gegenüber jener anderen Funktion der Intuition als Hypothesenquelle durchgeführt, aber nun hängt alles davon ab, ob diese Unterscheidung auch sachlich begründet ist. Das psychologische Moment genügt nicht, denn das Eintreten des Aha-Erlebnisses, das

„völlige Überzeugtsein", der „Blitz der Intuition", die „elementare Gewalt der plötzlich auftretenden Einsicht", können die nüchterne, geduldige Überprüfung der intuitiv gewonnenen Behauptungen nicht überflüssig machen. Das schlagartige Aufgehen einer Einsicht in einen bestimmten Sachverhalt mag subjektiv sehr eindrucksvoll sein, aber es gilt gerade, sich der Überredungskraft des unmittelbaren Eindrucks zu entziehen. Weil vergleichbare psychologische Momente zu keiner Zeit einen verläßlichen Schutz gegen Irrtümer gegeben haben, so hat es sich denn stets als notwendig erwiesen, aus den Höhen behaupteter unfehlbarer Einsicht in die „Niederungen" der sinneswahrnehmungsmäßigen Überprüfung herabzusteigen, oder dort, wo das nicht möglich war, die Notwendigkeit bestimmter Voraussetzungen anzuerkennen. Denn von jener Wirklichkeit, die wir alle von innen her durch Intuition und nicht durch einfache Analyse erfassen („unsere eigene Person in ihrem Fluß durch die Zeit") überzugehen auf fremdes Seelenleben, ist nur statthaft auf dem Wege eines Analogieschlusses. Erst recht ist der Weg, der von diesem Beweglichen, unserer eigenen Person im Fluß der Zeit, sowie von anderen Personen zu jeder beweglichen Wirklichkeit führt, die wir nun „intuitiv zu ergreifen" versuchen, wiederum nur über die Brücke der Analogie möglich. Aber auch diese Behauptung blieb nicht unwidersprochen; das werden gerade die sich nunmehr anschließenden Ausführungen zeigen.

7.3. „Einfühlung" und „Verstehen"

„Die Natur erklären, das Seelenleben verstehen wir" lautet die berühmte Formel, mit der *W. Dilthey* den Eigenständigkeitsanspruch einer spezifisch geisteswissenschaftlichen Methode verkündet [14]). Etwas „von innen her", in seiner Eigenart zu erfassen, ist ihr Ziel; z. B. mag der Arzt an zahlreichen Krankenbetten geweilt und eine bestimmte Krankheit studiert und geheilt haben: Versteht er aber damit bereits ihr Wesen? Muß er nicht selber krank gewesen sein, um es im eigentlichen Sinn zu erfassen? Wird er nicht erst dann sagen: „Jetzt verstehe ich, was diese Krankheit ist"? Aber, er wird Krankheit in Zukunft nicht besser zu erkennen und zu heilen vermögen als früher; daß er ihr „Wesen" besser versteht, ist keine zusätzliche Information zu seinem Wissen, sondern eine Erfahrung auf anderer Ebene, deren Realität nicht geleugnet werden kann. Soll daraus ein Wissen werden, so muß der subjektive Bereich verlassen und auf andere Bereiche übergegriffen werden.

Der Arzt kann diese seine Erlebnisse beschreiben – und andere können sie nachvollziehen, wiederum für sich selbst. Auch das kann als „Wissen", ein System dieser Erkenntnisse als „Wissenschaft" bezeichnet werden, nun aber in einem erweiterten Sinn von Wissenschaft, der sich – anstatt nur auf Nachprüfbarkeit – auch auf *Nachvollziehbarkeit* gründet. Was auf diese Weise erfaßt wird, kann ebenfalls fruchtbar gemacht werden. Wir versetzen uns, auf Grund unserer eigenen psychischen Erlebnisse, in die Psyche fremder Personen. Wir sprechen über unsere eigene Person und andere vollziehen für sich nach, was wir nur über uns selbst behauptet haben. Damit erlangen wir zwar keine Sicherheit über die Wahrheit von Aussagen über fremdes Seelenleben, aber z. B. auf Grund ausgedehnten Sprachverhaltens jener Personen die Überzeugung, daß Ähnliches damit gemeint ist.

Doch findet auch in diesem Fall eine Überprüfung statt: Aussagen über „unsere eigene Person in ihrem Fluß durch die Zeit" werden verglichen mit den Aussagen, die andere Personen, die unter vergleichbaren Bedingungen stehen, über sich selbst

[14]) Für die folgenden Zitate vgl. die Ausführungen zur Wissenschaftsauffassung *Diltheys.*

machen. Aussagen allein über uns selbst genügen uns nicht. Es sind zwar nicht unsere psychischen Erlebnisse, mit denen wir vergleichen, aber wir würden sogar der Beschreibung unserer eigenen psychischen Erlebnisse mißtrauen, wenn andere unter ähnlichen Bedingungen etwas damit völlig Unvergleichbares erlebten. Somit ist auch in diesem Fall die Forderung nach *intersubjektiver Kontrolle* erfüllbar.

Dieses „Jetzt verstehe ich (erst), was Krankheit ist" gründet sich indessen nach der eben erläuterten Auffassung auf keine spezifische Erfahrungsart. Denn der Arzt macht im angegebenen Fall Erfahrungen mit sich selbst, genauer gesagt, mit seinem eigenen Körper und mit seiner eigenen Psyche. Sind es Erfahrungen, die er als solche über einen speziellen Teil der außerhalb seines Ichs befindlichen Welt macht, so sind sie ebenso nachprüfbar wie die Aussagen über die Körper anderer Iche. Ein anderer Arzt z. B. stellt bei ihm erhöhte Temperatur, Hautrötung, usw. fest, so wie auch er selber das bei sich tun könnte. Für beide Beobachter, den fremden und denjenigen des eigenen Körpers, ist somit jener früher erwähnte äußere Bezugspunkt und damit die Vergleichbarkeit der Aussagen gegeben. Die Erfahrungen mit der eigenen Psyche dagegen, mit bestimmten Gefühlen zum Beispiel, können ebenfalls sprachlich ausgedrückt und nunmehr von anderen nacherlebt oder nachvollzogen werden.

7.3.1. Indirektes und direktes „Verstehen"

Man wird nunmehr davon sprechen, daß man „den andern verstehe", da man sich „in ihn hineindenken" oder „(hin)einfühlen" könne. Die Grundlage für das Verstehen fremder Personen und Lebensäußerungen ist nach *Diltheys* Überzeugung das *Erleben und Verstehen seiner selbst:* „Das Verstehen ist ein Wiederfinden des Ich im Du; der Geist findet sich auf immer höheren Stufen von Zusammenhang wieder" [15]). Aber auch hier liegt für manche Beurteiler keine Erfahrungsart vor, die über die Sinneserfahrung oder die innere Erfahrung hinausführen würde. Es wird nach ihrer Überzeugung keineswegs ein neuer Gegenstandsbereich erschlossen, sondern das, was da als „Verstehen" aufscheint, ist Selbsterfahrung, durch Analogieschluß auf das Nicht-Ich übertragen, und mithin auf einen Gegenstandsbereich, der als den eigenen psychischen Erlebnissen und ihren außerpsychischen Entsprechungen gleichgeartet angenommen wird.

Dieser weithin anerkannten Auffassung gegenüber hebt jedoch *Dilthey* hervor, es handle sich beim sog. elementaren Verstehen nicht um einen Schluß von der Wirkung, nämlich der Lebensäußerung, auf die Ursache: d. h. auf das in dieser Lebensäußerung Ausgedrückte [16]). Die hier vorliegende Beziehung bestehe vielmehr darin, daß man „das Innere aus dem Äußeren *unmittelbar abliest*" [17]), denn die Gebärde und der Schrecken (z. B.) seien kein Nebeneinander, sondern eine Einheit [18]). Wir verstehen nach *Diltheys* Überzeugung aus dem „Medium der Gemeinsamkeit" heraus, in das wir eingetaucht sind. Das „Sichhineinversetzen", von dem *Dilthey* spricht, bedarf des Mittels der Analogie oder des Analogieschlusses nicht: „Auf der Grundlage dieses Hineinversetzens, dieser Transposition entsteht nun aber die höchste Art, in welcher die Totalität des Seelenlebens im Verstehen wirksam ist – das Nachbilden oder Nacherleben" [19]). Aus diesem Nachbilden oder Nacherleben muß jedoch eine allgemeine Technik werden, damit zum Beispiel geschichtliche Wissenschaft entstehen kann. *Dilthey* begreift diese „Technik" als

---

[15]) VII, 191.

[16]) VII, 207 f.

[17]) O. F. *Bollnow:* Dilthey. 170.

[18]) *W. Dilthey:* VII. 208 f.

[19]) VII, 214.

ein „kunstmäßiges Verstehen dauernd fixierter Lebensäußerungen" und bezeichnet es als *„Auslegung" (Hermeneutik):* „Kunstlehre des Verstehens schriftlich fixierter Lebensäußerungen". Die Hermeneutik gilt ihm als die „wissenschaftlich-methodische Form der Auslegung und damit des Verstehens" [20]).

7.3.2. Heuristische oder kognitive Funktion des Verstehens?

In dem soeben geschilderten Fall erfüllt das Verstehen keine bloß heuristische Funktion [21]). Es ist vielmehr eine Erfahrung, welche die Überprüfung ihrer Ergebnisse überflüssig macht, weil sie die Rechtfertigung in sich trägt. Jedoch bleibt die Frage offen, ob diese unmittelbare Erkenntnis auf ihrer Grundlage des Sichhineinversetzens eine Erfahrungsart sui generis ist, oder ob sie nicht vielmehr nur einen unter ganz bestimmten Bedingungen ablaufenden Vorgang des Sinneswahrnehmung, eventuell auch der inneren Wahrnehmung darstellt, ganz abgesehen von dem Zweifel, der uns befällt, wenn wir uns jenen unmittelbaren Weg ins fremde Bewußtsein konkret vorstellen, der von jeglicher Analogie zu Vorgängen und Beziehungen in uns selbst unabhängig sein und auf die Verwendung von Analogieschlüssen gänzlich verzichten können soll [22]). Entscheidend ist hier wie auch in anderen Zusammenhängen nicht unsere Fähigkeit, einen bestimmten Begriff einzuführen, so beispielsweise den Begriff des „unmittelbaren Ablesens", sondern das, was die sorgfältige Untersuchung des fraglichen Vorganges ergibt.

Es muß indessen auch jeder Versuch einer Abwertung zurückgewiesen werden, der mit dem Ausdruck „heuristisch" oft verbunden wird. „Heuristisch" besagt in diesem Zusammenhang lediglich, daß nachträgliche Überprüfungen der aufgestellten Hypothesen oder Theorien notwendig sind. Ein anderes Erfordernis, nämlich die Notwendigkeit, sich in bestimmte Erkenntnisobjekte hineinzuversetzen, um damit den ersten Schritt zu späterer Erkenntnis überhaupt tun zu können, wird damit *nicht* geleugnet.

7.4. Wesensanschauung oder Wesenserkenntnis

Scheler gibt die Bedingungen an, die erfüllt sein müssen, damit von „phänomenologischer" oder „reiner" Anschauung oder Erkenntnis gesprochen werden darf: „Bleiben nach Vornahme der phänomenologischen Reduktion noch Tatsachen und Zusammenhänge zwischen ihnen übrig, so ist eben damit der Beweis geliefert, es gebe eine solche ‚reine Intuition', und die Tatsachen und Zusammenhänge zwischen ihnen seien ‚reine' Tatsachen und ihre Zusammenhänge ‚Wesenszusammenhänge', die sich aller bloß kausalen Erklärung entziehen. Ist dies nicht der Fall, so gibt es keine Intuition, und unser Weltbild ist konstitutiv ein auf die sinnlichen Funktionen relatives." [23]) Phänomenologie steht und fällt mit der Behauptung, es gebe solche Tatsachen – und sie seien es recht eigentlich, die allen anderen Tatsachen, den Tatsachen der natürlichen und der wissenschaftlichen Weltanschauung, zugrundeliegen und deren Zusammenhänge allen andern Zusammenhängen vorausgehen [24]).

---

[20]) *Bollnow:* Dilthey. 187. Vgl. dazu *Dilthey:* VII. 217. Und V. 332.

[21]) *W. Stegmüller:* Einheit und Problematik der wissenschaftlichen Welterkenntnis (= Münchener Universitätsreden. Neue Folge. 41). München 1967. 9 f. und 20 f.

[22]) Siehe auch die obenstehenden Erörterungen über die Überprüfungsbedürftigkeit, sowie die Bemerkungen zum *Dilthey*schen Wissenschaftsbegriff.

[23]) Schriften aus dem Nachlaß: Bd. I. Zur Ethik und Erkenntnislehre (= Ges. Werke. Bd. 10). 2. Aufl. Bern 1957. 446.

[24]) a. a. O. 448.

7.4.1. Das Verfahren der Phänomenologie

Die von *Scheler* erwähnte phänomenologische Reduktion („Epoché") ist die Vorbedingung für die Erfüllung der Hauptregel der Phänomenologie: „Zu den Sachen selbst". Sie entspricht der programmatischen Grundüberzeugung der Phänomenologie, daß nur durch Rückgang auf die *originären Quellen der Anschauung* und auf die aus ihr zu schöpfenden *Wesenseinsichten* die Grundprobleme der Philosophie und damit auch der Einzelwissenschaften gelöst werden können. Insofern die phänomenologische Methode so das „Gegebene" in „originär gebender Anschauung" erschließt, konnte sich *Husserl*, der Begründer dieser Richtung, als den „wahren Positivisten" bezeichnen.

Die Reduktion, deren Durchführung die Voraussetzung für die Intuition, d. h. die geistige Schau des „Gegebenen" darstellt, erfolgt vorerst in drei Etappen: 1) Alles Subjektive muß ausgeschaltet und eine rein objektivistische, dem Gegenstand zugewandte Haltung eingenommen werden [25]); 2) es muß von allem Theoretischen abgesehen werden, von bereits mitgebrachtem Wissen, von Beweisführungen und Hypothesen; 3) alle Beeinflussung durch die Tradition, das heißt durch alles, was von anderen über den Gegenstand gelehrt wurde, muß verhindert werden [26]).

Die objektivistische Forderung schließt jedoch nicht nur die Ausschaltung der subjektiven Haltungen ein, sondern das Eliminieren von allem an sich Objektiven, das nicht direkt im Gegenstand der Betrachtung gegeben ist, also die Distanzierung von aller Theorie und Tradition. Nur das, was gegeben ist, das Phänomen, soll gesehen werden. Die Grundlegung muß eine phänomenologische sein; mittelbare Erkenntnisverfahren dürfen dieser erst nachfolgen, und von allen Hypothesen, Theorien und Schlüssen hat sich der Forscher zunächst zu lösen.

7.4.1.1. Probleme der „Reduktion"

Aber ist das auch wirklich möglich? Ist nicht „alles Faktische bereits Theorie"? Ist auch nur eine einzelne Beobachtung anders als auf einem theoretischen Hintergrund möglich? [27]) Gibt es „reine" Tatsachen? Wir können die Informationen, die uns unsere Sinne vermitteln, von dem theoretischen Element in der Beobachtungsaussage nicht trennen; z. B. enthält die Aussage „Hier steht ein Glas Wasser" Voraussagen, da das Glas zerbrechlich ist, widrigenfalls wir es nicht „Glas" nennen würden, usw. [28])

Wir werden uns auch fragen, ob es möglich ist, und wenn ja, ob es nützlich wäre, nicht nur auf Autoritätsbeweise zu verzichten, sondern vom Gesamtstand der Wissenschaft überhaupt abzusehen. Es scheint zwar prinzipiell möglich zu sein, das wissenschaftliche Wissen auszuschalten; ob aber *dann* noch erkannt werden kann, wenn

---

[25]) Die Wünsche sind – um ein Bild zu gebrauchen – akzeptabel und sogar notwendig, wenn sie den Motor darstellen, aber sie werden schädlich, wenn sie am Steuer sitzen. Diese Forderung ist freilich nicht allein für die Idee der Phänomenologie spezifisch, sondern eine allgemeine Regel wissenschaftlichen Denkens und Forschens.

[26]) Vgl. dazu *E. Husserl:* Ideen I. 40 f., 62, 68 f., sowie: *I. M. Bochenski:* Die zeitgenössischen Denkmethoden. 3. Aufl. Bern – München 1965. 23.

[27]) Vgl. *P. K. Feyerabend:* Problems of Empiricism. In: Beyond the Edge of Certainty. Essays in Contemporary Science and Philosophy (= Univ. of Pittsburgh Series in the Phil. of Science. Vol. 2). Ed. by *R. G. Colodny.* Englewood Cliffs. N. Y. 1965. 156, 162, insbes. 180, 213. Siehe vor allem *K. R. Popper:* Logik der Forschung. 11 ff., insbes. 22 f. und 25 ff.: „Die Theorie ist das Netz, das wir auswerfen, um ‚die Welt' einzufangen – sie zu rationalisieren, zu erklären und zu beherrschen" (a. a. O. 31). Vgl. dazu auch die Ausführungen zum Wissenschaftsbegriff *Kants* und zum Begriff des Synthetisch-Apriori.

[28]) Vgl. *J. Agassi:* Sensationalism. In: Mind. Vol. LXXV, No. 297, January, 1966.

jedes Wissen überhaupt eingeklammert wird, das ist ein Problem, das sich mit dem vorigen Problem der „reinen" Tatsache oder Beobachtungsaussage berührt. Ebenso ist es fraglich, ob die verlangte Ausschaltung der Kenntnisse über den „Stand der Wissenschaft" psychologisch möglich ist. Folglich: Zeigt uns das „reine Schauen" noch irgendeinen Rest von Tatsachen, wenn „Theorie" und „Tradition" ausgeschaltet sind?

Damit ist aber auch bereits nach der Nützlichkeit der Ausschaltung gefragt. Z. B. von allem Wissen über das Kind und den jugendlichen Menschen, das in mühevoller Arbeit erworben und zusammengetragen wurde, absehen zu wollen, scheint mehr Schaden als Nutzen zu bringen. Vor allem aber sollte folgendes überlegt werden: Der erste Mensch, der Wissen über sich oder andere Menschen zu gewinnen suchte, befand sich ja bereits in der geforderten Situation. Er konnte sich – laut Voraussetzung – auf ein vorgängiges wissenschaftliches Wissen, auf irgendeinen „Stand der Wissenschaft" gar nicht beziehen. Wenn nun heute gefordert wird, daß man sich absichtlich in jene Lage bringe, so scheint diese Aufforderung nur dann berechtigt zu sein, wenn man annehmen kann, daß seinerzeit verfehlt begonnen wurde und daß es uns diesmal besser gelingen würde. Gründet sich diese Hoffnung auf den Umstand, daß wir die lange Geschichte der Verfehlungen, angefangen mit dem fehlerhaften Beginn, hinter uns haben? Aber diese Geschichte („Theorie und Tradition") sollen wir ja gerade vergessen, um diesmal erfolgreicher beginnen zu können, das heißt, um zu „reiner Schau" fähig zu sein.

Der Phänomenologe fordert, daß sodann eine Ausschaltung am gegebenen Gegenstand („Phänomen") selbst durchgeführt werde, er bezweifelt oder leugnet aber keineswegs die Existenz des Nicht-Ich. Es müssen demnach alle Existentialurteile eliminiert und durch bloße Annahmen ersetzt werden. Die Existenz der Sache wird außer Betracht gelassen; die Betrachtung geht allein auf die Washeit, auf das, was der Gegenstand ist. Der Phänomenologe behauptet nun als Phänomenologe „nicht mehr, daß es Planeten, psychisches und physisches Menschenleben, Naturgesetze, Moralität, Schönheit und Göttlichkeit gebe, sondern er läßt die Existenz dieser Gegenstände dahingestellt: Er sieht also sein Wissen so an, als ob es bloß aus Annahmen bestünde." [29])

7.4.1.2. Zur Problematik der Existenzialabstraktion

Was vermag jedoch das Absehen von der Existenz des Gegenstandes an dem Umfang und der Tiefe der Erkenntnis seiner Eigenschaften ändern? Verhilft uns die Existenzeinklammerung bereits zur Wesenserkenntnis? *Scheler* hat die Unzulänglichkeit der postulierten Existentialabstraktion kritisiert. Man sehe gar nicht, was an dem ‚blühenden Apfelbaum' (von dem *Husserl* spricht) nun anders werden soll durch die bloße Zurückhaltung des Daseinsurteils, man sehe ebenso nicht, wie sich nur dadurch eine neue Gegenstandswelt eröffnen soll, die in der natürlichen Weltanschauung noch nicht mit enthalten war. Vom Wesen blieben wir dabei völlig fern – und verwundert müsse man sich fragen: Wozu das Ganze? [30])

Bevor wir uns der Konsequenz zuwenden, die *Scheler* selbst aus dieser seiner Kritik gezogen hat, soll auf einen möglichen psychologischen Vorzug der *Husserl*schen Methode hingewiesen werden. Immer wieder wurde ja beklagt, daß die Frage der Existenz des jeweiligen Untersuchungsgegenstandes die Erkenntnis seiner Eigenschaften und die Errichtung eines verwertbaren Begriffssystems hindere. Daher wurde vorgeschlagen, das Problem der Existenz zunächst immer außer Betracht zu lassen und die Definition des

---

[29]) *Julius Kraft:* Von Husserl zu Heidegger. Leipzig 1932. 25 f., vgl. dazu *E. Husserl:* Ideen I. 65 f.

[30]) *J. Kraft:* a.a. O. 62.

Wortes, das den Gegenstand bezeichnet, so anzulegen, daß bestimmte Erfahrungsbefunde dadurch erklärbar werden [31]).

Die Konsequenz aus seiner Kritik an der *Husserl*schen Methode der Existentialabstraktion ist für *Scheler* eine modifizierte phänomenologische Methode. Kennzeichnend dafür ist sein Begriff des Wissens. Nach *Scheler* ist Wissen nun nichts anderes als *Teilhaben* an Etwas, und zwar entweder „ekstatisch" (bei Tieren, Primitiven, Kindern, beim Erwachen aus der Narkose) oder „bewußt" (gegenständliches Wissen, im Gegensatz zu ersterem nicht-gegenständlichen Haben) [32]).

Dieser Erkenntnisbegriff ist jedoch nach Überzeugung *J. Krafts* völlig unhaltbar, denn die Erkenntnis ist nach seiner Meinung weder ein Teil ihres Gegenstandes, noch ihr Gegenstand ein Teil seiner Erkenntnis. Daher müsse diese Beziehung bereits als „logisch unmöglich" bezeichnet werden. Mit diesem Einwand hat *Kraft* gewiß recht; aber so wird „Teilhabe" auch gar nicht verstanden, sondern als „*Teilnahme*", als eine Art von „Angeglichenheit" eines Objektes oder eines Zustandes, usw. an einen anderen, als ein Verhältnis von Urbild und Nachbild, als (partielle) „Anähnlichung". Wir können an einem Objekt insofern „teilhaben", als uns ein Teil des Objektes gehört oder zusteht; in diesem Fall hat die Einlösung des Anspruches eine Verminderung dessen zur Folge, an dem wir teilhaben; wir können aber auch an der Freude eines anderen über seinen Besitz usw. teilhaben und seine Freude wird dadurch nicht vermindert. Von der völligen Unterschiedenheit, z. B. „Gott ist der ganz Andere" bis zur „unío mystica" ist eine reiche Skala von Möglichkeiten eines Wissens- oder Erkenntnisbezuges denkbar. Wesentlich ist dabei jedoch die Vorstellung des Wissens als eines Etwas, an dem Teilhabe möglich ist. Unser Wissen kann dann entweder darin bestehen, daß eine teilweise Übereinstimmung dieses Wissens mit „dem" Wissen ober aber eine Angleichung oder „Anähnlichung" des Zustandes, den wir als „unser Wissen" bezeichnen, an „das" Wissen oder eben die urbildliche, musterbildliche Form des Wissens, darunter verstanden wird.

J. Kraft behauptet, *Schelers* Methode unterscheide sich im Grunde genommen von der Reduktionsmethode *Husserls* nicht und daher gelte seine eigene Kritik auch für ihn. Ob die Ausschaltung des Realitätsmoments voluntaristisch oder intellektuell geschehe, sei im Prinzip belanglos. *Scheler* vermöge im besten Falle von der Unzulänglichkeit seiner Methode der Existentialabstraktion zu profitieren, da er sich der Realität von Gegenständen durch eine Methode versichert glaube, die nur für einen kleinen Ausschnitt von Gegenständen in Frage käme, nämlich durch die Widerstandserlebnisse [33]). Realität, hatte *Scheler* behauptet, sei ursprünglich kein Gegenstand des Erkennens, sondern des Leidens, des Widerstandserlebnisses. Die Ausschaltung der Existenz des Gegenstandes setze aber nun nicht eine Rückgängigmachung des Widerstandserlebnisses voraus, sondern einen *Denk*akt, woraus folge, daß die Ausschaltung in den meisten Fällen gar nicht möglich wäre [34]). Die Existentialabstraktion, ob nach der *Husserl*schen oder aber nach der *Scheler*schen Methode, sei daher für sich völlig ungeeignet, jene neue Erfahrung, die Intuition oder „reine Schau" des Wesens hervorzurufen.

---

[31]) Für einen Lösungsversuch im Sinne der modernen axiomatischen Methode vgl. *W. Gröbner:* Über die Postulate einer neuen Metaphysik. In: Scientia. Revue Internationale de Synthèse Scientifique. Janvier 1959.

[32]) Die Wissensformen und die Gesellschaft (= Ges. Werke. Bd. 8). 2. Aufl. Bern und München 1960. 64, 203 f., 205. Vgl. *J. Kraft:* a. a. O. 62 ff.

[33]) *J. Kraft:* a. a. O. 64.

[34]) Ebd.; *M. Scheler:* Die Wissensformen. 363.

7.4.2. Erfahrung und Wissen des „Wesens"

Wird das nun durch die zweite Ausschaltung am Phänomen, also am gegebenen Gegenstand ermöglicht? Diese besteht darin, von der nach der Existentialabstraktion verbleibenden Washeit der Sache alles Unwesentliche auszuschalten und nur das Wesen der Sache selbst zu analysieren. Das Wort „Wesen" ist nun allerdings mehrdeutig. Die Phänomenologie versteht „Wesen" als das Nicht-Zufällige. Sie faßt unter „Wesen" alles das zusammen, was notwendig im Phänomen zusammenhängt [35]). Auch die Eigentümlichkeiten" im Sinne des *Aristoteles* sind damit gemeint. Man könnte dieses Wesen als Grundstruktur des Gegenstandes bezeichnen. Nur darf man dann unter „Struktur" nicht etwa ein bloßes Gefüge von Beziehungen verstehen, sondern muß das Wort für den ganzen grundlegenden Inhalt mit Einschluß der Qualitäten usw. gebrauchen [36]).

Für zahlreiche Kritiker dagegen ist das Wesen nichts anderes als Wortbedeutung. Wortbedeutungen aber sind relativ. Man könne Beliebiges damit bezeichnen, und daher sei auch das „Wesen eines Gegenstandes" ein relativer Begriff. Während für den einen Beobachter x wesentlich sei, könne für einen anderen etwas ganz anderes wesentlich sein. *Wir* seien es, die den Wörtern ihre Bedeutung geben: „In den Sachen selbst gibt es kein Wesen, alle Aspekte der Sache sind an sich gleichwertig. Erst der Mensch macht durch seine Konventionen Unterschiede zwischen Wesentlichem und Unwesentlichem, und zwar dadurch, daß er den Worten Bedeutungen zulegt" [37]).

Nun, der Phänomenologe räumt ein, daß wir in der Wort- oder Bezeichnungswahl frei sind; aber eben die Verwirklichung solcher Möglichkeiten, die Beliebigkeit der Wortwahl, ändere nichts an der Struktur des Gegenstandes. Gewisse Eigenschaften seien nun einmal *Struktureigenschaften,* hätten also eine Sonderstellung, seien „wesentlicher als andere, und das hänge nicht von den Interessen und Zielen des Beobachters ab. Während z. B. das Gewicht, die Größe oder die Farbe eines Würfels als „zufällige Eigenschaft" betrachtet werden könne, sei die Stellung der Kanten zueinander, die Größe der Winkel und die Länge der Kanten im Vergleich miteinander „nicht-zufällig", sondern „wesentlich", es seien also „wesenskonstitutive" Eigenschaften. Es könne demnach für keinen Betrachter unwesentlich sein, wie z. B. die Winkelverhältnisse eines Objektes seien, das er als „Würfel" bezeichnet.

Demgegenüber wird von uns wie folgt argumentiert: Wenn wir einmal ein Objekt benannt und bestimmte Eigenschaften als solche bezeichnet haben, die sich bei ihm in sämtlichen Fällen antreffen lassen, und wenn wir etwa gar noch hinzufügen, daß dann, wenn auch nur eine dieser Eigenschaften fehlt, die Bezeichnung nicht mehr richtig sei, so ist die Situation einfach und durchschaubar. Wir verstehen dann unter „wesentlichen Eigenschaften" eben jene Eigentümlichkeiten, die die Wiederholung einer bestimmten Benennung fordern. Z. B. einen Gegenstand als „Würfel" zu bezeichnen, obgleich er keine rechten Winkel enthält, würde der ursprünglichen Stipulation widersprechen. Diese „Definition" wäre falsch, weil sie einen bestimmten Sprachgebrauch nicht richtig wiedergibt. Wenn wir beispielsweise als „homo sapiens" ein Etwas bezeichnet hätten, das die Eigenschaften a, b, c immer aufweisen muß, so könnten zwar andere eine davon abweichende Reihe von Eigenschaften angeben, aber *sobald* sie einmal unseren Wortgebrauch akzeptiert hätten, wären sie im Irrtum, falls sie ein Etwas als „homo sapiens" bezeichneten, das die Eigenschaften a, m, w besitzt [38]).

---

[35]) Vgl. (5.112) „Einteilung nach der Erfahrungs- oder Einsichtsart".

[36]) *M. Scheler:* Die Wissensformen und die Gesellschaft. 232.

[37]) Vgl. *M. Scheler:* Schriften aus dem Nachlaß. Bd. I. Zur Ethik und Erkenntnislehre. 446.

[38]) Siehe (3) „Über Begriffsuntersuchungen" und (4) „Was ist Wissenschaft?"

Wir können zwar – empirisch – feststellen, daß bestimmte Eigenschaften bis jetzt immer zusammen vorkommen, und vermögen logisch zu begründen, daß gewisse Eigenschaften miteinander nicht vorkommen können, aber das berechtigt niemand, bestimmte Eigenschaften als sozusagen „von Natur aus" wesentlich zu betrachten. Sie sind notwendig nur insofern, als sonst ein Gegenstand von dieser ganz bestimmten Beschaffenheit gar nicht vorläge. Aber damit ist auch nur gesagt: „Damit etwas ein abc-Etwas ist, muß es die Eigenschaften a, b, c haben" – und nicht schlechthin: „Es muß die Eigenschaften a, b, c haben (: denn diese sind ‚wesentlich')."

Daraus ergibt sich für uns: Irgendwelche Eigenschaften eines Etwas als „notwendig" (d. h. nicht-zufällig) oder als „Wesenseigenschaften" zu bezeichnen, hat seinen guten Sinn dann, wenn damit gemeint ist: „Damit etwas als X, z. B. als „Würfel" bezeichnet werden kann, und zwar gemäß einem bestimmten Sprachgebrauch, muß es die Eigenschaften ... besitzen". Aber damit besteht nun auch kein Gegensatz mehr zwischen phänomenologischen und nicht-phänomenologischen Disziplinen oder Erkenntnissen. Jedermann hält z. B. unter den gegebenen Bedingungen, bei einem bereits vorliegenden Sprachgebrauch, die Gleichwinkligkeit für eine wesentliche Eigenschaft eines geometrischen Gebildes, das als „Würfel" bezeichnet wird, dagegen das Gewicht dieses Körpers für nicht-wesentlich. Diese bestimmten Eigenschaften haben es gerade zu diesem bestimmten Etwas gemacht. Dagegen nun zu fordern, daß es dieses bestimmte Etwas auch bei ganz anderen Eigenschaften hätte sein können, ist wahrhaft ungereimt.

7.4.3. Über den Begriff der „reinen Tatsache"

Die „reinen Tatsachen" waren nach *Schelers* Ansicht das, was nach Vornahme der phänomenologischen Reduktion *übrigbleiben* mußte, damit von einer „reinen Intuition" oder „Wesenserfahrung" überhaupt gesprochen werden darf. Nun hat sich indessen bereits früher gezeigt, daß der erste Schritt der Reduktion am gegebenen Gegenstand selbst noch zu keiner Wesenserkenntnis führt. Aber auch der zweite Schritt, die Ausschaltung alles Unwesentlichen von der Washeit und die Abstellung der Betrachtung auf das Nicht-Zufällige, ergab kein Spezifikum gegenüber der gewöhnlichen Erfahrung von „Tatsachen" und von Zusammenhängen zwischen diesen. Überlegen wir nun im einzelnen:

„Wesensbestimmung der ‚reinen Tatsache' ": Die von *Scheler* geforderte Variation der sinnlichen Funktion ergibt nicht mehr und nicht weniger als das, was jede „bloße" (nicht-phänomenologische) Wirklichkeitswissenschaft auch zu erkennen vermag, nämlich ein positives Etwas, das sich von anderen Erfüllungsinstanzen des hervorgehobenen und in bestimmter Weise Bezeichneten unterscheidet.

Scheler stellt eine Reihe von Bedingungen auf, die erfüllt sein müssen, damit eine Tatsache als „reine" Tatsache bezeichnet werden kann. Er fordert, daß es etwas geben müsse, das bestimmte Eigenschaften hat, z. B. den Charakter einer letzten „Fundierung", einer unabhängig Variablen gegenüber den sinnlich-gemischten Tatsachen. Aber die entscheidende Frage lautet: Gibt es so etwas? und noch früher: Kann es das geben? Der Begriff der „reinen Tatsache" stellt ja keine contradictio in adjecto dar. Es wird nicht behauptet, daß es sich hierbei um eine „unerkennbare Tatsache" handle, sondern nur, daß lediglich mittels Intuition, in phänomenologischer Schau, die „reine Tatsache" erfahren werden könne, nicht jedoch durch Sinneserfahrung. Wird der Begriff der reinen Tatsache so bestimmt, so hat *Scheler* freilich recht, wenn er behauptet, daß die Natur des angeschauten Tatbestandes sich mit den „mannigfachen sinnlichen Gehalten, die in ihn eingehen", nicht ändern könne. Aber durch die Bestimmung des Begriffes der reinen Tatsache ist noch nichts über deren Existenz entschieden.

Die obige Bestimmung wird nur erweitert, z. B. durch die Forderung, daß „Identität und Verschiedenheit der reinen Tatsachen von allen möglichen Symbolen ... völlig unabhängig ... sein müssen".

Die allgemeine Bestimmung wird weiter ausgeführt, der Katalog der zu erfüllenden Bedingungen wird zu vervollständigen gesucht. Ob es die oben erwähnten „phänomenologischen Tatsachen im engeren und im weiteren Sinne" überhaupt gibt, bleibt weiterhin offen. Das, was als „Wesen" des Gegenstandes bezeichnet wird, ist vorausgesetzt; aus seiner Bestimmung kann zwar das Nicht-Anders-Sein-Können abgeleitet werden, aber das Wesen selbst „ist erst als solches durch die abzuleitenden logischen Gesetze bestimmt".

Offensichtlich liegt hier ein Zirkel vor, da alle diese Begründungsversuche die logischen Grundsätze bereits voraussetzen. Da dies aber unvermeidlich ist, kann es einen *Beweis* dieser Grundsätze gar nicht geben [39]). Von den zwei Möglichkeiten, die Tatsächlichkeit reiner Intuition, Wesenserfahrungen und reiner „Schauungen" zu beweisen, fällt diejenige des mittelbaren Denkens weg, nämlich das Verfahren der Variation der Erscheinungen unter verschiedenen sinnlichen Beziehungen und des Hinsehens, was dabei an Positivem übrigbleibt und identisch ist. Der direkte Weg mündet dagegen in den Versuch, Grund-Sätze aufzuweisen, die objektiv evident und daher „eines Beweises weder fähig noch bedürftig" sind. Daß ein Beweis für oder wider die Evidenz logisch unmöglich ist, hat *Stegmüller* gezeigt [40]). Aber ein solcher Beweis wird weder für möglich gehalten noch verlangt. Eine Erfahrung oder Einsicht dieser Art kann und muß auch nicht durch Beweis als Erkenntnis gesichert werden. Daß sie eingetreten ist, muß und kann nicht bewiesen werden; sie trägt ihre Wahrheit sozusagen „in sich", und daran ändert weder die Möglichkeit einer Evidenztäuschung etwas, noch die Tatsache, daß öfters für evident gehaltene Urteile oder Sätze sich nachträglich als nicht-evident erwiesen haben. Es bleibt tatsächlich nichts anderes übrig, als durch reine Intuition zu erkennen, daß es reine Intuition gibt.

7.5. Intellektuelle Anschauung

Kant verstand unter „intellektueller Anschauung" eine schöpferische, die Dinge in ihrer absoluten Realität erfassende Intuition Gottes [41]). Da nur eine solche Anschauung „intellektuell" genannt werden könne, die nicht auf Rezeptivität, sondern auf Selbsttätigkeit beruhe, und wodurch dann allerdings das Dasein des Objektes der Anschauung selbst gegeben wäre, kann die intellektuelle Anschauung nach seiner Überzeugung nicht uns, sondern nur dem „Urwesen" zukommen. Es wäre eine Anschauung, die nicht nur die Formen, sondern auch den Inhalt synthetisch erzeugte, eine wahrhaft „produktive Einbildungskraft", deren Gegenstände die Dinge-an-sich-sind [42]).

---

[39]) Vgl. dazu die obigen Ausführungen zur Forderung nach Ableitungsrichtigkeit.

[40]) Metaphysik – Wissenschaft – Skepsis. 96–147, bes. 208 ff.

[41]) „Divinus autem intuitus, qui objectorum et principium, non principatum, cum sit independens, est archetypus et proterea perfecte intellectualis" (De mund. sens. sct. II, § 10).

[42]) „Ein solches Vermögen verdiente den Namen seiner intellektuellen Anschauung oder eines intuitiven Verstandes: es wäre die Einheit der beiden Erkenntniskräfte der Sinnlichkeit und des Verstandes, welche im Menschen getrennt auftreten, obwohl sie durch ihr stetiges Aufeinandergewiesensein auf eine verborgene gemeinsame Wurzel hindeuten. Die Möglichkeit eines solchen Vermögen ist so wenig zu verneinen, wie seine Realität zu bejahen: doch deutet *Kant* schon hier an, daß man sich ein höchstes geistiges Wesen so würde vorzustellen haben. Denkbar sind also Noumena oder Dinge an sich – im negativen Sinne als Gegenstände einer nichtsinnlichen Anschauung, von der freilich unsere Erkenntnis absolut nichts aussagen kann – als Grenzbegriffe der Erfahrung" (*Windelband-Heimsoeth*, Lehrbuch der Geschichte der Philosophie. 470. Vgl. a. a. O. 487).

Während *Kant* nun aber nachgewiesen zu haben hoffte, daß jene Gestalt der Metaphysik für den Verstand unmöglich sei, die in einer solchen intellektuellen Anschauung ihr eigenes Organ und in der dialektischen Methode ihre wesensgemäße Form haben wollte, versuchte *J. G. Fichte* alle Einsichten seiner Wissenschaftslehre gerade nur aus der intellektuellen Anschauung, womit das Bewußtsein seine eigene Tätigkeiten begleitet, zu entwickeln, also aus der Reflexion auf das, was das Bewußtsein von seinem eigenen Tun weiß. Die so veränderte Auffassung ihrer Funktion kommt bei *Schelling* noch deutlicher heraus, der unter der „intellektuellen Anschauung" gar das Vermögen verstand, uns aus dem Wechsel der Zeit in unser innerstes Selbst zurückzuziehen und da unter der Form der Unwandelbarkeit das Ewige anzuschauen.

Das Bewußtsein unterliegt gemäß der Überzeugung *Fichtes* einer immanenten Gesetzmäßigkeit. Ihr zufolge ergibt sich alles mit Notwendigkeit, was in ihm überhaupt enthalten ist. Schaut nun das Bewußtsein sich selbst an und macht es sich seine Möglichkeiten klar, dann werden seine Grundbestimmungen in diesem Vorgang zwangsläufig nacheinander erkennbar. Denn da jener gesetzmäßige Zusammenhang besteht, ist mit dem einen auch alles übrige gegeben und kann sichtbar gemacht werden[43]). Der Ausgangspunkt ist die Anschauung der Ichheit als die einfachste und kennzeichnendste Bestimmung des Bewußtseins. Die Wissenschaftslehre hebt damit an und geht in der Voraussetzung weiter, daß das vollständig bestimmte Selbstbewußtsein letztes Resultat aller anderen Bestimmungen des Bewußtseins sei, bis dieses abgeleitet ist, „indem sich ihr an jedes Glied ihrer Kette stets ein neues anknüpft, wovon ihr in unmittelbarer Anschauung klar ist, daß es bei jedem vernünftigen Wesen sich eben also anknüpfen müsse"[44]).

Allerdings ist dieses Bewußtsein nicht das empirische, sondern das „reine" Bewußtsein, und die Sichtbarmachung seiner Bestimmungen stellt keine psychologische, sondern eine transzendentallogische Entwicklungsgeschichte dar. Es ist nicht das tatsächliche Bewußtsein, das so „angeschaut" wird, sondern das Bewußtsein in seiner Idealgestalt, das „Bewußtsein-wie-es-sein-soll". Diejenige Kraft, die allein das leisten kann, ist die intellektuelle Anschauung.

Dieses nach *Fichte* „dem Philosophen angemutete Anschauen seiner selbst im Vollziehen des Aktes, wodurch ihm das Ich entsteht . . . ist das unmittelbare Bewußtsein, daß ich handle, und was ich handle: sie ist das, wodurch ich etwas weiß, weil ich es tue"[45]). Die Existenz eines solchen Vermögens kann laut *Fichte* weder durch Begriffe demonstriert, noch, was es ist, aus Begriffen entwickelt[46]) werden, sondern jeder muß es unmittelbar in sich selbst finden. Jedem könne in seiner von ihm selbst zugestandenen Erfahrung nachgewiesen werden, daß diese intellektuelle Anschauung in jedem Moment seines Bewußtseins vorkommt: „Ich kann keinen Schritt tun, weder Hand noch Fuß bewegen, ohne die intellektuelle Anschauung meines Selbstbewußtseins in diesen Handlungen, nur durch diese Anschauung weiß ich, daß *ich* es tue, nur durch diese unterscheide ich mein Handeln und in demselben mich, von den vorgefundenen Objekten des Handelns[47])."

Diese Anschauung kommt aber nie allein, als vollständiger Akt des Bewußtseins vor, und zwar ebensowenig wie die sinnliche Anschauung. Sondern beide müssen zusammenwirken; die eine erfordert die andere. Die intellektuelle Anschauung ist also

---

[43]) Siehe Sonnenklarer Bericht, 2. Lehrst. (= Werke II). 349.

[44]) a. a. O. 3. Lehrst. 379 f.

[45]) Zweite Einleitung in die Wissenschaftslehre. In: *J. G. Fichte*, Werke. Auswahl in sechs Bänden. 3. Bd. 47.

[46]) ebd.

[47]) ebd.

stets mit einer nicht-intellektuellen, genauer, der sinnlichen Anschauung, verknüpft: „Ich kann mich nicht handelnd finden, ohne ein Objekt zu finden, auf welches ich handle, in einer sinnlichen Anschauung, welche begriffen wird; ohne ein Bild von dem, was ich hervorbringen will, zu entwerfen, welches gleichsam begriffen wird. Wie weiß ich denn nun, was ich hervorbringen will, und wie könnte ich dies wissen, außer daß ich mir im Entwerfen des Zweckbegriffes, als einem Handeln, unmittelbar zusehe[48])?" Das Bewußtsein wird nur dann vollendet, wenn sich beide miteinander vereinigen; das Bewußtsein Ich kommt ebensowenig aus der sinnlichen Anschauung allein wie aus der intellektuellen. *Fichte* nennt es eine „Merkwürdigkeit der neueren Geschichte der Philosophie", daß man nicht erkannt habe, wie alles, was *gegen* die Existenz einer intellektuellen Anschauung vorgebracht wird, *ebenso* gegen das Vorhandensein einer sinnlichen Anschauung spricht.

Es gibt kein unmittelbares, isoliertes Bewußtsein der intellektuellen Anschauung. Zu ihrer Kenntnis komme man durch einen Schluß aus den offenbaren Tatsachen des Bewußtseins[49]). Der Philosoph finde die intellektuelle Anschauung als Faktum des Bewußtseins vor – „für ihn ist es Tatsache; für das ursprüngliche Ich Tathandlung[50])", jedoch eben nicht unmittelbar als isoliertes Faktum seines Bewußtseins. Er muß das Ganze in seine Bestandteile auflösen. Etwas ganz anderes wäre es dagegen, diese intellektuelle Anschauung als Möglichkeit zu erklären.

Von der intellektuellen Anschauung lasse sich aller Inhalt des Bewußtseins erklären ,und zwar nur von ihr aus. Denn „ohne Selbstbewußtsein ist überhaupt kein Bewußtsein; das Selbstbewußtsein ist aber nur möglich auf die angezeigte Weise: ich bin nur tätig[51])". Von diesem Standpunkt aus könne man nicht weitergehen, weil man nicht weitergehen dürfe. Nur durch diese intellektuelle Anschauung werde der Begriff des Handelns möglich; das aber sei entscheidend, denn er sei der einzige, der beide Welten, die für uns da sind, die sinnliche und die intelligible, vereinigt: „Was meinem Handeln entgegensteht – etwas entgegensetzen muß ich ihm, denn ich bin endlich –, ist die sinnliche, was durch mein Handeln entstehen soll, ist die intelligible Welt[52])."

Es sei eine bedeutsame Frage, ob die Philosophie von einer Tatsache ausgehe oder aber von einer *Tathandlung*, worunter nun *Fichte* die reine Tätigkeit versteht, die kein Objekt voraussetzt, sondern es selbst hervorbringt, und wo sonach das Handeln unmittelbar zur Tat wird. Denn wenn sie von der Tatsache ausgeht, „so stellt sie sich in die Welt des Seins und der Endlichkeit, und es wird ihr schwer werden, aus dieser einen Weg zum Unendlichen und Übersinnlichen zu finden; geht sie von der Tathandlung aus, so steht sie gerade auf dem Punkte, der beide Welten verknüpft, und von welchem aus sie mit Einem Blick übersehen werden können[53])".

Nun ist also das Selbstbewußtsein als der Punkt aufgezeigt, „an den für uns alles geknüpft ist[54])". Der Transzendentalphilosoph als Transzendentalphilosoph fragt nicht danach, ob das Selbstbewußtsein auch nur die Modifikation eines höheren Seins darstelle oder ob es selbst aus etwas anderem erklärt werden müsse; denn das Selbstbewußtsein ist uns „nicht eine Art des Seyns, sondern eine Art des Wissens, und zwar die höchste

[48]) a. a. O. 48.
[49]) ebd.
[50]) ebd.
[51]) a. a. O. 50.
[52]) a. a. O. 52.
[53]) ebd.
[54]) *F. W. Schelling:* Einleitung zu dem Entwurf eines Systems der Naturphilosophie. In: Werke, II. 355.

und äußerste, die es überhaupt für uns gibt [55])". Da es sich um das höchste Prinzip handle, wäre es ein sich selbst widersprüchlicher Versuch, es aus einem noch höheren Prinzip deduzieren zu wollen. Es könne lediglich zu beweisen versucht werden, daß es das höchste sei und das es alle jene Charaktere an sich trage, die einem solchen zukommen. Um diese Aufgabe erfüllen zu können, muß nach *Schelling* jedoch ein Punkt gefunden werden, in welchem das Objekt und sein Begriff, der Gegenstand und seine Vorstellung ursprünglich, schlechthin und ohne alle Vermittlung eins sind. Es muß also gezeigt werden, daß im Wissen selbst ein Punkt ist, wo beide ursprünglich eins – oder wo die vollkommenste Identität des Seins und des Vorstellens ist, wo „Subjekt und Objekt unvermittelt Eines sind [56])". Dieser Punkt sei nirgendwo anders gelegen als im Selbstbewußtsein, wodurch ich meiner erst ursprünglich bewußt werde.

Diese Art der Anschauung, die dadurch gekennzeichnet sei, daß sie im Gegensatz zur sinnlichen Anschauung vom Angeschauten nicht verschieden ist, d. h. als Produzieren ihres Objektes erscheine und daher auch kein von ihm unabhängiges Objekt habe, nennt *Schelling* die „intellektuelle (intellektuale) Anschauung [57])". Sie habe das „wirkliche Erkennen" zum Gegenstand, das nicht wie die (bloße) Empirie ein geistloses Sammeln von Tatsachen sei, sondern ein *apriorisches Nachkonstruieren des Erfassens*. Eine solche Anschauung sei das Ich, weil durch das Wissen des Ichs von sich selbst das Ich selbst (das Objekt) erst entsteht. Denn da das Ich (als Objekt) nichts anderes sei als eben das Wissen von sich selbst, so entsteht das Ich eben nur dadurch, daß es von sich weiß; das Ich selbst also sei ein Wissen, das „zugleich sich selbst (als Objekt) producirt", ja, das Ich sei „nichts anderes als ein sich selbst zum Objekt werdendes Produciren, d. h. ein intellektuelles Anschauen [58])".

An anderer Stelle bemerkt *Schelling:* „Uns allen wohnt ein geheimes, wunderbares Vermögen bei, uns aus dem Wechsel der Zeit in unser innerstes, von allem, was von außen her hinzukam, entkleidetes Selbst zurückzuziehen und da unter der Form der Unwandelbarkeit das Ewige anzuschauen; diese Anschauung ist die innerste, eigenste Erfahrung, von welcher allein alles abhängt, was wir von einer übersinnlichen Welt wissen und glauben [59])."

Die so beschriebene intellektuelle Anschauung begleitet nach *Schellings* Ansicht alles transzendentale Philosophieren, dessen Organ es ja gerade ist. Alles transzendentale Denken setzt ein Vermögen voraus, gewisse Handlungen des Geistes zugleich zu produzieren und anzuschauen, so daß das Produzieren des Objektes und das Anschauen selbst absolut eines sei; aber eben dieses Vermögen sei das Vermögen der intellektuellen Anschauung [60]). Dieser Anschauung haftet nach *Schellings* Überzeugung durchaus nichts Mysteriöses an, so wenig es mysteriös ist, ein Verhältnis zu verstehen, das darin besteht, daß etwas und zwar das Ich, ein „Objekt (ist), das dadurch ist, daß es von sich weiß [61])". Daß dennoch manche darin etwas Geheimnisvolles sehen, liegt nicht in seiner Unverständlichkeit, sondern darin, daß „manche desselben wirklich entbehren". Andererseits ist aber nach *Schelling* die Philosophie auch nicht zu besonderer Rücksicht auf das Unvermögen verpflichtet. Es zieme sich vielmehr, den Zugang zu ihr nach allen

[55]) a. a. O. 356.
[56]) a. a. O. 364.
[57]) a. a. O. 369.
[58]) a. a. O. 369 f.
[59]) Phil. Br. über Dogmatismus und Krit. 8. In: Werke, I.
[60]) Einleitung zu dem Entwurf eines Systems der Naturphilosophie. 369.
[61]) a. a. O. 370.

Seiten hin vom gemeinen Wesen so zu isolieren, daß kein Weg oder Fußsteg von ihm aus zu ihr führen könne. Die absolute Erkenntnisart, wie die Wahrheit, welche in ihr ist, habe keinen wahren Gegensatz außer sich, und sie lasse sich auch keinem intelligenten Wesen andemonstrieren.

Um ein *absolutes* Erkennen handle es sich bei der intellektuellen Anschauung deswegen, weil Denken und Sein in ihm nicht entgegengesetzt seien. *Schelling,* der unter Anschauung überhaupt ein Gleichsetzen von Denken und Sein versteht, erblickt das Kennzeichnende der gewöhnlichen Anschauung darin, daß irgendein besonderes sinnliches Sein mit dem Denken ineins gesetzt wird, während in der intellektuellen oder Vernunftanschauung das Sein überhaupt und alles Sein mit dem Denken identisch gesetzt, das heißt *das absolute Subjekt-Objekt angeschaut* wird. Für jedes Erkenntnissubjekt besteht nun prinzipiell die Möglichkeit, dieselbe Indifferenz des Idealen und Realen, die es im Raum und in der Zeit gleichsam projiziert anschaut, in sich selbst unmittelbar intellektuell anzuschauen. Das nun nennt er eine „absolute Erkenntnisart".

Schelling hat die intellektuelle Anschauung in eine methodische Form zu gießen versucht, die er als „Konstruktion" bezeichnete. Sie besteht im Nachweis, wie in jedem besonderen Verhältnis oder Gegenstand das Ganze absolut ausgedrückt ist. Einen Gegenstand philosophisch konstruieren, heißt nachweisen, wie in demselben die ganze innere Struktur des Absoluten sich wiederholt.

7.6. Kritische Würdigung

Niemand kann uns daran hindern, nach Belieben Erfahrungsarten oder Einsichtsweisen einzuführen; ferner ist es offensichtlich immer möglich, im konkreten Falle eine spezifische „Blindheit" des Kritikers zu konstatieren. Daraus, daß dies möglich ist, kann nun jedoch nicht gefolgert werden, daß es echte Erfahrung, tatsächliche Einsicht, echte Evidenz, wirkliche Intuition, Verstehen im eigentlichen Sinn oder Wesenserkenntnis (-„erschauung") nicht geben könne, sondern lediglich, daß wir auch in Zukunft Täuschung grundsätzlich für möglich halten müssen.

Wenn aber die nicht-sensuellen Erfahrungsarten oder Einsichtsweisen nicht mehr und / oder anderes zu leisten vermögen als das, was gewöhnliche Wirklichkeitserfahrung erreicht, so sind sie überflüssig. Wenn mit ihnen dann dennoch der Anspruch verbunden wird, den Bereich transzendieren zu können, der jener Wirklichkeitserfahrung offensteht, so ist ihre Welt von „Phänomenen" lediglich eine Scheinwelt, also nichts. *Sofern* der Begriff solcher „außer-gewöhnlicher" Einsichtsarten oder Erfahrungsmethoden konstituierbar ist, also den logischen Anforderungen entspricht, kann nichts vorweg für oder wider die Berechtigung eines Erfahrungsanspruches entschieden werden. Im Rahmen der vorliegenden Untersuchung kann die Berechtigung solcher Ansprüche nicht endgültig beurteilt werden. Die Ansprüche liegen uns vor; da jedoch die Forderung, der Wahrheitswert „faktischer" Aussagen oder Sätze müsse „an (oder durch) Erfahrung" festgestellt werden, noch keine genaue Angabe hinsichtlich ihrer Art enthält, hat sich diese Erläuterung des Erfahrungsbegriffes als notwendig erwiesen.

Wir können zusammenfassen:

1) Obgleich die Sinneserfahrung keineswegs unproblematisch ist, vor allem was ihre Eignung zur Gewinnung von Erkenntnissen betrifft, so wird doch nicht bestritten, daß es sie gibt und daß sie bestimmte Leistungen erbringt;

2) die Gleichsetzung der faktischen Sätze („F-Sätze" oder „F-Aussagen") oder auch „logisch indeterminierten Sätze" mit Sätzen, deren Wahrheitswert auf Grund

der Sinneserfahrung oder von Beobachtung und Experiment ermittelt werden muß, wird in zweifacher Hinsicht angefochten:

a) im Hinblick auf den Umstand, daß unter „Erfahrung" nicht unbedingt „Sinneserfahrung" verstanden werden muß, sondern daß dem Erfahrungsbegriff auch Intuition, Verstehen, Wesensschau, intellektuelle Anschauung usw. untergeordnet werden können, oder mit anderen Worten, mit Bezug darauf, daß es unterschiedliche Verwendungsweisen des Wortes „Erfahrung" gibt;

b) in Hinsicht auf die Diskussion um die Existenz sog. „synthetischer Sätze a priori", für die offensichtlich *auch* faktischer Gehalt beansprucht wird.

Unsere Wissenschaftsauffassung hängt unter anderem von der Beantwortung der diesbezüglichen Fragen ab. Wer zum Beispiel die Sinneserfahrung als alleinige Überprüfungsinstanz für faktische oder realbezügliche Aussagen anerkennt und wer darüber hinaus das Vorhandensein oder sogar die Möglichkeit synthetisch-apriorischer Sätze bestreitet, besitzt einen eingeschränkteren Wissenschaftsbegriff als zahlreiche Philosophen und Einzelwissenschaftler unserer Zeit. In der Bestimmung des in der gegenständlichen Untersuchung erarbeiteten Wissenschaftsbegriffes wird versucht werden, dem Faktum der Unterschiedlichkeit der Auffassungen zu entsprechen. Aus der Berücksichtigung dieser Situation ergibt sich die Möglichkeit, *mehrere Wissenschaftsauffassungen* auszudifferenzieren. Daraus folgt wiederum, daß die Entscheidung über die Wissenschaftlichkeit bestimmter Einstellungen, Methoden, Sätze usw., vorläufig nur im Hinblick auf die zugrunde liegenden Wissenschaftsbegriffe getroffen werden kann. Es wäre zwar grundsätzlich möglich, ihre Zahl zu vermindern. Dazu wäre jedoch eine ausführliche Untersuchung der Berechtigung jener Ansprüche notwendig. Wenn man nicht glaubt, „den" Begriff der Erfahrung zu besitzen, ist es unvermeidlich, das Für und Wider der unterschiedlichen Erfahrungsbegriffe argumentativ zu entscheiden, eine Aufgabe, die gewiß nicht „im Vorübergehen", sondern nur in einer *eigenen Untersuchung* bewältigt werden kann.

Die einschlägigen Wörterbücher enthalten zumeist nur spärliche Hinweise auf die Unterschiedlichkeit der Verwendungsweisen des Wortes „Erfahrung". Die Entscheidung zugunsten bestimmter Verwendungsregeln oder zugunsten eines bestimmten Erfahrungsbegriffes ist hier eben jeweils schon zuvor gefallen. Im besten Falle werden die Erfahrungsbegriffe namhafter Denker chronologisch geordnet wiedergegeben. So verhält es sich übrigens auch mit dem Wissenschaftsbegriff. Die vorliegende – umfangreiche – Abhandlung mag u. a. auch als Modellfall oder als Analogon für eine ausführliche Diskussion des Erfahrungsbegriffes gewertet werden. Die Konsequenzen, die aus seiner hier notgedrungen abrißartigen Behandlung folgen, müssen daher im Hinblick auf die Notwendigkeit einer ausführlicheren und eingehenderen Untersuchung mit Vorbehalt beurteilt werden.

8. Erweiterung des Wissenschaftsbegriffes?

8.1. Die synthetischen Sätze a priori

8.1.1. Der Begriff des synthetischen Urteils a priori

Die Einteilung der wissenschaftlichen Aussageformen und Aussagen in solche der Formalwissenschaften (Idealwissenschaften) und der Faktischen Wissenschaften (Realwissenschaften, Erfahrungswissenschaften) geht in der Regel einher mit der Einteilung der Urteile in analytische a priori und synthetische a posteriori oder mit der Einteilung der Aussagen in logisch determinierte und logisch indeterminierte[1]). *Kant* hatte jedoch als eine selbständige Klasse von Urteilen sog. „synthetische Urteile a priori" angenommen.

Daß es solche Urteile tatsächlich gibt, beweisen nach seiner Überzeugung die Metaphysik, die reine Naturwissenschaft und vor allem die reine Mathematik. Da ihm die Tatsächlichkeit synthetischer Sätze a priori bekanntlich als erwiesen gilt, hält er die Frage: „*Wie* sind synthetische Urteile a priori möglich?", für die entscheidende Frage [2]). Kritiker haben zu zeigen versucht, daß die kantische Voraussetzung nicht gilt: Die von ihm angeführten Beispiele für synthetische Sätze a priori sind ihnen zufolge verfehlt; es handle sich dabei entweder um analytische Sätze a priori oder aber um synthetische Sätze a posteriori.

Aber auch dann, wenn sich diese Kritik als berechtigt erweist, kann daraus offensichtlich noch nicht geschlossen werden, synthetische Sätze a priori seien überhaupt unmöglich; denn es wäre ohne weiteres denkbar, daß sogar schon vor *Kant* der Kritik standhaltende Beispiele für solche Sätze gefunden worden sind. Auf jeden Fall aber glauben Philosophen unserer Zeit solche synthetischen Urteile a priori entdeckt zu haben[3]). Trifft das zu, so ist die kantische Fragestellung wiederum entscheidend geworden.

Doch glauben andere Kritiker beweisen zu können, daß synthetische Sätze a priori *unmöglich* seien, daß also der Begriff des synthetischen Apriori ein Widerspruch in sich sei oder eine widerspruchsvolle Begriffsverbindung wie etwa „viereckiger Kreis" darstelle: „Während nun die moderne Logik", bemerkt *Stegmüller*[4]) dazu, „den Begriffen des analytischen und synthetischen Satzes, des ‚rein logisch' wahren wie des ‚rein logisch falschen' Satzes eine präzise Bedeutung gegeben hat, ist dies bezüglich des Ausdruckes ‚synthetischer Satz a priori' nicht der Fall, einerseits weil von den Begründern und Ausgestaltern der modernen Logik infolge eines Unglaubens an die Möglichkeit einer philosophischen Realwissenschaft auch die Möglichkeit einer solchen Definition gar nicht ins Auge gefaßt wurde, andererseits aber weil man oft direkt annahm, daß sich dieser Begriff gar nicht präzisieren lasse, die Vereinigung der beiden Merkmale ‚synthetisch' und ‚a priori' eigentlich einen Selbstwiderspruch darstelle, da es gar nicht möglich sei, ein Apriori zu konstruieren, welches über das Gebiet des rein Logischen hinausführt[5])."

Hinsichtlich dieser wichtigen Annahme stimmen nun aber nicht einmal die Vertreter der sog. Wissenschaftlichen Philosophie überein. Im Gegensatz zu Auffassungen,

---

[1]) Vgl. dazu die obigen Ausführungen zu den sprachlichen Aussageformen der Wissenschaft.

[2]) „Die eigentliche Aufgabe der reinen Vernunft ist nun in der Frage enthalten: *Wie sind synthetische Urteile a priori möglich?"* (*Kant:* Kr. V., B 19).

[3]) Vgl. dazu *Harald Delius:* Untersuchungen zur Problematik der sogenannten synthetischen Sätze a priori. Göttingen 1963.

[4]) Der Begriff des synthetischen Urteils a priori und die moderne Logik. In: Zt. f. philosophische Forschung. Bd. VIII, Heft 4. 1954. 540.

[5]) a. a. O. 539. Vgl. dazu *W. Stegmüller:* Hauptströmungen. XXIX.

wie sie im „Wiener Kreis" vertreten wurden, z. B. von *M. Schlick* in seinem Aufsatz „Gibt es ein materiales Apriori?", wird behauptet, ein widerspruchsfreier Begriff des synthetischen Urteils a priori lasse sich tatsächlich konstruieren[6]).

Allerdings sind wir nach seiner Überzeugung nun auch nicht imstande, die Frage zu beantworten, ob und woran man in einem gegebenen Einzelfall erkennen kann, daß es sich bei einem bestimmten Urteil, das zur Prüfung vorgelegt wird, um ein synthetisches Urteil a priori handelt. *Stegmüller* hält daher dieses Problem für wissenschaftlich nicht entscheidbar. Die Definitionen, die aufgestellt werden, können nach seiner Ansicht bestenfalls die Zielsetzung präzisieren, welche allen jenen Philosophen vorschwebte, die den Ausdruck „synthetisches Urteil a priori" gebrauchten[7]).

Andererseits ist es *Stegmüller* selbst, der zu der Frage, ob es synthetische Urteile a priori gebe, die Behauptung aufstellt, sie sei „in einer gewissen Hinsicht eine Schicksalsfrage der Philosophie". Gebe es sie nämlich nicht, so zerfielen alle sinnvollen wissenschaftlichen Aussagen in die beiden Gruppen der rein logischen (analytischen oder kontradiktorischen) Sätze und der Tatsachenaussagen (empirische Sätze). Den ersteren fehle jeder Wirklichkeitsgehalt, die letzteren würden ausschließlich von den einzelnen Erfahrungswissenschaften aufgestellt. Für eine Philosophie als Wirklichkeitswissenschaft wäre dann kein Platz mehr. Gebe es hingegen die genannte Klasse von Urteilen, so habe auch eine philosophische Disziplin als Realwissenschaft Existenzberechtigung, sei es, daß sie apriorische Aussagen über jene Objekte fälle, die in den Einzelwissenschaften nur unter empirischem Gesichtspunkt betrachtet werden, sei es, daß sie überhaupt mit anderen Objektarten zu tun habe[8]).

Nun ist aber die genaue Bestimmung der beiden Begriffe „analytisch" und „a priori", oder der beiden Begriffe synthetisch und „a posteriori", die Voraussetzung für die Definition des synthetischen Urteils a priori, denn die Begriffsbestimmung erfolgt entweder durch „nicht-analytisch und doch a priori" oder durch „nicht analytisch und doch nicht a posteriori (empirisch)[9])". *Kants* Definition des Analytischen ist laut *Stegmüller* jedoch inadäquat[10]). An anderer Stelle bemerkt er, die Unterscheidung *Kants* zwischen „analytisch-synthetisch[11])" sei von ähnlicher Fragwürdigkeit[12]) wie die von ihm vorgelegte Definition von „allgemeingültig" und „notwendig", durch die er seinen Begriff des „a priori" bestimmt[13]). Denn „analytische Sätze" sind nach *Kant* jene, bei denen der Prädikatsbegriff im Subjektsbegriff enthalten ist. Aber erstens sei dies nur eine Metapher,

---

6) *W. Stegmüller:* Der Begriff des synthetischen Urteils. 538.

7) a. a. O. 538.

8) a. a. O. 535; ferner: Hauptströmungen. XXIX. Vgl. dazu auch folgenden Hinweis *Carnaps:* " . . . as *Moritz Schlick* once remarked, empiricism can be defined as the point of view that maintains that there is no synthetic a priori. If the whole of empiricism is to be compressed into a nutshell, this is one way of doing it" (*R. Carnap:* Philosophical Foundations of Physics. An Introduction to the Philosophy of Science. Ed. by *M. Gardner.* New York 1966. 180).

9) *W. Stegmüller:* Metaphysik – Wissenschaft – Skepsis. 540 f.

10) *W. Stegmüller:* Der Begriff des synthetischen Urteils a priori. 541. Bezüglich der Schwierigkeiten, die eine exakte Definition des Analytischen in Systemen, die zur Formulierung des Gesamtgehaltes der Logik wie der Mathematik ausreichend sind, überwinden muß, vgl. *R. Carnap:* Ein Gültigkeitskriterium für die Sätze der klassischen Mathematik; Monatshefte für Math. und Phys. 42. Bd.

11) *H. Scholz:* Mathesis Universalis. 193.

12) a. a. O. 194.

13) Vgl. *I. Kant:* Prolegomena. Bd. IV der Akademie-Ausgabe. 298. Sowie *H. Scholz.* 192, 198.

und zweitens wäre die Bestimmung nur auf die primitiven Urteile (einfachen Prädikationen) anwendbar[14]).

8.1.2. Die „analytisch-synthetisch-Unterscheidung" (ASU)

Aber auch alle seit *Kant*, ja sogar die in den letzten Jahren mit Hilfe der modernen logischen und semantischen Methoden erstellten Definitionen des Begriffes „analytischer Satz" [15]) sind der Kritik ausgesetzt [16]). So kritisierte *Quine* den Versuch *Carnaps*, eine scharfe Unterscheidung zwischen dem Synthetischen und dem Analytischen für künstliche Sprachen mit präzisen semantischen Regeln vorzunehmen [17]). Dieser Versuch war von *Carnap* unternommen worden, nachdem es sich ihm gezeigt hatte, daß eine befriedigende Definition von „analytisch" innerhalb der Umgangssprache unmöglich ist. Schließlich erweist sich ihm auch der Weg über die empirische Verifikationstheorie als ungangbar [18]).

Diese Kontroverse um die Möglichkeit einer scharfen Grenzziehung zwischen analytischen und synthetischen Sätzen dauert noch an. *Quine* hält seine Kritik ebenso aufrecht wie *Carnap* seine Definition des Begriffes „analytischer Satz" [19]). „Quine ... kommt ... zu einer pragmatischen Konsequenz: zwischen empirisch-hypothetischen Aussagen und logischen Gesetzen wie etwa dem Satz vom ausgeschlossenen Dritten wird kein Wesensunterschied gemacht; Änderung der wissenschaftlichen Situation kann zur Preisgabe des einen wie des anderen führen. Diese Folgerung ist aber nur dann unausweichlich, wenn man nicht an die Möglichkeit evidenter Erkenntnis, unmittelbarer Einsicht, glaubt" [20]). Denn wer nicht daran glauben wolle, daß a) entweder Sätze überhaupt oder b) ein spezieller aufgewiesener Satz die definitorischen Bestimmungen des Begriffs des synthetischen Satzes a priori erfüllt, der könne nicht mit logischen Argumenten von der Unrichtigkeit seiner Ansicht überzeugt werden [21]). Der positivistischen Argumentation wäre es dann nur mehr möglich, zu bestreiten, daß es jene spezifische Art von Einsicht gibt, die für synthetisch-apriorische Sätze in Anspruch genommen wird. Es müsse dann aber mit gleicher Notwendigkeit auch diejenige spezifische Art von Evidenz geleugnet werden, die in den Einzelwissenschaften anerkannt wird [22]).

---

[14]) *W. Stegmüller:* Metaphysik – Wissenschaft – Skepsis. 29; ferner *G. Janoska:* Die sprachlichen Grundlagen der Philosophie. Graz 1962. 7 f.

[15]) Vgl. dazu *F. Oppacher:* Das zeitgenössische Problem der Analytizität (unter besonderer Berücksichtigung der Philosophie *Rudolf Carnaps*). Diss. Wien 1965.

[16]) *H. Scholz:* 199 f.; vgl. ferner: *J. R. Reid:* Analytic Statements in Semiosis. In: Mind 52. 1943. 314–330; *R. Rudner:* Formal and Non-Formal. In: Phil. of Science, 16. 1949. 41–48; *F. Waismann:* Analytic-Synthetic. In: Analysis, 10, 11. 1949/50, 1950/51. Teil I–IV, sowie: *J. Wild, J. L. Coblitz:* Concerning the Distinction between the Analytic and the Synthetic. In: Phil. and Phenomenolog. Research, 8. 1947/48. 651–667. Diesen weniger bedeutsamen Arbeiten folgten *W. v. O. Quine:* Two Dogmas of Empiricism. In: The Philosophical Review. Bd. II. 20–43, und *M. G. White:* The Analytic and the Synthetic: An Untenable Dualism. In: Semantics and the Philosophy of Language, ed. b. *Linsky*. Urbana 1952. 272–286, sowie vom gleichen Autor: Toward Reunion in Philosophy. New York 1963.

[17]) *W. Stegmüller:* Metaphysik – Wissenschaft – Skepsis. 39 f.

[18]) a. a. O. 44.

[19]) Siehe dazu *F. Oppacher:* a. a. O., bes. Kap. „Die Kontroverse", sowie „Definition der Analytizität und Nachweis ihrer Adäquatheit", und *W. Stegmüller:* Metaphysik – Wissenschaft – Skepsis. 45; jedoch auch *H. Scholz:* a. a. O. 200.

[20]) *W. Stegmüller:* a. a. O. 45.

[21]) *W. Stegmüller:* Begriff des. s. U. a. Pr. 561 f.

[22]) Ders.: Metaphysik – Wissenschaft – Skepsis. 562.

8.1.3. Einsicht in oder Erfahrung des Synthetisch-Apriori bei Kant

Diese „spezifische Art der Einsicht" bei synthetisch-apriorischen Sätzen ist „reine Anschauung" und „reines Denken":

8.1.3.1. „Reine Anschauung"

Synthetische Urteile sind laut *Kant* „nicht anders möglich ..., als unter der Bedingung einer dem Begriffe ihres Subjekts unterlegten Anschauung, welche, wenn sie Erfahrungsurteile sind, empirisch, sind es synthetische Urteile a priori, reine Anschauung a priori ist". Die Kritik zeigte, daß es die reine, dem Begriffe des Subjekts unterlegte Anschauung sein müsse, an der es möglich, ja allein möglich ist, ein synthetisches Prädikat a priori mit einem Begriffe zu verbinden. Um mit meinem Begriffe über diesen Begriff selbst hinauszugehen und mehr davon zu sagen, als in ihm gedacht worden sei, müsse die Sinnlichkeit, und zwar als Vermögen einer Anschauung a priori, in Betracht gezogen werden [23]). Denn daß etwas außer dem gegebenen Begriffe noch als Substrat hinzukommen muß, was es möglich macht, mit seinen Prädikaten über ihn hinauszugehen, wird nach *Kant* durch den Ausdruck der Synthesis klar angezeigt. Mithin wird die Untersuchung auf die Möglichkeit einer Synthesis der Vorstellungen zum Zwecke der Erkenntnis überhaupt gerichtet. Diese muß aber bald dazu führen, daß die Anschauungen, für die Erkenntnis a priori aber die *reine* Anschauung, als die unentbehrlichen Bedingungen derselben anerkannt werden [24]).

Die synthetischen Urteile (Grundsätze, Prinzipien) a priori sind durch Anschauungen a priori, ferner durch Begriffe a priori, das heißt durch Kategorien möglich, ferner aber auch deshalb, weil die Bedingungen der Erfahrung zugleich die Bedingungen der Objekte der Erfahrung sind: „... die Bedingungen der Möglichkeit der Erfahrung überhaupt sind zugleich Bedingungen der Möglichkeit der Gegenstände der Erfahrung und haben darum objektive Gültigkeit in einem synthetischen Urteil a priori" [25]).

Synthetische Urteile a priori haben kein Drittes außer dieser Beziehung: sie besitzen keinen Gegenstand, an dem die synthetische Einheit ihrer Begriffe eine objektive Realität dartun könnte [26]). Denn die reine Anschauung, die eine Bedingung der empirischen Anschauung ist – sie geht den Objekten der Wahrnehmung voraus –, geht nicht auf Dinge an sich, sondern auf die *Form* unseres Wahrnehmens der Dinge, auf die Form der Erscheinung: „Alle Dinge, die sich unseren Sinnen als Gegenstand darbieten, sind Erscheinungen; was aber, ohne die Sinne zu berühren, nur die besondere Form der Sinnlichkeit enthält, gehört zur reinen (d. h. einer von Empfindungen leeren, darum aber nicht verstandesmäßigen) Anschauung" [27]).

Nur dann, wenn meine Anschauung nichts anderes enthält als die Form [28]) der Sinnlichkeit, durch die ich von Gegenständen affiziert werde, kann diese Anschauung der Wirklichkeit des Gegenstandes vorhergehen und zu Erkenntnissen a priori führen: „Denn daß Gegenstände der Sinne dieser Form der Sinnlichkeit gemäß allein angeschaut werden können, kann ich a priori wissen. Hieraus folgt: daß Sätze, die bloß diese Form der sinnlichen Anschauung betreffen, von Gegenständen der Sinne möglich und gültig

---

[23]) *Kant:* Über eine Entdeckung. Bd. VIII der Akademie-Ausgabe. 241 und 242. Vgl. dazu auch Prolegomena. Bd. IV der Akademie-Ausgabe. 297 ff., besonders 300.

[24]) Ders.: Über eine Entdeckung: a. a. O. 245.

[25]) KrV, B 197; vgl. dazu auch Prolegomena: a. a. O. 302 und 313.

[26]) KrV B 196.

[27]) Mund. sens. § 12 (= Bd. II der Akademie-Ausgabe. 397).

[28]) Prolegomena: a. a. O. 297.

sein werden; im gleichen umgekehrt, daß Anschauungen, die a priori möglich sind, niemals andere Dinge als Gegenstände unserer Sinne betreffen können" [29]). Es ist also nur die *Form* der sinnlichen Anschauung, wodurch wir a priori Dinge anschauen können. Freilich können wir nun aber auch die Objekte nur insofern erkennen, als sie unseren Sinnen *erscheinen* können.

Die Voraussetzung synthetischer Erkenntnisse a priori sind *apriorische Anschauungen und Begriffe*. Etwas sich a priori vorstellen, heißt, sich *vor* der Wahrnehmung, also dem empirischen Bewußtsein, und das heißt daher, unabhängig von demselben, sich eine Vorstellung davon machen. Man kann a priori wissen, wie und unter welcher Form die Sinnesgegenstände angeschaut werden: der subjektiven Form der Sinnlichkeit, das heißt der Empfänglichkeit des Subjekts gemäß. Es ist bloß formale und subjektive Bedingung der Sinnlichkeit, unter welcher wir gegebene Gegenstände a priori anschauen [30]). Aller unserer Erkenntnis der Dinge liegen nach *Kants* Überzeugung solche reinen Anschauungen zugrunde.

8.1.3.2. „Reines Denken"

Ebenso wie die reine Anschauung nur die Form der Sinnlichkeit verkörpert, betrifft das „reine" Denken, als Inbegriff der apriorischen Denkbestimmungen, nur das *Formale* der Objekte. Durch das reine Denken werden „Gegenstände völlig a priori erkannt" [31]). Das reine apriorische Denken enthält nach *Kant* in Beziehung auf Erfahrungen, das heißt auf Objekte der Sinne, Grundsätze, welche den Ursprung aller Erfahrungen bilden, mithin dasjenige, was die Erfahrungen durchgängig bestimmt [32]): „Es geht also noch ein ganz anderes Urteil voraus, ehe aus Wahrnehmung Erfahrung werden kann. Die gegebene Anschauung muß unter einem Begriffe subsumiert werden, der die Form des Urteilens überhaupt in Ansehung der Anschauung bestimmt, das empirische Bewußtsein der letzteren in einem Bewußtsein überhaupt verknüpft und dadurch den empirischen Urteilen Allgemeingültigkeit verschafft; dergleichen Begriff ist ein reiner Verstandesbegriff a priori, welcher nichts tut, als bloß einer Anschauung die Art überhaupt zu bestimmen, wie sie zu Urteilen kommen kann" [33]). Die Grundsätze a priori sind Sätze, welche alle Wahrnehmung gemäß gewissen allgemeinen Bedingungen der Anschauung unter jene reinen Verstandesbegriffe subsumieren [34]). Die Erfahrung leitet sich von ihnen ab.

Aus dem sog. „reinen Verstand" stammen folglich die Grundbegriffe der Erkenntnis, die „reinen Verstandesbegriffe" oder *Kategorien*. Sie sind die fundamentalen Formen der Synthese von Daten zur Einheit objektiver Erfahrung; sie sind die apriorischen Bedingungen, Konstituentien der Erfahrung, die daher für alle mögliche Erfahrung notwendig gelten. Diese „Begriffe a priori" („reinen" Begriffe, „reinen Verstandesbegriffe") liegen im menschlichen Verstand bereit, „bis sie endlich *bei Gelegenheit der Erfahrung entwickelt* und durch eben denselben Verstand, von den ihnen anhängenden empirischen Bedingungen befreit, in ihrer Lauterkeit dargestellt werden" [35]). Andererseits ist nur durch sie allein Erfahrung möglich, soweit es die Form des Denkens betrifft: Ein Gegenstand

---

[29]) Prolegomena: a. a. O. 282.

[30]) Fortschritte der Metaphysik. Kant-Nachlaß Bd. VII (= Bd. XX der Akademie-Ausgabe). 267.

[31]) (Von mir hervorgehoben.) Grundlegung zur Metaphysik der Sitten. Bd. IV der Akademie-Ausgabe. 390.

[32]) Kant-Nachlaß, Bd. IV (= Bd. XVII d. Akademie-Ausgabe). 660.

[33]) Prolegomena: 300.

[34]) a. a. O. 58, auch 68 f.

[35]) KrV, B 91.

der Erfahrung kann überhaupt nur vermöge dieser Begriffe gedacht werden. Die Kategorien erweisen sich also als „Bedingungen a priori der Möglichkeit der Erfahrung". Der Verstand ist durch diese Begriffe der Urheber der Erfahrung, worin sein Gegenstände angetroffen werden können [36]).

Keine einzige Kategorie kann anders als auf Objekte der sinnlichen Anschauung angewendet werden [37]). Daher können auch reine Mathematik sowohl als reine Naturwissenschaft niemals auf irgendetwas mehr als bloße Erscheinungen gehen. Sie vermögen nur das vorzustellen, was entweder Erfahrung überhaupt möglich macht, oder was, insofern es aus diesen Prinzipien abgeleitet ist, vorstellbar sein muß. Wir sind unfähig, die Möglichkeit eines Dinges vermittelst der „bloßen Kategorie" einzusehen; wir müssen immer eine Anschauung bei der Hand haben, um an derselben die objektive Realität des reinen Verstandesbegriffes darzulegen. Solange es also an Anschauung fehlt, weiß man nicht, ob man durch die Kategorie ein Objekt denkt, und ob ihnen auch überall irgendein Objekt zukommen könne. Es bestätigt sich, daß sie für sich gar keine Erkenntnisse, sondern bloße Gedankenformen sind, um aus gegebenen Anschauungen Erkenntnisse zu machen.

Aus bloßen Kategorien kann kein synthetischer Satz gemacht oder bewiesen werden, sondern nur von Objekten möglicher Erfahrungen lassen sie sich, als Prinzipien ihrer Möglichkeit [38]), beweisen. Für sich genommen enthalten die Kategorien bloß das *logische* Vermögen, das Mannigfaltige in der Anschauung Gegebene in ein Bewußtsein a priori zu vereinigen [39]). Die in KrV aufgestellte Behauptung steht nach *Kants* Versicherung immer fest, nämlich, daß keine Kategorie die mindeste Erkenntnis enthalte oder hervorbringen könne, wenn ihr nicht eine korrespondierende Anschauung, die für uns Menschen immer sinnlich ist, gegeben werden kann. Mithin kann keine Kategorie in Absicht auf theoretische Erkenntnis der Dinge jemals über die Grenze aller möglichen Erfahrung hinausreichen [40]).

Denn die reine, die von der Anschauung abgelöste Kategorie ist „nur logisch". Außer dem Feld der Erfahrung kann durch die Kategorien nichts gedacht werden. Sie bestimmen „bloß die logische Form des Urteils in Ansehung gegebener An-

---

[36]) „*Kant* glaubte, zeigen zu können, daß alle Erfahrungserkenntnis auf apriorischen Wirklichkeitserkenntnissen basiere. Die letzteren bestehen in wahren synthetischen Urteilen a priori, d. h. in Urteilen, deren Wahrheit wir einzusehen vermögen, obwohl wir sie einerseits logisch nicht beweisen können, andererseits aber auch zu ihrer Stützung keine Beobachtungsdaten benötigen. *Kants* Problem bestand in der Frage, wie dieses rätselhafte Phänomen wahrer synthetischer Urteile a priori erklärt werden könne und worauf die Gültigkeit dieser Urteile beruhe. Seine Lösung des Problems bestand in der Theorie des transzendentalen Idealismus, die in dem Bild von der ‚kopernikanischen Wendung' ihren anschaulichen Niederschlag fand: Wirklichkeitserkenntnis besteht nicht darin, daß sich die Eigenschaften einer bewußtseinstranszendenten Welt in unserem Bewußtsein widerspiegeln; vielmehr ist die sog. ‚wirkliche Welt' – d. h. die einzige uns bekannte *empirisch reale* Welt, von der wir sinnvoller Weise sprechen können – in ihren Grundbeschaffenheiten das *Konstitutionsprodukt* unseres eigenen (raum-zeitlichen) Anschauungsvermögens und unseres Verstandes. Nur wenn das Universum keine bewußtseinstranszendente Realität ist, sondern eine Leistung des transzendentalen Subjekts darstellt, wird es nach *Kant* verständlich, daß wir über dieses Universum zutreffende und zugleich erfahrungsunabhängige Aussagen machen können" (*W. Stegmüller:* Hauptströmungen. XXVII f.).

[37]) KrV B 146 ff.

[38]) Prolegomena: a. a. O. 313.

[39]) KrV B 305.

[40]) Über eine Entdeckung. 198.

schauungen" [41]). Sie sind daher nichts als *„bloße Formen der Urteile"*, wenn sie auf die – bei uns immer sinnlichen – Anschauungen angewandt werden. Dadurch aber bekommen sie nun „Objekte" und werden erst zu Erkenntnissen. Die folgende Stelle aus einem Brief *Kants* an *Markus Herz* vom 26. Mai 1789 kann als Zusammenfassung verstanden werden: „Ohne die Kategorien gäbe es keine Erfahrung und keine Objekte der Erkenntnis (auch nicht das Ich-Objekt); ich wüßte ohne sie gar nicht, daß ich die Vorstellung habe, sie wären daher für mich als erkennendes Wesen nichts als ein assoziatives Spiel von Vorstellungen ohne Einheit."

Die wirkliche Erfahrung besteht nach *Kants* Lehre aus der Apprehension, der Assoziation (der Reproduktion), endlich der Rekognition der Erscheinungen. Sie enthält Begriffe, welche die formale Einheit der Erfahrung, und mit ihr alle objektive Gültigkeit (Wahrheit) der empirischen Erkenntnis möglich machen. Diese „Gründe der Rekognition des Mannigfaltigen, sofern sie bloß die Form einer Erfahrung überhaupt angehen", sind nun jene Kategorien. Auf sie gründet sich also alle formale Einheit in der Synthesis der Einbildungskraft, und durch diese auch alles empirischen Gebrauchs derselben (in der Rekognition, Reproduktion, Assoziation, Apprehension) bis herunter zu den Erscheinungen. Denn diese nur können vermöge jener Elemente der Erkenntnis angehören sowie überhaupt unserem Bewußtsein und mithin uns selbst [42]). So ist es zu verstehen, wenn behauptet wird, der Verstand sei die Quelle der (obersten) Gesetze der Natur, und seine Kategorien ermöglichten es uns, Ordnung und Regelmäßigkeit in sie hineinzulegen. In den Kategorien ist der reine Verstand das Gesetz der synthetischen Einheit aller Erscheinungen; auf diese Weise macht er „Erfahrung ihrer Form nach allererst und ursprünglich möglich" [43]). Die „intellektuelle Form" ist nun die Art, wie das Mannigfaltige der Anschauung zu einem (möglichen) Bewußtsein gehört. Sie geht in dieser Eigenschaft der Erkenntnis des Gegenstandes voraus und stellt selbst eine *formale Erkenntnis* aller Gegenstände a priori überhaupt dar, sofern diese gedacht werden.

Demnach ergibt sich: 1) Da unsere Erkenntnis mit nichts als mit Erscheinungen zu tun hat, sind reine Verstandesbegriffe a priori möglich; wenn sie auf die Erfahrung bezogen werden, sind sie sogar notwendig. 2) Die Möglichkeit der Erscheinungen liegt in uns, ihre Verknüpfung und Einheit (in der Vorstellung eines Gegenstandes) wird bloß in uns angetroffen; sie gehen daher aller Erfahrung vorher und machen diese der Form nach auch allererst möglich [44]). Wir sind nicht dazu imstande, bereits durch die Kategorien einen bestimmten Gegenstand zu erkennen, sondern vermögen uns durch sie nur die Einheit der Vorstellungen zu denken, um einen Gegenstand dieser Vorstellung zu bestimmen. Wir bedürfen einer *gründenden Anschauung;* nur dadurch können wir uns, und zwar im Zusammenwirken mit Kategorien, einen Begriff von einem Gegenstand verschaffen, denn nur durch Anschauung wird der Gegenstand gegeben, der hernach der Kategorie gemäß gedacht wird [45]).

8.1.3.3. Kants transzendentaler Idealismus

Die Quelle der Einsichten, die in den synthetisch-apriorischen Sätzen ausgesprochen werden, ist weder die empirische Beobachtung, denn darauf können keine streng allgemein gültigen und notwendig wahren Aussagen gegründet werden, noch die

---

[41]) Prolegomena. 316.

[42]) KrV, A 124 f.

[43]) KrV, A 128.

[44]) KrV, A 130.

[45]) KrV, A 399 (von mir hervorgehoben).

Analyse von Begriffen beziehungsweise der Wortbedeutungen, denn sie sind synthetisch, oder mit anderen Worten: „das in ihnen von einem Subjekt Präzidierte ist nicht in ihrem ‚Subjektsbegriff' enthalten[46])". Die von *Kant* versuchte Lösung dieses Problems impliziert seinen transzendentalen Idealismus: „Der Grund der Gültigkeit synthetischer Urteile a priori liegt hier darin, daß die Bedingungen der Möglichkeit der Erfahrung zugleich die Bedingungen der Möglichkeit der Gegenstände der Erfahrung sind. Insofern gelten Einsichten in die Natur dieser Bedingungen (die Formen der Anschauung und die Kategorien) für jeden möglichen empirischen Tatbestand als für einen, der unter eben diesen Bedingungen steht, nur durch sie zu einem empirisch wahrnehmbaren Tatbestand überhaupt wird[47])." Wir haben gesehen, daß *Kants* synthetisch-apriorische Urteile jedoch nur die formalen Strukturen der Wirklichkeit oder der empirischen Realität, dagegen nicht die (sinnliche) Materie der Erkenntnis betreffen. Da die so verstandenen synthetischen Urteile a priori nicht aus empirischer Beobachtung oder aus der Erfahrung gewonnen sind, können sie nach *Kants* Überzeugung auch durch keine mögliche erfahrbare Tatsache falsifiziert werden.

8.1.4. Nicht-kantische Lösungsversuche

Gleichfalls weder aus der Erfahrung noch aus der Analyse der in ihnen enthaltenen Wortbedeutungen gehen synthetisch-apriorische Aussagen nach der Überzeugung anderer Philosophen hervor. Vielmehr kommen sie bei den meisten in *direkter Erfassung nicht-empirischer Wesensverhältnisse* zustande. Auf diese Weise soll das Feld möglicher synthetischer Urteile a priori weit über die von *Kant* gezogenen Grenzen hinaus erschlossen werden. Denn von jedem zunächst empirisch – in entsprechenden Erlebnissen – gegebenen Inhalt aus konnte man zum Beispiel nach der Überzeugung der Phänomenologen durch eine spezifische „Blickwendung" das Wesen oder den Eidos dieses Inhalts gewinnen und ferner Zusammenhänge aufdecken, in denen dieses Wesen zu den Wesen anderer Inhalte steht. Indem man sich der beschreibenden Analyse dieser Wesensverhältnisse zuwandte, „gewann und formulierte man Einsichten, die dann für jeden möglichen empirischen Fall als für einen, der diese Wesensstruktur gleichsam lediglich in empirisch-individueller Gestalt exemplifizierte, gültig waren [48])". Die Rechtfertigung des Anspruchs auf apriorische Gültigkeit wurde dabei im *Evidenz*charakter dieser Aussagen erblickt.

Die phänomenologisch-analytische Philosophie ist, wie *Delius* hiezu bemerkt, durch die Überzeugung gekennzeichnet, daß es durch eine *spezifische* Evidenz verbürgte, synthetische und apriorische Einsichten gebe, und dementsprechend apriori wahre synthetische Aussagen, in denen diese Einsichten formuliert sind. Diese Einsichten gehen weit über den von *Kant* als Gegenstand solcher Einsichten gedachten „formalen" Bereich hinaus; sie umfassen gerade und wesentlich alle Sinnesqualitäten sowie Bewußtseins-Inhalte und -Erlebnisse überhaupt. So konnte denn auch *A. Reinach* in seinem Vortrag „Über Phänomenologie" die durch *Kant* entstandene Auffassung über die Natur apriorischer Einsichten als eine „Verarmung" der Philosophie bezeichnen und demgegenüber

---

[46]) *H. Delius:* Probl. d. sog. synth. S. a pr. 36.

[47]) a. a. O. 36 f.

[48]) *Delius*, 37. „Farben, Töne, Gestaltqualitäten, Empfindungs- und Gefühlszustände, ästhetische und ethische Phänomene usw. wurden dieser phänomenologischen Wesensanalyse unterworfen, und die Ergebnisse dieser Analysen ließen den Bestand an Aussagen, die mit dem Anspruch auf den Titel ‚synthetisch a priori' auftraten, zu bisher nicht gekannter Fülle anwachsen."

feststellen: „In Wahrheit ist das Gebiet des Apriori unübersehbar groß; was immer an Objekten wir kennen, sie alle haben ihr ‚Was', ihr ‚Wesen', und vor allen Wesenheiten gelten Wesensgesetze. Es fehlt jedes, aber auch jedes Recht dazu, das Apriori auf das Formale in irgendeinem Sinne zu beschränken, auch von dem Materialen ja dem Sinnlichen, von Tönen und Farben gelten apriorische Gesetze [49]."

Die den Phänomenologen gemeinsame Grundüberzeugung besteht in dem Glauben an die Existenz nicht-empirischer Gegebenheiten [50]. Es wird also ein Bereich von Gegebenheiten angenommen, bestehend aus „sachhaltigen" oder „materialen" Wesen und Wesenszusammenhängen, ein Feld, das apriorischer Erkenntnis zugänglich sein müsse [51].

8.1.5. Zusammenfassung der Lösungsversuche

Die Wortverbindung „synthetisch und a priori" schließt zweierlei aus: 1) daß sich synthetisch-apriorische Aussagen auf empirisch beobachtbare Tatsachenverhältnisse beziehen; 2) daß es sich um logische oder analytische Verhältnisse von Begriffen oder Symbolen handelt.

Wo liegen synthetische Urteile a priori vor? (Bei dieser Frage berücksichtigen wir, daß immer dann, wenn von „a posteriori" oder „a priori" geredet wird, bereits eine Unterscheidung zwischen einem erkennenden Subjekt und der Wirklichkeit getroffen wurde, die von diesem Subjekt erfahren und beurteilt wird.) Antwort: Synthetische Urteile a priori liegen vor 1) im erkennenden Subjekt (Bewußtsein, Verstand); 2) außerhalb davon [53]. – *Delius* nennt (1) „transzendental" und (2) „objektiv".

8.1.5.1. Transzendentale Konzeption

Die Entdeckung eines materialen Apriori wäre dann als die Entdeckung solcher *Bewußtseins*strukturen zu denken, die auch den inhaltlichen oder materialen Elementen aller empirischen Wirklichkeit insofern ihre Erscheinungsweise vorschreiben, als sie durch diese Strukturen – und nur durch sie – zur Erscheinung kommt. Die Aussagen, die diese Strukturen und ihre Verhältnisse zueinander beschreiben, wären dann ebenso deswegen im Hinblick auf jeden möglichen empirischen Fall apriori wahr und unabhängig von aller Erfahrung gültig [54].

8.1.5.2. Objektive Konzeption

Die objektive Konzeption faßt diese Verhältnisse nicht als Elemente eines Bewußtseins auf, das eine empirische Wirklichkeit erkennt und konstituiert. Die diesbezüglichen Einsichten werden als Einsichten in Entitäten sui generis gesehen, und zwar als solche, die dasjenige allgemein und im besonderen repräsentieren, was alle möglichen und wirklichen Tatsachenverhältnisse lediglich in individueller Konkretion beispielhaft darstellen, sodann als solche, zu denen wir einen direkten Erkenntniszugang haben (etwa die Wesensschau der Phänomenologen) oder jedenfalls irgendwann gehabt haben (wie in dem Mythos von der Anamnesis) [55].

---

[49]) a. a. O. 17.

[50]) Vgl. die Darstellung des Wissenschaftsbegriffes *Husserls* und vor allem *Schelers.*

[51]) Vgl. *H. Delius:* a. a. O. 18 ff. bes. 19., ferner *G. Janoska:* a. a O. 8.

[52]) *H. Delius:* a a. O. 38. *Janoska:* a. a. O. 9.

[53]) *H. Delius:* a. a. O. 38.

[54]) *Delius:* a. a. O. 38 f.

[55]) a. a. O. 39.

Nunmehr könnten wir die nicht-empirische Gewinnung von Aussagen verstehen, die streng allgemeingültige Erkenntnisse über empirische Sachlagen ausdrücken[56]). Jedoch scheint es, als ob hier jene „allgemein gültigen und wahren Sätze" bereits per definitionem gegen jede mögliche Widerlegung gesichert wären. Das Problem besteht offenbar gerade in der Frage, *ob* es Sätze dieser Art, Sätze, die der Überprüfung gar nicht oder der Feststellbarkeit und Feststellung ihres Wahrheitswertes sozusagen „von Natur aus" nicht mehr bedürfen, tatsächlich gibt oder überhaupt geben kann.

8.1.6. Kant und Hume

Die Nichtprüfungsbedürftigkeit der synthetischen Sätze a priori wird – jedenfalls von *Kant* – prinzipiell begründet: „Es sind viele Gesetze der Natur, die wir nur vermittelst der Erfahrung wissen können; aber die Gesetzmäßigkeit in der Verknüpfung der Erscheinungen ... können wir durch keine Erfahrung kennen lernen, weil Erfahrung selbst solcher Gesetze bedarf, die ihrer Möglichkeit a priori zugrunde liegen[57])." Er gibt *Hume* recht, wenn dieser darauf besteht, daß die konkreten Naturgesetze nur durch Beobachtungen gewonnen werden können: „Daß das Sonnenlicht, welches das Wachs beleuchtet, es zugleich schmelze, indessen es den Thon härtet, kann kein Verstand aus Begriffen, die wir vorher von diesen Dingen hatten, erraten ... Nur Erfahrung kann uns ein solches Gesetz lehren[58])." Wenn jedoch vorher fest gewesenes Wachs schmelze, so könne ich a priori erkennen, *daß* etwas vorausgegangen sein *müsse*, worauf dieses nach einem beständigen Gesetz gefolgt sei, obgleich wir ohne Erfahrung aus der Wirkung weder die Ursache noch aus der Ursache die Wirkung a priori erkennen könnten. *Hume* habe nun aus der Zufälligkeit unserer Bestimmung nach dem Gesetze fälschlich auf die Zufälligkeit des Gesetzes selbst geschlossen. Dadurch habe er aber aus einem Prinzip, welches im Verstande seinen Sitz hat und notwendige Verknüpfungen aussagt, eine Regel der Assoziation gemacht, die bloß in der nachbildenden Einbildungskraft angetroffen wird und nur zufällige, gar nicht objektive Verbindungen darstellen könne[59]).

Die synthetischen Sätze a priori, die für *Kant* die sog. „reine Naturwissenschaft" bilden und die als solche die Grundvoraussetzungen der klassischen Physik sind, können nach Ansicht *Kants* weder sinnvoll durch eine Berufung auf die sogenannte Erfahrung begründet, noch auch durch irgendwelche zukünftige Erfahrungen widerlegt werden. *H. Scholz* stellt dazu fest, diese Sätze könnten deshalb nicht sinnvoll durch eine Berufung auf die sogenannte Erfahrung begründet werden, weil sie diese Erfahrung selbst erst möglich machen. Aus demselben Grunde können sie durch keine künftige Erfahrung widerlegt werden[60]).

8.1.7. Der Charakter der „Grundvoraussetzungen"

Wir erkennen, daß die Richtigkeit dieser Überzeugung *Kants* vor allem davon abhängt, ob es sich bei diesen „Grundvoraussetzungen" um *Aussagen* handelt.

[56]) Vgl. dazu *H. Scholz:* 191 f. Entweder hier oder dort läßt sich auch die phänomenologische Reduktionsmethode des späteren *Husserl* einordnen, die in ihrer Anwendung zum „‚transzendental gereinigten Bewußtsein' als dem subjektiven Pol aller Wirklichkeit führt, das als nicht auszuschaltender Rest nach Vornahme der gedanklichen Weltvernichtung übrigbleibt und als dessen intentionale Leistung die übrige Welt erscheint" (*W. Stegmüller:* Hauptströmungen. XXVIII), ferner auch *Reiningers* Standpunkt der Wirklichkeitsnähe und des methodischen Solipsismus (*Stegmüller*, a. a. O. XXVIII), darin auch Kap. über *Reininger.*

[57]) Proleg. § 36, a. a. O. 318 f.

[58]) KrV B 793 f.

[59]) ebd.

[60]) *H. Scholz:* Mathesis. 210.

Denn für solche allein ist es ja sinnvoll, ihnen einen Wahrheitswert zuzuordnen. Das Wort „Voraussetzung“ vermag darüber noch nichts bindend auszusagen. Handelt es sich bei jenen synthetischen Sätzen a priori, die als „Grundvoraussetzungen“ fungieren, um Aussagen, dann scheint es möglich zu sein, sie als Axiome zu betrachten [61]).

8.1.7.1. Zum Begriff der Voraussetzung

Gegen diese Interpretation wendet *Arthur Pap* nun folgendes ein: Man könnte sagen, Menschsein setze den Besitz zweier Beine voraus, oder, gesetzliche Heirat setze das Erreichen eines bestimmten Alters voraus. Wir erkennen jedoch unschwer, daß in solchen Verwendungsarten des Wortes „Voraussetzung“ dieses soviel wie „notwendige Bedingung“ bedeutet: „p setzt q voraus = p impliziert q“ was gleichbedeutend ist mit „nicht-p impliziert nicht-q“. Wenn wir „p setzt q voraus“ sagen, meinen wir jedoch sicherlich nicht, daß q eine hinreichende Bedingung für p sei. Niemand würde sagen, der Besitz von zwei Beinen setze das Menschsein voraus, denn wir wissen, daß man dafür kein Mensch sein muß; z. B. könnte so jemand ein Vogel sein. Es wäre daher falsch, die Beziehung einer Voraussetzung zu jenen Propositionen, die irgendwie auf ihr beruhen, als Relation von Prämisse und Konklusion aufzufassen. Es sei die Folge, die von der Prämisse vorausgesetzt wird, in dem Sinne nämlich, daß die Prämisse nicht wahr sein könne, es sei denn, die Folge sei wahr, aber nicht umgekehrt [62]).

Nehmen wir weiterhin nach *Pap* als Beispiel das Kausalitätsgesetz in der Formulierung *Kants:* „Alle Veränderungen geschehen nach dem Gesetze der Verknüpfung der Ursache und Wirkung [63]).“ Von diesem Satz – nach *Kant* ein synthetisches Urteil a priori – wird behauptet, es werde von der Wissenschaft vorausgesetzt, ohne selbst zur Wissenschaft zu gehören, oder mit anderen Worten, es sei eine jener „Grundvoraussetzungen der Wissenschaft“, beispielsweise und vor allem der klassischen Physik. *Pap* bemerkt dazu: "Could it be said that any specific causal law, such as 'a deficient supply of vitamin B causes poor eyesight', presupposes this principle? Surely not, for 'some events are uncaused' is certainly consistent with 'this event has a cause' [64])."

Diese Erwägungen legen es nahe, „Voraussetzung“ im Sinne eines Glaubens zu verstehen, der das Verhalten dessen erklärt, der diese Überzeugung hat, oder, mit anderen Worten, „Voraussetzung“ eher *psychologisch* als logisch aufzufassen, also als etwas, was das Verfahren, z. B. des Physikers, motiviert. Man könnte von einem „Hintergrund“ (background) sprechen, von Wissensansprüchen, die jedenfalls nicht direkt einem

---

[61]) Die Sätze, aus denen mathematische und physikalische Theorien bestehen, „zerfallen in Aussagen, deren Wahrheit vorausgesetzt wird, und Aussagen, die aus den so vorausgesetzten Aussagen durch Folgen von logischen Umformungen gewonnen und in diesem Sinne abgeleitet oder deduziert werden: *Axiome* und *Theoreme.* Anstatt zu sagen, daß die Theoreme aus den Axiomen deduziert werden, sagt man auch, daß sie mit Hilfe der Axiome *bewiesen* werden“ (*Scholz:* Mathesis. 195), während die Sätze etwa der klassischen Physik als deren Theoreme zu betrachten wären: „Die *Begründung eines Theorems* fällt mit seiner Ableitung aus den Axiomen zusammen. Sie ist also immer nur eine Begründung in bezug auf die vorgegebenen Axiome“ (a. a. O. 195).

[62]) *A. Pap:* Elements. 402.

[63]) KrV B 232; vgl. dazu auch die beiden Formulierungen in den Prolegomena, a. a. O. 296: (1) „Ohne das Gesetz, daß, wenn eine Begebenheit wahrgenommen wird, sie jederzeit auf etwas, was vorhergeht, bezogen werden kann, worauf sie nach einer allgemeinen Regel folgt“ und (2) „alles, wovon die Erfahrung lehrt, daß es geschieht, muß eine Ursache haben“. Diese beiden Formulierungen sind zwar nach *Kants* ausdrücklichem Hinweis sinngleich (synonym), aber die erste davon, also (1), hält *Kant* für „schicklicher“.

[64]) a. a. O. 403.

Erfahrungstest unterworfen, sondern nur indirekt bewährt werden können, insofern die Hypothesen sich bewähren, die ohne jenen Glauben ja gar nicht zustande gekommen wären.

In diesem Sinne wird nach *Paps* Überzeugung [65]) von den Wissenschaften die Logik vorausgesetzt: Wir glauben an die Wahrheit oder an die Zweckmäßigkeit der Schlußprinzipien. Jede empirische Aussage setzt sie im ersten Sinn von Voraussetzung, nämlich als „notwendige Bedingung", jeweils voraus, denn da die Negation einer logischen Wahrheit gefolgert werden kann, so auch die Negation jeder gegebenen empirischen Aussage. Die logischen Prinzipien werden nicht im gleichen Sinne überprüft wie die empirischen Aussagen, von denen sie vorausgesetzt werden, und sie sind natürlich auch nicht im gleichen Sinne überprüfungsbedürftig. Überprüfungsbedürftigkeit besteht hier vielmehr in praktisch-pragmatischer Hinsicht, nämlich im Wege der Bewährung der empirischen Hypothesen, für die sie vorausgesetzt werden.

8.1.7.2. Sind die „Grundvoraussetzungen" Aussagen?

Jedoch wurde für die *früher* angestellten Überlegungen die entscheidende Annahme gemacht, daß es sich bei solchen synthetischen Urteilen a priori, wie sie als Grundvoraussetzung der klassischen Physik figurieren, um Aussagen handelt. Dann können sie aber an der Frage gespiegelt werden, ob sie synthetische Sätze a priori sind oder nicht, und dann ist es zulässig, die Kantische Frage nach der Berechtigung ihrer Einordnung in die Klasse der synthetischen Sätze a priori zu stellen. Aber dann hängt die Beurteilung der Kantischen Antwort entscheidend ab von der Beantwortung der Frage, was es im Kantischen Sinne bedeutet, die Apriorität und noch vor dieser die unantastbare Wahrheit dieser Aussagen ergebe sich daraus, daß sie Erfahrung möglich machen [66]). Diese Frage wird nach der Überzeugung von *Scholz* entweder überhaupt nicht oder nur durch eine einzige Annahme beantwortet werden können, die scharf kontrollierbar ist. Es ist dies die Annahme, daß die kantische Lehre, wonach diese Sätze die Erfahrung selbst erst möglich machen, so interpretiert werden müsse, daß diese Sätze die Erfahrung *definieren*. Daraus ergibt sich die Feststellung: Die Grundvoraussetzungen der klassischen Physik können nicht Aussagen sein, denn „definierende Redeweisen sind entweder Bestandteile von möglichen Aussagen ohne eigenen Aussagecharakter, wie im Fall der Definitionsgleichung

Primzahl $=_{\mathrm{Df}}$ natürliche Zahl, die von 0 und 1 verschieden ist und nur teilbar durch 1 und durch sich selbst,

oder eine Aussageform wie im Fall der Definitionsgleichung

a ist eine Primzahl $=_{\mathrm{Df}}$ a ist eine natürliche Zahl, und a ist verschieden von 0 und 1, und a ist nur teilbar durch 1 und durch sich selbst [67])".

8.1.7.3. Konsequenzen

Wenn so am Aussagecharakter der Grundvoraussetzungen nicht festgehalten wird, fallen auch alle Forderungen hinweg, die sinnvoll *nur* an Aussagen gestellt werden können, hier also vor allem die Forderung nach Überprüfbarkeit. Ebenso kann natürlich nicht mehr von „Überprüfungsbedürftigkeit" gesprochen werden. Hingegen sind alle jene Forderungen wohl zu beachten, die im Rahmen der Theorie der Definition [68]) an Defini-

[65]) ebd.

[66]) *H. Scholz:* Mathesis. 210.

[67]) a. a. O. 210 f.

[68]) Vgl. hierzu vor allem: *P. Suppes:* Introduction to Logic. Kap. 8. „Theory of Definition", sowie: *F. v. Kutschera:* Elementare Logik. Wien – New York 1967. 354 ff.

tionen oder an definierende Redeweisen gestellt werden können[69]). *Kant* hat dazu selbst bemerkt, daß die Grundvoraussetzungen mit Bezug auf einen Erfahrungsbegriff nicht durch Berufung auf Erfahrung begründet werden können, da sie ja diesen Erfahrungsbegriff (erst) definieren. Sie können aber nach seiner Überzeugung auch nicht durch irgendwelche künftige Erfahrungen widerlegt werden; dies ergibt sich bereits aus dem Begriff der Definition. Auf der Kantischen Grundlage müssen sämtliche Erfahrungen, die eine solche Widerlegung bewirken könnten, als „Pseudo-Erfahrungen" bezeichnet werden[70]): „Hieraus hat *Kant* auf die Apriorität der ‚Grundvoraussetzungen' geschlossen. Da der synthetische Charakter dieser Grundvoraussetzungen für den Fall, daß sie überhaupt Aussagen sind, evident ist ‚so ergibt sich die Kantische Einordnung der Grundvoraussetzungen in die Klasse der synthetischen Sätze a priori[71])."

Im anderen Fall dagegen können wir nur mehr von synthetischen „Sätzen a priori", nicht mehr aber von solchen „Aussagen (Propositionen) oder „Urteilen" sprechen. Denn Definitionen, im strengen Sinn verstanden, stellen zwar Sätze, aber keine Aussagen dar. Es ist daher auch nicht sinnvoll, ihren Wahrheitswert feststellen zu wollen. Damit fallen sie als eine eigene Klasse von Urteilen oder Aussagen neben den synthetischen Urteilen a posteriori und den analytischen a priori weg, jedenfalls so weit es sich um ihre urteils- oder erfahrungsermöglichende Funktion handelt.

Nun sollen aber die Konsequenzen untersucht werden, die sich aus den bisherigen Überlegungen unter der Voraussetzung ergeben, daß die synthetischen Sätze a priori Aussagen sind.

8.1.8. Prüfungsbedürftigkeit und Prüfbarkeit der synthetischen Sätze a priori

8.1.8.1. „Objekt"-Sätze

8.1.8.1.1. Realwissenschaft (Erfahrungswissenschaft)

Einerseits lehnt es *Kant* ab, die Metaphysik auf „Wahrscheinlichkeit und Mutmaßung" zu gründen, da sie „Philosophie aus reiner Vernunft" sein müsse[72]). Andererseits verlangt er, daß alles das, was a priori erkannt und eben dadurch für apodiktisch gewiß ausgegeben wird, „auch so bewiesen" werden müsse. Denn nur in der empirischen Naturwissenschaft könnten auf Induktion und Analogie gestützte Mutmaßungen gelitten werden, allerdings so, daß wenigstens die Möglichkeit des Akzeptierens völlig gewiß sein müsse.

Wir können, die bisherigen Überlegungen zusammenfassend, hinsichtlich der Frage der Prüfungsbedürftigkeit und der Prüfbarkeit drei Arten von wissenschaftlichen Sätzen unterscheiden: Erstens, jene „Mutmaßungen" der empirischen Wissenschaft; zweitens, die synthetisch-apriorischen Sätze der „Philosophie aus reiner Vernunft"; und, drittens, Aussagen, die sich auf die Möglichkeit dessen, was ich erfahre, oder auf mögliche Erfahrung, auf den a priori gewonnenen Begriff einer solchen Verknüpfung mittels der Kategorie der Kausalität, beziehen. Dieser Begriff samt den Grundsätzen seiner Anwendung bedarf, wenn er a priori gültig sein soll, einer Rechtfertigung und Deduktion seiner Möglichkeit[73]).

Synthetisch-apriorische Sätze sind nach *Kant* solche, die alle Wahrnehmung (in ihrer Mannigfaltigkeit) unter reine Verstandesbegriffe subsumieren. Wahrnehmungs-

---

[69]) Vgl. hierzu die Einleitung in die vorliegende Untersuchung.

[70]) *H. Scholz:* a. a. O. 213.

[71]) a. a. O. 213.

[72]) Prolegomena: 369.

[73]) a. a. O. 370 f.

urteile gehen so in Erfahrungsurteile über, denen allein Notwendigkeit und Allgemeingültigkeit die Eigenschaften synthetisch-apriorischer Urteile, zukommen [74]): Es gehe noch ein ganz anderes Urteil voraus, ehe aus Wahrnehmung Erfahrung werden könne. Die gegebene Anschauung müsse unter einem Begriff subsumiert werden, der die Form des Urteilens überhaupt in Ansehung der Anschauung bestimmt, das empirische Bewußtsein der letzteren in einem Bewußtsein überhaupt verknüpft und dadurch den empirischen Urteilen Allgemeingültigkeit verschafft. Ein solcher Begriff ist nach der Lehre *Kants* ein reiner Verstandesbegriff a priori, der nichts tut, als bloß einer Anschauung die Art überhaupt zu bestimmen, wie sie zu Urteilen dienen kann. Es sei ein solcher Begriff der Begriff der Ursache, so bestimme er die Anschauung, die unter ihm subsumiert ist, z. B. die der Luft, in Ansehung des Urteilens überhaupt, nämlich, daß der Begriff der Luft in Ansehung der Ausspannung in dem Verhältnis des Antecedens zum Konsequens in einem hypothetischen Urteile diene. Der Begriff der Ursache ist demnach ein reiner Verstandesbegriff, der von aller möglichen Wahrnehmung gänzlich unterschieden ist und nur dazu dient, diejenige Vorstellung, die unter ihm enthalten ist, in Ansehung des Urteilens überhaupt zu bestimmen, mithin ein allgemein gültiges Urteil möglich zu machen" [75]). Damit ein Wahrnehmungsurteil zu einem Urteil der Erfahrung werden könne, müsse die Wahrnehmung unter einen Verstandesbegriff subsumiert werden können; beispielsweise gehöre die Luft unter den Begriff der Ursache, welcher das Urteil über sie „in Ansehung der Ausdehnung" als hypothetisch bestimme.

Dazu müssen wir nun kritisch feststellen: Das Recht zu einer solchen Subsumption könnte in Frage gestellt werden. Ebenso könnte und muß gefragt werden, ob die Unterordnung unter einen Verstandesbegriff, und ferner, ob unter einen bestimmten Verstandesbegriff, überhaupt berechtigt sei. Die Behauptung, daß jenes Recht oder diese Berechtigung besteht, ist der Überprüfung bedürftig. Es wird ja außerdem „nicht diese Ausdehnung als bloß zu meiner Wahrnehmung der Luft in meinem Zustande oder mehreren meiner Zustände oder in dem Zustande der Wahrnehmungen anderer gehörig, sondern als dazu notwendig gehörig vorgestellt" [76]). Hierzu müssen wir nun feststellen, daß auch die Behauptung über diese Notwendigkeit der Überprüfung bedürftig ist. Sie wird aber nicht nur, wie hier, explizit ausgesprochen; vielmehr ist sie bereits eingeschlossen im Akt der Begründung des betreffenden synthetisch-apriorischen Satzes, der das Kausalitätsprinzip ausdrückt.

8.1.8.1.2. *Formalwissenschaft (Idealwissenschaft)*

Dazu kommen nun auch die synthetischen Sätze a priori, aus denen nach *Kant* die sog. reine Mathematik besteht. Auch diese Sätze sind einer Überprüfung bedürftig, aber nicht auch einer Rechtfertigung oder Bestätigung durch die Erfahrung. Die Beglaubigung geschieht nach der Überzeugung von *Kant* durch eine mathematische Intuition, die jedoch eine apriorische sein muß, denn es gebe keine Wahrnehmung, in der ein mathematisches Objekt angetroffen werden könne. Der Geometrie liege eine Intuition von räumlichem Charakter zugrunde, der Arithmetik eine solche von zeitlichem Charakter [77]). Die apriorischen Anschauungen oder Intuitionen, die der Mathematik nach *Kants*

---

[74]) Proleg. § 18 und 19, bes. a. a. O. 297 f. und 299. 53, 55. Proleg. § 20, a. a. O. 300.

[75]) a. a. O. 300.

[76]) Proleg. § 20, a. a. O. 301.

[77]) *H. Scholz:* 204. „Ein *Anschauungsinhalt* heißt im Kantischen Sinne ‚empirisch' dann und nur dann, wenn er Wahrnehmungsinhalt ist, also dann und nur dann, wenn er durch Sinnesreize erregt ist. Sonst ‚apriorisch' " (a. a. O. 201).

Überzeugung zugrunde liegen, besagen – wie Intuitionen auch sonst –, daß Erkenntnis damit bereits eingetreten, Wissen damit schon zustande gekommen ist, und daß die Sätze, die sich auf solche Intuitionen stützen, keiner Überprüfung mehr bedürftig sind, sondern daß lediglich danach getrachtet werden kann, die gleichen oder hinreichend ähnliche Intuitionen auch in anderen hervorzurufen.

Um eine mathematische Aussage zu begründen, beruft man sich in mathematischen Theorien in elementaren Fällen im allgemeinen auf die mathematische Intuition, in nicht-elementaren Fällen auf anerkannte mathematische Modelle [78]). Da jedoch die Frage, wie es der menschlichen Vernunft möglich sein solle, eine mathematische Erkenntnis gänzlich a priori zustandezubringen [79]), gleichwertig ersetzt werden kann durch die Frage: „Warum gibt es synthetische Sätze a priori vom Charakter der mathematischen Sätze?", wobei das Wesentliche an den mathematischen Sätzen für *Kant* ihre Anwendbarkeit auf die Physik ist, kann von einer Überprüfung in *diesem* Sinne gesprochen werden [80]).

8.1.8.2. Meta-Sätze

Wie verhält es sich nun jedoch mit den Elementen jener „wahren Wissenschaft", worunter *Kant* die Selbsterkenntnis der Vernunft [81]) versteht? Darin werden Aussagen zu dem Zwecke gemacht, das Wesen des richtigen, demnach des transzendentalen Vernunftsgebrauchs [82]), in wahren Aussagen zu beschreiben und die beiden Gebiete voneinander abzugrenzen. Da es sich z. B. als notwendig erweist, die allgemeinen Naturgesetze a priori, also unabhängig von aller Erfahrung zu erkennen, und sodann allem empirischen Verstandesgebrauch zugrundezulegen [83]), werden Aussagen (Behauptungssätze) unvermeidlich. Dem widerspricht auch die Lehre *Kants* nicht, daß nur die empirischen Gesetze der Natur besondere Wahrnehmungen voraussetzen, während für die sog. „reinen oder allgemeinen" Naturgesetze nicht gilt, daß sie „bloß die Bedingungen ihrer notwendigen Vereinigung in einer Erfahrung enthalten" [84]). Denn obgleich der Verstand seine Gesetze (a priori) nicht aus der Natur schöpft, sondern sie dieser vorschreibt [85]), so müssen sie doch als Leistungen, wenn auch nicht des empirischen, sondern des transzendentalen Subjekts ausgewiesen werden.

Wäre nicht Selbsterkenntnis der Vernunft, die nach *Kant* angestrebt werden soll, sondern nur die Wirkungsweise der Vernunft gemeint, so würde nur von dieser gesprochen, jedoch nicht über sie, und so ergäbe sich die Prüfungsbedürftigkeit nicht. Sobald aber über den Vernunftanteil gesprochen wird, ist es, zumindest im Hinblick auf den Leser oder Zuhörer wie auch überall sonst notwendig, die aufgestellten Behauptungen zu

[78]) a. a. O. 197. Dazu auch *R. Carnap* („Philosophical Foundations of Physics." 180): "Geometry provided *Kant* with one of his chief examples of synthetic a priori knowledge. His reasoning was that if the axioms of geometry by which he meant Euclidean geometry – no other geometry was available in his time – are considered, it is not possible to imagine the axioms not true. For instance, there is one and only one straight line through two points. Intuition, here, gives absolute certainty ... Geometry ... is completely certain in a way does not demand justification by experience ... It is justified by intuition."

[79]) Proleg. § 6, a. a. O. 280.

[80]) *Scholz*, 203.

[81]) Proleg. § 35, a. a. O. 317.

[82]) a. a. O. 317.

[83]) a. a. O. 319.

[84]) a. a. O. 320.

[85]) a. a. O. 320; KrV B XVI.

kontrollieren. Indem *Kant* seine Argumente darlegt, erklärt er ausdrücklich seine Bereitschaft dazu. Er selbst verschanzt sich nirgendwo hinter irgendwelchen, für die Beurteiler unkontrollierbaren Erkenntnisansprüchen, sondern er versucht sowohl die Frage nach dem Zustandekommen als auch nach dem Geltungsgrund der Aussagen zu beantworten.

Die Aussagen, aus denen die „wahre Wissenschaft" der Selbsterkenntnis der Vernunft besteht, müssen sich auf irgendwelche Erfahrungen oder Beobachtungen gründen; zumindest müssen sie an bestimmten Erfahrungen *kontrolliert* werden können. Es sind F-Aussagen („faktische" Aussagen), deren Wahrheitswert nicht bereits auf Grund der Sinn- oder Bedeutungsanalyse der konstituierenden Termini der Aussage festgestellt werden kann. Sie dürfen aber auch nicht mit den synthetischen Urteilen a priori verwechselt werden, denn über diese sprechen sie gerade. Sie stellen also Meta-Aussagen dar: Aussagen, die über andere Aussagen aussagen.

Hinsichtlich dieser Urteile über den richtigen und den nichtigen Gebrauch der reinen Verstandesbegriffe erhebt sich nun auch die Frage, ob diese Urteile Wahrnehmungsurteile oder Erfahrungsurteile darstellen. Handelt es sich um Erfahrungsurteile, dann gilt auch für sie, daß zu ihrem Zustandekommen reine Verstandesbegriffe notwendig sind, durch deren Hinzukommen zu Wahrnehmungsurteilen ja erst die Erfahrungsurteile entstehen [86]). Daraus folgt, daß es mehr als *eine* Kategorie reiner Verstandesurteile geben müßte, falls die Aussagen der reinen Vernunftwissenschaft synthetisch-apriorischer Natur sein sollen. Wenn es sich jedoch nur um bloße Wahrnehmungsurteile handelt, so verdienen sie nach Kantischer Festlegung nicht das Prädikat „Erkenntnis". Dann ist aber auch der Anspruch auf „wahre Wissenschaftlichkeit" nicht mehr aufrechtzuerhalten, der mit dieser Aussagengesamtheit verbunden wird [87]).

8.1.8.3. Zum Erfahrungsbegriff

Wie die analytischen Sätze a priori, sowie überhaupt die logisch determinierten, die L-wahren und L-falschen Sätze, können auch die synthetischen Sätze a priori, sofern wir sie weiter als Aussagen betrachten, stets nur *einen* Wahrheitswert annehmen. Wie bei den analytischen Sätzen kann dieser Wahrheitswert jeweils nur der Wert „wahr" sein, der jedoch, ungleich der Wahrheitswertfeststellung bei synthetisch-aposteriorischen Sätzen, nicht durch Erfahrung und Beobachtung ermittelt wird. Von den analytischen Sätzen unterscheiden sich die synthetisch-apriorischen Sätze indessen gleichfalls, denn ungleich jenen kann ihr Wahrheitswert auch nicht bereits auf Grund der Analyse der Begriffe, die den betreffenden synthetisch-apriorischen Satz konstituieren, oder auf Grund seiner Wortbedeutungen entschieden werden. Dies ist deshalb nicht möglich, weil es sich bei den synthetischen Sätzen a priori nicht lediglich um Verhältnisse von Begriffen und Symbolen handelt [88]). Der Ausweg aus dem Dilemma besteht in der Differenzierung des Begriffes der Anschauung oder der Erfahrung. Der Wahrheitswert synthetisch-apriorischer Sätze kann freilich nicht auf Grund der Sinneserfahrung oder der sog. inneren Wahrnehmung festgestellt werden, sondern dazu ist eine andere Art von Anschauung

---

[86]) Proleg. § 19, a. a. O. 299.

[87]) Die Aussagen einer solchen „wahren Wissenschaft" beziehen sich auf den „ganzen Vorrat der Begriffe *a priori*, die Einteilung derselben nach den verschiedenen Quellen: Der Sinnlichkeit, dem Verstande und der Vernunft". Sie müssen „eine vollständige Tafel derselben und die Zergliederung aller dieser Begriffe mit allem, was daraus gefolgert werden kann, darauf aber vornehmlich die Möglichkeit der synthetischen Erkenntnis a priori vermittels der Deduktion dieser Begriffe, die Grundsätze ihres Gebrauchs, endlich auch die Grenzen derselben, alles aber in einem vollständigen System darlegen" (a. a. O. 365).

[88]) *H. Delius:* a. a. O. 38.

oder Erfahrung notwendig. Es ist nach *Kant* diejenige Erkenntnisweise, die als „reines Denken" und als „reine Anschauung", oder auch als „kategoriale Erfahrung" und als „Einsicht in die Anschauungsformen", nach der Lehre der Phänomenologen dagegen als „Wesensschau" oder „wesenschauende Erfahrung" bezeichnet werden muß. Das Ergebnis kann nach *Kant*, wie oben erläutert wurde, als „wahre Wissenschaft" benannt werden.

Der Sinneserfahrung bedarf es zur Feststellung des Wahrheitswertes der synthetisch-apriorischen Sätze nicht, sondern, wenn es sich überhaupt um Aussagen handelt, „reiner" Anschauung und „reinen" Denkens oder der Wesensschau. Nun wird aber jede Behauptung, wonach es sich im konkreten Falle um einen synthetischen Satz a priori handelt, auf ihre Richtigkeit hin überprüft. Die synthetisch-apriorischen Sätze sind dieser Überprüfung gleichfalls bedürftig, denn mit der Feststellung, daß tatsächlich ein synthetisch-apriorischer Satz vorliege, ist ja auch zugleich über den Wahrheitswert dieses Satzes entschieden, sogar zugleich festgestellt, daß der Satz *notwendig* wahr ist.

8.1.9. Fazit

Ob die synthetischen Urteile a priori als Sätze über notwendige Verknüpfungen von Merkmalen, von Ereignissen oder Zuständen, über Wesen und Wesensverhältnisse, als Aussagen über Relationen und Substanzen aufgefaßt werden [89]), ist in diesem Zusammenhang unwichtig, denn es ist immer eine *besondere Art von „Einsicht"*, oder doch eine bestimmte Weise der „Erfahrung", auf die sich das Urteil gründet und wodurch es überprüft wird. Die Kantischen „reinen (d. h. apriorischen) Anschauungen und Verstandesbegriffe" oder „Kategorien" sind nur eine Gruppe von Mitteln zu solcher synthetisch-apriorischer Erkenntnis [90]). Die *Prüfungsbedürftigkeit* besteht, also die unbedingte Notwendigkeit, die Behauptungen über notwendige Verknüpfung von Merkmalen, Ereignissen, usw., über die Berechtigung der Subsumption von Wahrnehmungen unter reine Verstandesbegriffe, über Wesen und Wesensverhältnisse, u. a. auf ihre Richtigkeit hin zu prüfen.

Ebenso ist aber auch die Prüfbarkeit gegeben, denn jedem hinlänglich intelligenten, ausgebildeten und ausgerüsteten Beurteiler ist es möglich, zu entscheiden, ob eine konkrete Aussage synthetisch-apriorisch, und damit, ob sie (also notwendig) wahr ist. Die „Ausgebildetheit" besteht hier, beispielsweise von *Kant* her gesehen, in der Fähigkeit, im Wege der mathematischen Intuition die mathematischen Urteile nachzuvollziehen [91]), oder durch reine Anschauung und reines Denken den Wahrheitswert der Aussagen der sog. reinen Naturwissenschaft, sowie der Metaphysik zu ermitteln, vom Standpunkt des Phänomenologen aus dagegen in der Eignung, Wesenssachverhalte und Wesenszusammenhänge zu erkennen, oder unmittelbare Einsicht in Wesensstrukturen zu erreichen. *Ob* es „reine Anschauung", „reines Denken", „Wesensschau", „apriorische Sachverhalte", „mathematische Intuition" im Sinne von *Scholz*, u. a. überhaupt gibt, kann hier nicht eigens untersucht werden. Zu untersuchen war vielmehr, ob der Begriff

[89]) *Brand Blanshard:* The Nature of Thought II, London – New York 1939. Third impression 1955. 406 f. *Blanshard* gibt hier u. a. folgende Beispiele für Sätze, die notwendige Verknüpfungen von Merkmalen ausdrücken: „Alles Farbige ist ausgedehnt", „Wenn ich etwas ausführen soll, dann kann ich es auch ausführen", „Wenn A zeitlich vor B und B zeitlich vor C ist, dann ist A zeitlich vor C", „Wenn A auf einer Karte nördlich von B ist und B westlich von C ist, dann ist C südöstlich von A".

[90]) Proleg. a. a. O. 297 f.

[91]) "Although a geometrical theorem may be very complicated and not at all obvious, it can be justified by proceeding from the axioms by logical steps that are also intuitively certain" (*R. Carnap:* Phil. Found. of Physics. 180).

des Synthetisch-Apriori uns nötigen würde, den „Katalog" der Wissenschaftskriterien entscheidend zu verändern. Die Untersuchung hat gezeigt, daß dies *nicht* notwendig ist: Überprüfungsbedürftigkeit und Überprüfbarkeit an der Erfahrung, wenn auch an einer spezifischen, hier noch grundsätzlich für möglich gehaltenen Art der Erfahrung, erwiesen sich auch im Falle der synthetisch-apriorischen Sätze als notwendig.

8.2. Zum Problem der Wissenschaftlichkeit der Wissenschaftsvoraussetzungen

Es gibt nicht nur sog. Disziplinen, Gesamtheiten, Mengen oder Systeme von Aussagen, die mehr oder weniger unbestritten als „Wissenschaften", oder Tätigkeiten, Sätze, Haltungen, die als „wissenschaftlich" bezeichnet werden, sondern es wird auch behauptet, die Wissenschaften stützten sich auf etwas, was *nicht* diese Wissenschaften selbst seien. Es wird nämlich betont, es gebe auch metaphysische, ontologische, oder allgemeiner: philosophische Voraussetzungen der Wissenschaft(en), so zum Beispiel den Glauben an die Existenz (oder die Annahme) einer (real) existierenden Außenwelt, an die Konstanz des Geschehens und an die Rationalität der Wirklichkeit.

Die Behauptung über das Gegebensein solcher Voraussetzungen können mit einer Aussage über den Wissenschaftscharakter dieser Voraussetzungen selbst verbunden sein. Entweder, es wird lediglich festgestellt, Wissenschaft habe zwar diese Voraussetzungen, aber sie seien nicht wissenschaftlicher Natur, oder aber es wird die Wissenschaftlichkeit auch für diese Voraussetzungen der Wissenschaft(en) behauptet. In diesem letzteren Fall kann jedoch nur gemeint sein, daß das, was jener im üblichen Sinne verstandenen Wissenschaft als ihr Unterbau zugrundeliegt, in einem anderen Sinn Wissenschaft sei als die Aussagen oder das System der Aussagen, das den Überbau bildet.

Wenn es aber diese Voraussetzungen nicht gibt, fällt natürlich hier auch jeder Anlaß für uns weg, über die Wissenschaftlichkeit dessen nachzudenken, was der Wissenschaft, so wie sie üblicherweise aufgefaßt wird, vorausgeht oder zugrundeliegt. Wenn die Voraussetzungen dagegen bestehen und wenn sie selbst einem bestimmten, und zwar einem anderen Wissenschaftsbegriff subsumiert werden können, wird es unmöglich, zu einer einheitlichen Wissenschaftsauffassung zu gelangen.

Die Philosophie als grundlegende Disziplin, als sog. Grundlagenwissenschaft, als Basis nicht-philosophischer Wissenschaften, wird von Philosophen wie *Platon*, *Aristoteles* und *Husserl* selbst wiederum als Wissenschaft eingeführt, sogar wie *Hegel* es unternahm, als die eigentliche, wahre Wissenschaft vorgestellt, als dasjenige, worin oder wodurch sich Wissenschaftlichkeit gerade erst vollende. Man würde etwa die Lehre *Kants* völlig mißverstehen, wollte man dieselben Forderungen, die an empirische Wissenschaft gestellt werden, aus der Überzeugung heraus, daß Wissenschaft nur so verstanden werden könne, auch an die Transzendentalphilosophie herantragen, denn diese behauptet nach *Kants* Überzeugung ihren eigenen, weit höheren Grad an Wissenschaftlichkeit. Sind die synthetischen Urteile a priori Bedingungen der Möglichkeit von Erfahrung überhaupt, so ist es offensichtlich völlig unverständlich, wenn in bezug auf sie dasselbe gefordert würde, was für diejenigen Aussagen gilt, die durch sie erst zustandekommen.

Die erfahrungswissenschaftlichen Hypothesen, Theorien und Gesetze, die nach der Überzeugung mancher Wissenschaftler nur *dank* jenen Voraussetzungen aufgestellt werden können, sollen nachprüfbar oder bestätigungsfähig sein. Damit dies gesagt werden kann, muß gezeigt werden, daß diese Voraussetzungen in ganz bestimmter Beziehung, z. B. der Implikation, zu den nicht vorausgesetzten Sätzen stehen. Andernfalls könnte jeder Unsinn als „Voraussetzung" bewährt werden: Man formuliere z. B.

den Satz „Das Absolute ist grün" und behaupte, er sei Voraussetzung für die Physik. Physikalische Sätze sind aber prüfbar, folglich ist der unsinnige Satz bewährbar. Angenommen nun, diese Forderung, die Art der Beziehung anzugeben, die zwischen Wissenschaften und ihren Voraussetzungen bestehen, sei erfüllt, so gilt: Wenn die auf die Nicht-Voraussetzungen gerichteten Widerlegungsversuche scheitern oder wenn die Bestätigungsversuche positiv ausfallen, so bewähren sich damit zugleich auch jene „Voraussetzungen". Damit sie aber ihre Aufgabe gegenüber den Aussagen erfüllen könnten, für die sie als Voraussetzungen dienen, müßten sie die üblichen Forderungen ebenso erfüllen wie dies für die Nicht-Voraussetzungen verlangt wird, so zum Beispiel die Genauigkeitsforderung und die Konsistenzforderung.

Oft wird behauptet, jene der Wissenschaft zugrundeliegenden Annahmen oder Voraussetzungen seien *notwendige* Bedingungen für die Aufstellung wissenschaftlicher Sätze, das heißt, wenn gilt: Wenn p, so q, so wäre q notwendige Bedingung für p, dagegen hinreichende Bedingung für q. Folgende Schwierigkeiten treten jedoch auf: Stellen wir fest, „wenn Wissenschaft funktioniert, dann gibt es die reale Außenwelt", so verstehen wir das in dem Sinne der Behauptung, die Existenz der realen Außenwelt sei *notwendige* Bedingung für Wissenschaft. Gesetzt nun aber, Wissenschaft funktioniere (tatsächlich): dann gibt es reale Außenwelt. Angenommen jedoch, die Wissenschaft funktioniere nicht, dann folgt bezüglich der Existenz der Außenwelt *nichts*. Also: Wenn p, so q und nun non-p; was folgt (daraus)? Daraus ergibt sich, daß es gleichgültig ist, welche Voraussetzungen man als „notwendige Bedingungen" nimmt. Man nehme daher überhaupt keine. Kann man aber keine Beziehung, wie etwa die der Implikation, zwischen Wissenschaft und „ihren" Voraussetzungen nachweisen, dann kann auch nicht auf dem Weg über den Erfolg einer Wissenschaft sinnvoll von der „Bewährung" solcher Voraussetzungen gesprochen werden. Ähnliche Schwierigkeiten entstehen für eine sinnvolle Anwendung des Ausdrucks „hinreichende Bedingung". Denn angenommen, es werde behauptet, wenn es eine reale Außenwelt gebe, dann funktioniere Wissenschaft und nun gesetzt, Wissenschaft funktioniere (tatsächlich), so folgt doch hinsichtlich der Existenz einer realen Außenwelt gar nichts. Denn: Wenn p, so q, und nun q, so: Was folgt (daraus)?

Von einer solchen „Bewährung" kann nur dann gesprochen werden, wenn die Annahme jener Voraussetzungen gegenüber der Annahme der gegenteiligen Voraussetzungen einen Unterschied macht. Gerade das scheint aber *nicht* der Fall zu sein. Ob zum Beispiel der Naturwissenschaftler einen realistischen oder einen idealistischen Standpunkt hinsichtlich der erkenntnistheoretischen Grundfrage einnimmt, ist für ihn als Naturwissenschaftler belanglos. Seine fachliche Arbeit wird davon nicht berührt. Damit fallen aber alle Möglichkeiten weg, den Wahrheitswert jener Voraussetzungen zu entscheiden. Wir können immer nur feststellen, daß zum Beispiel die Physiker aus generellen Sätzen, die Zusammenhänge beschreiben und aus singulären Sätzen, welche die sog. Anfangs- und Randbedingungen ausdrücken, prüfbare Folgerungen ableiten, und daß auf diese Weise Entscheidungen über physikalische Sätze getroffen werden können.

Folglich: Wenn wir nun erkennen müssen, daß alle diese Sätze, die jeweiligen Prämissen ebenso wie die Konklusionen, jeden logischen, wenn auch nicht den psychologischen Zusammenhang mit den sog. Voraussetzungen vermissen lassen, und wenn wir davon überzeugt sind, nur dann eine Entscheidung bezüglich ihres Wahrheitswertes fällen zu können, falls ein logischer Zusammenhang besteht, dann würden wir jene psychologischen Voraussetzungen doch nicht als wissenschaftliche Sätze anerkennen. Ihre bedeutsame Funktion bei der Erstellung eines Weltbildes, der Umstand, daß sie für ein bestimmtes Weltbild möglicherweise sogar unerläßlich sind, könnte uns noch nicht veranlassen, ihnen das Prädikat „wissenschaftlich" zuzuerkennen. Jedoch auch für die Anerkennung ihrer Rolle als psychologische Stimuli entstehen ernsthafte Hindernisse, wenn nachgewiesen werden kann, daß unterschiedliche Voraussetzungen die nämliche Reaktion oder wenn gleiche Voraussetzungen verschiedenartige Reaktionen hervorrufen können.

Öfters wird auch auf eine dritte Art von Aussagen oder auf einen dritten Wissenschaftsbegriff verwiesen, unter den diese Aussagen fallen. Es sind Aussagen, die weder einer direkten oder indirekten Bestätigung im erläuterten Sinne, noch einer solchen Bewährung bedürfen, und für die dennoch faktischer Gehalt beansprucht wird, die also „für die Wirklichkeit Geltung haben": jene sog. synthetisch-apriorischen Sätze. Die für diese Sätze angemessene Form der Überprüfung oder Bewährung ist von den beiden eben auseinandergehaltenen Verfahren verschieden, denn ebenso wie für die nicht-faktischen, analytischen und tautologischen Sätze bedeutet die Ermittlung ihrer logischen Struktur jeweils zugleich die Feststellung ihres – für sie einzig möglichen – Wahrheitswertes „wahr", und damit zugleich die Feststellung des Gegebenseins der absoluten Gewißheit als der höchsten Form des Wissens. In bezug auf sie *könnten* wir – rein formal betrachtet – den Wissenschaftscharakter grundsätzlich nicht in Frage stellen, denn alles das, was sonst manchen die „Wissenschaftlichkeit" zu verkörpern scheint, wird hier als im vollen Ausmaß gegeben behauptet, nämlich Notwendigkeit und Allgemeingültigkeit. Das Problem besteht eben „nur" in der Frage, ob es sie tatsächlich gibt. Wenn es sie gibt, so unterliegen sie gewissen Anforderungen an Wissenschaftlichkeit (z. B. Widerspruchsfreiheit, intersubjektive Prüfbarkeit), aber die Methode der Überprüfung ist, wie in den Ausführungen zu den synthetisch-apriorischen Sätzen gezeigt wurde, im Zusammenhang mit der reinen Anschauung und dem reinen Denken zu sehen und unterscheidet sich daher vom Verfahren der sog. empirischen Wissenschaft.

8.3. „Normative Wissenschaft" — Wissenschaft von den Normen

8.3.1. Begriffserläuterung

In den bisher untersuchten Fällen sprechen die konstituierenden sprachlichen Ausdrücke, die Sätze, mögen sie nun als singuläre oder als generelle Aussagen, als hypothetische, assertorische oder apodiktische Aussagen, als empirisch-nichthypothetische Konstatierungen, als Hypothesen, Theorien, Gesetze, als Beschreibungen, Erklärungen oder Voraussagen angesprochen werden, stets über etwas, was bereits war, ist oder sein wird. Aber es gibt auch Sätze, die über etwas aussagen, was *sein soll*. Der Seinswissenschaft wird Sollenswissenschaft, zumeist unter dem Titel einer „Normwissenschaft" oder auch „normativen Wissenschaft", gegenübergestellt. Ob „normative Wissenschaft" ein irreführender Ausdruck ist, soll weiter unten untersucht werden.

Wie früher bereits dargelegt wurde, werden sprachliche Ausdrücke, die deklarativer Natur sind und die demnach auf die Vergangenheit, Gegenwart oder Zukunft sich beziehende Behauptungssätze darstellen, als Aussagen aufgefaßt. Von ihnen werden Aufforderungen, Ermunterungen, Befehle, Bitten, Fragen u. dgl. unterschieden, die insgesamt als „Nicht-Aussagen" bezeichnet werden müssen.

Eine Norm oder mehrere Normen zusammen bilden *keine* Wissenschaft, denn Wissenschaft besteht – im üblichen Sinn verstanden – stets aus Aussagen oder aus Behauptungssätzen. Normen sind Sätze, aber keine Behauptungssätze, also keine Aussagen darüber, daß etwas so oder so ist oder nicht ist. Sie fordern vielmehr, daß etwas so oder so sein oder nicht sein soll. Von „wahr" oder „falsch", folglich auch, von „Wissen" zu sprechen, wäre daher unangebracht.

Dagegen gibt es Behauptungssätze, die Aussagen *über* Normen enthalten. So kann z. B. festgestellt werden, daß Norm M oder N miteinander verträglich sind, daß bestimmte Beziehungen zwischen ihnen bestehen, daß sie praktisch wirksam sind, daß ihnen folgende Werturteile zugrundeliegen usw. *Über* Normen kann folglich etwas ausgesagt werden. Die Behauptungen, die über die Normen aufgestellt werden, falls wir eine zweiwertige Logik zugrundelegen, sind entweder wahr oder falsch. „Normative Wissenschaft", das ist nach schlechtem Sprachgebrauch eine Menge, genauer ein deskriptiv-klassifikatorischer oder ein logischer Zusammenhang von Aussagen über Normen, z. B. über ihre Anerkennung, ihren Geltungsbereich, ihre Notwendigkeit, usw. Nach korrektem Sprachgebrauch muß daher „Wissenschaft *von* den Normen" gesagt werden.

Nun werden Normen aber in der Regel nicht einfach willkürlich oder gar mutwillig ohne jeden Versuch einer Rechtfertigung oder Begründung aufgestellt. Eine Norm kann freilich auch dann wirksam werden, wenn ihre Begründung mehr oder weniger unzulänglich ist; hier soll dagegen angenommen werden, die Kriterien einer korrekten Begründung seien erfüllt.

Eine korrekte Begründung wird formal dadurch gekennzeichnet sein, daß die Regeln der Logik, sei es entsprechend der Methode der Deduktion oder aber der Induktion, befolgt wurden. An früherer Stelle wurde behauptet und es wurde diese Behauptung auch zu begründen versucht, daß für den Fall, in dem die betreffende Norm Schlußsatz (Konklusion) in einer Schlußfolgerung ist, mindestens eine der Prämissen wenigstens einen normativen, das heißt präskriptiven Ausdruck enthalten muß.

8.3.2. Kann es „normative Wissenschaft" doch geben?

Enthält nun eine spezielle Disziplin derartige, und zwar gültige Schlüsse, so können die abgeleiteten normativen Sätze als „begründet" bezeichnet werden. So zustandegekommene Normen werden nun oft als „wissenschaftliche Sätze" bezeichnet. Gehen wir von den bereits erschlossenen Sätzen aus, so können wir eine Nachprüfung im logischen Sinn vornehmen, nämlich dadurch, daß wir die Schlußfolgerungen, als deren Ergebnis sie auftreten, auf ihre logische Gültigkeit hin untersuchen.

Wird jedoch eine darüber hinausgehende Forderung aufgestellt und wird die Wissenschaftlichkeit nicht allein von der Korrektheit der Schlußfolgerungen, sondern auch von den „Letztbegründetheit" oder „ontologischen Letztbegründung" der Prämissen, vor allem der normativen Prämisse(n) selbst, abhängig gemacht, so kann unter solchen Voraussetzungen nur die Fundierung in (einer) *evidenten* normativen Prämisse(n) den Wissenschaftscharakter sichern. Denn die Alternative dazu ist der unendliche Regreß, mithin aber die Notwendigkeit, sämtlichen Normen, die ihre Stellung im System entsprechend, Konklusionen darstellen, das Prädikat „wissenschaftlich" zu verweigern. Einen Ausweg aus dieser Schwierigkeit könnte nur der Verzicht auf eine derartige Letztbegründung und der Versuch einer praktisch-pragmatischen Begründung bieten.

Ähnlich wie beim Vorgehen in einigen Erfahrungswissenschaften würde von der Ermittlung des Wahrheitswertes der Prämissen, oder, wenn wir ihre Stellung in der Gesamtheit der Sätze betrachten, der „Axiome" oder „Grund-Sätze", abgesehen und es würde dann lediglich ihre Bewährung im Hinblick auf die Erfüllung bestimmter Aufgaben untersucht. Eine Norm würde in *diesem* Fall genau dann als „begründet", mithin als ein „wissenschaftlicher Satz" bezeichnet, wenn sich ihre Befolgung in einer näher zu bestimmenden Weise, aber auf jeden Fall *praktisch auswirkte.* Die mittels der logischen Ableitungsregeln aus den jeweiligen Prämissen gefolgerten Normen müßten die Herstellung eines bestimmten, als Wert anerkannten Zustandes bewirken. Sind sie dazu imstande, so könnten wir uns auf Grund bestimmter vorher getroffener Entscheidungen oder Festsetzungen für berechtigt halten, den Ausgangssätzen („Axiomen"), sowie auch den Folgesätzen („Theoremen"), das Prädikat „wissenschaftlich" zu verleihen. – Diese Position ist jedoch *nicht haltbar.*

Ist es aber die Voraussagbarkeit der Folgen der Normenverwirklichung, beziehungsweise die Widerlegbarkeit der entsprechenden Prognosen, also die grundsätzliche Möglichkeit der Nichterfüllung der ausgesprochenen Erwartungen, welche die Normen allenfalls zu wissenschaftlichen Sätzen machen könnte? Nein, denn in den Naturwissenschaften wird die Bewährung von Annahmen oder Hypothesen nur insofern als Ausdruck ihrer Wissenschaftlichkeit aufgefaßt, als es möglich ist, *aus* „Ist"-Aussagen (Behauptungssätzen, Deklarativsätzen, deskriptiven Ausdrücken) prüfbare Folgerungen in bezug auf noch nicht untersuchte Fälle oder künftige Ereignisse abzuleiten. Wenn die Voraussagen sich bestätigen, oder mit anderen Worten, wenn die vorausgesagten Ereignisse innerhalb der zugrundegelegten Grenzen der Meßgenauigkeit eintreffen, wird von einer „Bewährung" jener Aussagen gesprochen, *aus* denen sie mittels der Regeln der Logik abgeleitet worden waren. Dabei ist jedoch der Umstand wesentlich, da die zur Bewährung ausstehenden Sätze selbst es sind, die zusammen mit anderen Sätzen die Prämissen solcher Schlüsse darstellen. Im Fall der Normen dagegen wird nicht aus oder mittels der Normen die Aussage über Prüfungsinstanzen abgeleitet, vielmehr bezieht sich die Ableitung auf die Konsequenzen, die sich aus der Normerfüllung ergeben.

Es werden zwar Voraussagen gemacht, aber diese werden nicht aus den Normen selbst gewonnen. Von einer „Bewährung" der Normen kann daher keinesfalls im gleichen Sinne wie etwa bei erfahrungswissenschaftlichen Sätzen, das heißt bei Aussagen, gesprochen werden. Hier bezieht sich die Bewährung wiederum auf Aussagen, nämlich auf jene Sätze, die zum Gegenstand die zu erwartenden Auswirkungen der Erfüllung der betreffenden Normen haben. Kurzum: Norm*wirkungen* betreffende Prognosen sind wissenschaftlich.

Von „Normwissenschaft" könnten wir in jenen Fällen zu sprechen versuchen, wo es sich um eine geordnete Gesamtheit von Aussagen über jene Klasse von Nicht-Behauptungssätzen handelt, die wir für gewöhnlich als „Normen" bezeichnen. Diese Sätze sind wahrheitsfähig, zum Beispiel ist die Feststellung, daß ein Satz, der eine Norm ausdrückt, korrekt abgeleitet sei, kontrollierbar, ebenso der Satz, der besagt, daß eine beliebige Norm, falls sie erfüllt wird, große Konsequenzen habe, u. dgl. Auch dieser Satz ist entweder wahr oder falsch und fällt somit unter die Aussagen, die in der vorliegenden Arbeit vor allem erörtert werden. Von „Normwissenschaft" kann daher im *eigentlichen* Sinne nicht gesprochen werden; denn Aussagen dieser Art können uns zwar ein Wissen *von* Normen vermitteln, die Normen können selbst zum Gegenstand einer Wissenschaft werden, enthalten jedoch selbst kein Wissen.

Wie dargestellt wurde, wird von „Normativer Wissenschaft" oft auch dann gesprochen, wenn die fraglichen normativen Ausdrücke (Sätze) aus anderen, und darunter mindenstens einem wiederum normativen Ausdruck abgeleitet worden waren. Indessen würde die „Normwissenschaft" in einem solchen Falle lediglich aus den korrekt abgeleiteten Sätzen bestehen. Nun kann zwar festgestellt werden, daß der Schlußsatz eines ungültigen Schlusses kein wissenschaftlicher Satz ist, außer er wäre aus anderen Gründen ein wissenschaftlicher Satz, so deswegen, weil er Schlußsatz einer anderen, und zwar einer gültigen Schlußfolgerung, ist. Jedoch wird kein Satz, der faktischen Gehalt hat, schon deswegen als „wissenschaftlich" bezeichnet werden, weil er korrekt abgeleitet wurde. Noch schwieriger wäre es, die Ausgangssätze („Axiome") als wissenschaftliche Sätze anzuerkennen, denn sie besäßen laut Voraussetzung nicht einmal die Eigenschaft, aus anderen Sätzen korrekt abgeleitet worden zu sein, während die bloße Möglichkeit, aus *irgendwelchen* Prämissen abgeleitet werden zu können, also die Eigenschaft, ableit*bar* zu sein, bedeutungslos ist, da überhaupt kein Satz denkbar ist, der nicht als aus irgendwelchen anderen Sätzen ableitbar vorgestellt werden könnte. Das hätte aber zur Folge, daß es keinen einzigen Satz gäbe, der nicht wissenschaftlich wäre, es sei denn, irgendwelche Sätze, z. B. kontradiktorische Sätze, würden eigens aus dem Gesamtbereich der wissenschaftsfähigen Sätze ausgeschlossen werden.

Die Wissenschaftlichkeit kann daher nicht in *dem* Sinne mit dem Begriff der Bewährung verbunden werden, daß ein bestimmter normativer Satz, weil er korrekt erschlossen, „wissenschaftlich" wäre. Sie kann auch nicht darin bestehen, daß der normative Satz das notwendige Mittel für die Erreichung eines bestimmten, als wünschenswert betrachteten Zieles wäre, daß die Ausgangssätze wiederum die Bedingungen für die Ableitung dieser normativen Theoreme und dadurch wissenschaftliche Sätze sind.

Fassen wir zusammen: Es ist zweckmäßig, zu unterscheiden zwischen einer „Normwissenschaft", als einer Wissenschaft lediglich im *uneigentlichen* Sinn, und der Wissenschaft im *eigentlichen* Sinn, hier also dem System oder auch der Gesamtheit der Aussagen *über* jene Normen. Diesen Aussagen ist mit den Sätzen der Erfahrungswissenschaft die Eigenschaft gemeinsam, etwas zu behaupten oder zu verneinen, damit aber als „wahr" oder als „falsch" bezeichnet und ihrem Inhalt nach gewußt werden zu können. Wir kommen deshalb zu dem Ergebnis: Normen können ebenso wie andere sprachliche Ausdrucksformen und Sinngehalte zu Gegenständen des Wissens werden; man kann etwas *über* sie wissen. Aber es wäre falsch, zu sagen, sie selbst wären oder verkörperten ein Wissen.

8.3.3. Wissenschaft von den Werten — Wissenschaft von den Normen

Während die Normen keine Aussagen sind, kann jedoch mit mehr Recht von Wert*aussagen* gesprochen werden. Hier wird behauptet, daß etwas ist. *Wenn* es den Wert oder die Gruppe von Werten, usw. tatsächlich gibt, auf die sich die Werturteile oder Wertaussagen beziehen, so ist die Aussage, die seine Existenz oder bestimmte Beschaffenheit, usw. behauptet, im gleichen Sinne wahr wie eine Aussage über historische, soziale oder physikalische Ereignisse und Zustände wahr sein kann. Denn Wertaussagen könnten wahr oder falsch sein so wie andere Aussagen. Es kann sich aus der Analyse zwar ergeben, daß ihr „Gegenstand" nicht gefaßt oder nicht zulänglich beschrieben werden kann; aber die sprachliche Struktur der Wertaussagen ist völlig andersgeartet als diejenige der Normen. Daran ändert auch die Tatsache nichts, daß die Normen mit den Werturteilen in eine enge Verbindung gebracht, oder, wie oft fälschlich behauptet wird, aus den Wertaussagen unmittelbar abgeleitet werden können.

Wären Wertaussagen prinzipiell prüfbar, oder mit anderen Worten, wäre ihr Wahrheitswert grundsätzlich feststellbar, so unterschieden sie sich im wesentlichen von Aussagen über andere „Objekte" oder Sachverhalte überhaupt nicht. Für denjenigen, der eine spezifische Form des Erkennens von Werten annimmt, gleicht die Nachprüfung der Wertaussage im Prinzip den Nachprüfungsverfahren der Natur-, Sozial- und Geisteswissenschaften. Wer etwa feststellt: „Stehlen und Betrügen ist sittlich schlecht", erhebt Anspruch auf die Wahrheit seiner Behauptung. Aber das kann natürlich nicht genügen. Es müssen vielmehr die Kriterien für die Feststellung des Wahrheitswertes dieser Aussage angegeben werden können. Wenn dies nicht möglich ist, so handelt es sich – wie gezeigt wurde – nicht einmal um einen wissenschaftsfähigen Satz. Ein solcher Satz hat zwar die *Form* deklarativer Sätze, aber da er nicht überprüfbar ist, handelt es sich tatsächlich nicht um einen solchen Satz.

Es ist nicht Aufgabe dieser Untersuchung, zu ermitteln, ob Wertaussagen nur die Form deklarativer Sätze haben, ob es sich also nur um Pseudo-Aussagen handelt, sondern das Ziel kann hier nur dieses sein: 1) Zu zeigen, daß die Wert-Sätze oder Wertaussagen sich von den übrigen Aussagen hinsichtlich der Prüfbarkeitsforderung nicht unterscheiden, und 2) darzulegen, in welchem Zusammenhang Sätze, die über Werte sprechen, zu Sätzen stehen, die entweder Normen, also Nicht-Aussagen sind, oder aber zu Sätzen, die Aussagen über solche Normen darstellen. Hier ging es allein um die Frage, ob es eine sog. „Normwissenschaft" oder „Normative Wissenschaft" gebe, die *neuartigen*, in der bisherigen Untersuchung noch nicht vorgekommenen Wissenschaftskriterien unterliegt.

Diese Frage muß nunmehr, soweit es die sog. „Normwissenschaft" betrifft, verneint werden. Wir haben erkannt, daß die Wissenschaft, von der hier allein gesprochen werden kann, nämlich die „Wissenschaft von den Normen" sich lediglich durch ihren Gegenstand, die Normen, von den übrigen Wissenschaften unterscheidet, nicht aber in dem, was den Wissenschaftscharakter einer Disziplin ausmacht. Was die sog. Wertwissenschaft anbelangt, muß die Frage offenbleiben. Da ich mir hier nicht die Aufgabe stellen konnte, gleichsam im Vorübergehen das Problem der Existenz oder Geltung von Werten zu lösen oder die Frage nach der Möglichkeit und Wirklichkeit eigener Werterfahrung, z. B. des Wertfühlens, zu beantworten, mußte ich die Möglichkeit wissenschaftlicher Wertaussagen dahingestellt sein lassen.

9. Zusammenfassung

X ist eine Wissenschaft dann und nur dann, wenn gilt:

1) X ist eine Menge von Satzformeln, wobei diese sein können:
   a) Aussageformen
   b) Aussagen
   c) Definitionen
   d) Regeln
      da) Definitionsregeln
      db) Satzbildungsregeln
      dc) Satztransformationsregeln (Ableitungsregeln);
2) die Aussageformeln in X entsprechen den Satzbildungsregeln in X;
3) die Definitionen in X genügen den Definitionsregeln in X;
4) sind die Aussageformeln in X untereinander logisch verknüpft, so befolgen sie die Ableitungsregeln in X;
5) X ist widerspruchsfrei, das heißt, in X gibt es nicht zwei Satzformeln, die einander nachgewiesenermaßen widersprechen;
6) falls unter den Satzformeln in X auch faktische Aussagen vorkommen, befinden sich unter diesen entweder mindestens eine singuläre und mindestens eine generelle Aussage von beliebigem Allgemeinheitsgrad, die miteinander logisch (deduktiv oder wahrscheinlichkeitstheoretisch) und/oder klassifikatorisch verknüpft sind;
7) alle faktischen Aussagen in X sind zumindest indirekt intersubjektiv prüfbar, d. h. bestätigbar oder widerlegbar.

Das soeben aufgestellte Forderungsprogramm, diese Gesamtheit von Anwendungsbedingungen für den Ausdruck „Wissenschaft", soll nunmehr in einen geschlossen definitorischen Ausdruck übersetzt werden:

Unter „Wissenschaft" verstehen wir einen widerspruchsfreien Zusammenhang von Satzfunktionen (Aussageformen) oder geschlossenen Satzformeln (Aussagen), die einer bestimmten Reihe von Satzbildungsregeln entsprechen und den Satztransformationsregeln (logischen Ableitungsregeln) genügen oder aber wir verstehen darunter einen widerspruchsfreien Beschreibungs- oder Klassifikations- und/oder Begründungs- oder Ableitungszusammenhang von teils generellen, teils singulären, zumindest indirekt intersubjektiv prüfbaren, faktischen Aussagen, die einer bestimmten Reihe von Satzbildungsregeln entsprechen und den Satztransformationsregeln (logischen Ableitungsregeln) genügen.

Im ersten Fall sprechen wir von „Formalwissenschaft"; hier genügt die Befolgung der jeweils festgelegten Satzbildungsregeln, der Ableitungsregeln und der Widerspruchfreiheitsforderung. Im zweiten Fall, der durch den sogenannten Realbezug der Aussagen gekennzeichnet ist, müssen die Aussagen darüber hinaus intersubjektiv prüfbar sein.

Was die Bedingungen (1) bis (7) nicht erfüllt, ist nicht Wissenschaft. Dagegen hat die Erfüllung der nachstehend angeführten Forderungen (8) bis (11) für die Entscheidung, ob etwas Wissenschaft ist, keine theoretische Bedeutung, sondern ist nur in *praktischer* Hinsicht wichtig. Wir werden nunmehr festlegen:

X ist um so wissenschaftlicher, das heißt, X hat eine desto höhere Wissenschafts*„wertigkeit"*

8) je öfter die in X vorkommenden Aussagen mit *positivem Ergebnis überprüft* oder je öfter ein *Widerlegungsversuch gescheitert* ist;
9) je *bedeutsamer* die Aussagen in X sind;

10) je *einfacher* X ist, oder je einfacher die in X vorkommenden Hypothesen, Theorien oder Gesetzesaussagen sind;
11) je *reichhaltiger* oder umfassender X ist.

Wir könnten zwischen einem absoluten oder statischen und einem relativen, komparativen oder dynamischen Begriff der Wissenschaft unterscheiden. Die Merkmale, die den ersteren bilden, stellen unabdingbare Forderungen dar, deren Nichterfülltsein es verbietet, das Prädikat „Wissenschaft" überhaupt zu verleihen. So können beispielsweise keine Gradabstufungen der Widerspruchsfreiheit unterschieden werden, obgleich natürlich die Anzahl der in einer Aussagengesamtheit auftretenden Widersprüche unterschiedlich groß sein kann. Ebenso ist eine Aussage entweder prüfbar oder nicht prüfbar. Die Entscheidung, ob eine Aussage prüfbar ist oder nicht, ist eindeutig; wenn sie aber prüfbar ist, kann man allerdings *Stufen der Prüfbarkeit* unterscheiden. Ebenso sind Ableitungen entweder korrekt oder nicht korrekt. Damit ist es durchaus vereinbar, daß die Anzahl der korrekten oder der nicht-korrekten Ableitungen oder der nicht gelungenen Ableitungsversuche in einer Aussagenmenge nicht immer gleich groß ist. Ferner gilt, daß Aussageformeln entweder *sprachlogisch korrekt* oder nicht korrekt sind. Zwar kann ein bestimmter sprachlicher Ausdruck bestimmte syntaktische und semantische Forderungen häufiger und krasser verletzen als es ein anderer Ausdruck tut, aber schon der geringste Verstoß zwingt uns zu der Feststellung, die jeweiligen sprachlogischen Forderungen seien im konkreten Fall nicht erfüllt.

In der Einleitung wurde gezeigt, warum und wie sich jeder Begriff als eine Menge, möglicherweise sogar als ein systematischer Zusammenhang von Forderungen darstellen läßt. Diese Methode wurde auch im vorliegenden Fall angewendet. Sie verspricht eine schnellere Entscheidung als die Zusammenfassung der Begriffsmerkmale in einem einzigen definitorischen Ausdruck; sie ist praktikabler, weil anhand dieses Forderungskataloges die Frage, was als „Wissenschaft" bezeichnet werden soll, schnell und sicher beantwortet werden kann.

Im Punkt (1) dieses Forderungsprogrammes wurde eine Aufzählung derjenigen sprachlichen Ausdrücke vorgenommen, in denen sich die Ergebnisse der am Schluß der Einleitung ebenfalls als „Wissenschaft" bezeichneten Tätigkeit unmittelbar ausdrücken läßt oder die zur Erreichung dieses Zieles erforderlich sind. Dazu dienen auch Fragen. Diese gehören jedoch nicht zur Wissenschaft im hier herausgearbeiteten Sinn, sondern zur Tätigkeit, die allenfalls zur Wissenschaft in diesem Sinn führt. In übertragener Bedeutung könnte man allerdings auch Fragen als „wissenschaftlich" bezeichnen, insofern es in irgendeiner Wissenschaft eine Aussage gibt, die als Antwort auf diese Frage aufgefaßt werden kann.

In (2) wurde auf die in zeitgenössischen Untersuchungen immer stärker hervorgetretenen Einsicht in die Notwendigkeit eines bestimmten Bezugssystems verwiesen. Ihren kürzesten Ausdruck findet diese Erkenntnis in der Feststellung, es könne nicht mehr wie früher von „der" Sprache schlechthin gesprochen, sondern es müsse jeweils angegeben werden, ob ein sprachlicher Ausdruck ein Satz in S oder S' oder S" sei. So besteht Wahlfreiheit in bezug auf die zugrundegelegte Wissenschaftssprache, und Gebundenheit nur hinsichtlich der Einhaltung der einmal akzeptierten Regeln.

Zu Punkt (3): Mit „Definitionsregeln" werden die üblichen Kriterien einer korrekten Definition, so z. B. das Verbot der Zirkularität, gemeint.

Die Befolgung der Satztransformationsregeln oder Ableitungsregeln ist gemäß Punkt (4) für jeden Zusammenhang von Satzformeln unerläßlich, sofern für ihn der Anspruch auf logische Verknüpfung (Verknüpftheit) überhaupt erhoben wird. Auf Grund dieser Forderung soll einer als Ableitungs- oder Begründungszusammenhang intendierten

Menge (oder Gesamtheit) von Satzformeln der Wissenschaftscharakter stets nur innerhalb der durch die Verletzung der Ableitungsregeln gezogenen Grenzen abgesprochen werden. Zum Beispiel kann eine Anordnung oder eine Folge von Prämissen und Konklusionen nur dann als Wissenschaft anerkannt werden, wenn der Übergang von den ersteren zu den letzteren ausschließlich gemäß den Ableitungsregeln erfolgt ist. Nur eine Menge von *gelungenen* Begründungs- oder Ableitungsversuchen kann demnach als „Wissenschaft" bezeichnet werden.

Dasselbe gilt auch für die in Punkt (5) ausgesprochene Widerspruchsfreiheitsforderung, denn keine wie immer geartete Menge oder Gesamtheit von Satzformeln kann als Wissenschaft gelten, wenn jene logisch unverträglich sind, genauer, *so weit* sie miteinander logisch unverträglich sind, wobei jedoch als stillschweigende Voraussetzung das aristotelische „zugleich und in gleicher Hinsicht betrachtet" gilt. Oft wird durch die sprachliche Formulierung der Anschein erweckt, es handle sich um einen Widerspruch, während eine nähere Analyse zeigt, daß dies gar nicht der Fall ist. Sprachliche Ausdrücke dieser Art müssen nicht eliminiert, sondern nur präzisiert werden.

Punkt (6) soll festlegen, daß weder eine Ansammlung von singulären, noch von generellen Aussageformeln gleicher Stufe für sich allein bereits als „Wissenschaft" bezeichnet werden kann. Wer diese Enschränkung beachtet, wird bloßen Aufzählungen, mögen sie auch reichhaltig und umfangreich sein, das Prädikat „wissenschaftlich" verweigern.

Die unter (7) genannte Forderung unterscheidet die sachhaltigen Aussagen der sogenannten Faktischen Wissenschaft von den Ausdrücken der Formalwissenschaften (reine oder freie) Mathematik und Logik. Von den Gegensätzen zwischen sog. Induktivisten und Anti-Induktivisten kann hier abgesehen und als *einigendes* Element die gemeinsame Forderung nach Überprüfung oder nach Bewährung der Aussagen der Faktischen Wissenschaft an der Erfahrung herausgehoben werden. Ihren schärfsten, zugleich deutlichsten und einfachsten Ausdruck findet diese Auffassung in der Forderung nach prinzipieller Widerlegbarkeit der sachhaltigen Aussagen, nämlich in der Forderung, daß sie mit der Erfahrung kollidieren und an ihr *grundsätzlich* scheitern können müssen. Damit fallen alle jene Aussagen oder Hypothesen oder Theorien weg, für die eine widerlegende Instanz, ein Ereignis, bei dessen Eintreten sie falsch würden, unmöglich angegeben werden kann, genauer: undenkbar wäre. Welche Arten von Aussagen somit als „unwissenschaftlich" oder als „wissenschaftsunfähig" ausgeschieden werden müssen, wurde vol allem im Abschnitt „Feststellbarkeit des Wahrheitswertes" ausführlich diskutiert. Die Verwendungsweise des Ausdruckes „Widerlegung", der Begriff der Widerlegung einer Hypothese, einer Gesetzesaussage, einer Theorie usw., müßte gesondert und eingehend untersucht werden. Vor allem wäre es notwendig, die Vorentscheidungen über jene Sätze herauszuarbeiten, die als Erfahrungsgrundlage von Gesetzesaussagen, Theorien usw. dienen. Daß sich die Falsifikation von Wahrscheinlichkeitsaussagen bzw. von statistischen Gesetzen von der Widerlegung deterministischer Gesetze unterscheiden muß, versteht sich von selbst. Auf diese Unterschiede konnte jedoch in der vorliegenden Untersuchung nicht ausführlicher eingegangen werden.

Es besteht kein Zweifel, daß die Erfüllung der Prüfbarkeitsforderung zur Eliminierung *zahlreicher* Erkenntnisansprüche führen muß. Die Anwendung der hier aufgestellten Forderungen trifft vor allen Dingen die Philosophie. Daß dies so ist, hat seinen Grund nicht in einer a priori oder notorisch unkritischeren oder leichtfertigeren Einstellung philosophischer Forscher und Denker, sondern in der Eigenart des philosophischen „Gegenstandes" und/oder der philosophischen Thematik. Denn hier sind greifbare, augenfällige Entscheidungen nicht möglich; der Zwang zu Korrekturen ist daher weniger spürbar. Um so notwendiger ist es, sich die Überprüfbarkeitsforderung durch bewußte Anstrengung stets klarzumachen, sich also im Sinne der Forderung zu disziplinieren, ausschließlich kontrollierbare Aussagen aufzustellen.

Die Analyse hat andererseits deutlich gemacht, daß diese Forderung öfters auch dort anerkannt wird, wo sie demjenigen, der durch sie am stärksten betroffen werden kann, nämlich dem Aufsteller der Aussage, zunächst verborgen bleibt. Sie erweist sich in der Regel sogar als unerläßlich, da Kommunikation und Fortschritt in der Erkenntnis dort, wo sie in der Praxis des Forschens und Denkens negiert wird, unmöglich würden. Auch in der Herausarbeitung dieses Sachverhalts, in dem Versuch, jedermann die *Unvermeidlichkeit* seines Strebens nach intersubjektiv prüfbaren Erkenntnisansprüchen bewußt zu machen, kann daher eine Konsequenz der Untersuchung des Wissenschaftsbegriffes liegen. Denn wer einmal einsieht, daß er mit seinem Wunsch, verstanden und mit seinen Aussagen akzeptiert zu werden, die Überprüfbarkeit und mithin auch die Widerlegbarkeit der von ihm aufgestellten Aussagen ohnehin jeweils schon voraussetzt, wird nunmehr auch geneigt sein, diese Forderung mit allen ihren Konsequenzen *ausdrücklich* als berechtigt anzuerkennen.

Wie diese Konsequenzen im einzelnen beschaffen sind, wurde in der nunmehr abgeschlossenen Untersuchung zumindest im Ansatz oder aber implizit aufgezeigt. Welche sie auch immer sein mögen, die Übersetzung des erarbeiteten Wissenschaftsbegriffes in einen Katalog von Forderungen macht unmißverständlich klar, was im Motto zu dieser Untersuchung ausgesprochen wurde: Jeder Begriff, und mithin auch der Wissenschaftsbegriff, entspricht einem Bestand an Forschungsproblemen und stellt eine Festlegung auf bestimmte Methoden zu ihrer Bearbeitung dar. Er fordert bestimmte Handlungen, andere verbietet er. Das leistet jedoch nur der Begriff oder die Definition, hier der Begriff der Wissenschaft; hingegen könnte das individuelle Wort „Wissenschaft" gegen jedes andere, noch nicht belegte Symbol ausgetauscht werden – es ist im Prinzip unwichtig.

Namenverzeichnis

Sachwortverzeichnis